BERICHT

über den vom

12. bis 14. Juni 1911 in Dresden

abgehaltenen

Kongreß für Heizung und Lüftung

(VIII. Versammlung von Heizungs- und Lüftungsfachmännern)

Mit 154 Abbildungen und 2 Tafeln

Vom geschäftsführenden Ausschuß herausgegeben

———◆◈◆———

München

Druck und Verlag von R. Oldenbourg

1911

Inhaltsverzeichnis.

1*

Auf dem letzten Kongreß für Heizung und Lüftung in Frankfurt a. M. wurde der geschäftsführende Ausschuß ermächtigt, nach Ablauf von zwei Jahren wieder eine Versammlung von Heizungs- und Lüftungsfachmännern abzuhalten. Der Ausschuß beschloß, Dresden als Kongreßort zu wählen, ganz besonders mit Rücksicht darauf, daß für das Jahr 1911 die Abhaltung einer Internationalen Hygiene-Ausstellung in Dresden beschlossen war, die für die gesamte Gesundheitstechnik und damit für die Heizungs- und Lüftungstechnik die größte Bedeutung hat. Denn auf dieser Ausstellung kommt das Heizungs- und Lüftungswesen zur eingehenden Darstellung, sowohl in einer wissenschaftlichen wie in einer industriellen Abteilung. Um auf diese Vorführungen und auf ihre Eigenart und Bedeutung aufmerksam zu machen, beschloß der Ausschuß, auf dem Kongreß Berichte über sie erstatten zu lassen (vgl. die Mitteilungen über die Kongreßsitzung vom 13. Juni).

Die Versammlung in Frankfurt a. M. hatte den geschäftsführenden Ausschuß auch ermächtigt, sich durch Zuwahl zu verstärken. Nach dem Hinscheiden des hochverdienten Ausschußmitgliedes Kgl. Kommerzienrats Rudolf H e n n e - b e r g besteht der Ausschuß nach der Zuwahl aus folgenden Herren:

Ehrenvorsitzender:

Dr.-Ing. R i e t s c h e l, Geheimer Regierungsrat und Professor, Charlottenburg.

Vorsitzender:

Dr.-Ing. Konr. H a r t m a n n, Geheimer Regierungsrat und Professor, Senatsvorsitzender im Reichs-Versicherungsamt zu Berlin, Berlin-Grunewald.

Mitglieder:

v. B o e h m e r , Geheimer Regierungsrat im Kaiserl. Patentamt, Berlin-Großlichterfelde-West.

C r a m e r , Ingenieur und Fabrikbesitzer, Hagen i. W.

F o l t z , k. k. Wirklicher Oberbaurat im Ministerium für
öffentliche Arbeiten, Wien IX.

H a r d e r , Geheimer Regierungsrat im Kaiserl. Patentamt,
Stadtrat, Berlin W 30.

Dr. K r e b s , Direktor des Strebelwerks in Mannheim, Vorsitzender des Verbandes der Lieferanten von Zentral-
heizungs-Bestandteilen, Mannheim.

K r e l l , O., sen., Direktor, Nürnberg.

K r e t s c h m e r , städtischer Maschinen- und Heizungsingenieur, Vorsitzender der Vereinigung von Verwaltungs-
ingenieuren des Heizungsfaches, Halle a. S.

K u r z , Josef, Ingenieur und Fabrikbesitzer, Wien XIII.

P f ü t z n e r , Professor an der technischen Hochschule zu
Karlsruhe i. B.

R ü h l , Heinrich, Ingenieur und Fabrikbesitzer, Frankfurt a. M.

Frhr. v. S c h a c k y   a u f   S c h ö n f e l d , Ministerialrat
im Kgl. Bayer. Ministerium des Innern, München.

S c h i e l e , Ernst, Ingenieur und Fabrikbesitzer, Vorsitzender
des Verbandes Deutscher Centralheizungsindustrieller,
Mitglied des Reichsgesundheitsrats, Hamburg 23.

T r a u t m a n n , Stadtbaurat, Finanz- und Baurat a. D.,
Leipzig-Eutr.

U b e r , Geheimer Oberbaurat und vortragender Rat im
Kgl. Preuß. Ministerium der öffentlichen Arbeiten, Berlin-
Wilmersdorf.

U g é , Kgl. Kommerzienrat, Direktor des Eisenwerks Kaiserslautern, Kaiserslautern.

V e t t e r , Ingenieur und Fabrikbesitzer, Berlin W 30.

W a h l , Stadtbaurat, Dresden.

Zur Vorbereitung des Kongresses wurde 1910 in Dresden
ein Ortsausschuß gegründet, für dessen Zusammensetzung
bestimmend war, daß die verschiedenen, sich für den Kongreß
interessierenden Kreise Vertretung fanden.

In diesen Ortsausschuß traten folgende Herren ein:

B ä h r , Baurat, bautechnischer Beirat bei der Kgl. Kreishauptmannschaft, Dresden.

B a r n e w i t z , Fabrikbesitzer, Dipl.-Ing., Dresden.

Dr. B e s t e l m e y e r , Architekt, Professor an der Technische
Hochschule, Dresden.

D ü l f e r , Architekt, Professor an der Technischen Hochschule, Dresden.

E r l w e i n , Stadtbaurat, Professor, Dresden.

F r a n c k e , Ingenieur (in Firma Francke & Micklich), Dresden.

G ö b e l , Ingenieur, Direktor der städt. Gaswerke, Dresden.

G r i m m , Geheimer Oberbaurat, vortragender Rat im Kgl.
Sächs. Kriegsministerium, Dresden.

H a r t w i g , Zivilingenieur, Fabrikbesitzer, Dresden.

H e i s e r , Fabrikbesitzer, Kgl. Hoflieferant, Dresden.

Dr. phil. H e l m , Geheimer Hofrat, Professor, Dresden.

H e r r f a h r t , städtischer Heizungsrevisor, Dresden.

H ü t t i g , Oberingenieur (in Firma Rietschel & Henneberg),
Dresden.

J e g l i n s k y , Zivilingenieur (in Firma Jeglinsky & Tichelmann), Dresden-Blasewitz.

K a m m s e t z e r , Stadtrat, Architekt und Baumeister, Dresden.

K n o k e , Dipl.-Ing. (in Firma Richard Knoke), Dresden.

Dr. K ö r n e r , Stadtrat, Dresden.

Dr. K r e t z s c h m a r , Bürgermeister, Dresden.

L i n g n e r , Geheimer Kommerzienrat und Präsident des Direktoriums der Internationalen Hygiene-Ausstellung, Dresden.

M e n g , Direktor der städtischen Elektrizitätswerke, Dresden.

M e u r e r , Ingenieur, Direktor des Eisenwerks G. Meurer,
A.-G., Cossebaude-Dresden.

M i t t e l b a c h , Baurat bei der Kgl. Kreishauptmannschaft,
Dresden.

Dr. phil. M o l l i e r , Geheimer Hofrat, Professor an der
Technischen Hochschule, Dresden.

Dr. Ing. N u s s e l t , Privatdozent an der Technischen Hochschule zu Dresden.

R e h , Oberbaurat im Kgl. Sächs. Ministerium des Innern,
Dresden.

R e i c h e l t , Geheimer Baurat, vortragender technischer Rat im Kgl. Finanzministerium zu Dresden.

Dr. med. R e n k , Präsident des Landesmedizinalkollegiums, Direktor der Zentralstelle für öffentliche Gesundheitspflege, Professor an der Technischen Hochschule, Dresden.

v. S a t i n e , Ingenieur und Fabrikbesitzer (in Firma Satine & Ritterhaus), Dresden.

T i c h e l m a n n , Ingenieur (in Firma Jeglinsky & Tichelmann), Dresden.

W a h l , Stadtbaurat, Dresden.

W a l d o w , Geheimer Rat, vortragender Rat im Kgl. Sächs. Finanzministerium zu Dresden.

Dr. med. W e b e r , Wissenschaftlicher Generalsekretär und Vorstand der wissenschaftlichen Abteilung der Internat. Hygiene-Ausstellung, Regierungsrat, Mitglied des Kaiserl. Gesundheitsamtes zu Berlin, Dresden.

W e i d n e r , Bauamtmann bei der staatlichen maschinentechnischen Abteilung der Hochbauverwaltung im Kgl. Sächs. Finanzministerium zu Dresden.

Von diesen Herren übernahm Herr Stadtbaurat W a h l auf das Ersuchen des geschäftsführenden Ausschusses den Vorsitz, Herr Fabrikbesitzer Ingenieur W. H e i s e r , Kgl. Hoflieferant, den stellvertretenden Vorsitz und das Amt eines Schatzmeisters.

Der Bitte des geschäftsführenden Ausschusses entsprechend, übernahm Herr Geheimer Rat Dr. jur. h. c., Dr.-Ing. h. c. B e u t l e r , Oberbürgermeister der Kgl. Haupt- und Residenzstadt Dresden, das Ehrenpräsidium. Herr Oberbürgermeister B e u t l e r hatte schon der im Jahre 1903 in Dresden abgehaltenen Versammlung von Heizungs- und Lüftungsfachmännern großes Interesse entgegengebracht und hat nun durch die Übernahme des Ehrenpräsidiums unsere Tagung in hervorragendem Maße gefördert. Das Wohlwollen, das damit dem Kongreß bewiesen wurde, kam weiterhin zum Ausdruck dadurch, daß die Stadt Dresden den Kongreß im neuen Rathaus empfing.

Um die österreichischen Fachkollegen für den Kongreß zu interessieren, bildete sich in Wien ein Aktionskomitee

aus den Herren: Sektionschef Dr. Franz B e r g e r , Landes-
baudirektor Franz B e r g e r , Baurat B e r a n e k , Baurat
E n d e r , Oberbaurat F o l t z (Obmann), Ingenieur G e n z ,
Zentraldirektor K l i n g n e r , Ingenieur Josef K u r z (Ob-
mannsstellvertreter), Professor M e t e r , Ingenieur M ü l l e r ,
Professor S c h a t t e n f r o h , Hofrat T o m s s a , Baurat
W e j m o l a und Direktor Z e l l e . Den Ehrenvorsitz über-
nahm Herr Sektionschef Dr. Franz B e r g e r .

Die Bearbeitung der Beteiligung des übrigen Auslandes
wurde von Herrn Direktor Dr. K r e b s in Mannheim mit
Erfolg durchgeführt.

Die Beteiligung an dem Kongreß war eine außerordent-
lich zahlreiche; es nahmen im ganzen 711 Herren und 150
Damen teil. Die Namen der ersteren sind in der anliegenden
Teilnehmerliste verzeichnet.

Neben zahlreichen Vertretern der Heizungs- und Lüftungs-
industrie hatten auch viele Behörden und Stadtverwaltungen
des In- und Auslandes Beamte entsendet. So waren von
d e u t s c h e n B e h ö r d e n erschienen:

Vom Kgl. Preuß. Ministerium der öffentlichen Arbeiten
zu Berlin:

Geheimer Oberbaurat und vortragender Rat U b e r , Berlin,
Regierungs- und Baurat E n g e l m a n n , Steglitz,
Landesbauinspektor L i e d t k e (Kgl. Regierung Hildesheim),
Baurat S c h u l t z , Recklinghausen.

Vom Reichsmarineamt zu Berlin:
Marine-Oberbaurat S c h u l z ,
Marine-Intendantur- und Baurat S c h u b e r t .

Vom Kgl. Bayer. Kriegsministerium zu München:
Geheimer Oberbaurat Ritter v. M e l l i n g e r , München.

Vom Kgl. Bayer. Staatsministerium des Innern zu
München:

Ministerialrat Gustav Frhr. v. S c h a c k y auf Schönfeld.

Vom Kgl. Sächs. Finanzministerium zu Dresden:
Geheimer Rat und vortragender Rat W a l d o w ,
Geheimer Oberbaurat S c h m i d t ,
Geheimer Baurat und vortragender techn. Rat R e i c h e l t ,
Bauamtmann W e i d n e r .

Vom Kgl. Sächs. Ministerium des Innern zu Dresden:
Ministerialdirektor, Geheimer Rat Dr. R o s c h e r ,
Ober-Baurat R e h.

Vom Kgl. Sächs. Kriegsministerium zu Dresden:
Geheimer Oberbaurat und vortragender Rat G r i m m ,
Betriebsdirektor, Regierungsbaumeister H o f m e i s t e r ,
    Dresden.
Aus dem Bereiche der Zeugmeisterei, Dresden:
Betriebsdirektor E n d e r s ,
Betriebsdirektor Q u e i ß e r ,
Dipl.-Ing. P ü s c h e l.
Aus dem Bereiche der Intendantur des XII. Armeekorps,
Dresden:
Geheimer Baurat G l a u s n i t z e r ,
Intendantur- und Baurat M ü l l e r ,
Baurat H a r t u n g ,
Militärbauinspektor B a c h.
Aus dem Bereiche der Intendantur des XIX. Armeekorps,
Leipzig:
Intendantur- und Baurat P i e h l e r ,
Militärbauinspektor F o c h t m a n n ,
Militärbauinspektor T r u n k e l.

Vom Großh. Hess. Ministerium der Finanzen, Darmstadt:
Geheimer Oberbaurat K l i n g e l h ö f f e r .

Vom Senat der freien und Hansestadt Hamburg:
Bauinspektor B l o c k.

Vom Senat der freien und Hansestadt Lübeck:
Heizungsingenieur, Dipl.-Ing. S t o c k.

Vom Senat der freien Hansestadt Bremen:
Städtischer Heizungsingenieur E v e r s ,
Städtischer Heizungsingenieur W u l f e r t.

Vom Kaiserl. Patentamt zu Berlin:
Geheimer Regierungsrat v. B o e h m e r ,
Regierungsrat L a s k u s.

Von dem Kgl. Bayer. Obersthofmeisterstab (Bauabteilung)
zu München:
Hofbauassessor, Architekt Heinrich N e u , München.

Von der Herzogl. Braunschweig-Lüneburgschen Bau-
direktion zu Braunschweig:

Regierungsbaumeister Dr.-Ing. L i n d e m a n n.

Von Preuß. Provinzialverwaltungen:

Für die Provinz Westpreußen: Landesbaurat R i e p e, Danzig,

Für die Provinz Posen: Landesbaurat O e h m e, Posen,

Für die Provinz Pommern: Geheimer Bau- und Landesbaurat D r e w s, Stettin,

Für die Provinz Brandenburg: Provinzial-Ingenieur T i l l y,
Tempelhof-Berlin,

Für die Provinz Sachsen: Landesbaurat R u p r e c h t,
Merseburg,

Für die Rheinprovinz: Landesoberingenieur O s l e n d e r,
Düsseldorf,

Von der Kgl. Preuß. Regierung zu Potsdam:

Geheimer Baurat T e c h o w, Berlin.

Von der Kgl. Bayer. Regierung zu Bayreuth:

Regierungs- und Baurat G ö r t z,

zu Speyer:

Bauamtmann Heinrich U l l m a n n.

Von der Kreishauptmannschaft zu Dresden:

Baurat M i t t e l b a c h.

Vom Kgl. Landbauamt

zu Memmingen: Kgl. Bauamtmann Otto V o i t,

» München: Kgl. Baurat A d e l u n g,

» Passau: Kgl. Bauamtsassessor B r u n n e r,

» Regensburg: Kgl. Bauamtsassessor F r i e d r i c h,

» Rosenheim: Kgl. Bauamtmann H u b e r,

» Windsheim: Kgl. Bauamtmann K r e u t e r,

» Würzburg: Kgl. Bauamtmann F ö r t s c h.

Vom Kgl. Fernheizwerk zu Dresden:

Ingenieur G r o b m a n n.

Von der Kgl. Heil- und Pflegeanstalt zu Eglfing b. München:

Ingenieur F o e r s t e r.

Von der Kaiserl. Oberpostdirektion zu Breslau:

Postbaurat R o b r a d e.

Von der Kreisverwaltung zu Teltow:

Oberingenieur B e r k h a u s e n.

Ferner nahmen teil von d e u t s c h e n S t a d t v e r -
w a l t u n g e n :

Aachen: Stadtbauinspektor S t a n i s l a u s ,

Altona: Städtischer Heizungsingenieur B e r n d t ,

Barmen: Städtischer Heizungsingenieur G r u n o w ,

Berlin: Magistratsbaurat C a s p a r ,

Braunschweig: Bauverwalter S t e c k h a n ,

Cassel: Stadtbaumeister S c h n e i d e r ,

Charlottenburg: Magistratsbaurat M e y e r ,

Chemnitz: Stadtingenieur P e t e r s e n ,

Cöln a. Rh.: Städtischer Heizungsinspektor H e r b s t ,
        Stadtbauinspektor M e y e r ,

Crefeld: Städtischer Ingenieur R u h ,

Darmstadt: Stadtbaurat B u x b a u m ,

Döbeln i. S.: Stadtrat V o i g t ,

Dortmund: Städtischer Oberingenieur A r n o l d t ,

Dresden: Bürgermeister Dr. K r e t z s c h m a r ,
        Stadtbaurat Professor E r l w e i n ,
        Stadtbaurat F l e c k ,
        Stadtbaurat W a h l ,
        Stadtrat B r a u n ,
        Stadtrat D e h n e ,
        Stadtrat Dr. K ö r n e r ,
        Stadtbauinspektor S c h m i d t ,
        Städtischer Heizungsrevisor H e r r f a h r t ,
        Stadtverordnetenvorsteher Justizrat Dr. S t ö c k e l
          und die Stadtverordneten:
        Bezirksschullehrer B e c k ,
        Fabrikbesitzer G r e g o r ,
        Gärtnereibesitzer S i m m g e n ,
        Architekt T h i e r f e l d e r ,
        außerdem der Direktor der städtischen Gaswerke
          G o e b e l.

Düsseldorf: Städtischer Heizungsingenieur B l u m e ,

Erfurt: Stadtbaurat P e t e r s ,
        Stadtrat G e n s e l ,
        Rentier und Stadtverordneter B a u m a n n ,

Freiberg i. S.: Stadtbaurat R i e ß ,

Freiburg i. Br.: Städtischer Ingenieur S c h a r s c h m i d t,

Frankfurt a. M.: Stadtbaumeister B e c k h a u s ,

Gelsenkirchen: Städtischer Maschinen - und Heizungsingenieur H e r t z n e r ,

Halle a. S.: Städtischer Maschinen- und Heizungsingenieur
K r e t s c h m e r ,

Hannover: Städtischer Ingenieur S t a c k ,

Heidelberg: Stadtbaumeister E h r m a n n ,

Karlsruhe i. B.: Stadtbaurat R e i c h a r d ,

Kiel: Stadtbaumeister D r e u s c h ,

Königsberg i. Pr.: Magistratsbaurat P a p e n d i e c k ,
Magistratsbaurat W o r m s ,

Leipzig: Finanz- und Baurat a. D., Stadtbaurat T r a u t -
m a n n ,
Ratsingenieur Z e c h e l ,

Magdeburg: Städtischer Heizungsingenieur D a l l a c h ,

Mannheim: Stadtbaurat V o l c k m a r ,

München: Städtischer Oberingenieur H a u s e r ,
Städtischer Ingenieur B r ü n n ,

Nürnberg: Städtischer Ingenieur D i e t z ,

Pforzheim: Stadtbaumeister R o e p e r t ,
Städtischer Maschineningenieur P e t r i ,

Pirmasens: Stadtbaurat M e y e r ,

Plauen i. V.: Ratsingenieur, Dipl.-Ing. B r u n e .

Rostock: Stadtbaudirektor D e h n ,

Schöneberg: Stadtbaurat E g e l i n g ,
Stadtbauinspektor K u r t z e ,
Ingenieur B ö t t c h e r ,

Stettin: Stadtingenieur M ü n t z l a f f ,

Stuttgart: Bauinspektor K e r s c h b a u m ,

Wiesbaden: Regierungsbaumeister a. D., Stadtbauinspektor
B e r l i t ,

Worms: Stadtbaurat, Bürgermeister und Beigeordneter
M e t z l e r ,

Würzburg: Stadtbaurat K r e u t e r .

Von seiten der Internationalen Hygiene-Ausstellung zu Dresden nahmen an den Veranstaltungen teil:

L i n g n e r , Geheimer Kommerzienrat und Präsident des Direktoriums der Ausstellung.

Dr. v. L a n g e r m a n n.

Dr. med. W e b e r , wissenschaftlicher Generalsekretär und Vorstand der wissenschaftlichen Abteilung der Ausstellung, Regierungsrat, Mitglied des Kaiserl. Gesundheitsamtes zu Berlin.

P f e i f f e r , Redakteur.

Von a u s l ä n d i s c h e n B e h ö r d e n waren erschienen:

Vom k. k. Ministerium für öffentliche Arbeiten zu Wien:
Oberbaurat F o l t z ,
Baurat N o w o t n y und
Oberingenieur G r a f.

Vom k. k. Ministerium des Innern zu Wien:
Oberbezirksarzt Dr. B a z i k a und
Bezirksarzt Dr. N e t o l i t z k y.

Vom k. k. Eisenbahnministerium zu Wien:
Oberbaurat S c h i c k.

Vom k. k. Reichskriegsministerium (Marinesektion) zu Wien:
Marineoberingenieur J a n u š.

Von dem k. k. Marine-Land- und Wasserbauamt in Pola:
Ingenieur P a p.

Von der k. k. Statthalterei in Triest:
Ingenieur R o m a n s.

Vom Landesausschuß des Erzherzogtums Österreich, unter der Enns:
Landes-Baudirektor Franz B e r g e r und Landesbaurat L i e p o l t.

Vom Landesausschuß der Markgrafschaft Mähren zu Brünn:
Landes-Oberbauingenieur S u w a l d ,
Landesingenieur M i k e š.

Von dem k. k. Schlesischen Landespräsidium in Troppau:
Oberingenieur K a l i t t a.

Von der k. k. Landesregierung (technisch. Departement)
in Troppau:
Landes-Oberbaurat M ü l l e r.
Vom k. k. Patentamt in Wien:
Kommissär W i t t.
Vom Ingenieuroffizierskorps in Wien:
Hauptmann B a u e r.
Vom Kgl. Ung. Handelsministerium zu Budapest:
Technischer Oberrat M a g y a r i t s.
Von der Kgl. Ung. Regierung zu Budapest:
Oberingenieur Exler J e n ö ,
Oberingenieur D i l l n b e r g e r.
Vom Ingenieuroffizierkorps in Budapest:
Hauptmann v. M a r ó t h y ,
Hauptmann v. R i m a n o c z y.
Vom Ministerium des Kaiserlich Russischen Hofes zu
St. Petersburg:
Ingenieur und Revisor N. M e l n i k o w.
Vom Kgl. Rum. Ministerium für Handel und Industrie zu
Bukarest:
Ingenieur D j u v a r r a.
Von a u s l ä n d i s c h e n S t a d t v e r w a l t u n g e n
waren erschienen:
Amsterdam: Stadtingenieur L o h r ,
Aussig: Oberingenieur G ö t z e ,
Budapest: Städtischer Ingenieur Lazar L a j o s ,
Graz: Stadtbaudirektor F u c h s ,
Kopenhagen: Städtischer Abteilungsingenieur N o b e l,
Städtischer Ingenieur B j e r r e g a a r d,
Krakau: Stadtphysikus Dr. J a n i s z e w s k i ,
Bauinspektor R y b i c k i ,
Reichenberg i. B.: Stadtingenieur S c h u h ,
Rönne, Bornholm: Stadt- u. Hafeningenieur H. P. M e d e n,
Teplitz-Schönau: Stadtoberingenieur Z d a r e k ,
Wien: Ingenieur und Stadtbaurat W e j m o l a ,
Zürich: Städtischer Heizungstechniker B e n n i n g e r.
Von der städtischen Feuerpolizei zu Zürich:
Adjunkt F u r r e r.

Von Technischen Hochschulen sowie von sonstigen wissenschaftlichen Instituten waren anwesend:

Von der Technischen Hochschule Berlin:
    Professor Dr. B r a b b é e.

Von der Technischen Hochschule Dresden:
    Rektor der Hochschule, Geheimer Hofrat und Professor
        L u c a s ,
    Geheimer Hofrat, Professor Dr. M o l l i e r ,
    Architekt und Professor D ü l f e r ,
    Privatdozent Dr.-Ing. N u s s e l t.

Von der Technischen Hochschule Karlsruhe i. B.:
    Professor P f ü t z n e r.

Von der Technischen Hochschule Wien:
    Professor M e t e r.

Von der Böhmischen Technischen Hochschule Prag:
    Honorardozent, Landesoberingenieur V a ň o u č e k ,

Von der Kgl. Technischen Hochschule zu Stockholm:
    Ingenieur, Professor Dr. Gustav R i c h e r t ,

Von der Technischen Hochschule Delft:
    Ingenieur und Dozent K o o p m a n n.

Von der Polytechnischen Lehranstalt zu Kopenhagen:
    Professor B o n n e s e n.

Von dem Polytechnischen Institut zu Riga:
    Ingenieur und Dozent H e i n t z.

Als Vertreter von Fachvereinen und Verbänden des Heizungs- und Lüftungswesens waren erschienen:

I. D e u t s c h l a n d.

Verband Deutscher Centralheizungs-Industrieller, Berlin:
    Ingenieur und Fabrikbesitzer Ernst S c h i e l e , Hamburg 23 (Vorsitzender),
    Ingenieur und Fabrikbesitzer C. R e u t t i , Berlin,
    Generaldirektor der Maschinen- und Röhrenfabrik, A.-G., Joh. H a a g , J. B i r l o , Augsburg.
    Generaldirektor der Zentralheizungswerke, A.-G., Ingenieur H. A. B o l z e , Hannover-Hainholz,

Ingenieur und Fabrikbesitzer W. C r a m e r , Hagen i. W.,
Fabrikbesitzer, Kgl. Hoflieferant H e i s e r , Dresden,
Ingenieur und Fabrikbesitzer Heinrich R ü h l , Frank-
furt a. M.
Direktor und Ingenieur H. S c h u m a c h e r , Berlin,
Ingenieur und Fabrikbesitzer H. V e t t e r , Berlin,
Fabrikant C. B e r n h a r d t , Dresden,
Fabrikbesitzer B. D e m m e r , Eisenach,
Ingenieur Dr. G. F u s c h , Körtingsdorf,
Fabrikbesitzer M. P o l s t e r , Mannheim,
Ingenieur Ernst P u r s c h i a n , Berlin,
Fabrikbesitzer W. Z i m m e r s t ä d t , Bonn.

Vereinigung der Verwaltungsingenieure des Heizungsfaches,
Halle a. S.:
Städtischer Maschinen- und Heizungsingenieur
M. K r e t s c h m e r , Halle a. S. (Vorsitzender).
Freie Vereinigung Berliner Heizungsingenieure, Berlin:
Ingenieur Dr. Alex. M a r x , Wilmersdorf-Berlin,
Privatdozent an der Technischen Hochschule zu Berlin
(Vorsitzender).
Polytechnischer Verein in München:
Ingenieur Wilh. W a g n e r (Generalsekretär).

II. B e l g i e n.

Chambre Syndicale Belge de Chauffage et Ventilation,
Bruxelles:
Ingenieur Dr. Robert O t t o , Brüssel.

III. E n g l a n d.

British Institution of Heating and Ventilating Engineers
William R. J. P. M a g u i r e (Past President), Dublin,
F. J. B a c o n , Poole, Dorset; A, H. B a r k e r ,
London ; Ingenieur A. F. B u n d e y , London;
Charles Roland H o n i b a l l , Liverpool; S. Booth
H o r r o c k s , Northampton ; Walter J o n e s ,
Stourbridge; S a u n d e r s und T a y l o r Manchester;
Rich. J. W a r d , New - castle - on - Tyne; Wm. A.
Y o u n g , London.

IV. Frankreich.

Association des Ingénieurs de Chauffage et de Ventilation de France, Paris:
> Ingénieur Conseil A. Nillus, Paris.

Société d'Eclairage, Chauffage et Force Motrice, Paris:
> Ingénieur W. Landolt und H. Sarrade, Paris.

Chambre Syndicale de Chauffage, Paris:
> Direktor M. Astaix (Maison Henry Hamelle), Paris:

Chambre Syndicale des Entrepreneurs de Fumisterie, Paris:
> Vice-Präsident P. Grasset, Versailles.

Société des Ingénieurs Civil de France, Paris:
> Ingénieur L. D'Anthonay, Paris.

V. Holland.

Nederlandsche Vereeniging voor Centrale Verwarmings-Industrie, Amsterdam:
> Fabrikant H. L. Geveke (Vorsitzender), Amsterdam.

VI. Österreich.

Fachgruppe der Zentralheizungsfabrikanten im Bund Österreichischer Industrieller, Wien:
> Ingenieur und Fabrikbesitzer Gustav Genz, (Vorsitzender),
> Ingenieur und Fabrikbesitzer Hans Hable,
> Ingenieur Ernst Müller,
> Fabrikbesitzer Georg Wentzke.

Deutscher Ingenieurverein in Mähren, Brünn:
> Landesoberingenieur Suwald,
> Dampfkesselinspektor, Ingenieur Hans Schiel,
> Honorardozent an der k. k. deutschen Franz Joseph-Technischen Hochschule in Brünn.

VII. Schweden.

Svenska Värmetekniska Föreningen, Stockholm:
> Ingenieur Hugo Theorell, Stockholm.

VIII. S c h w e i z.

Verein Schweizerischer Zentralheizungsindustrieller, Zürich:
Direktor der Zentralheizungswerke, A.-G., in Bern
A. B e u t t e r , Bern (Vorsitzender).

IX. U n g a r n.

Fachgruppe der Zentralheizungsfabrikanten im Bunde der
Ungarischen Fabrikindustriellen, Budapest:

Ingenieur Karl K n u t h sen. (Präsident),

k. k. Hoflieferant Johann B r ü n d l (Vizepräsident),

Karl K n u t h jun.,

Fabrikant Oskar F o r t ,

Oberingenieur Karl B i e b e r ,

Fabrikant Zsigmond F r i e d.

Von diesen Vereinen waren außerdem zahlreiche Mitglieder
erschienen.

Der Kongreß kennzeichnete sich wieder wie die früheren
Versammlungen als eine freie Vereinigung derjenigen, die
durch ihre Tätigkeit als ausübende Fabrikanten und Ingenieure
der Heizungs- und Lüftungstechnik nahestehen oder in ihrer
amtlichen oder privaten, wissenschaftlichen oder praktischen
Wirksamkeit ein besonderes Interesse an der Förderung des
Heizungs- und Lüftungswesens haben.

B e g r ü ß u n g s a b e n d.

Am Sonntag, den 11. Juni fand im Festsaale des Haupt-
saales der Internationalen Hygiene-Ausstellung eine vom
Ortsausschuß veranstaltete Begrüßungsfeier statt. Der Vorsitzende des Ortsausschusses, Herr Stadtbaurat W a h l,
begrüßte die große Versammlung mit folgenden Worten:

Meine Damen und Herren! Es ist mir der ehrenvolle
Auftrag zuteil geworden, Ihnen, meine hochverehrten Damen
und Herren, die von fern und nah nach Dresden gekommen
sind, um bei uns den achten Heizungskongreß abzuhalten,
im Namen des Ortsausschusses ein herzliches Willkommen
in Dresden zuzurufen.

2*

Es ist für uns Dresdner eine ganz besondere Freude, daß den vom geschäftsführenden Ausschuß in die Welt hinaus gesandten Einladungen in so erfreulichem Maße Folge geleistet worden ist. Auf diese Weise ist es uns möglich, so manchen verehrten Fachgenossen hier zu begrüßen, den wir auf früheren Kongressen kennen und schätzen gelernt haben.

In die allgemeine Wiedersehensfreude mischt sich leider auch ein Wermutströpflein. Ist es uns doch heute nicht vergönnt, denjenigen in unserer Mitte zu begrüßen, den wir als die Seele des Kongresses zu bezeichnen gewöhnt sind, ich meine Herrn Geheimen Regierungsrat R i e t s c h e l , unseren verehrten Altmeister der Heizungs- und Lüftungstechnik. Wenn er sich erfreulicherweise nach schwerem Krankenlager wieder so weit erholt hat, daß ihm seine Ärzte gestattet haben, zur Sommerfrische nach seinem lieben Urfeld am Walchensee zu reisen, so ist er doch noch nicht widerstandsfähig genug, um die Anstrengungen eines Kongresses auf sich zu nehmen. Er empfindet es fast als Pflichtverletzung, Sie heute nicht persönlich hier in Dresden begrüßen zu können, in Dresden, seiner lieben Vaterstadt. Er hat mir darum geschrieben und mich ersucht, Ihnen allen die herzlichsten Grüße zu bestellen mit dem Wunsche, daß auch dieser Kongreß den erwünschten Erfolg haben möge.

Eine besondere Freude ist uns Dresdnern aber dadurch bereitet worden, daß diesmal eine weit größere Zahl von Damen als sonst die Strapazen der Reise auf sich genommen haben, um mit ihren Ehemännern die Anstrengung des Heizkongresses zu teilen.

Von der Geschäftsleitung in Berlin war dem Ortsausschuß die Aufgabe gestellt worden, dafür zu sorgen, daß nach der wissenschaftlichen Arbeit in den Vormittagsstunden den Kongreßteilnehmern auch etwas Erholung während der übrigen Tageszeit geboten wird. Bei der Lösung dieser Aufgabe waren wir uns klar, daß wir in diesem Jahre, wo der Kongreß auf der Hygiene-Ausstellung tagt, andere Wege gehen mußten wie bisher. Auch über diesem Teil des Kongresses mußte das Auge der Hygiene wachen, und so haben wir uns eine weise Beschränkung auferlegen müssen, damit die Gesund-

heit der Kongreßteilnehmer in keiner Weise beeinträchtigt
wird. In diesem Sinne bitte ich Sie, das wenige, was wir
Ihnen haben bieten können, mit Wohlwollen und Nachsicht
entgegenzunehmen.«

Der Vorsitzende des geschäftsführenden Ausschusses,
Herr Geheimer Regierungsrat Professor Dr.-Ing. Konrad
H a r t m a n n , erwiderte: »Meine verehrten Damen und
Herren! Kongresse sind für die meisten Teilnehmer gewöhnlich sehr angenehm; sie bieten Belehrung und Feste und das
alles in wohlvorbereiteter Form. Für diejenigen aber, die
die Kongresse zu veranstalten und durchzuführen haben,
sind sie eine Quelle mühsamer Arbeit. Namentlich gilt dies
für die Herren Kollegen, die am Kongreßort wohnen und
denen man freundlichst zumutet, für mehrere hundert Menschen
recht schön, und ohne daß diese sich besonders anzustrengen
brauchen, zu sorgen. Auch für die Behörden am Kongreßort
bedeuten die Kongresse gewöhnlich auch ein gutes Stück
Aufopferung. Daher ist es ein sehr gerechtfertigter Brauch,
daß man erst nach langer Zeit wieder dieselbe Stadt mit
einem Kongreß heimsucht.

Wir sind vor acht Jahren hier in Dresden gewesen, wir
haben damals eine schön verlaufene Versammlung abgehalten
und unsere Dresdner Kollegen gaben sich redliche Mühe,
uns recht angenehme Tage zu bereiten, vielleicht in der stillen
Hoffnung, daß wir sie nun viele Jahre verschonen würden.
Wenn wir nun nach verhältnismäßig kurzer Zeit schon wieder
kommen, so dürfen uns zwei Gründe hierzu bestimmen.
Der eine Grund besteht darin, daß hier in Dresden eine Ausstellung stattfindet, die für uns, für das Heizungs- und Lüftungsfach von der allergrößten Bedeutung ist. Die Herrschaften,
die die Ausstellung noch nicht gesehen haben, bitte ich, mir
zu glauben, wenn ich auf Grund einer langjährigen Ausstellungs-
erfahrung sage, daß die Internationale Hygiene-Ausstellung
in ihrer ernsten, würdigen, inhaltreichen und doch leicht
verständlichen Darstellung eines das ganze Volksleben be-
rührenden Spezialfaches kein Vorbild hat, das auch nur
einigermaßen damit den Vergleich aushalten könnte. Und
dabei ist dieses Spezialgebiet, die Gesundheitspflege, der

Boden, in dem auch das Heizungs- und Lüftungsfach wurzelt und dem es anderseits wieder Kraft und Arbeitsstoff zuführt. Die innigen Beziehungen des Heizungs- und Lüftungswesens zur Gesundheitspflege sind auch in der Ausstellung umfassend zum Ausdruck gekommen. Ich habe mir erlaubt, Ihnen in einem kurzgefaßten Führer zu zeigen, was die Ausstellung für unser Fach speziell bietet.

Der zweite Grund ist unsere Überzeugung gewesen, daß wir hier wieder von unseren Fachkollegen aufrichtig willkommen geheißen und daß sie sich freudig der mühsamen Vorbereitung unterziehen würden. In dieser Überzeugung sind wir nicht fehlgegangen.

Sie haben, meine Herren, von dem Vorsitzenden des Ortsausschusses, Herrn Stadtbaurat Wahl, vorhin gehört, daß wir herzlich willkommen sind. Und das waren nicht nur liebenswürdige Worte. Die Herren vom Ortsausschuß und speziell vom Arbeitsausschuß sind mit Freude ans Werk gegangen und haben den Kongreß in so sicherer Weise vorbereitet, daß wir einen guten Verlauf annehmen dürfen.

Wir danken diesen verehrten Herren herzlichst. Ich will nicht alle Namen nennen, aber wenigstens die beiden Vorsitzenden herausheben, Herrn Stadtbaurat Wahl und unseren schon bei dem Kongreß von 1903 bewährten Schatzmeister, Herrn Fabrikbesitzer Heiser.

Auch den Gattinnen der Herren gestatte ich mir verbindlichsten Dank zu sagen. Denn sie mußten das Opfer bringen, daß ihre Männer oft an langdauernden Sitzungen teilnehmen mußten. Und ich bitte bezeugen zu dürfen, daß diese Sitzungen tatsächlich stattgefunden haben und nicht zum Vorwand für aushäusige Ideen genommen wurden. Die Damen werden mir heute das auch glauben, angesichts der vielen Hunderte, die unserem Ruf gefolgt sind und für die der Arbeitsausschuß sorgen mußte wie eine Mutter für ihre Kinder.

Der schönste Lohn, den unser Orts- und Arbeitsausschuß für seine Mühe und Aufopferung erhalten kann, ist die Tatsache der außerordentlich großen Beteiligung. Viele Hunderte aus dem In- und Ausland haben ihr Schicksal für die nächsten Tage vertrauensvoll in die Hände unserer Dresdner Kollegen gelegt.

Wir haben die Überzeugung, daß wir gut in Dresden
aufgehoben sind, und das danken wir den Dresdner Herren.
Ich bitte Sie, meine Damen und Herren, unseren Dank zum
Ausdruck zu bringen in ein dreifach donnerndes Hoch. Unser
Orts- und Arbeitsausschuß leben hoch! (Lebhafter Beifall.)

Der Begrüßungsabend verlief in angeregter Weise, ver-
schönt durch die mit großem Beifall aufgenommenen Vorträge
mehrerer Dresdener Künstler.

Erste Kongreßsitzung

in der Aula der Kgl. Technischen Hochschule.

Montag, den 12. Juni 1911.

Der Vorsitzende des geschäftsführenden Ausschusses,
Geheimer Regierungsrat Professor Dr.-Ing. Konrad H a r t -
m a n n , Berlin, eröffnete um 9¼ Uhr vormittags den Kongreß
mit folgender Ansprache:

»Hochverehrte Versammlung! Im Namen des geschäftsführenden Ausschusses eröffne ich den Kongreß für Heizung
und Lüftung.

Unsere erste Versammlung haben wir im Jahre 1896
in Berlin abgehalten. Mit der Veranstaltung dieser Versammlungen verfolgten wir das Ziel, Gelegenheit zu geben
zum Austausch wissenschaftlicher Forschungen, praktischer
Erfahrungen und zur Anbahnung von kollegialen Beziehungen.
Dieses Ziel ist im Laufe der Jahre immer mehr und mehr
erreicht worden, und die große Beteiligung, die unser Dresdner
Kongreß findet, zeugt davon, daß wir mit der Veranstaltung
von Versammlungen der Heizungs- und Lüftungsfachmänner
auf dem richtigen Wege waren.

Im Namen des Ausschusses heiße ich alle Teilnehmer
herzlich willkommen, vor allem die Vertreter der Staats-,
Provinzial- und Kommunalbehörden sowie der verschiedenen
anderen Behörden, die Vertreter der Technischen Hochschulen
und der Vereine, die mit uns seit vielen Jahren in kollegialen
Beziehungen stehen. Bei der großen Zahl dieser hochverehrten
Herren ist es mir unmöglich, sie alle hier zu nennen. Ich

möchte mir aber gestatten, einzelne der hochverehrten Persönlichkeiten besonders namhaft zu machen, weil diese Herren die Güte haben werden, uns nachher einige Begrüßungsworte zu widmen.

In erster Linie begrüße ich Herrn Ministerialdirektor Geheimen Rat Dr. R o s c h e r , der uns schon im Jahre 1903 begrüßte und der die Güte gehabt hat, im Auftrage der Kgl. Sächs. Staatsregierung hierher zu kommen, um uns wiederum ein Willkommen zuzurufen. Herr Geheimer Rat Dr. Dr.-Ing. B e u t l e r , Oberbürgermeister der Kgl. Haupt- und Residenzstadt Dresden, hatte die große Güte, das Ehrenpräsidium unseres Kongresses und damit die oberste Führung zu übernehmen. Wir sind ihm dafür zu herzlichstem Danke verpflichtet und auch ganz besonders dafür, daß wir trotz unserer großen Zahl morgen im Rathause empfangen werden. Es hat der Stadtverwaltung und Herrn Oberbürgermeister Dr. Beutler große Überwindung kosten müssen, etwa 850 Teilnehmer — zu dieser Zahl sind wir jetzt angewachsen — morgen zu empfangen; und wenn Herr Oberbürgermeister sich noch dazu verstanden hat, so müssen wir ihm von ganzem Herzen dankbar sein, da wir damit Gelegenheit haben, ein schönes neues Gebäude kennen zu lernen und willkommen geheißen zu werden von der Stadt Dresden.

Seine Magnifizenz der Rektor der Technischen Hochschule, Herr Geheimer Hofrat Professor Dr. L u c a s , hat die Güte gehabt, uns die Aula der Hochschule zur Verfügung zu stellen. Wir danken ihm dafür verbindlichst.

Wir haben ferner die Freude, eine große Zahl von Vorständen, Vertretern und Mitgliedern befreundeter Vereine hier zu sehen, ganz besonders des Verbandes Deutscher Zentralheizungsindustrieller, Berlin, der Vereinigung der Verwaltungsingenieure des Heizungsfaches, Halle a. S., der Freien Vereinigung Berliner Heizungsingenieure, des Verbandes der Lieferanten von Zentralheizungsbestandteilen sowie der befreundeten Vereine aus Belgien, England, Frankreich, Niederlande, Österreich, Schweden, Schweiz und Ungarn. Auch diesen Herren rufen wir ein herzliches Willkommen zu. Wir freuen uns, daß die kollegialen Beziehungen, die sie seit Jahren zu uns pflegen, auch dieses Jahr wieder in so glänzender Weise zum Ausdruck kommen.

Die Zahl der Ausländer ist zu unserer großen Freude von Kongreß zu Kongreß gewachsen, so daß wir heute etwa 250 Ausländer hier begrüßen können, und zwar aus allen Teilen der zivilisierten Welt, aus Belgien, Dänemark, England, Frankreich, Holland, Italien, Norwegen, Österreich, Rumänien, Rußland, Schweden, aus der Schweiz, der Türkei und Ungarn. Auch allen diesen hochverehrten Herren rufen wir ein herzliches Willkommen zu und bitten Sie, mit den Veranstaltungen, die wir getroffen haben, einverstanden zu sein, sich darüber zu freuen und die Schwierigkeiten, die die Verschiedenheit der Sprache mit sich bringen muß, ruhig mit in den Kauf zu nehmen.

Ich darf nunmehr Herrn Ministerialdirektor Geheimen Rat Dr. R o s c h e r , Herrn Oberbürgermeister Dr. Dr.-Ing. B e u t l e r und Seine Magnifizenz den Rektor der Technischen Hochschule Herrn Geheimen Hofrat Dr. L u c a s bitten, zu der uns in liebenswürdiger Weise zugedachten Begrüßung das Wort zu nehmen.«

Ministerialdirektor Geheimer Rat Dr. R o s c h e r: Meine hochgeehrten Herren! Im Namen der Kgl. Sächs. Staatsregierung heiße ich den Verband der Heizungs- und Lüftungs-Fachmänner herzlich willkommen. In der Reihe der mehr als 300 Verbandstage, die infolge der vielseitigen Beziehungen der Hygiene die Hygiene-Ausstellung zu unserer Freude nach Dresden führt, nimmt Ihre Tagung eine besonders bedeutungsvolle Stellung ein. Gehört doch die Fürsorge für Wärme und frische Luft zu den wichtigsten Vorbedingungen menschlichen Wohlbefindens.

Es ist ein bemerkenswertes Zusammentreffen, daß in dieser Woche die Fachmänner der Heizung und der Kälte-Industrie in Dresden tagen. Zwischen beide aber schiebt sich der Verband für hauswirtschaftliche Frauenbildung ein, der die erquickende Wärme und die Nahrungsmittel schützende Kälte den Haushaltungen zu vermitteln sucht.

Daß der Verband der Heizungs- und Lüftungsfachmänner wissenschaftliche Forschung und praktische Erfahrung in sich vereinigt, gibt ihm einen vollgültigen Anspruch auf

Beachtung, insbesondere seitens der Staats- und Gemeinde-
verwaltungen. Baumeister, Ingenieure, Ärzte, Schulmänner
und Anstaltsverwaltungen haben von Ihren Beratungen
schon bisher Aufklärung und Anregung empfangen und dürfen
auch von den bevorstehenden Verhandlungen Gewinn erhoffen.

Der nicht bloß hier, sondern auch anderwärts aus zahlreichen Essen herausqualmende schwarze Rauch zeigt, daß
auf dem Gebiete der Heizung noch immer wertvolle Stoffe
verschwendet werden, zum wirtschaftlichen Nachteile des
Inhabers der Heizstätte und zum gesundheitlichen Schaden
der Umwohner. Ihr hochgeschätzter Ehrenvorsitzender, Herr
Geheimrat Professor Dr. Rietschel, der, wie ich höre, heute
leider nicht hier sein kann, hat einst den beherzigenswerten
Satz aufgestellt: »Unsere Heizungsanlagen sollen in ihrer
größten Vollendung durch nichts an ihr Vorhandensein erinnern.« Von diesem Ideale sind wir freilich, wenn wir die
Essenköpfe unserer Stadt betrachten, leider noch recht weit
entfernt. Ist es nicht bezeichnend, daß, wenn eine Industrie-
firma auf Briefköpfen, Rechnungen oder in Festschriften bei
Fabrikjubiläen ihre Anlagen im Bilde vorführt, die Fabrik-
essen meist malerisch gestaltete Rauchfahnen wehen lassen
(Sehr gut!), als unbeabsichtigtes Bekenntnis unzureichender
Brennstoff-Ausnutzung? (Heiterkeit.) Und in wenigen Haushaltungen wird die einfache Regel befolgt, daß frische Kohlen
nicht auf oder hinter, sondern v o r die brennenden Kohlen
zu schütten sind, eine Regel, die bei Beginn des Winters
von unseren Zeitungen allen Beteiligten von neuem eingeschärft
zu werden verdiente.

Die unwirtschaftliche und gesundheitsschädliche Verschwendung von Brennstoff hat für den Volkshaushalt eine
größere Bedeutung, als die meisten ahnen. Nach den Feststellungen unserer Reichsstatistik werden im Deutschen
Reiche jährlich Kohlen im Gesamtwerte von mehr als $1\frac{1}{2}$ Mil-
liarden Mark verbraucht. Gelänge es, die Ausnutzung dieser
Kohlenschätze, für deren Gewinnung unsere Bergleute Gesundheit und Leben einsetzen, auch nur um 1% zu steigern,
so würde das schon einen Gewinn von über 15 Mill. $\mathscr{M}$ jährlich bedeuten. Eine solche Verbesserung ist um so mehr

anzustreben, da der Verbrauch der Kohlen, insbesondere infolge der Zunahme der Industrie, in starkem Wachsen begriffen ist. Der deutsche Kohlenverbrauch stieg in den sechs Jahren von 1902 bis 1908 von 149 auf 214 Millionen t, also um 43%.

Ich schließe mit dem Wunsche, daß Ihre hygienisch und volkswirtschaftlich bedeutsamen Beratungen der Wärme und Frischluft bedürftigen Menschheit wirksame Förderung bringen möchten. (Anhaltender Beifall.)

Oberbürgermeister Geheimer Rat Dr. Dr.-Ing. B e u t l e r: Meine hochverehrten Herren! Auch die Stadt Dresden heißt Sie bei Ihrer diesjährigen Tagung herzlich willkommen. Wenn noch jemand in diesem Raume zweifelhaft gewesen wäre, welch hohe Bedeutung gerade Ihre Wissenschaft für die Praxis hat, so würde er durch die Zahlen, die mein geehrter Herr Vorredner gegeben hat, daran erinnert worden sein. Den Herren aber, die wie ich auch mitten im Leben und in der Verwaltung stehen, ist es schon seit Jahren klar zum Bewußtsein gekommen, daß kaum irgendein Teil unserer Ingenieurwissenschaften von solcher Bedeutung ist, daß aber auch kaum einer so große Aufgaben vor sich hat wie die Heizungs- und Lüftungs-Ingenieurwissenschaft.

Meine hochgeehrten Herren! Ich glaube, wir sind in Dresden beinahe die einzigen gewesen, die vor Jahren eine Art Zentralaufsicht auch über private Heizungen eingeführt haben, zum Teil zu dem Zwecke, um die Übelstände, die in treffender Weise Herr Geheimrat Dr. Roscher mit fliegenden Rauchfahnen bezeichnet hat, wenigstens in Dresden zu beseitigen. Es ist das freilich, wie das in der Natur der Sache liegt, nur sehr unvollkommen gelungen. Weiter gehört Dresden zu den wenigen Städten, die eine umfassende Heizungsanlage für Fernheizungen eingerichtet haben, und zwar ist es hier der Kgl. Staatsfiskus gewesen, der diese große Aufgabe in die Hand genommen hat. Das alles sind aber zweifellos nur geringe und in ihren Erfolgen verhältnismäßig unbedeutende Anfänge.

Das Ideal, was gleichfalls Herr Geheimrat Dr. Roscher vorgezeichnet hat, liegt noch in sehr weiter Ferne, aber durch

Ihre Bestrebungen und durch die wissenschaftliche Vertiefung
Ihrer Arbeiten dürfen wir doch hoffen, daß wir diesem Ideale
näher kommen und, wie in allen Wissenschaften, die speziell
in Deutschland Bedeutung erlangt haben — ich darf nur an
die Elektrizitätswissenschaft erinnern —, ist zu hoffen, daß
mit der Praxis dieses Ziel um so rascher erreicht wird, das
Ziel, welches dahin geht, daß die Heizung und Lüftung allen
Volksgenossen in wirtschaftlich einwandfreier und wirklich
gesundheitlich unschädlicher Weise zugute kommt. Daß
wir von diesem Ziele noch weit entfernt sind, haben wir in
unserer Stadt alle Tage zu beobachten. Wir wissen aber,
daß die besten Kräfte der Ingenieure an dieser Arbeit beteiligt sind, und deshalb hoffen wir, daß auch diese Tagung
uns diesem Ziele näher führt.

Seien Sie uns nochmals recht herzlich willkommen in
Dresden! Ich hoffe, daß Sie auch die sitzungsfreien Stunden
zu ihrer Erholung benutzen werden. (Anhaltender lebhafter
Beifall.)

Geheimer Hofrat Professor L u c a s , Rektor der
Technischen Hochschule in Dresden: Meine hochgeehrten
Herren! Die liebenswürdige Einladung Ihres geschäfts-
führenden Ausschusses zu den Veranstaltungen Ihres Kon-
gresses bietet mir als derzeitigem Rektor der Dresdner Tech-
nischen Hochschule und als augenblicklichem Hausherrn
dieses Gebäudes willkommenen Anlaß, Sie, die geistigen
Führer auf einem der wichtigsten und bedeutsamsten Gebiete
der baulichen Gesundheitspflege in den Räumen unserer
Hochschule willkommen zu heißen und Ihnen bei dieser
Gelegenheit gleichzeitig meinen Dank für die an mich als
Vertreter der Hochschule gerichtete Einladung auszusprechen.

Ihr Kongreß, meine hochgeehrten Herren, ist der erste
der für die Dauer der Hygiene-Ausstellung in Aussicht ge-
nommenen gleichen Veranstaltungen, der in diesem Saale
tagt, der erste, der sich daran erinnert, daß es in Dresden
eine Technische Hochschule gibt. Ich irre wohl nicht,
wenn ich mir daraus zu schließen erlaube, daß das Gefühl
des Zusammenhanges mit den Technischen Hochschulen
des Reiches in Ihren Reihen, meine Herren, ein lebendiges

und starkes ist. Und wahrlich, nur in diesem engen Zusammen-
schluß von Theorie und Praxis, in der innigen Verbindung
zwischen den aus den Beobachtungen und Erfahrungen der
Praxis schöpfenden und diese wissenschaftlich verwertenden
Lehrenden und den die Ergebnisse der theoretischen Speku-
lation und der Laboratoriumsversuche auf die vielgestaltigen
Fälle des praktischen Lebens anwendenden Ausführenden
liegen die Wurzeln unserer Kraft, und in ihnen ist wohl auch
sicher eine der hauptsächlichsten Ursachen und Grundlagen
mit zu erblicken für den großartigen Aufschwung, den die
deutsche Technik in den letzten zwei Jahrzehnten genommen
hat. Gerade die von Ihnen beherrschten Disziplinen, die
von Ihnen noch zu lösenden Probleme bedürfen, vielleicht mehr
noch als anderswo, vor allem dieses g e m e i n s c h a f t -
l i c h e n Arbeitens und dieses g e m e i n s a m e n Strebens
nach der Bewältigung der der Erreichung Ihrer Ziele sich
entgegenstellenden Schwierigkeiten.

Möge es für Ihre Tätigkeit in den bevorstehenden Arbeits-
tagen von guter Vorbedeutung sein, daß Sie sich als Arbeits-
stätte gerade die Technische Hochschule gewählt haben,
in deren Namen ich Sie herzlichst begrüße, indem ich Ihnen
ebenfalls wie meine geehrten Herren Vorredner einen in jeder
Weise vollbefriedigenden Erfolg Ihrer für die Allgemeinheit
und das allgemeine Wohl so bedeutungsvollen wichtigen
Arbeiten wünsche. (Lebhafter Beifall.)

Geheimer Regierungsrat Prof. Dr.-Ing. H a r t m a n n :
Hochgeehrte Herren! Die freundlichen Begrüßungsworte, die
uns soeben gewidmet worden sind, finden bei uns einen
lebhaften und dankbaren Widerhall. Wir danken aufs herz-
lichste für die uns dargebrachten Sympathien und bitten die
Herren, davon überzeugt zu sein, daß wir uns die Wünsche,
die sie zum Ausdruck gebracht haben, zu Herzen nehmen,
und daß wir versuchen werden, durch Vervollkommnung der
Heizungs- und Lüftungseinrichtungen das Ziel zu erreichen,
das sie uns in so lebhafter Weise vor Augen geführt haben.

Meine Herren! Manche von denjenigen, die wir auf unseren
Kongressen zu begrüßen gewohnt waren, sind seit dem letzten
Kongreß in Frankfurt a. M. dahingegangen, darunter unser

hochverehrter Freund Herr Kommerzienrat H e n n e b e r g.
Bei unserem letzten Kongreß in Frankfurt a. M. war er bereits
durch schwere Krankheit verhindert, an den Verhandlungen
teilzunehmen. Kurze Zeit darauf erlag er seinem Leiden.
Die Heizungs- und Lüftungstechnik hat in ihm einen hervor-
ragenden Führer verloren und wir im geschäftsführenden
Ausschuß einen treuen Freund, der uns bei der Veranstaltung
unsrer Versammlungen stets tatkräftig zur Seite stand. Sein
Andenken wird von uns in hohen Ehren gehalten werden.
Ich bitte Sie, sich zum Gedenken an alle von uns geschiedenen
Kollegen von Ihren Sitzen zu erheben. (Geschieht.) Ich
danke Ihnen.

Meine Herren! Wie Sie bereits gestern Abend von dem
Vorsitzenden des Ortsausschusses, Herrn Stadtbaurat W a h l,
gehört haben, ist Herr Geheimer Regierungsrat Professor Dr.-
Ing. R i e t s c h e l, der Ehrenvorsitzende des geschäftsführenden
Ausschusses, leider verhindert, unserer Tagung beizuwohnen.
Ärztlicher Rat zwingt ihn fern zu bleiben, damit er sich ganz
erhole von dem Krankheitsanfalle, der ihn vor einigen Monaten
heimgesucht hat. Herr Geheimrat R i e t s c h e l hat uns
folgendes Telegramm gesandt:

»Schmerzlich berührt, der diesjährigen Versammlung
aus Gesundheitsrücksichten fern bleiben zu müssen, bin
ich im Geiste und mit herzlichen Empfehlungen bei meinen
verehrten Herren Kollegen und allen Teilnehmern. Möge
der Kongreß in jeder Beziehung einen glänzenden und
vor allem einen für unser Fach segensreichen Verlauf
nehmen!«

Meine Herren! Wir bedauern das Fernbleiben unseres
hochverehrten Ehrenvorsitzenden ganz besonders deshalb,
weil wir dadurch verhindert sind, ihm persönlich die Gefühle unserer Verehrung und Hochschätzung darzubringen.

Herr Geheimrat R i e t s c h e l hat im Herbste des
vorigen Jahres nach 25jähriger erfolgreicher Tätigkeit sein
Lehramt an der Hochschule zu Charlottenburg niedergelegt.
Viele von Ihnen sind seine Schüler gewesen und haben von
ihm die Kenntnis der Wissenschaft der Heizungs- und Lüftungstechnik erhalten. Tausende von Heizungsingenieuren sind

durch seine Vorträge belehrt worden und haben in seinem
»Leitfaden« einen Führer gefunden durch die Schwierigkeiten,
die das Heizungs- und Lüftungswesen immer noch bietet.
R i e t s c h e l hat die Spezialtechnik der Heizung und Lüftung
ausgebaut und gestaltet zu einer wissenschaftlichen Dis-
ziplin; er hat in der Prüfungsanstalt an der Berliner Hochschule das Institut geschaffen, das berufen ist, unserem Fache
Führer und Leiter zu sein. Wir alle hegen seit Jahren immer
wieder die Gefühle aufrichtigen Dankes für seine Wirksamkeit. Wir haben die Verdienste, die er speziell um unsere
Kongresse hat, dadurch anerkannt, daß wir ihn zum Ehrenvorsitzenden des geschäftsführenden Ausschusses gewählt
haben. Der Verband Deutscher Zentralheizungsindustrieller
hat im vorigen Jahre aus Anlaß des 25 jährigen Professoren-
jubiläums R i e t s c h e l s ihn zu seinem Ehrenmitgliede
ernannt. Viele von uns aber fühlen in sich die Pflicht, unserem
hochverehrten Ehrenvorsitzenden auch ein sichtbares Zeichen
der Liebe und Verehrung zu geben. Der geschäftsführende
Ausschuß hat daher beschlossen, von Künstlerhand eine Büste
unseres hochverehrten Freundes herstellen zu lassen, die
ihm übergeben wird als ein Zeichen unserer Hochschätzung,
und die einst nach vielen, vielen Jahren, wenn unser Ehrenvorsitzender dahingeschieden sein wird, der Hochschule in
Charlottenburg anzubieten wäre, damit sie dort im Licht-
hofe neben den Büsten anderer hochverdienter Lehrer den
Studierenden des Heizungs- und Lüftungsfaches Kenntnis
gibt von dem Meister, der die Wissenschaft der Heizungs-
und Lüftungstechnik geschaffen hat. Der geschäftsführende
Ausschuß bittet Sie, diesem Beschluß Ihre Zustimmung zu
erteilen. (Anhaltender, lebhafter Beifall.)

Meine Herren! Ich danke Ihnen für die Zustimmung
und werde mir erlauben, Herrn Geheimrat R i e t s c h e l
davon noch heute Kenntnis zu geben. (Beifall.)

Ich habe dann noch einige Mitteilungen zu machen.
Die große Zahl der Teilnehmer an unserem Kongreß hat
uns ja außerordentlich erfreut, sie hat uns aber eine große
Zahl von Schwierigkeiten verursacht, und wir bitten Sie,
wie das gestern bereits von Herrn Stadtbaurat W a h l

geschehen ist, für etwaige kleine Unbequemlichkeiten um Entschuldigung und um Geduld, dann wird die Sache genau so
gut gehen wie bei anderen Kongressen. Ganz besondere
Schwierigkeiten treten natürlich bei den festlichen Veranstaltungen auf und hier ganz besonders bei dem Festessen.
Es ist unmöglich, für 850 Teilnehmer eine Tischordnung zu
machen, um so weniger, als viele der verehrten Herren vor-
gezogen haben, trotz unserer wiederholten Bitten, sich erst
gestern und vorgestern anzumelden. Wir mußten unser
ganzes Arrangement umformen, andere Säle in Anspruch
nehmen usw. Ich möchte mir erlauben, mitzuteilen, daß wir
für einige Herren Plätze reservieren werden; viele sind berufen, aber wenige sind auserwählt, und ich bitte die Herren,
die wir nicht ausgewählt haben, auch von vornherein um
Entschuldigung. Wir müssen uns den gegebenen Verhältnissen anpassen und können nicht für so und soviele Hundert
sorgen, um so weniger, als jeder der verehrten Herren seine
besonderen Wünsche haben dürfte. Wir werden eine Liste
der Herren, für die wir Plätze reserviert haben, zur Kenntnis
bringen, und ich bitte die anderen Herren, heute nachmittag
im Hauptfestsaale der Ausstellung selbst die Plätze an Ort
und Stelle zu belegen. Wir bitten aber dringend, dieses Belegen zu respektieren und nicht vielleicht durch Umtausch
von Karten eine Verwirrung in die ganze Sache hineinzubringen.
Wir haben außer den Plätzen auch eine Reihe von Tischen
reservieren lassen für den Fall, daß einzelne Vereine oder
einzelne Gruppen von Ausländern zusammensitzen wollen,
denn wir halten es für unsere Pflicht, daß wir gerade den
Herren vom Auslande gegenüber ganz besondere Sorge tragen.

Meine Herren! Sie wissen ferner, daß wir einige Druck-
sachen zur Verfügung stellen, zunächst das Programm, dann
einen Führer, der Ihnen zeigen soll, an welchen Stellen Sie
in der Ausstellung besondere Objekte des Heizungs- und
Lüftungswesens finden. Wir haben das für notwendig gehalten, denn bei dem kolossalen Areal, das die Ausstellung
umfaßt, ist es nicht sehr leicht, in der kurzen Zeit, die Sie
nur zur Verfügung haben, die einzelnen Objekte aufzu-
finden.

Dann möchte ich Sie noch ganz besonders aufmerksam machen auf einen roten Zettel, der den Damen angibt, welche Veranstaltungen für sie getroffen worden sind, und der auch für Sie großes Interesse haben wird, weil darauf die Zeiten und Treffpunkte für die Besichtigungen angegeben sind. Ich bitte also, diesen Zettel recht genau zu beachten.

Ich möchte dann noch weiter mitteilen, daß die Teilnehmerliste aus dem Grunde, den ich vorhin schon erwähnte, nämlich der zu späten Anmeldung, auch nicht rechtzeitig fertig werden kann. Wir sind gezwungen, mehrere Hundert von Teilnehmern noch heute in die Teilnehmerliste einzufügen, so daß wir sie im besten Falle erst morgen zur Kenntnis bringen können.

Herr Oberbürgermeister Dr. B e u t l e r und die städtischen Behörden haben die große Güte gehabt, uns für morgen abend in das neue Rathaus einzuladen, und diese Güte ist so weit gegangen, daß wir alle kommen dürfen, aber, meine geehrten Herren, nicht auf Grund der Bons, die sich in den Teilnehmerkarten vorfinden, diese Bons berechtigen nicht zum Eintritt. Ich bitte das zu beachten, damit morgen keine Reklamationen entstehen. Es werden heute abend beim Festessen besondere Eintrittskarten zu dem Begrüßungsabend im Rathause ausgegeben.

Meine Herren! Einem alten, guten Brauche folgend, wählen wir uns die Vorsitzenden für die drei Sitzungstage. Ich schlage Ihnen vor, für heute als Vorsitzende zu wählen Herrn Geheimen Oberbaurat U b e r , vortragenden Rat im Ministerium der öffentlichen Arbeiten, Berlin-Wilmersdorf; und Herrn Ministerialrat im Kgl. Bayer. Ministerium des Innern Frhr. v. S c h a c k y a u f S c h ö n f e l d , München, dann für morgen Herrn k. k. Wirklichen Oberbaurat im Ministerium für öffentliche Arbeiten F o l t z , Wien, und Herrn Ingenieur und Fabrikbesitzer S c h i e l e , Vorsitzenden des Verbandes Deutscher Zentralheizungsindustrieller, Mitglied des Reichsgesundheitsrats, Hamburg, und für Mittwoch Herrn Professor an der Technischen Hochschule zu Karlsruhe P f ü t z n e r und Herrn Stadtbaurat W a h l , Dresden. Ich bitte Sie, mit diesen Wahlvorschlägen einverstanden zu sein. (Zustimmung.)

Ich konstatiere, daß die Herren gewählt sind, und bitte sie, die Wahl anzunehmen. — Ich stelle dies fest.

Damit, meine Herren, kann ich mein Präsidium in die Hände meiner Nachbarn legen und darf mich von Ihnen verabschieden mit dem herzlichsten Wunsche, daß dieser Kongreß sich den früheren würdig anreihen möge, daß er dazu beitrage, wie die früheren Kongresse unser Fach zu heben und die kollegialen Beziehungen zu fördern. (Anhaltender lebhafter Beifall.)

Geheimer Oberbaurat U b e r übernimmt den Vorsitz, macht zunächst einige geschäftliche Mitteilungen und bemerkt dann weiter:

Ferner möchte ich mitteilen, meine Herren, daß ein Katalog für die wissenschaftliche Abteilung der Gruppe »Heizung und Lüftung« bereits fertig gedruckt ist und hier im Hausflur draußen vor der Saaltür zu entnehmen ist gegen Erstattung von 20 $\mathcal{S}$, die der Ausstellungsleitung zur Deckung der Selbstkosten zufließen. Es ist dieser Katalog ein Führer durch die wissenschaftliche Abteilung, die in der Halle Nr. 54 »Ansiedlung und Wohnung« untergebracht ist.

Dann darf ich Herrn Professor P f ü t z n e r bitten, uns den freundlich zugesagten Vortrag über »D i e m o d e r n e H e i z u n g s - u n d L ü f t u n g s t e c h n i k i n i h r e n B e z i e h u n g e n z u r H y g i e n e« zu halten.

I. Vortrag.

Die moderne Heizungs- und Lüftungstechnik in ihren Beziehungen zur Hygiene.

Von H. Pfützner, Professor an der Technischen Hochschule zu Karlsruhe i. B.

Meine Herren! Die Hygiene lehrt uns, in welchem Zustande sich Luft und Wärme in unseren Wohnräumen befinden sollen, und die einschlägige Technik hat die Aufgabe, mit ihren theoretischen und praktischen Hilfsmitteln die verlangten Zustände herbeizuführen.

Bei der neueren Weiterentwicklung der Heizungs- und Lüftungstechnik sind deshalb auch neben den technischen und wirtschaftlichen Gesichtspunkten in erster Linie die Forderungen der Hygiene maßgebend gewesen.

Welche weitgehende Bedeutung der Heizung und Lüftung unserer Räume seitens der wissenschaftlichen Hygiene beigemessen wird, läßt sich schon aus dem Umfange ermessen, der dem Kapitel über Heizung und Lüftung in den hygienischen Lehrbüchern eingeräumt wird.

Wenn diese Tatsache noch einer Bekräftigung der Öffentlichkeit gegenüber bedurfte, so ist dies in der augenfälligsten Weise durch die Dresdner Internationale Hygiene-Ausstellung geschehen. Denn hier tritt uns dieser bedeutsame Zweig der Gesundheitstechnik im breitesten Rahmen und in beträchtlichem Umfange entgegen, nicht nur in der Gruppe für Ansiedlung und Wohnung sondern auch in anderen Gruppen, zu denen die Heizung und Lüftung wissenschaftliche oder praktische Beziehungen unterhält.

Schon dieser Umstand mußte den Gedanken nahelegen, die Reihe unserer Vorträge mit einer Besprechung der gegenwärtigen Beziehungen zwischen der Heizungs- und Lüftungstechnik und der wissenschaftlichen Hygiene zu eröffnen.

Bei unseren Betrachtungen über die Beziehung zwischen Technik und Hygiene müssen wir aber von vornherein den Umstand einschließen, daß die Heizungs- und Lüftungstechnik in ihren Maßnahmen zur Erfüllung der hygienischen Forderungen nicht frei ist; denn die betreffenden Anlagen müssen sich in Gebäude einfügen, bei deren Errichtung die Wünsche und Meinungen der Eigentümer oder der Verwaltung, besonders aber des Baumeisters und in vielen Fällen auch des Arztes ausschlaggebend sind und denen sich der Ingenieur sehr oft wohl oder übel fügen muß.

Anderseits ist nach der Fertigstellung des Gebäudes dem Ingenieur zumeist jeder Einfluß auf die von ihm erbaute Heizungs- und Lüftungsanlage entzogen, und die Anlage gerät oft in Hände, die mit dem Wesen, der Wirkungsweise und

der Behandlung solcher Einrichtungen nicht genügend ver-
traut sind, was selbstverständlich auch auf deren Leistungsfähigkeit den schwerwiegendsten Einfluß hat.

Unter Berücksichtigung dieser Einflüsse werden wir uns
hier nicht allein mit den einschlägigen Forderungen der Hygiene selbst und mit der Möglichkeit ihrer Verwirklichung
sondern auch mit den Schwierigkeiten zu beschäftigen haben,
die zurzeit noch bei der Errichtung derartiger Anlagen und bei
ihrem späteren Betriebe entstehen.

Bei dem großen Umfange dieses Gebietes kann es sich
hier selbstredend nur um einen allgemeinen Überblick handeln,
bei dem nur auf einige w e s e n t l i c h e Punkte näher ein-
gegangen werden soll. Immerhin werde ich dabei manches
berühren müssen, was in unseren Kreisen hinlänglich bekannt ist.

Betrachten wir zunächst die H e i z u n g s a n l a g e n
unserer Wohn- und Aufenthaltsräume, so dürfen wir wohl
behaupten, daß die mannigfaltigen hygienischen Forderungen
fast sämtlich von der Technik erfüllt werden können, sei es
durch die Wahl des richtigen Heizsystems, die Verwendung
geeigneter Konstruktionen oder die richtige Anordnung ein-
zelner Teile.

Es ist allgemein bekannt, daß nach den Grundsätzen der
Hygiene die Heizungsanlage keine Verunreinigung der Zimmer-
luft durch Rauch, Staub, Asche oder schädliche Gase herbeiführen darf, und es ist ebenso hinlänglich bekannt, daß sich
diese Forderung mit den meisten Zentralheizungssystemen
sowie mit der elektrischen Heizung und der Gasheizung erfüllen läßt.

Es ist ebensowenig ein Geheimnis, daß nach den Forderungen der Hygiene durch die Heizungsanlage keine Veränderung in der chemischen Beschaffenheit der Wohnungsluft, kein Verderben der Luft, keine unangenehmen Gerüche,
keine störenden Geräusche verursacht werden dürfen und daß
der Betrieb der Heizung einfach und gefahrlos sein soll. Wir
wissen, daß diese Forderungen am sichersten mit der Warmwasserheizung erfüllt werden, wenn Druck und Temperatur
des Heizwassers in gewissen Grenzen bleiben, daß aber auch

die Niederdruckdampfheizung imstande ist, unter gewissen Bedingungen und Maßnahmen den genannten Anforderungen nahezukommen.

Die Forderung nach einer möglichst gleichmäßigen Temperatur an allen Stellen des benutzten Raumes läßt sich durch entsprechende Aufstellung der Heizkörper bewirken. Ebenso ist die Konstanthaltung der Temperatur während der Benutzung des Raumes entweder durch g e n e r e l l e und ö r t l i c h e Regelung b e i W a s s e r h e i z k ö r p e r n oder mittels ö r t l i c h e r Regelung bei N i e d e r d r u c k - d a m p f h e i z k ö r p e r n zu erreichen. Wo dies, wie bei den letztgenannten, Umständlichkeiten verursacht, hat die moderne Technik mit den selbsttätigen Temperaturreglern ein schätzbares Mittel an die Hand gegeben, wenn auch diese Apparate noch etwas empfindlich und in den Anschaffungskosten verhältnismäßig teuer sind.

Insbesondere muß den schädlichen Luftströmungen, die infolge der kälteren Umschließungsflächen der Räume einerseits und der im Raum befindlichen Wärmequellen anderseits entstehen, bei der Verteilung der Heizflächen die weitestgehende Aufmerksamkeit gewidmet werden. Sie verdienen um so mehr Beachtung, als Rubner[1]) nach seinen Untersuchungen gefunden hat, daß sogar an sich insensible und anemometrisch nicht nachweisbare Luftströme im Zimmer, wenn sie auf den Körper infolge ihrer niederen Temperatur oder anderer Ursachen stärker wärmeentziehend wirken, dem Gesamtkörper schädlich werden können.

Es genügt nicht immer, die Heizkörper so zu verteilen, daß kleine Stromkreise für die Zirkulationsluft entstehen, sondern die Luft muß, wo nötig, an den kalten Flächen abgefangen und gewissermaßen zwangläufig nach den Heizkörpern abgeleitet werden, ohne auf diesem Wege Personen zu treffen.

Diese Luftströme treten häufig an den großen Fenstern und kalten Außenflächen unserer Kirchen zutage, obwohl hier meist ohne Schwierigkeit die Heizkörper in die Fenster-

---

[1]) Archiv für Hygiene. Bd. 50. S. 296.

nischen gestellt und die abgekühlte Luft hinter den Heizkörpern heruntergeleitet werden könnte.

Schon aus diesem Grunde sollte die Luftheizung für solche Kirchen ausgeschlossen werden, da bei ihr ein derartiges Abfangen der kalten belästigenden und krankmachenden Luftströmungen nicht möglich ist.

Häufig ist auch noch die nötige Sorgfalt bei der Reinhaltung der Heizkörperoberflächen und deren Umgebung zu vermissen. Die Hygiene lehrt uns, daß der Staub in der Luft bewohnter Räume Mikroorganismen enthält, daß er Erkrankungen begünstigen kann und daß der Staub an den Heizflächen zersetzt wird. Freistehende Heizkörper mit möglichst glatten, allenthalben zugänglichen Flächen sind deshalb eine schon längst bestehende Forderung. Alle Verkleidungen der Heizkörper, mögen sie konstruiert sein wie sie wollen, entziehen zum mindesten dem Auge die Kontrolle über die Sauberkeit, wenn nicht, was häufig der Fall ist, die Reinigung des Heizkörpers durch sie erschwert oder gar unmöglich gemacht wird.

Ich will gern zugeben, daß der mit seinen glatten senkrechten Flächen ausgestattete Radiator vom hygienischen Gesichtspunkte betrachtet eine große Vollkommenheit aufweist, aber seine Formenschönheit läßt sicher noch zu wünschen übrig, woraus sich oft vom dekorativen Standpunkte die Notwendigkeit der Heizkörperverkleidungen entwickelt.

Es wäre an der Zeit und mit unseren modernen Fabrikationsmitteln wohl auch möglich, anstatt der Heizkörperverkleidungen hygienisch einwandfreie Heizkörper zu konstruieren, die gleichzeitig dem ästhetischen Empfinden mehr als bisher Rechnung tragen. Was nach dieser Richtung schon das Mittelalter in kunstvoller Ausgestaltung von Kaminen und Öfen leistete und noch in neuerer Zeit von der Ofenindustrie geleistet wird, das müßte schließlich auch einmal für die Heizkörper der Zentralheizungen möglich sein.

Wenn hier noch unerfüllte Wünsche bestehen, so liegt das wohl nicht allein an den konstruktiven Schwierigkeiten, sondern mit an dem Umstande, daß heute noch an der Heizungseinrichtung selbst auf Kosten ihres hygienischen Wertes möglichst gespart wird. Häufig genug wird, um ein paar

hundert Mark weniger auszugeben, eine hygienisch minderwertige
Heizungsanlage eingebaut, während für die Verschönerung
der Gebäudefassade Tausende ohne Bedenken aufgewendet
werden oder die Wände der Räume mit Ölgemälden geschmückt
sind, deren Kaufpreis das Vielfache der gesamten Heizungsanlage ausmacht.

Seitdem die Hygiene gefunden hat, daß es keine Normal-
feuchtigkeit der Wohnungsluft gibt, sondern daß die zuträg-
lichste Feuchtigkeit im Zusammenhange steht mit der Temperatur und der Bewegung der Luft sowie mit der Bewegung
oder Ruhe des menschlichen Körpers selbst, ist in der Heizungstechnik vielfach die Meinung verbreitet, daß eine künstliche Befeuchtung der Luft unnötig oder gar hygienisch ver-
werflich sei. Trotzdem lehrt uns die tägliche Erfahrung, daß
in dauernd geheizten und gelüfteten Räumen die relative
Feuchtigkeit sogar bis zu 20% zurückgeht und daß sich die
Bewohner über trockene Luft beklagen, die sich in Reizer-
scheinungen der Atmungswege geltend macht.

Es ist kaum wahrscheinlich, daß dieses Gefühl der Trockenheit ausschließlich auf den an den Heizkörpern zersetzten Staub
zurückgeführt werden kann; denn die genannten Erscheinungen
sind häufig auch dort zu bemerken, wo die Temperatur der
Heizfläche wie bei Wasserheizungen und großen Kachelöfen
unter der Grenze von 70⁰ bleibt und wo eine peinliche Sauberkeit des Raumes und des Heizkörpers zu beobachten ist.

In der Tat erklärt auch die neuere Hygiene fast überein-
stimmend nur, daß zu trockene Luft bei höheren wie bei
niederen Raumtemperaturen ein kleineres Übel ist als zu
feuchte, und sie hat für normale Zustände den relativen Feuchtigkeitsgehalt auf etwa 30 bis 50% herabgesetzt, während
früher allgemein 50 bis 60% verlangt wurden.

Den häufig auftretenden Bestrebungen, die künstlichen
Luftbefeuchter zu verbessern, kann deshalb vom hygienischen
Standpunkte aus die Berechtigung nicht ohne weiteres abgesprochen werden, wenn auch anderseits zugegeben werden muß,
daß völlig einwandfreie Befeuchtungsapparate bis jetzt kaum
zu finden sind.

Wir dürfen wohl sagen, daß unbeschadet der ausgesprochenen Wünsche nach weiteren Vervollkommnungen bezüglich der Heizung in der Hauptsache die denkbar beste Harmonie zwischen hygienischer Forderung und technischem Können besteht. Wenn hier und da eine sog. moderne Luftheizung zur Ausführung kommt, deren gußeiserne Heizflächen bis beinahe zur Weißgluthitze erwärmt werden, und bei welcher die den Räumen zugeführte Luft soviel Staub in den unzugänglichen und verschmutzten Kanälen aufgenommen hat, daß sie eine wahre Staubplage für die Bewohner hervorruft, so kann das ebensowenig der gesamten Heizungstechnik zur Last gelegt werden, als wenn durch eine mangelhaft gebaute oder schlecht einregulierte Niederdruckdampfheizung störende Geräusche entstehen.

Die Heizungstechnik ist auch nicht immer dafür verantwortlich zu machen, wenn ein Heizsystem, sei es aus Sparsamkeit oder Unkenntnis, an der falschen Stelle angewendet wird.

Es ist auch zumeist nicht die Schuld der Heizungsanlage selbst, wenn Überwärmung der Räume oder Ungleichheit der Temperaturen eintritt, sondern der Grund dafür ist viel häufiger in der Behandlungsweise zu suchen. Deshalb sollte beispielsweise in Räumen, die Lehrzwecken dienen, und in denen durch die Wärmeabgabe der Schüler leicht ganz erhebliche Temperatursteigerungen entstehen, die Regelung der Heizkörper nur durch den Heizer v o m G a n g a u s e r f o l g e n und die Temperatur der Räume mittels Schauthermometer dem Heizer sichtbar gemacht werden.

Ein guter Teil des harmonischen Verhältnisses zwischen Hygiene und Heizungstechnik liegt zweifellos in den fast selbstverständlichen und klaren hygienischen Forderungen, deren Erfüllung in der Hauptsache mittels des Thermometers leicht nachgewiesen und kontrolliert werden kann.

Wenn wir uns jetzt der Lüftung unserer Räume zuwenden, so treten uns gleich von vornherein gewisse Schwierigkeiten entgegen, die teils in der Feststellung der Luftverschlechterung, teils in der Bestimmung der notwendigen Größe des Luftwechsels ihre Ursache haben. Der Mensch ist für die Reinheit der Luft weniger feinfühlig ausgestattet als für die Temperatur, und diese Feinfühligkeit ist außerdem bei verschiedenen Individuen ganz verschieden entwickelt.

Seit einer Reihe von Jahren sind wir gewöhnt, den erforderlichen Luftwechsel der Räume entweder nach einem nicht zu überschreitenden Kohlensäuregehalt der Luft oder nach einer nicht zu überschreitenden Temperatur des Raumes zu ermitteln. Als dritter Maßstab kommt in besonderen Fällen noch ein nicht zu überschreitender Feuchtigkeitsgehalt der Luft in Frage.

Der Kohlensäuremaßstab stützte sich auf den bekannten Zimmergeruch, und da sich die als schädlich angesehenen Riechstoffe quantitativ nicht feststellen ließen, so nahm von Pettenkofer an, daß die Güteverminderung der Luft in unseren Wohnungen nahezu proportional der gleichzeitigen Kohlensäurevermehrung sei. Den Maßstab selbst hat von Pettenkofer durch die Annahme festgelegt, daß die durch Ausdünstung etc. der Menschen verunreinigte Luft eines Raumes einen Kohlensäuregehalt von $0,7^0/_{00}$ bis höchstens $1^0/_{00}$ nicht überschreiten dürfe. Rietschel hat für gewisse Fälle einen Grenzwert von $1,5^0/_{00}$ Kohlensäure als zulässig angesehen.

Die Lüftungstechnik hat mit den Luftmengen, die je nach der Sachlage entweder nach dem einen oder dem andern Maßstab berechnet wurden, in den meisten Fällen hinlänglich gute Ergebnisse erzielt.

Immerhin war der Gedanke naheliegend, daß mit der Beseitigung der gasförmigen Verunreinigungen der Luft, die sich wie die ausgeatmete Kohlensäure verhalten sollte, die Lüftungsfrage selbst nicht erschöpft sein konnte.

Rubner wies darauf hin, daß sich die Erörterungen über die Notwendigkeit der Lüftung auf die biologischen Wirkungen stützen müssen und welche Rückwirkungen die aus dem Lebensprozeß oder anderen Quellen herrührende Wärme, Wasserdampf und andere Gase äußern.

Insbesondere wurde durch die Untersuchungen von Rubner und Wolpert[1]) auf die hygienische Bedeutung der Luftfeuchtigkeit in den Wohnräumen hingewiesen. Man fand bestätigt, daß die Wasserdampfabgabe des Menschen mit dem Steigen der relativen Feuchtigkeit der Luft stark abnimmt, und daß gewissermaßen die Wasserdampfausscheidung als eine physikalische Funktion des Organismus bezeichnet werden könne. Es ergab sich ferner, daß die Luftfeuchtigkeit einen Einfluß auf die Wärmeabgabe des Körpers ausübt, so daß z. B. bei wachsendem Feuchtigkeitsgehalt die Wärmeabgabe durch Strahlung und Leitung vermehrt wird, wegen der geringeren Verdunstung aber die Wärmeabgabe des Körpers sich vermindert.

Versuche zeigten aber auch, daß z. B. in einem Raume, in welchem Wasser verdampft wurde, die Wände etwa $4/5$ desselben absorbierten, woraus auf die außerordentlich hohe Verschluckungsfähigkeit der Wände geschlossen werden kann, die gewissermaßen eine hygroskopische Regulierung der Luftfeuchtigkeit herbeiführt.

Jedenfalls ist nach diesen Untersuchungen von neuem bestätigt worden, daß der Feuchtigkeitsmaßstab kein sichereres Kriterium für die Luftverschlechterung in unseren Wohnräumen ist als der Kohlensäuremaßstab.

Eine sehr weitgehende Beanstandung der v. Pettenkoferschen Anschauungen über Ursachen und Wirkungen der schlechten Luft und über die Größe des Luftwechsels nach dem Kohlensäuremaßstab hat sich durch die bekannten Versuche von Flügge[2]) und seiner Schule ergeben. Flügge kommt zu dem zuerst etwas überraschenden Schlusse, daß die chemischen Änderungen der Luftbeschaffenheit, welche in bewohnten Räumen durch die gasförmigen Exkrete der Menschen hervorgerufen werden, eine nachteilige Wirkung auf die Gesundheit der Bewohner nicht ausüben, und daß gewisse Gesundheitsstörungen lediglich auf Wärmestauung zurückzuführen sind. Er schließt ferner, daß Wärme, Feuchtigkeit und Bewegung

---

[1]) Archiv für Hygiene. Bd. 50. S. 1.
[2]) Zeitschrift für Hygiene. Bd. 49. S. 363.

der uns umgebenden Luft für unser Wohlbefinden von erheblich größerer Bedeutung sind als die chemische Luftbeschaffenheit.

Er erklärt, daß durch Lüftung in überwarmen Räumen Abhilfe zu schaffen, im Winter während des Aufenthaltes von Menschen im Zimmer gefährlich und zu vermeiden sei, weil durch Einwirkung kalter Luftströme Erkältungskrankheiten entstehen, und er verlangt, daß die von den Zersetzungen auf Haut und Schleimhäuten und so weiter herrührenden und Ekelempfindung hervorrufenden Gerüche teils durch Vorbeugung und Desodorisation, teils durch kontinuierliche A s p i r a t i o n s l ü f t u n g oder auch durch periodische Zuglüftung des unbewohnten Zimmers beseitigt werden sollen.

Nach diesen Schlußfolgerungen, die mit dem natürlichen Verlangen der Menschen nach guter Luft in ihren Wohnräumen nicht mehr im Einklang stehen, hat scheinbar die Lüftungstechnik nur noch recht wenige Aufgaben zu erfüllen, denn wenn die Temperatur- und Feuchtigkeitsverhältnisse der Luft sich in solchen Grenzen halten, daß Wärmestauungen vermieden sind, so könnte der Luftwechsel scheinbar beinahe ganz unterbleiben. Es bliebe zwar immer noch die Beseitigung der ekelerregenden Gerüche übrig, aber diese könnten ja beispielsweise durch Ozonisieren der Luft, wenn vielleicht auch nicht beseitigt, so doch überdeckt werden.

Derartige Schlüsse sind tatsächlich auch schon gezogen worden, und man hat aus derartigen Erwägungen heraus geglaubt, den Luftwechsel wenigstens wesentlich herabsetzen zu dürfen, obwohl bis jetzt keine genügende Gewähr dafür geboten ist, daß durch das Ozonisieren die frische Luft entbehrlich wird oder auch nur eine Verminderung des Luftwechsels infolge Ozonisierens zugelassen werden darf.

Andere hervorragende Hygieniker, die den Einwirkungen zu feuchter oder zu warmer Luft sowie auch dem Ozonisieren volle Anerkennung zuteil werden lassen, können indessen von dem Begriffe der guten und schlechten Luft nicht loskommen. Rubner sagt: »Gute und schlechte Luft in geschlossenen Räumen ist kein leerer Wahn« und verweist darauf, daß selbst bei hohen Verunreinigungsgraden der Luft, die wir nach unseren heutigen Kriterien noch nicht als außergewöhnlich bezeichnen, merkbare Veränderungen der Respirationsverhältnisse hervorgerufen werden.

Auch Praußnitz[1]) kommt zu dem Schlusse, daß der Aufenthalt in Räumen mit stark verunreinigter Luft nachteilig sei, was schon aus dem Gesundheitszustande aller der Personen hervorgehe, welche dauernd solche Luft zu atmen gezwungen sind.

Wenn weiter von der Hygiene betont wird, daß sich die Betrachtungen über die Notwendigkeit und den Grad der Lüftung auf die Atmung und was damit zusammenhänge, stützen müsse, wie wechselnd sich auch die Anschauungen gestaltet haben, so erkennt man leicht, daß bei diesen teilweise unvereinbaren hygienischen Anschauungen die Grundlagen für die Bestimmung der Größe des Luftwechsels höchst unsicher geworden sind und ihnen die erwünschte feste Basis fehlt.

Die Verwirrung ist dementsprechend auch nicht ausgeblieben. Vorschläge seitens der Hygiene, die Räume nur mittels Aspiration zu lüften, sind von Architekten und Ärzten zum Teil geradezu mit Begeisterung aufgenommen worden, und in verschiedenen Schulen und Krankenhäusern haben neuerdings die Räume notdürftig einen Abluftkanal erhalten, wenn nicht gänzlich auf künstliche Lüftung verzichtet wurde.

Während in der einen Stadt für neuere Schulgebäude umfangreiche Lüftungsanlagen mit Ventilatorbetrieb eingebaut und betrieben werden, wird in einer anderen Stadt in unmittelbarster Nähe und mit gleichen Luftverhältnissen ein kümmerlicher Abluftkanal für jede Schulklasse als ausreichend angesehen. Selbst in Krankenhäusern, wo nach unseren Begriffen eine möglichst reine Luft notwendig erscheint, werden mitunter nicht nur Lüftungsanlagen neuerdings für entbehrlich gehalten, sondern vorhandene Lüftungsanlagen nicht einmal betrieben und die Räume höchstens von Zeit zu Zeit durch die Fenster gelüftet.

---

[1]) Praußnitz, Grundzüge der Hygiene.

Sicher spielen hierbei häufig Unkenntnis oder Mißverständnisse über Zweck und Ziel der Lüftungseinrichtungen, sicher aber auch Mißverständnisse bezüglich der hygienischen Anforderungen eine wesentliche Rolle, denn im Grunde genommen werden doch nach wie vor gewisse Eigenschaften der Luft in den Wohnungen von der Hygiene verlangt; sie soll nicht zu feucht und nicht zu warm sein und keinen ekelerregenden Geruch besitzen. Die künstliche Lüftung ist also zur Erzielung normaler Luftverhältnisse trotz alledem notwendig und es fragt sich lediglich, nach welchen Gesichtspunkten die Größe des Luftwechsels berechnet werden soll. Auch Rietschel hat in der neuesten Auflage seines k l a s s i s c h e n Leitfadens die Bestimmung der Größe des Luftwechsels nach dem Wärmemaßstab und dem CO_2maßstab beibehalten.

Leider lassen sich die notwendigen Luftmengen wegen der Verschiedenartigkeit der Fälle und der sonstigen Einflüsse nicht nach einer allgemein gültigen Formel bestimmen, wir müssen uns deshalb begnügen, wenigstens an einem Sonderfalle einen zahlenmäßigen Überblick nach den mehrgenannten drei Kriterien zu gewinnen.

Wird zu diesem Zwecke beispielsweise der Klassenraum einer Schule in Betracht gezogen, in welchem normale hygienische Zustände noch bei einer Außentemperatur von $+10^0$ bestehen sollen, ohne daß die Fenster während des Unterrichts geöffnet werden, und wird für die Berechnung der Beharrungszustand vorausgesetzt, so ergeben sich folgende Luftmengen:

1. Nach dem Kohlensäuremaßstab:[1)]

1 Kind produziere stündlich $k = 0,01$ cbm CO_2.
1 cbm Außenluft enthalte $a = 0,0004$ cbm CO_2.
Zulässiger CO_2-Gehalt 1 $^0/_{00}$.
Dann sind für 1 Kind nötig

$$L = \frac{1 \cdot k}{p - a} = \frac{0,01}{0,001 - 0,0004} = \mathbf{16,7 \ cbm/stdl.}$$

[1)] R i e t s c h e l , Leitfaden S. 16.

2. Nach dem Wasserdampfmaßstab:

Die Wasserdampfmenge im Raume bzw. in der Abluft $L g_1 p_1$ muß, wenn keine Kondensation stattfindet, gleich sein der mit der Außenluft zugeführten $L \dfrac{1 + \alpha t_0}{1 + \alpha t} \cdot g \cdot p$ vermehrt um die im Raume erzeugte $n \cdot \lambda$, also

$$L g_1 p_1 = n \lambda + L \frac{1 + \alpha t_0}{1 + \alpha t} \cdot g \cdot p \quad \text{oder}$$

$$L = \frac{n \lambda}{g_1 p_1 - g \cdot p \dfrac{1 \cdot \alpha t_0}{1 + \alpha t}}.$$

Für 1 Kind $n = 1$ und $\lambda = 0,02$ wird bei $t = 20^0$ und zulässiger relativer Feuchtigkeit von $p_1 = 50^0/_0$: $g_1 p_1 = 0,0172 \cdot 0,5 = 0,00860$, und es ergibt sich bei $t_0 = 10^0$ und $70^0/_0$ relativer Feuchtigkeit außen $g \cdot p = 0,0094 \cdot 0,7 = 0,00658$; ferner $\dfrac{1 + \alpha 10}{1 + \alpha 20} = 0,9665$; mithin $L = \dfrac{0,02}{0,0086 - 0,00658 \cdot 0,9665} = \textbf{8,9 cbm/stdl.}$

3. Nach dem Wärmemaßstab:

Wenn die Raumtemp. $t = 20$ nicht überschreiten soll, die Zulufttemp. $t' = 18^0$ und die spezifische Wärme $c_p = 0,237$ ist; wenn ferner angenommen wird, daß 1 Schüler stündl. 50 WE abgibt, von denen bei der Außentemp. $t = 10$ etwa 25 WE durch Transmission verloren gehen, so daß zur Lufterwärmung noch 25 WE verfügbar bleiben, so ergibt sich die Luftmenge für einen Schüler zu

$$L = \frac{W}{c_p (t - t')} = \frac{25}{0,237 (20 - 18)} \cong 52 \text{ kg oder } \frac{52}{1,025} = \textbf{44 cbm.}$$

Selbst wenn $t = 22^0$ als zulässig angenommen würde, berechnet sich der Luftwechsel immer noch auf 22 cbm/stdl.

Ohne Rücksicht auf die sonstigen Umstände, welche die berechneten Resultate praktisch beeinflussen, wie Wärme- und Feuchtigkeitsabsorption durch die Wände usw., würde hiernach der Luftwechsel für die Einhaltung einer normalen Raumtemperatur der bei weitem größte sein, während nach dem Feuchtigkeitsmaßstabe der geringste Luftwechsel nötig wäre.

Je weiter die Außentemperatur unter $+10^0$ sinkt, desto geringer wird sich freilich der Luftwechsel nach diesen beiden Maßstäben ergeben und der Geruchsmaßstab, wie man ihn auch nennen könnte, wird wieder in seine Rechte treten.

Bei den angestellten Berechnungen ist die bekannte
Tatsache unberücksichtigt geblieben, daß sowohl der Kohlensäuregehalt wie der Wasserdampfgehalt der Raumluft im
Anfang sehr rasch und dann langsamer wächst, was indessen
für unsere Betrachtungen nicht von Bedeutung ist.

Weniger bekannt scheint zu sein, daß auch die Temperaturzunahme eines ventilierten Raumes in ähnlicher Weise
vor sich gehen muß und die Temperatur sich nach rascher
Steigerung langsam asymptotisch dem Beharrungszustande
nähert. Denn auf unserem Wiener Kongresse wurde bei der
Besprechung des Nürnberger Theaters noch ausdrücklich
hervorgehoben, daß man für die auffällige Steigerung der
Temperatur während der ersten Stunde eine Erklärung nicht
habe finden können.

Die Frage ist schon von Redtenbacher, Zeuner u. a.
behandelt worden und auch in meinem Vortrage über die
Lüftung der Theater angedeutet, aber unter Berücksichtigung
der Wärmeabsorption und Transmission der Umschließungsflächen wird sie äußerst kompliziert. Man erhält indessen
auch schon eine hinreichende Aufklärung, wenn bei der Untersuchung dieses Vorganges die benannten Wärmeverluste vorläufig ausgeschlossen werden und es ergibt sich, daß namentlich unter dem Einflusse einer niederen Anfangstemperatur
die Raumtemperaturen wesentlich vom Beharrungszustande
abweichen können.

Es bezeichne:

W die stündlich durch die Lüftung zu beseitigenden Wärmeeinheiten,

L die stündlich zu- und abzuführende Luftmenge in kg,

J den Inhalt des Raumes in kg,

t' die Temperatur der zuströmenden Luft,

t_a die Temperatur des Raumes zu Beginn der Lüftung,

t_e die Temperatur, wenn der Beharrungszustand erreicht ist,

t die jeweilige Temperatur im Raume nach der Zeit z,

c_p die spezifische Wärme der Luft.

Die Temperatur soll als Funktion der Zeit, $t = f(z)$ derart
ausgedrückt werden, daß für die Zeit z die Temperatur t, und
für $z = o$ die Temperatur t_a ist.

Die in einer unendlich kleinen Zeit dz freiwerdende Wärmemenge $W \cdot dz$ wird verwendet

1. um die im Raume befindliche Luft zu erwärmen: $c_p \cdot J \cdot dt$,

2. um die zuströmende Luft von t' auf t zu erwärmen: $L \cdot dz \cdot c_p (t - t')$.

Es muß also sein $W \cdot dz = L \cdot dz \cdot c_p (t - t') + c_p \cdot J \cdot dt$, woraus

$$dz = c_p J \frac{dt}{W - c_p L (t - t')} \quad \text{oder}$$

$$dz = \frac{J}{L} \frac{dt}{\dfrac{W}{c_p \cdot L} + t' - t}.$$

Da aber $\dfrac{W}{c_p \cdot L} + t' = t_e$ sein muß, so ist

$$\frac{L}{J} dz = \frac{dt}{t_e - t}.$$

Durch Integration und weil für $z = o$, $t = t_a$ wird, ist

$$\frac{L}{J} z = - \operatorname{logn} (t_e - t) + \text{Const. und}$$

$$o = - \operatorname{logn} (t_e - t_a) + \text{Const.},$$

woraus durch Subtraktion beider Gleichungen folgt:

$$\frac{L}{J} z = \operatorname{logn} \frac{t_a - t_a}{t_e - t} \quad \text{oder auch}$$

$$t = t_e - (t_e - t_a) e^{-\frac{L}{J} z}$$

Hieraus läßt sich die Temperatur t für verschiedene Zeitintervalle berechnen.

Aus der Formel ist ersichtlich, daß für $z = \infty$ die Endtemperatur des Raumes gleich der Temperatur im Beharrungszustande wird, und welchen Einfluß ein großer Rauminhalt J und eine niedere Anfangstemperatur t_a auf den Temperaturverlauf hat.

Als Z a h l e n b e i s p i e l soll vergleichsweise wieder derselbe Fall angenommen werden, wie bereits nach dem Wärmemaßstabe im Beharrungszustande berechnet, wobei $W = 25$ und $t' = 18$ war. Es sei ferner vorausgesetzt, daß der Rauminhalt für ein Kind 4,5 cbm, mithin $J = 5,4$ kg betrage, und daß ein dreifacher stündlicher Luftwechsel $L = 16,2$ kg pro Kopf stattfinde. Schließlich soll noch angenommen werden, daß die Luft des Klassenraumes durch die in der Pause geöffneten Fenster bei $+10^0$ außen bis auf $t_a = 12^0$ abgekühlt worden sei.

Dann ergibt sich zunächst die Endtemperatur:

$$t_e = \frac{W}{c_p \cdot L} + t' = \frac{25}{0,237 \cdot 16,2} + 18 = 6,5 + 18 = \mathbf{24,5}^0 \, \text{C}$$

und die Raumtemperaturen t berechnen sich von 10 zu 10 Minuten der 1. Stunde wie folgt:

Nach	10	20	30	40	50	60	Minuten
oder $z =$	$^1/_6$	$^2/_6$	$^3/_6$	$^4/_6$	$^5/_6$	$^6/_6$	Stunden
$e^{-3z} =$	0,607	0,368	0,223	0,135	0,082	0,050	
$(t_e - t_a) \cdot e^{-3z} =$	7,6	4,6	2,8	1,7	1,0	0,6	
$t = t_e - (t_e - t_a) \cdot e^{-3z} =$	16,9^0	19,9^0	21,7^0	22,8^0	23,5^0	23,9^0 C.	

Der Verlauf der Temperaturzunahme ist in der Schaulinie dargestellt.

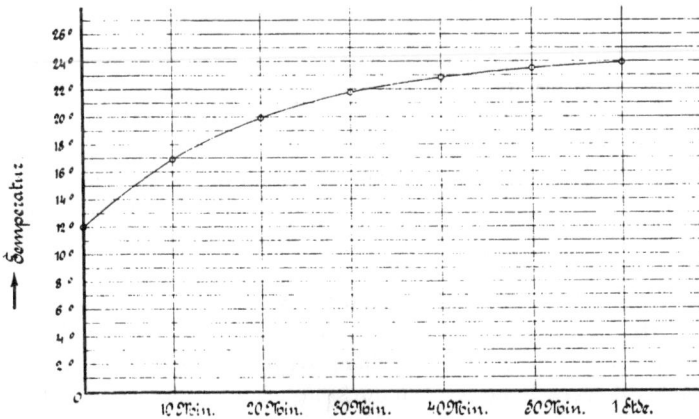

Berechnung und Kurve zeigen, daß die Temperatur nach einer Stunde bei dreifachem Luftwechsel und einer allerdings sehr niederen Anfangstemperatur von 12⁰ mit $t = 23,9^0$ noch u n t e r der für den Beharrungszustand berechneten von $t_e = 24,5^0$ bleibt. Trotz der günstigen Voraussetzungen ist aber die Temperatur zum Schluß der Stunde immer noch wesentlich über die normale hinausgestiegen.

Berechnung und Kurve zeigen aber auch deutlich die rasche Temperaturzunahme in den ersten Zeitintervallen, so daß nach 15 Minuten die Normaltemperatur trotz der vorhergegangenen starken Abkühlung bereits wieder erreicht ist.

Genau genommen hat natürlich die Berechnung nur
den Voraussetzungen gemäß volle Gültigkeit, wenn weder
Wärmetransmission noch Absorption durch die Umschließungsflächen stattfindet. Indessen ist auch die Beseitigung
der Wärme aus den Räumen in den meisten Fällen nur bei
höheren Außentemperaturen erforderlich, bei denen die
genannten Einflüsse nicht mehr so stark ins Gewicht fallen.
Auch in unserem Beispiele werden durch das Öffnen der
Fenster während der kurzen Pause die Wände nur wenig
abgekühlt, und die nicht zutreffende gleichmäßige Verteilung
der Wärmetransmission auf die ganze Stunde kann das
Endresultat nicht erheblich ändern. Deshalb stimmen auch
die Temperaturaufzeichnungen in solchen und ähnlichen
Fällen mit den nach der Formel berechneten annähernd
überein.

Jedenfalls ergibt sich aber aus allen diesen Erörterungen,
daß auch zur Beseitigung der überschüssigen Wärme und
Feuchtigkeit der künstliche Luftwechsel, wenigstens in gewissen Grenzen der Außentemperatur, nicht entbehrt werden
kann, daß aber auch die auf Wärme und Feuchtigkeit be-
ruhenden Maßstäbe zur Berechnung des Luftwechsels nicht
ausreichend sind und nur bei höheren Außentemperaturen
sowie bei verhältnismäßig starker Wärmeentwicklung angewendet werden können. In anderen Fällen und zur Beseitigung der Gerüche wird immer wieder mit einem Geruchsmaßstab gerechnet werden müssen. Wenn die Verwendbarkeit des v. Pettenkoferschen Kohlensäuremaßstabes von
einem Teile der wissenschaftlichen Hygiene so stark in Zweifel
gezogen wird, so dürfen wir auch von der Hygiene erwarten,
daß sie etwas Vollkommeneres an diese Stelle setzt, was
nicht allein von den Wärme- und Feuchtigkeitsverhältnissen
der Luft abhängig ist.

Nach diesen etwas umfänglichen Erörterungen über die
erforderliche Größe des Luftwechsels entsteht die weitere
Frage, auf welche Weise der Luftwechsel erzielt werden soll
und ob nicht Mängel hierbei auftreten, deren Beseitigung
von der Lüftungstechnik anzustreben ist.

Es soll nicht bestritten werden, daß durch das Öffnen
der Fenster und der hierbei entstehenden Zuglüftung ein
energisches Auswaschen des Raumes mit Luft stattfindet,
bei welchem die Wände usw. von anhaftenden übelriechenden
Gasen energisch befreit werden. Das kann aber bei kalter oder
unfreundlicher Witterung nicht dauernd geschehen und in
Schulen z. B. nur in der Pause, wenn nicht empfindliche Bewegungen der kalten Luft und Erkältungserscheinungen entstehen sollen. Außerdem ist diese Art Lüftung im Betriebe
die teuerste, besonders wenn, wie es häufig der Fall ist, die
Heizkörper in den Fensternischen stehen.

In der Beschreibung einer höheren Mädchenschule, die
vor einigen Jahren errichtet worden ist, wird zwar ausdrücklich
darauf verwiesen, daß sich mit der ausschließlich vorhandenen
Fensterlüftung gegenüber den Schulen mit künstlichen Lüftungseinrichtungen eine wesentliche Kohlenersparnis ergeben
habe. Der Fachmann kann sich wohl leicht ein Bild machen,
wie hiernach bei dieser Art Lüftung nicht nur an Kohlen sondern
sicher auch an Luft gespart worden ist und wie die Tem-
peratur- und Luftverhältnisse in dieser Schule sein dürften.

Nach neueren Untersuchungen kommt es wesentlich
mit darauf an, daß sich die Riechstoffe nicht erst in Wänden
und Möbeln festsetzen, aus denen sie nur schwer wieder zu
entfernen sind, sondern daß mit kontinuierlicher Lüftung
ein derartiges Anhaften übelriechender Gase möglichst verhindert wird. Das ist aber zweifellos bei der periodisch
stattfindenden Fensterlüftung nicht erreichbar. Versuche von
Kißkalt[1]) haben das energische Anhaften der Riechstoffe an
Wänden und Möbeln in auffälligster Weise bestätigt. Es
ergibt sich aber auch aus der täglichen Erfahrung. In einem
als Frischluftkammer ausgebauten Weinkeller machte sich
z. B. noch nach Jahren der Weingeruch in den zu lüftenden
Sitzungssälen geltend, was zwar nicht gerade unangenehm,
aber doch störend war. Der Heizer mußte jedesmal den Ventilator erst eine Zeitlang rückwärts laufen lassen, um den Geruch für die Dauer der Sitzung auf die Straße zu treiben.

---

[1]) Archiv für Hygiene. Bd. 71. S. 380.

Es verdient jedenfalls unsere Zustimmung, wenn in einzelnen Räumen mit wenigen Personen oder in solchen mit schlechten Gerüchen und Dünsten nur ein Abluftkanal angeordnet wird und durch den erzielten Unterdruck die abgesaugte Luft sich irgendwie ersetzt. Wenn aber für Schulen und Krankenhäuser nur Abluftkanäle (also Aspirationslüftung) angelegt werden, so müssen damit gerade die von der Hygiene befürchteten Zugbelästigungen h e r v o r g e r u f e n werden. Die frische Luft, die doch unbedingt wieder an Stelle der mit der Aspiration abgeführten treten muß, wird sich infolge des Unterdruckes durch die Undichtheiten direkt von außen oder auch durch Nebenräume, wo zufällig höhere Drucke herrschen, ersetzen. Es wird also entweder schädliche Zugluft entstehen oder auch die schlechte Luft benachbarter Räume künstlich herbeigeholt werden.

Mit dem Ersatz der Luft direkt von außen hinter Heizkörpern und dergleichen werden gewöhnlich eine Reihe anderer Übelstände herbeigeführt, so daß wir diese Einrichtungen nicht allenthalben als vollwertig bezeichnen können.

Wir wissen aber, daß wir allen störenden Einflüssen zu begegnen vermögen durch zentrale Lüftungsanlagen, bei denen nicht nur die verdorbene Luft abgeleitet sondern auch die gute Luft in entsprechender Menge und erwärmt zugeleitet wird. Derartige Lüftungsanlagen sind an verschiedenen Orten und für verschiedene öffentliche Gebäude in musterhafter Weise zur Ausführung gelangt und damit der Beweis erbracht, daß die Lüftungstechnik ihren Aufgaben gerecht werden kann.

Aber wir müssen auch gestehen, daß dies nicht immer der Fall ist, und daß sowohl die Berechnung wie die Anordnung und Ausführung manchmal zu wünschen übrig lassen. Insbesondere müßten alle unzugängigen und auch sog. beschlupfbaren Kanäle streng ausgeschlossen werden. Sämtliche Wege der frischen Luft von der Schöpfstelle bis zu den vertikalen Zuluftkanälen einschließlich der Luftvorwärmekammern müßten allenthalben bequem zugänglich und belichtet sein, so daß sie nicht nur leicht gereinigt, sondern auch auf ihre Reinlichkeit hin kontrolliert werden können. Es müßte sich jeder,

der Interesse daran hat, überzeugen können, woher die Luft
kommt und auf welchem Wege sie in den Bereich der Atmung
gelangt. Aber gerade g e g e n dieses eigentlich selbstver-
ständliche Verlangen wird noch häufig genug durch enge, an
der Kellerdecke liegende Verteilungskanäle gesündigt. Ganz
unzulässig ist auch das noch häufig geübte Verteilen der Luft-
ausströmungen durch die Deckenvouten, denn diese fast
stets unzugänglichen Hohlräume sind zur Ansammlung von
Staub und Ungeziefer geradezu prädestiniert. Das wird leider
immer erst nach einer Reihe von Jahren bemerkt, wenn
Schmutz und Staub sich in großen Mengen angesammelt
haben.

Des weiteren dürfte auch der Lage und Gestaltung der
Luftausströmungsöffnungen in den Räumen etwas mehr
Aufmerksamkeit zugewendet werden. Anstatt schablonen-
mäßig die Ausmündungen in einiger Entfernung von der Decke
anzuordnen, wodurch beim Eintreten kühlerer Luft oder bei
Widerständen, die sich dem Luftstrom entgegenstellen, sehr
oft Zugbelästigungen entstehen, würde eine mehr senkrechte
Ausströmung diese Belästigungen nahezu vermeiden lassen.

Bei allen derartigen Maßnahmen ist selbstverständlich
der Architekt ausschlaggebend und es ist von seinem Standpunkte begreiflich, wenn er diese verschiedenartigen Forderungen bezüglich der Lüftung mindestens als unbequem
empfindet, zumal bei der jetzigen Bauweise, wo gewöhnlich
für Kanäle in den Wänden usw. kaum ein Platz zu finden
ist. Indessen muß ich nach meinen langjährigen Erfahrungen sagen, daß es recht viele Architekten gibt, die
den Bestrebungen der modernen Hygiene gern und weit-
gehend entgegenkommen. Auch diejenigen, bei denen der
Künstler überwiegt, sind zu Konzessionen geneigt, vielleicht, weil es ihnen nicht schwer fällt, unbequeme aber notwendige Teile der Lüftung und Heizung in die dekorative
Gestaltung der Räume so einzubeziehen, daß sie nicht störend
wirken.

Allerdings muß auch hier der Heizungsingenieur nicht
mit unbeugsamen Forderungen auftreten, denn es führen viele
Wege nach Rom und es wäre zum gegenseitigen Verständnis

recht zweckmäßig, wenn auch der Heizungsingenieur, wenigstens bis zu einem gewissen Grade, eine bautechnische und künstlerische Vorbildung erhalten hätte.

Bei weitem weniger Schwierigkeiten verursachen die Abluftkanäle und deren Öffnung sowohl im Raum, wie bei ihrer Ausmündung über Dach oder im Dachboden.

Es ist verständlich, daß die Architekten die häufigen Dachdurchbrechungen für die Abluftkanäle nicht gerade bevorzugen, aber das sollte niemals dazu führen, diese Kanäle in schlecht gelüftete Dachböden ausmünden zu lassen.

Wenn die Ausmündung im Dachboden zulässig sein soll, so muß vor allen Dingen vermieden werden, daß der Wind etwa auf die Mündungen der Kanäle drücken kann, da hieraus empfindliche Störungen in der ganzen Lüftungsanlage, besonders aber das verkehrte Funktionieren der Kanäle häufig resultiert. Sehr oft werden derartige Fehler in Schulen gemacht, während gerade bei diesen das Zusammenziehen der Abluftkanäle in gemeinsame Schächte, die über Dach führen und mit Absperrklappe versehen werden, die zweifellos richtigste Lösung darstellt.

Abluftkanäle von Krankenräumen sollten immer direkt über Dach geführt werden oder wenigstens in einen Dachraum, der nur zur Aufnahme der Abluft dient, durch welchen aber der Wind durch unverschließbare Öffnungen von allen Seiten Zutritt hat, so daß weder Luftstauungen noch Ansammlungen von Krankheitserregern in diesem Dachraum erfolgen können. Selbstredend müssen alle Abluftkanäle von Küchen, Aborten und dergleichen direkt über Dach geführt sein.

Als Mittel zur Bewegung der Luft findet der Ventilator mit Recht immer mehr Anwendung. Er sichert nicht allein den Luftwechsel im Winter und Sommer bei jeder Witterung, sondern es lassen sich mit ihm auch die Luftdruckverhältnisse in den Räumen in den notwendigen Grenzen regeln. Aber der Ventilatorbetrieb kostet Geld und für ständig zu lüftende Räume wie Lehranstalten und Krankenhäuser können die Kosten für den Ventilatorbetrieb schon erheblich werden. Wir sind leider noch viel zu wenig daran gewöhnt, die Beschaffung guter Luft für unsere Räume zu bezahlen.

Man begnügt sich deshalb in vielen Fällen mit der Bewegung der Luft, die durch natürliche Temperaturdifferenzen hervorgerufen wird, und wenn diese nicht mehr ausreicht, greift man zur Fensterlüftung.

Es läßt sich nicht bestreiten, daß diese Art Lüftungseinrichtungen, die in zahllosen Ausführungen vorhanden sind, den Anforderungen an eine gute Lüftung während des Winters namentlich in Schulen und Krankenhäusern genügt, aber nur unter der Bedingung, daß sie richtig berechnet, richtig ausgeführt und richtig bedient werden.

Aber gerade an der richtigen Behandlung und Bedienung der Lüftungsanlagen scheitert sehr oft die ganze Wirkung.

Als Hauptforderung muß verlangt werden, daß die Bedienung durchaus dem technischen Personal, d. h. dem Heizer vorbehalten bleibt, und nicht, wie es häufig noch geschieht, in Schulen durch die Lehrer und in Krankenhäusern durch das Wärterpersonal erfolgt. Diese haben ihre Aufmerksamkeit auf ganz andere Dinge zu richten als auf die Bedienung von Lüftungsklappen.

Hat doch vor kurzem erst der dirigierende Arzt eines Krankenhauses erklärt, daß es schon Verwirrung in den Köpfen des Krankenpersonals hervorrufe, wenn z. B. die unteren Luftklappen im Winter und die oberen im Sommer geöffnet werden sollen.

Das technische Bedienungspersonal kann seine Aufgabe selbstverständlich ebensowenig richtig erfüllen, wenn es nicht entsprechend instruiert ist und gelegentlich überwacht wird. Auch hier fehlt oft noch viel.

Nicht selten kennt der Vorstand großer öffentlicher Gebäude, Schulen oder Krankenhäuser, dem die Lüftungsanlage untersteht, die Konstruktion und Wirkungsweise derselben gar nicht. Er gibt sich auch gar nicht die Mühe, diese technischen Einrichtungen eingehend zu studieren, sondern muß sich ganz auf den guten Willen des Heizers verlassen. Von einer Kontrolle der Funktionen des betreffenden Heizers kann demnach keine Rede sein.

Der Heizer weiß zwar, daß bei sinkender Außentemperatur sein Heizapparat nicht mehr ausreicht, um die bei größeren Temperaturdifferenzen reichlicher zuströmenden Luftmengen hinreichend zu erwärmen. Aber er drosselt nicht etwa die Klappen der einzelnen Zuluftkanäle, sondern die gemeinsame Frischluftklappe. Das hat häufig das Umschlagen von Kanälen und dementsprechende Beschwerden über Zugluft zur Folge. Bei alledem, und das ist das Schlimmste, hat der Heizer keine Ahnung davon, ob er die richtige Luftmenge den einzelnen Räumen zuführt und nach welchen Gesichtspunkten er die Klappen bei den verschiedenen Außentemperaturen einzuregeln hat.

Es sollten wenigstens an den Stellvorrichtungen immer Kennzeichen angebracht sein, nach denen der Heizer die Klappen einzuregeln hätte. Als Klappenkonstruktionen sollten aber auch keine Jalousieklappen, sondern möglichst Fallklappen und dergleichen verwendet werden, die einen größeren Spielraum besonders in dem nahezu geschlossenen Zustande ermöglichen.

Noch vollkommener würde eine Meßvorrichtung wenigstens für jeden Zuluftkanal sein, die zum mindesten ungefähr anzeigte, ob die erforderliche Luftmenge für den Raum geliefert wird. Leider sind derartige Meßapparate teils noch zu empfindlich, vor allen Dingen aber zu teuer. Sie dürften den Betrag der üblichen Schauthermometer nicht allzusehr übersteigen, obwohl sie sich sehr bald auch bei höheren Kosten bezahlt machen würden. Man könnte mit Bezug auf einen bekannten Ausspruch variieren: Bitter not tun uns diese Luftmeßapparate.

Wenn die Zuluftkanäle namentlich bei Schulen ausschließlich in die Gangwände gelegt und dann die Regulierklappen vom Gang aus durch den Heizer bedient würden, und wenn gleichzeitig die erwähnten Meßapparate vom Gang aus sichtbar wären, so ließe sich die gesamte Lüftung leicht und bequem regeln. Eine weitere Entlastung des Heizers ließe sich erreichen durch Verwendung selbsttätiger Temperaturregler für die Luftvorwärmekammern. Bei der geringen Anzahl dieser Kammern ist die Ausgabe eine verhältnismäßig geringe.

Etwaige Änderungen an den Lufttemperaturen der einzelnen Kanäle würden sich durch Mischklappen bewirken lassen, so daß allen Anforderungen mit den einfachsten Mitteln entsprochen wäre, insbesondere würde aber hierdurch das mit Recht gefürchtete Umschlagen der Kanäle in der Hauptsache vermieden sein.

Die Lüftungstechnik sollte ihre Intelligenz nicht allein auf die von ihr herzustellenden Teile beschränken, sondern sie noch mehr als bisher auch auf die richtige Herstellung der Gesamtanlage und auf deren leichte Handhabung ausdehnen.

Ohne Zweifel ist die Technik in der Lage, auch zweckmäßige Lüftungsanlagen zu bauen, wenn ihr klare hygienische Forderungen gestellt und die Möglichkeiten zur einwandfreien Gestaltung geboten werden, aber die Kunst erliegt, wenn ihr die Mittel fehlen.

Eine wesentliche Lücke würde in unseren Betrachtungen bleiben, wenn wir nicht schließlich noch der zentralen Wärmeversorgung gedenken wollten. Dieser zentrale Heizbetrieb bietet in vielen Fällen nicht allein wirtschaftliche, sondern ganz besonders hygienische Vorteile. Durch den Wegfall einer großen Anzahl Feuerstellen mit ihren Schornsteinen wird die Rauch- und Rußbelästigung wesentlich abgemindert. Durch den Wegfall des Brennmaterial- und Aschetransports in den Gebäuden werden Staub und Unreinigkeiten von den letzteren ferngehalten und die Feuersgefahr wird wesentlich vermindert.

Man sollte deshalb diese modernen Fernheizungen nicht ausschließlich aus dem Gesichtswinkel ihrer Wirtschaftlichkeit, sondern auch vom hygienischen Standpunkte aus bewerten.

Ein deutliches Beispiel der Beseitigung der Rauch- und Rußbelästigungen sowie der Feuersgefahr bietet das staatliche Fernheizwerk in Dresden, obwohl heute kaum noch jemand in Dresden daran denkt, welche Rauch- und Rußkalamitäten durch die Schornsteine des Zwingers, des Hoftheaters usw. vor Errichtung dieses Werkes hervorgerufen wurden. Wir müssen es hoch anerkennen, daß der damalige Staatsminister

v. Walzdorf die hygienischen und technischen Vorteile dieses
vorbildlich gewordenen Werkes schon damals richtig erkannt
und so energisch gegen alle Bedenklichkeiten vertreten hat.

Es unterliegt wohl kaum einem Zweifel, daß die Ver-
brennungsprodukte der riesigen Kohlenmassen aus den Haus-
feuerungen unserer Städte einen wesentlichen Anteil an der Verschlechterung der Städteluft haben. Es wird aller Wahr-
scheinlichkeit nach auch noch einer ferneren Zukunft vorbehalten bleiben, eine gründliche Verbesserung der Städteluft
zu schaffen durch zentrale Vergasung der Kohlen an entsprechend abgelegenen Stellen und Zuleitung des Gases durch
unterirdische Leitungen, wie sie uns auch bereits von Amerika
gemeldet werden. Man braucht keineswegs bei der Verwendung des Gases zu Heizzwecken an die gewöhnlichen Gas-
öfen zu denken, denn das Gas kann ebensogut zum Betriebe
von Wasser- oder Dampfheizungen verwendet werden.

Aber bis zur Ausführung dieser Pläne werden wir unsere
Ferndampf- und Fernwarmwasserheizungen weiterbauen müssen und mit ihnen so viel als möglich hygienische und wirtschaftliche Erfolge zu erzielen suchen.

Es läge nahe, jetzt die modernen Fernheizanlagen weiter
zu verfolgen und über die wirtschaftliche Ausnutzung des
Abdampfes oder Zwischendampfes zum Betriebe von Wasserheizungen, Dampfniederdruck- und Vakuumheizungen zu
sprechen oder auch die Eigenschaften der neueren Dampf-
fernheizwerke mit hochliegendem Kesselhause zu erörtern.

Sind doch gerade über die konstruktiven und wirtschaft-
lichen Verhältnisse der Fernheizanlagen häufig ganz irrtümliche
Schlußfolgerungen gezogen worden, die mit der praktischen
Erfahrung im Widerspruch stehen.

Aber das sind mehr wirtschaftliche als hygienische Fragen
und ich habe Ihre Zeit schon viel zu lange in Anspruch genommen.

Anderseits wollte ich auch unserem Ehrenvorsitzenden
Herrn Geh. Reg. Rat Prof. Dr. Rietschel nichts vorwegnehmen,
der ja leider verhindert ist, einen von ihm in Aussicht genom-
menen Vortrag über Fernheizwerke heute an dieser
Stelle zu halten.

Wenn ich zum Schlusse noch einmal auf das Vortrags-
thema zurückkomme, so geschieht es nur, um eine gewiß auch
von Ihnen gefühlte Lücke auszufüllen und einen Weg zu suchen
auf dem sich die bestehenden Unstimmigkeiten zwischen der
Hygiene und der Lüftungstechnik beseitigen ließen.

Die wenig erfreuliche Tatsache, daß in Fragen der Lüftung Hygieniker, Ärzte, Architekten und Ingenieure mitunter
ganz diametraler Meinung sind, erheischt dringend einer Abhilfe. Es würde schon viel gewonnen sein, wenn wenigstens
a l l g e m e i n   a n e r k a n n t e   wissenschaftliche Grundlagen für die Bestimmung der Größe des Luftwechsels für die
verschiedenen Fälle geschaffen würden.

Diese Grundlagen sollen weder bindend sein, noch sich in
engen Grenzen halten, sie sollen mit dem Wechsel der Ergebnisse wissenschaftlicher Forschung und mit den Fortschritten
der Technik zeitlich verändert werden.

Wenn eine Kommission bestände, in der gleichmäßig
alle beteiligten Faktoren der Hygiene, des Hochbaues und der
Lüftungstechnik vertreten wären, so würde für deren Be-
schlüsse wenigstens der sehr wesentliche Einwand der Ein-
seitigkeit beseitigt sein.

Es ist gewiß der Wunsch von uns allen, daß auf diese oder
andere Weise eine Lösung gefunden werden möge, durch die
sich die Beziehungen zwischen Hygiene und Lüftungstechnik
ebenso harmonisch gestalten lassen wie die Beziehungen
zwischen Hygiene und Heizungstechnik.

Was uns nach dieser Richtung nicht a l l e i n möglich
ist, das sollten wir mit vereinten Kräften zu erreichen suchen
zum Besten der Volksgesundheit und der Volkswohlfahrt.

(Anhaltender lebhafter Beifall).

Der Vorsitzende, Geh. Ober-Baurat U b e r , Berlin,
dankt dem Redner namens der Versammlung für den Vortrag.

Diskussion.

Professor Dr. B r a b b é e , Charlottenburg: Meine Herren!
Herr Professor P f ü t z n e r hat erwähnt, daß Heizkörperverkleidungen aus hygienischen Gründen zu vermeiden wären.

Daß derartige Verkleidungen auch unwirtschaftlich sind, hat er wohl aus dem Grunde nicht besonders hervorgehoben, da diese Tatsache uns allen bekannt ist. Über die Größe des bezüglichen Einflusses aber herrschen verschiedene Meinungen.

In der mir unterstehenden Prüfungsanstalt für Heizungs- und Lüftungseinrichtungen an der Kgl. Technischen Hochschule zu Berlin sind im Laufe des letzten Jahres rd. 350 Versuche über den Einfluß von Heizkörperverkleidungen durchgeführt worden. Die Untersuchungen umfaßten Latei-bretter, offene Nischen, Verkleidungen mit Lufteintritt unten und Luftaustritt in der Deckplatte, mit Luftein- und Austritt in der Vorderwand, Verkleidungen mit Vorderwand aus perforiertem Blech, Eisengehänge, Messinggehänge, Ver-kleidungen mit zwangläufiger Führung der Luft in Fenster-nischen. Die Versuche wurden auf hohe, mittlere und nied-rige Heizkörper verschiedener Modelle ausgedehnt und sowohl an Niederdruckdampf- wie auch an Warmwasserheizkörpern durchgeführt.

Die Resultate waren teilweise sehr überraschend, denn es ergab sich für manche durchaus übliche Verkleidung eine Verminderung der Wärmeleistung der Heizkörper um 30 bis 40%. Da mir leider nicht Gelegenheit gegeben ist, Ihnen auf dem Kongreß über diese vollständig abgeschlossenen Ar-beiten eingehend zu berichten, so möchte ich Sie heute nur auf die im Herbst dieses Jahres erscheinenden Mitteilungen aufmerksam machen.

Ingenieur und Patentanwalt H a a s e , Berlin: Meine Herren! Ich möchte nur einige Worte zu dem Vortrage sagen. Herr Professor P f ü t z n e r hat angegeben, daß bei 20⁰ eine Luftfeuchtigkeit von 50 bis 60% zweckmäßig sei.

(Zuruf des Herrn Professor P f ü t z n e r : Ich habe gesagt, daß man f r ü h e r 50 bis 60⁰ Feuchtigkeit für zweckmäßig gehalten hat.)

Dann habe ich das mißverstanden. Ich habe mir schon vor zwei Jahren erlaubt, darauf aufmerksam zu machen, daß ich bereits zwei Jahre lang Versuche über die Luft-feuchtigkeit angestellt hatte. Ich habe diese Versuche seitdem weitere zwei Jahre hindurch fortgesetzt. Vor zwei Jahren zweifelte ich, daß es mir überhaupt jemals möglich werde, anzugeben, in welchem Verhältnis Temperatur und Luftfeuchtigkeit zueinander stehen müssen, um angenehme Empfindung zu sichern. Ich erinnere daran, daß unser verehrter Herr Vorsitzender, Herr Geh. Ober-Baurat U b e r , vor zwei Jahren uns selbst eigentümliche Verhältnisse mitgeteilt hat aus einer Schule, in welcher die Befeuchtungseinrichtung stark in Anspruch genommen worden ist, weil die Lehrer sich fortgesetzt über Trockenheit zu beklagen hatten. Dann hat man die Befeuchtungseinrichtung ohne Benachrichtigung abgestellt, und nun erklärten sich die Lehrer befriedigt mit dem ausdrücklichen Bemerken, daß Luft jetzt genügend feucht sei. Derartige Vorkommnisse lassen sich nicht ohne weiteres auf die Temperaturhöhe zurückführen, und sehr viele Untersuchungen führen zu so widersprechenden Ergebnissen, daß man an der Möglichkeit, dieselben zu ergründen, sehr wohl zweifeln kann.

Ich habe etwa tausend Untersuchungen gemacht und bin dabei auf vielleicht hundert Verhältnisse gestoßen, die von jedermann als absolut angenehm anerkannt werden können. Sie wissen selbst, daß eine einzelne Person nicht maßgebend sein kann für das, was angenehm und was nicht angenehm ist. Die persönliche Disposition spielt dabei außerordentlich viel mit, außerdem die Bewegung der Luft usw. Ich habe festgestellt, so weit das nach vier Jahren überhaupt möglich ist, daß bei 20^0 die angenehmste Luftbefeuchtung etwa 42 bis 45% ist, und daß bei Verminderung der Temperatur die Luftbefeuchtung wesentlich gesteigert werden kann und gesteigert werden muß, um angenehme Verhältnisse herbeizuführen. Es ist dann sogar möglich, daß wir uns unter Umständen bei sehr niedriger Temperatur, wie 12, 13, 14^0 angenehm fühlen können. Die Ursache dafür kann nur in Gleichmäßigkeit der Temperatur und Reinheit der Luft im Zusammenwirken mit der Luftfeuchtigkeit und einer gewissen Luftbewegung zu suchen sein. Es ist durchaus nicht notwendig, daß sich die Luft bei starker Feuchtigkeit nicht bewegen darf, es ist im Gegenteil unter gewissen Verhältnissen sehr erwünscht, daß Luft bei starker Feuchtigkeit in Bewegung ist. Ich habe in der heutigen Nummer meiner Zeitschrift, die den Herren zur Verfügung

steht, meine Untersuchungen, soweit es möglich ist, zusammengefaßt. Ich bitte aber, diese Arbeit nur als eine provisorische
anzusehen, denn in weiteren zwei Jahren mag das Bild sich
vielleicht noch etwas verschieben.

Ingenieur Dr. M a r x , Berlin-Wilmersdorf: Meine Herren!
Ich möchte mir zu den Ausführungen des Herrn Professor
P f ü t z n e r eine kleine Erwiderung erlauben. Herr Professor
P f ü t z n e r sprach davon, für Schullüftungsanlagen begehbare und helle Zuluftkanäle zu fordern. Wir alle wissen,
daß wir damit das Ideal einer Zuluftanlage schaffen würden,
aber ich glaube, wir werden in den allerwenigsten Fällen,
vielleicht in keinem diese Forderung beim Architekten durch-
setzen können. Unsere modernen Schulen werden jetzt auch
im Kellergeschoß für den Schulbetrieb ausgebaut. Die Räume
werden benutzt zu Badeanlagen, für den Handfertigkeits-
unterricht, zu Kochschulen, Suppenküchen und dergl., und
wenn wir nun noch eine Lüftungsanlage unterbringen wollen,
werden wir für den Verteilungskanal wohl oder übel immer
wieder die Decke des Kellerkorridors benutzen müssen. Wollten wir aber in solchen Fällen die Forderung aufstellen, die
Herr Professor P f ü t z n e r angegeben hat, so glaube ich,
würden wir mit unseren Lüftungsanlagen gänzlich durch-
fallen, und das ist vielleicht noch weniger zu wünschen, als
wenn wir uns mit dem Deckenluftkanal begnügen müssen.

Es führt aber noch eine andere Erwägung dazu, dem alten
Deckenkanal das Wort zu reden. Ich glaube nämlich, wir
überschätzen die Staubübertragung durch denselben viel zu
sehr, wenigstens bei unseren Schulen. Denken Sie sich eine
moderne Schule mit etwa 600 Schülern! Diese 600 Schüler
haben 1200 Schuhsohlen, und diese 1200 Schuhsohlen werden
viermal täglich auf dem staubigen Schulhofe herumgeführt,
so daß täglich etwa 5000 Schuhsohlen ihren Schmutz in die
Räume tragen. Die Staubmassen, die auf diese Weise in die
Schule kommen, stehen in gar keinem Verhältnisse zu dem
bischen Staub, der durch den Deckenkanal in die Räume
eindringen kann, zumal es sich in demselben um eine sehr mi-
nimale Geschwindigkeit handelt, die deswegen nur sehr wenig
Staub mit sich reißen kann.

Ich würde also dafür sein, wenigstens so lange wir nicht den Architekten von der Dringlichkeit dieser Forderung überzeugen können, uns doch noch vorläufig mit dem alten Deckenluftkanal zu begnügen. Allerdings muß er im allgemeinen eine Höhe von wenigstens 80 cm haben, muß weiter, was eine sehr notwendige Forderung darstellt, nicht nur außen geputzt sein, sondern auch innen, muß die nötigen Reinigungsöffnungen besitzen, und vor allen Dingen muß die Reinigung auch vorgenommen und ihre ordnungsgemäße Durchführung kontrolliert werden. Wenn alle diese Voraussetzungen zutreffen, können wir, glaube ich, vorläufig noch ganz gut mit dem alten Deckenluftkanalsystem auskommen.

Oberingenieur Wilh. B o r c h e r t , Berlin-Südende: Meine Herren! Ich hatte Gelegenheit, eine große Reihe von Heizungs- und Lüftungsanlagen in Amerika zu studieren und habe gefunden, daß man uns in Lüftungsanlagen drüben bedeutend über ist, es wird erheblich mehr gelüftet als bei uns. Das sollten wir auch anstreben und vor allen Dingen gemeinschaftlich mit den Hygienikern.

Allerdings ist das Lüften in Amerika wesentlich billiger, da der dortige Kohlenpreis nur ein Viertel des hiesigen beträgt. Aber wir sollten niemals an Lüftungseinrichtungen sparen und besonders nicht bei öffentlichen Gebäuden. Gerade unsere Behörden müßten vorangehen und dafür sorgen, daß wir gute Lüftungsanlagen bekommen.

Am allerwichtigsten ist künstliche Lüftung in den Schulen. Hier sollte man vor allen Dingen auf dauernd zugeführte große Luftmengen sehen, und bedaure ich, daß Herr Geheimrat Rietschel bisher immer den Grundsatz aufgestellt hat, man dürfe über einen fünffachen Luftwechsel nicht hinausgehen. Das ist nach den Erfahrungen, die man in Amerika gemacht hat, nicht zutreffend. Es ist dort ein acht- bis zehnfacher Luftwechsel für die Schulklassen allegemein üblich und meist behördlich vorgeschrieben, und vorzüglich ausgeführte Anlagen beweisen, daß trotz dieses hohen Luftwechsels keine störende Zugluft entsteht.

Dazu gehört aber vor allen Dingen eine zuverlässige Bedienung der Anlage. In dieser Beziehung krankt es bei

uns. Die Anlage soll nicht dem Heizer sondern dem Ingenieur unterstellt werden, und die Überwachung der Anlage
muß dem Ingenieur durch selbsttätige Registrierapparate erleichtert werden, sofern nicht zuverlässige Temperaturregler für
konstante Erhaltung der Raumluft und Ventilationsluft sorgen.

Dann möchte ich noch bezüglich der hier erörterten
Größe der Luftkanäle auf folgendes aufmerksam machen:
Begehbare oder beschlupfbare Kanäle werden in Amerika
fast gar nicht angewendet, sondern enge Kanäle mit glatten
Innenwandungen (meist aus verzinktem Eisenblech hergestellt) und große Luftgeschwindigkeiten, um eine Selbst-
reinigung der Kanäle zu erzielen. Dies sollten wir auch anstreben, denn dadurch machen wir dem Architekten das Leben
leicht und ermöglichen selbst bei beschränkten Raumver-
hältnissen den Einbau von Lüftungsanlagen. Reinigung der
Kanäle ist bei großen Luftgeschwindigkeiten nicht nötig,
da eine Verschmutzung derselben erst gar nicht eintreten
kann. Selbstverständlich muß eine Anlage mit großen Luftmengen und engen Kanälen maschinell betrieben werden,
was für eine gute stets sicher wirkende Lüftungsanlage auch
bei jeder anderen Art der Ausführung unbedingt erforderlich
ist und die amerikanischen Erfahrungen beweisen, daß sich
derart durchgebildete Lüftungsanlagen vorzüglich bewähren.

Professor M e t e r , Wien: Herr Professor P f ü t z n e r
hat uns in eindringlicher Weise vorgeführt, welche widerstrebenden Meinungen zwischen den Hygienikern, den Hei-
zungs- und Lüftungstechnikern und den Hochbauleuten
rücksichtlich des Luftbedürfnisses bestehen. Ich glaube,
es müßte einer der größten Erfolge dieses Kongresses sein,
wenn eine Klarstellung zwischen diesen widerstrebenden
Meinungen erfolgte. Ich erlaube mir daher, den Antrag zu
stellen, der Kongreß möge beschließen, daß eine Kommission
von Hygienikern, Hochbauleuten und Heizungs- und Lüftungstechnikern zusammentrete, um eine Klarstellung in dieser
außerordentlich wichtigen Frage herbeizuführen. (Lebhafter
Beifall.) Denn es ist ja klar, daß wir vor allen Dingen eine Basis haben müssen, um künftighin Lüftungsanlagen in regel-
rechter Weise durchführen zu können.

Stadtbaumeister B e c k h a u s , Frankfurt a. M.: Meine
Herren! Die Ausführungen des Herrn Vortragenden, Professor P f ü t z n e r , waren besonders interessant, soweit sie
sich mit der Notwendigkeit des Luftwechsels und mit der
Ausführung von Lüftungsanlagen insbesondere in Schulen
befaßten. Der Herr Vortragende sagte in diesem Zusammenhange, wenn ich ihn richtig verstanden habe, daß es durchaus zulässig und zweckmäßig sei, wenn diese Anlagen mittels des
natürlichen Auftriebes der erwärmten Luft betrieben würden.
Ich möchte diese Ausführungen nicht ganz unwidersprochen
lassen, schon aus dem Grunde, weil sie dem Architekten
Veranlassung geben könnten, was auch schon seitens des Herrn
Professor P f ü t z n e r erwähnt wurde, an den hygienisch-
technischen Einrichtungen einer Schule Ersparnisse zu machen,
die nach unserm Erachten durchaus unangebracht sind. Ich
habe den Betrieb einer größeren Anzahl von Schulheizungen
zu überwachen gehabt, deren Lüftungsanlagen durch den natürlichen Auftrieb der Luft betrieben wurden, und ich habe
festgestellt, daß es nahezu unmöglich ist, derartige Anlagen
richtig zu betreiben.

Schon der geringste Windanfall von einer Seite bringt
eine derartige Anlage vollständig durcheinander. Die Kanäle
schlagen um, wie man das zu nennen pflegt, und die
warme Luft zieht durch die Zuluftkanäle aus den unteren
in die oberen Klassen. Es tritt eine vollständige Betriebs-
störung ein, die nur durch Zuziehung sachverständiger Personen und durch eine erneute Einregulierung der Anlage beseitigt werden kann. Am nächsten Tage ist der Windanfall umgekehrt, und die Übelstände treten wieder von neuem auf.
Der Herr Vortragende schränkte seine Ausführungen auch
wohl insoweit ein, als er erklärte, daß es bei derartigen Anlagen
unbedingt notwendig sei, die Zuluftbewegung durch den Einbau entsprechender Apparate dauernd sichtbar zu machen.
Er sagte dabei, daß derartige Anlagen verhältnismäßig
billig seien. Ich möchte dem nicht ganz zustimmen, denn
derartige Apparate werden sowohl in der Ausführung als auch
in der Unterhaltung recht teuer. Alle diese Übelstände können
aber in einfacher Weise vermieden werden durch die Anlage

eines Zuluftventilators, der die Zuluft zwangsläufig in die Klassenräume einführt. Die Anlagekosten einer derartigen Einrichtung betragen für eine große Doppelbürgerschule mit etwa 32 Klassen 1200 bis 1400 M für Ventilator und Motor, sofern nicht die Zuleitungskabel erhebliche Kosten verursachen. In allen den Fällen, wo ein Kabel in erreichbarer Nähe liegt — und in einer Großstadt ist das ja meistens der Fall —, sollte man deshalb grundsätzlich auf die Anlegung einer solchen Einrichtung dringen; denn die Kosten dieser Anlage im Betrage von M 1200 bis 1400 sind im Vergleich zu den gesamten Baukosten einer derartigen Schule im Betrage von rd. M 700 000 vollkommen belanglos.

Ich komme zu den Betriebskosten der Ventilatoranlage. Selbstverständlich darf der Ventilator mit einer Leistung von drei bis fünf KW nicht fortdauernd im Betriebe bleiben; sondern er muß in jeder Pause abgestellt werden. Dazu ist ein Heizer erforderlich, der überhaupt an keiner größeren Schule fehlen sollte. Die Kosten für Strom betragen bei einem Preise von 15 bis 20 Pf. für die KW/Std., wie er für die meisten Städte in Frage kommt, im Jahre etwa M 500. Dieser Betrag von M 500, meine Herren, spielt wiederum gar keine Rolle im Vergleiche zu den gesamten Kosten des eigentlichen Heizbetriebes an Koks usw., der etwa M 3000 im Jahre ausmachen wird, er spielt erst recht keine Rolle im Verhältnis zu den gesamten Betriebskosten der Schule, den Kosten an Gehältern, Löhnen usw., die viele tausend Mark ausmachen. Deshalb, meine Herren, sollten wir alle dahin streben, daß derartige Lüftungsanlagen in Schulen grundsätzlich mit Ventilatorbetrieb ausgeführt werden. (Lebhafter Beifall.)

Vorsitzender Geheimer Oberbaurat U b e r: Meine Herren! Herr Professor M e t e r hat den Antrag gestellt, es möchte eine Kommission von Hygienikern und Heizungs- und Lüftungstechnikern und Architekten gebildet werden. Ich bitte, sich zunächst zu diesem Antrage zu äußern. Wer wünscht dazu zu sprechen?

Geheimer Regierungsrat v. B o e h m e r, Großlichterfelde: Ich möchte die Annahme des Antrags befürworten und möchte empfehlen, daß die Einberufung eines derartigen

Komitees dem geschäftsführenden Ausschusse übertragen wird. (Zustimmung.)

Vorsitzender Geheimer Oberbaurat U b e r: Wünscht noch jemand das Wort zu dem Antrage des Herrn Professor M e t e r? — Das ist nicht der Fall. Dann darf ich wohl annehmen, daß Sie auch mit dem weiteren Vorschlage von Herrn Geheimen Regierungsrat v. B o e h m e r sich einverstanden erklären und die weitere Erledigung, die Zusammensetzung und die Einberufung eines solchen Ausschusses dem geschäftsführenden Ausschusse überlassen. Der geschäftsführende Ausschuß wird sich zweifellos bemühen, bis zum nächsten Kongreß über die Frage Klarheit zu schaffen oder sie ihrer Lösung näherzubringen. Ich kann zwar nicht verhehlen, daß es eine sehr schwierige Sache sein wird, eine solche Kommission überhaupt zusammenzustellen. Die Auswahl der Persönlichkeiten ist überaus schwer; denn wir wissen alle, daß die Hygieniker ganz diametral entgegengesetzte Ansichten haben. Wen sollen wir nehmen? Von jeder Richtung einen oder zwei oder wieviele? Also die Schwierigkeiten sind zweifellos sehr groß, und wenn wir bis zum nächsten Kongreß in zwei Jahren mit der Lösung der Frage noch nicht so weit sein sollten, dann bitte ich das von vornherein zu entschuldigen. (Heiterkeit.) Aber der geschäftsführende Ausschuß wird sich bemühen, nach dieser Richtung etwas zu tun.

Zum Wort hat sich nun Herr Dr. M a r x gemeldet.

Ingenieur Dr. M a r x, Berlin-Wilmersdorf: Eine ganz kurze Erwiderung auf die Ausführungen des Herrn B e c k - h a u s. Der Ventilator wird ja meiner Überzeugung nach künftig immer mehr und mehr Eingang in die Schulen finden, deshalb erlaube ich mir, Ihre Aufmerksamkeit dafür noch einmal in Anspruch zu nehmen. Zunächst habe ich sehr gute Erfahrungen mit der Einrichtung gemacht, die Lüftungsanlagen bis zu $+ 5^0$ C Außentemperatur für natürlichen Auftrieb, von $+ 10^0$ an für Ventilatorbetrieb einzurichten. Für die Berechnung des Kanalsystems wird $+ 5^0$ und nicht $+ 10^0$ zugrunde gelegt, weil sonst die Mauerkanäle zu groß werden. In der betreffenden Betriebsvorschrift heißt es dann, bei Außentemperaturen über $+ 10^0$ sind die Umstellklappen zu betätigen und der Ventilator während des Unterrichtes anzustellen. Mit dieser Einrichtung sind sehr gute Erfahrungen gemacht worden, und die Betriebskosten gehen dann herunter bis auf etwa 40 bis 50 M pro Jahr und Schule.

Das zweite, worauf ich noch aufmerksam machen möchte, ist, daß man, falls eine derartige Einrichtung getroffen wird, sorgsam darauf achten muß, daß der Ventilator absolut geräuschlos arbeitet. Unsere empfindlichsten Abnehmer bleiben die Lehrer, und sie sind gerade mit Bezug auf derartige Geräusche sehr empfindlich. Wenn also der Ventilator nicht absolut geräuschlos läuft, wird er schon nach wenigen Tagen still gestellt.

Vorsitzender Oberbaurat U b e r: Meine Herren! Ich darf wohl bitten, sich nicht zu sehr in Einzelheiten zu verlieren. Wir haben noch eine große Reihe von Sachen zu besprechen.

Landesoberingenieur O s l e n d e r, Düsseldorf: Meine Herren! Der Herr Vortragende und sämtliche Diskussionsredner haben, wie das ja nicht anders zu erwarten war, die hygienischen Fragen mit den wirtschaftlichen verbunden. Es ist ja ganz natürlich, daß, wenn wir der Hygiene zu weiten Spielraum lassen, unsere Anlagen dann unwirtschaftlich werden. Wir müssen daher die Frage prüfen: wie weit können wir bei den Anlagen von Heizung und Lüftung in der Erfüllung der Forderungen der Hygiene gehen? Wir müssen als Ziel immer das im Auge behalten, daß es besser ist, eine weniger hygienische Heizungs- und Lüftungsanlage als eine unrentable oder gar keine Zentralheizung zu bauen. Natürlich dürfen die Anlagen nicht gesundheitsschädlich sein. Auch muß der ausführende Heizungsingenieur den hygienischen Anforderungen Verständnis entgegenbringen. Beispielsweise muß er dem Architekten sagen, daß auf Konsolen ruhende Heizkörper wegen leichterer Fußbodenreinigung auch gesundheitstechnisch zweckmäßiger als auf Füßen stehende und einsäulige hygienischer als mehrsäulige sind und warum Heizkörperverkleidungen am besten fortfallen. Aber der Heizungsingenieur soll anderseits auch dem Architekten keine Schwierigkeit bereiten, wenn derselbe dennoch Verkleidungen anwenden will und sich alsdann an der zweckmäßigsten Ausbildung derselben beteiligen. Kann der Architekt die Heizkörper und Kanäle an den vom Heizungsingenieur bezeichneten Plätzen nicht unterbringen, so muß der letztere andere Dispositionen treffen. Anderseits darf der Heizungsingenieur dem Bauherrn und Architekten nicht mehr Konzessionen machen, als es die Erreichung des Effekts der Anlage gestattet, eher lieber auf die Ausführung verzichten. Der erfahrene Heizungsingenieur wird stets in der Lage sein, einen annehmbaren Ausweg vorzuschlagen, der sowohl den Ansprüchen des Architekten wie dem der Hygiene entspricht, und der gleichzeitig dem Heizeffekt genügt. Aus diesem Grunde muß jedesmal geprüft werden, wie die Forderungen liegen. Das Hand in Hand-Arbeiten des Architekten mit dem Heizungsingenieur ist unbedingt notwendig, wie der Herr Vorredner das auch betont hat. Es muß ferner im Auge behalten werden, daß sich die Heizungsanlage dem Wohnhause anpaßt, daß nicht etwa durch die Heizungs- und Lüftungsanlage, wie man das manchmal beobachten kann, das Haus minderwertig wird. Es kommt z. B. vor, daß durch die Stellung der Heizkörper die Wohnräume kaum noch zweckmäßig ausmöblierbar sind. Dann muß auch darauf geachtet werden, daß durch die Bedienung der Heizanlage dem Besitzer nicht eine zu große Aufgabe gestellt wird, damit er Freude an der Anlage hat. Damit können wir das Zentralheizungsfach und gleichzeitig die Hygiene ungemein fördern, ganz besonders aber, wenn wir dem Besitzer die Wohltaten der Heizungs- und Lüftungsanlage ohne große Ausgaben zuführen. Ich schließe damit: der Hygiene zuliebe dürfen keine unwirtschaftlichen Heizungs- und Lüftungsanlagen gebaut werden; es darf vor allen Dingen dabei nicht nach gesundheitstechnischer Schablone installiert werden.

Vorsitzender Oberbaurat U b e r : Meine Herren! Wir kommen zum Schluß. Ich danke allen Herren für die Beteiligung an der Diskussion. Der Beifall, den Sie dem Vortrage des Herrn Professor P f ü t z n e r gespendet haben, hat schon gezeigt, wie beifällig Sie den Vortrag aufgenommen haben, und es bleibt mir nur noch übrig, Herrn Professor P f ü t z n e r unsern herzlichsten Dank für den Vortrag auszusprechen. (Lebhafter Beifall.)

Herr Professor P f ü t z n e r hat das Schlußwort.

Professor P f ü t z n e r: Meine Herren! Nur noch wenige Worte als Erwiderung auf verschiedenes, was die Herren Vorredner gesagt haben. Wenn Herr H a a s e sagt, daß nach seinen Versuchen Feuchtigkeit, Temperatur und Bewegung der Luft in ihrer Wirkung auf den Menschen zusammenhängen, so stimmt das mit meinen Darlegungen überein, nur konnte ich selbstverständlich in meinem Vortrage mich über die diesbezüglichen außerordentlich interessanten Versuche von F l ü g g e, R u b n e r und W o l p e r t nicht näher verbreiten. Die Luft darf sich im Raume auch nur stark bewegen, wenn sie nicht viel kälter ist als der Raum selbst, andernfalls werden Wärmeentziehungen auf einzelne vom Luftstrom getroffene Teile des Körpers entstehen und damit die bekannten Erkältungserscheinungen.

Wenn weiter gesagt worden ist, daß die engen Deckenkanäle nach wie vor ausgeführt werden könnten, weil der Staub, der sich in den Kanälen ansammelt, nicht so erheblich sei als der Staub, der von Kindern oder Erwachsenen in die betreffenden Räume hineingetragen wird, so ist das qualitativ betrachtet vollkommen richtig. Aber man muß einen Unterschied im Staub machen. Es ist etwas ganz anderes, ob sich der Staub lange Zeit in Kanälen abgelagert hat, oder ob Straßenstaub, der meist anorganischer Natur ist und den Einwirkungen der Sonne und der frischen Luft unterliegt, hineingetragen wird. Ich habe Kanäle gesehen, die niemals gereinigt worden sind, in denen Ungeziefer steckte usw. Das sind Dinge, die wir unbedingt vermeiden müssen, und die mit vollständig begehbaren Kanälen auch vermieden werden können. (Sehr richtig!)

Ähnlich ist es mit dem Einwande, der bezüglich der Lüftung mittels Temperaturdifferenzen gemacht worden ist. Es kann mir gar nicht beikommen, den Ventilator für Lüftungsanlagen n i c h t zu empfehlen. Ich habe ausdrücklich gesagt, daß man gerade mit dem Ventilator in der Lage ist, nicht nur die Luft b e i j e d e r W i t t e r u n g zu bewegen, sondern auch die L u f t d r u c k v e r h ä l t n i s s e in unseren Räumen damit zu regeln.

Auch die engen Kanäle aus Blechrohren o. dgl. beim Ventilatorbetrieb muß man einmal untersucht haben, um den Staub zu beurteilen, der sich darin angesammelt hat, besonders wenn der Ventilator, was sehr oft vorkommt, längere Zeit nicht im Betrieb war. Mitunter herrschen beim Ventilatorbetrieb auch nur in den Verteilungskanälen große Luftgeschwindigkeiten, die den Staub teilweise mit fortreißen, aber bevor die Luft ausströmt, wird die Geschwindigkeit, z. B. in Deckenvouten usw., wieder sehr klein und an diesen unzugänglichen Stellen sammelt sich der Staub an, der gelegentlich in das Zimmer geworfen wird.

Man darf überhaupt eine Lüftung mit Ventilator nicht nur nach den Verhältnissen während seines Betriebes beurteilen, sondern man muß auch überlegen, welche Zustände eintreten, wenn der Ventilator stillsteht. Die Notwendigkeit begehbarer Kanäle ergibt sich dann von selbst. Auch für Schulen halte ich die Lüftung mit Ventilatoren für vorteilhaft, aber wir können doch die Städte oder die Gemeinden nicht zwingen, sich Ventilatoren anzuschaffen und Gelder für den Ventilatorbetrieb auszugeben. Es ist doch zweifellos immer noch besser, wenn eine vollständige zentrale Lüftungsanlage, die mit Temperaturdifferenzen betrieben wird, hereinkommt, als wenn nur ein kümmerlicher Abluftkanal angebracht wird, durch dessen Wirkung die äußere Luft durch alle Undichtheiten hereingezogen wird und Zugerscheinungen schlimmster Sorte entstehen. Von diesem Gesichtspunkte aus betrachtet, habe ich betont, daß es eine große Anzahl von zentralen Lüftungsanlagen gibt, die nur mit Temperaturdifferenzen betrieben werden, und die in ihrer Wirkung vollständig befriedigen. Allerdings müssen diese Anlagen sorgfältig berechnet, richtig angeordnet und richtig bedient werden, was freilich bei der von einem der Redner geschilderten Lüftung nicht der Fall gewesen zu sein scheint. Den Windeinflüssen läßt sich zum großen Teil durch geeignete Anlage der Luftschöpfstelle begegnen und die Abluftkanäle dürfen nicht in enge Dachräume ausmünden, in denen der Wind durch die Dachluken Druck erzeugen kann, was ja selbstverständlich zum Umschlagen der Kanäle führen muß.

Schließlich gestatten Sie mir wohl noch ein paar Worte über die vorgeschlagene Kommission. Ich habe es absichtlich nicht erwähnt, daß eine derartige Kommission durch unseren Geschäftsführenden Ausschuß berufen werden sollte, weil ich der Diskussion darüber nicht vorgreifen wollte, aber ich habe den Vorschlag des Herrn Professor M e t e r um so mehr mit Freuden begrüßt. Ich verhehle mir keineswegs die geäußerten Bedenken, die in der Schwierigkeit bestehen, teilweise recht entgegengesetzte Meinungen zu vereinen. Aber, meine Herren, es hat in der Technik oft genug Kommissionen gegeben, die für verschiedene Zweige der Technik Normen geschaffen haben, und was diese erreichen konnten, das dürfte doch auch bei uns möglich sein. Wir wollen dabei gar nicht so weit gehen und etwa den Fortschritten der Wissenschaft und Technik durch feststehende Leitsätze über Anordnung und Ausführung von Lüftungsanlagen Hindernisse bereiten. Wir wollen aber wenigstens zunächst einmal einheitliche und anerkannte wissenschaftliche Grundlagen zur Bestimmung der Größe des Luftwechsels schaffen. Die bestehenden Verhältnisse drängen geradezu darauf hin, wenn wir die Lüftungstechnik nicht mehr und mehr verflachen lassen wollen. (Anhaltender Beifall.)

Vorsitzender Geheimer Oberbaurat U b e r: Ich danke Herrn Professor P f ü t z n e r nochmals für seinen Vortrag und bitte nunmehr meinen Kollegen Herrn Ministerialrat Freiherrn v. S c h a c k y, den weiteren Vorsitz zu übernehmen. Eine Pause können wir nicht machen, sonst ziehen sich unsere Beratungen zu lange hin.

Ministerialrat im Kgl. Bayer. Ministerium des Innern Frhr. v. S c h a c k y a u f S c h ö n f e l d, München, übernimmt den Vorsitz.

Vorsitzender: Meine Herren! Wir kommen zum zweiten Teile der heutigen Tagesordnung. Ich bitte Herrn Fabrikbesitzer V e t t e r uns »Ü b e r d i e Z e n t r a l h e i z u n g d e r ä l t e r e n Z e i t« den zugesagten Vortrag zu halten.

II. Vortrag.

Über die Zentralheizungen der älteren Zeit.

Von Ingenieur und Fabrikbesitzer Hermann Vetter, Berlin.

Den meisten der Herren ist es wohl bekannt, daß die Geschichte der Zentralheizungen im Zusammenhange noch nicht
geschrieben worden ist. Es fehlt sogar fast ganz an fachge-
schichtlichen Aufsätzen nennenswerten Umfanges. Dies ist
aber um so bedauerlicher, als die Entwicklungsgeschichte der
Zentralheizungen über zwei Jahrtausende zurückreicht und
fast zu allen Zeiten die Geschichte der Entdeckungen im Gebiet der Physik wiederspiegelt. Aber es ist mühsam, für die
Chronik der Zentralheizungsindustrie Material zu gewinnen,
denn man ist bis in die Mitte des vorigen Jahrhunderts auf
oft recht spärliche Notizen angewiesen, die sich in Zeitschriften
aus London, Wien, Berlin, Nürnberg, München, Paris, Hamburg und Dresden vorfinden. Eine Veröffentlichung, welche
schon einen Teil des aufgefundenen geschichtlichen Materials
enthält, hat der Gesundheits-Ingenieur am 2. Juni 1907 in
der Festnummer zur VI. Versammlung der Heizungs- und
Lüftungsfachmänner, Seiten 10 bis 25, gebracht, die, wie
Sie ja wissen, in Wien stattfand. Ich hatte für diesen Bericht mein damals gesammeltes Material verwendet. Seitdem habe ich die Nachforschung nach Material noch die
Jahre hindurch fortgesetzt. Der Stoff ist dadurch erheblich
vollständiger geworden, mehrfach gelang es auch, Irrtümer
zu beseitigen; da alsdann aber noch seit 1907 die Ergebnisse
mehrfacher anderer Forschungen (z. B. der Limes-Kommission)
verfügbar geworden sind, so möge es mir gestattet sein, Ihnen
das h e u t i g e Bild von der geschichtlichen Entwicklung der
Zentralheizungen zu geben.

Wenngleich unsere Betrachtung möglichst kurz sein soll,
so dürfen wir doch nicht unterlassen, den Begriff Zentralheizung festzustellen. Ehe man ihn kannte, heizte man einen
Raum zu allererst durch Holzfeuer auf offenem Herde, später
durch Hineintragen von Kohlenbecken mit schon lebhaft an-
geglühten Holzkohlen, noch später durch Holzfeuer im Rauch-
mantel (Caminus) und endlich etwa vom Jahre 1000 an durch
geschlossenen Ofen.

Aber schon früh machte sich in hervorragenden Bauten der Kulturvölker das Bedürfnis einer vollkommeneren Heizungsart geltend und dies führte schon vor Beginn unserer Zeitrechnung zur Erfindung der Zentralheizung, also derjenigen Heizungsart, bei welcher eine Anzahl Räume von möglichst wenig Feuerstellen aus geheizt wird.

Den Zentralheizungen dieser Art müssen wir aber auch jene beizählen, durch welche e i n größerer Raum, z. B. ein Saal oder eine Kirche von möglichst wenig Feuerstellen aus erwärmt wird.

Einerseits entspricht dies dem Sprachgebrauch, anderseits ist es deshalb geboten, weil in der älteren Zeit die Zentralheizungen dieser Art die häufigeren waren, und solche, bei denen eine Feuerung für mehrere Räume dient, damals nur selten gefunden wurden.

Da man die Aufgabe, eine Anzahl Räume von möglichst wenig Feuerstellen aus zu erwärmen, auf verschiedene Art lösen konnte, so sind auch v e r s c h i e d e n e Arten von Zentralheizungen entstanden. Verschiedene Lösungen der Aufgabe waren erstens dadurch möglich, daß man verschiedene wärmeübertragende Mittel anwandte. Man benutzte zur Wärmeübertragung:

  a) die Feuergase des Heizmaterials,
  b) erwärmte Luft,
  c) Wasserdampf,
  d) erwärmtes Wasser

und erhielt dadurch zunächst vier Hauptarten, von denen die 2., 3. und 4. Luftheizung, Dampfheizung und Wasserheizung genannt werden. Nun ergeben sich aber wieder Unterteilungen dadurch, daß bei jeder Hauptart das wärmeübertragende Mittel in verschiedener Weise angewendet wird und diese Erwägung führt, wenn man von allen sog. kombinierten Systemen für die heutige Betrachtung völlig absieht, zu folgenden Arten:

  a) Wärmeübertragung mittels der Feuergase:
    1. Hypokaustenheizung; 2. Kanalheizung; 3. Steinofenheizung; 4. Rauchröhrenheizung;

b) Wärmeübertragung mittels erwärmter Luft:
   5. Frischluftheizung; 6. Umluftheizung;
c) Wärmeübertragung mittels Wasserdampf:
   7. Hochdruck-Dampfheizung; 8. Niederdruck-
   Dampfheizung;
d) Wärmeübertragung mittels erwärmten Wassers:
   9. Warmwasserheizung; 10. Heißwasserheizung.

Diese zehn verschiedenen Arten der Zentralheizung haben
sich fast alle nicht nur unabhängig voneinander in verschiedenen Ländern, sondern auch in verschiedenen Jahrhunderten
und sogar Jahrtausenden entwickelt. Es ist deshalb geboten,
sie einzeln für sich zu betrachten und soll dies nachstehend
in der Reihenfolge geschehen, in welcher die Zentralheizungsarten erfunden worden sind.

Die Hypokaustenheizung.

Die Hypokausten sind die ältesten Zentralheizungsanlagen,
von denen wir Beschreibungen und Fundreste besitzen.
Zweifellos sind die Römer Erfinder. Die ersten Anlagen
dürften im letzten Jahrhundert vor Beginn unserer Zeitrechnung entstanden sein. Ein Hypokaustum ist ein Hohl-
raum unter dem Fußboden des zu heizenden Raumes, welcher
in der Regel dessen ganze Länge und Breite hat. Dieser Hohl-
raum steht auf der einen Seite in Verbindung mit einer außerhalb des Hauses liegenden backofenartigen und nach der
Außenluft hin geöffneten Heizkammer — fornax — mit dem
davor liegenden Heizerstand — präfurnium — und auf der
entgegengesetzten Seite mit einem oder mehreren senkrechten
Rauchrohren. Wird vom Präfurnium aus in der Heizkammer
ein Feuer von Holzkohlen gemacht, so durchströmen die Feuergase von der Heizkammer aus den Verbindungskanal und erwärmen die Wände des Hypokaustum, ehe sie in das Rauchrohr entweichen. Schließt man nach dem teilweisen oder gänz-
lichen Ausglühen der Holzkohlen das Rauchrohr und setzt
das Hypokaustum durch eine Öffnung — fenestra — mit dem
zu heizenden Raum in Verbindung, so steigt warme Luft,
welche sich im Hypokaustum an dessen Wänden erwärmt hat,
in den Raum auf und heizt diesen.

Beschreibungen von Hypokausten findet man schon bei
den Schriftstellern des alten Roms. Marcus Vitruvius Pollio,
römischer Kriegsingenieur unter Cäsar und Augustus, gibt
in seinem Werk »de Architectura«, welches erhalten und
mehrfach in verschiedene Sprachen übersetzt ist, eine An-
weisung im Bau von Hypokausten, welche erkennen läßt,
daß diese Anlagen für gewisse hervorragende Gebäudearten
ziemlich selbstverständlich waren. Aber schon vorher finden
wir Hypokaustenheizungen und zwar ist durch Ausgrabungen
und auch durch Aussprüche römischer Schriftsteller festgestellt, daß die Römer auch für Wohngebäude Hypokaustenheizungen hatten. So finden wir in mehreren Briefen des
Plinius an Gallus Hypokausten in dessen Villen erwähnt und
der deutsche Archäologe Winckelmann beschreibt die Heizung eines römischen Gebäudes bei Herkulanum, wo sogar
schon ein Raum des oberen Stockwerkes durch Tonrohr-
kanäle mit der Hypokaustenanlage verbunden war. Die
Warmluft trat durch Eintrittsöffnungen, welche als Löwen-
köpfe ausgebildet und verschließbar waren, in den oberen
Raum ein.

Man hat lange geglaubt, daß die Römer mittels der Hypokausten nur das Caldarium und das Laconicum der Volks-
bäder in Rom und Pompeji erwärmt haben, daß sie also die
Hypokaustenheizung nur dort angewendet haben, wo es sich
darum handelte, Räume auf hohe Temperaturen zu erwärmen.
Tatsächlich waren ja auch die meisten Räume der großen
öffentlichen Bäder nicht durch Hypokausten, sondern durch
Kohlenbecken heizbar. Dies hat zu dem falschen Schluß
geführt, daß die Römer die Hypokaustenheizung für solche
Räume, welche nicht Schwitzräume waren, und welche man
nur auf eine erträgliche Temperatur heizen wollte, überhaupt
noch nicht in ihrem Vaterlande, sondern erst in den nördlichen Kolonien, der Schweiz, Germanien, Franken und England angewendet haben. Neuere Forschungen haben jedoch
ergeben, daß die Hypokaustenheizungen in dem nördlichen
Eroberungsgebiet der Römer zwar viel häufiger angewendet
worden sind, als im Vaterlande (es ist dies besonders durch
die Limes-Forschung festgestellt), daß aber im alten Rom,

Pompeji und in Herkulanum schon vielfach Zentralheizungen
mit Hypokausten zur Erwärmung von Aufenthaltsräumen in
Gebrauch gewesen sind.

Vitruvius beschreibt uns die Herstellung des Hypokaustum. Er gibt an, man soll zuerst eine Sohle mauern mit
einer Steigung, so daß ein Ball, welchen man »ad Hypokausyn«
wirft, nach dem Feuerloch — fornax — zurückrollt. Man
soll dann, regelmäßig verteilt und in Abständen von 70 cm,
Pfeiler — pilae — von Plattenziegeln in Höhe von 70 bis 80 cm
mauern und oben auf diese so große Plattenziegel auflegen,
daß diese sich gegenseitig berühren, auf diese soll man alsdann einen Estrich machen. Dieser schwebende Fußboden
wird in der alten Literatur Roms »suspensura« genannt.

Aber nicht nur das Hypokaustum mit der Suspensur
dient dazu, den Raum zu erwärmen, sondern man setzte bei
einem Teil der Ausführungen in die Wände Hohlziegel mit
rauchrohrartigen Öffnungen so ein, daß senkrechte durch-
laufende Kanäle entstanden, welche unten mit dem Hypokaustum in unmittelbarer Verbindung standen, oben aber —
etwa in Mannshöhe — abgedeckt waren. Man wollte durch
diese Einrichtung, welche Tubulation der Wände genannt
wird, eine gleichmäßigere Erwärmung des Raumes hervor-
bringen.

Während die Hypokausten in den italienischen Städten
meist sehr verfallen sind, haben sich andere in den nördlichen
römischen Kolonien zum Teil erheblich besser erhalten. Eine
der interessantesten Anlagen fand Ludwig Jacobi, der Reno-
vator der Saalburg, in der bürgerlichen Niederlassung hinter
der Burg. Sie entspricht vollkommen der Beschreibung
Vitruvs und läßt alle charakteristischen Teile genau erkennen, die fornax mit dem davor befindlichen praefurnium,
den Übergangskanal, das Pfeilerhypokaustum und zwei
Rauchrohre, welche aus Hohlziegeln bestanden und welche
offenbar zusammenwirkten, also ein größeres Rauchrohr ver-
traten. Das sog. fenestra angusta, also das enge Fensterchen,
welches geöffnet wurde, wenn man das Rauchrohr abgesperrt
hatte und heiße Luft aus dem Hypokaustum in den Raum
lassen wollte, wird hier durch Hohlziegel gebildet, welche an

der dem präfurnium gegenüberliegenden Wand stehen und welche offenbar durch Steinplatten abschließbar waren.

Es wird Ihnen gewiß allen so erscheinen, daß eine derartige Anlage schwer regulierbar gewesen ist und daß es besonders schwierig gewesen sein mag, mit dem Feuern das richtige Maß einzuhalten. Die Römer müssen dies auch wohl erfahren haben, denn sie haben bei der erwähnten Anlage auch dafür gesorgt, daß dem Raum mit der erwärmten, frische unerwärmte Luft zugeführt werden kann und dadurch möglich gemacht, bei Überheizung eine nachherige Abkühlung zu bewirken.

In der Saalburg ist eine ganze Anzahl verschieden konstruierter Hypokausten gefunden worden. Die Limes-Kastelle weisen auch eine Anzahl derartiger Anlagen auf und auch in Trier, welches in dem zweiten Jahrhundert römische Kaiserresidenz war, haben die beiden Prachtbauten, der Kaiserpalast und die Thermen von St. Barbara, Hypokaustenheizungen gehabt.

Obwohl die altrömischen Hypokaustenheizungen das entlegenste Gebiet unserer geschichtlichen Betrachtung darstellen, so findet sich gerade darüber merkwürdigerweise eine recht beachtenswerte Literatur. Zunächst ist uns von den Archäologen Winckelmann, Mau, Overbeck und Jacobi manches mitgeteilt. Von Spezialtechnikern hat zuerst Krell im Jahre 1901 eine Broschüre »Altrömische Heizungen« herausgegeben, in welcher mehrere der von mir erwähnten Hypokaustenanlagen recht genau beschrieben und auch zeichnerisch dargestellt sind. Zweifellos gebührt ihrem Verfasser das Verdienst, die interessante Frage der Hypokaustenforschung aufgerollt zu haben. Inzwischen ist jedoch sein Buch durch ein in diesem Jahre gedrucktes, umfangreicheres Werk von Dr. F u s c h überholt, welches umfangreiche eigene Aufnahmen in reicher Auswahl gibt und in welchem auch die wichtigen Ergebnisse der Limes-Forschung schon in vollem Umfange berücksichtigt sind. Über die Streitfragen, welche sich hinsichtlich der Hypokaustenheizungen und der mit Hypokaustum versehenen Steinwannen in den römischen Bädern entwickelt haben, finden Sie dort sehr interessante Aufschlüsse in durchaus objektiver Behandlung.

Kanalheizung.

Kanalheizung nennt man eine Zentralheizungsart, bei welcher die äußere Wandung eines langen zwischen der Feuerung und dem senkrechten Rauchrohr liegenden Rauchkanals Wärme an den Raum abgibt. Der Kanal liegt schwach steigend oder auch wagerecht im Fußboden, meistens wirkt nur die Decke als Heizfläche. Es liegt nahe, daß sich die Kanalheizung aus der Hypokaustenheizung entwickelt hat und so finden sich denn auch die ersten Kanalheizungen in alten Römerbauten, so daß die Römer unzweifelhaft auch diese Heizungsart erfunden haben.

Eine gut erhaltene Kanalheizung aus dem Anfang unserer Zeitrechnung beschreibt uns Ludwig J a c o b i in seinem Werk: »Das Römer - Castell Saalburg«. Die Anlage befindet sich im Grenzturm und wird von J a c o b i nach der kreuzförmigen Grundrißanordnung der Kanäle eine Kreuzheizung genannt. Auch hier liegt der Feuerraum außerhalb des Gebäudes. Der Kanal, welcher die Feuergase leitet, führt zunächst bis zur Mitte des Raumes in eine Erweiterung. Von dieser aus führen zwei Kanäle nach den Rauchrohren und andere in der Rückwärtsrichtung nach Öffnungen, welche das Kanalsystem mit dem Raum verbinden. Diese Öffnungen würden also den fenestrae angustae der Hypokaustenheizung entsprechen. Sind die Rauchrohre geschlossen und ist die Feuerung ausgebrannt, so kann man, wenn man die fenestrae öffnet, warme Luft durch die Feuerung und die Kanäle in den Raum einströmen lassen und man wird auch, wenn das Kanalsystem nicht mehr erwärmt ist, in dieser Weise den Raum lüften können. Läßt man die Öffnungen geschlossen, so findet die Erwärmung des Raumes nur durch die warme Leitung in der Kanaldecke statt. Wir haben es also hier schon mit einer Verbesserung der Heizanlagen zu tun insofern, als der Raum auch erwärmt werden kann, ohne daß Heizluft in denselben eingeführt werden muß, die sich an den auch von den Feuergasen berührten Flächen erwärmt hat. Es bleibt hier also Heizluft von den Feuergasen streng geschieden, wie etwa auch bei der Ofenheizung. Man kann sich überhaupt eine Kanalheizung als eine Ofenheizung denken, bei welcher

der Ofen in langgestreckter Form in den Fußboden einge-
bettet ist. Es ist nun merkwürdig, daß Kanalheizungen
schon im ersten Jahrhundert unserer Zeitrechnung in Gebrauch
waren, der Stubenofen aber erst zu Ende des zehnten oder
zu Anfang des elften, daß die Menschheit also noch volle
1000 Jahre gebraucht hat, bis aus den im Fußboden liegenden
ein auf dem Fußboden stehender Ofen wurde.

Nach den Kanalheizungen der römischen Befestigungen
finden wir im Jahre 820 eine solche in dem Bauriß des Klosters
St. Gallen. Weitere Anlagen werden wahrscheinlich in den
Königlichen Pfalzen zu Aachen und Ingelheim gewesen sein,
doch sind die Fundreste nicht geeignet, dies sicher nachzuweisen.

In späteren Jahrhunderten scheinen dann aber die Ver-
wendungen der Kanalheizungen eine allgemeinere geworden
zu sein. Im Jahre 1817 sagt der in Berlin lebende Baumeister
C a t e l in einer Broschüre: »mit den hier üblichen Hei-
zungskanälen treten andere Schwierigkeiten ein«. Das 1825
in London erschienene Mechanics Magazine sagt, daß die
»gebräuchlichen« Züge (flues) wegen ihrer vielen Fugen zu
viel schwefligsaure Gase durchlassen, die den Pflanzen nachteilig sind. Auch der damals sehr bedeutende Physiker Thomas
T r e d g o l d sagt um dieselbe Zeit: »die Art und Weise,
durch Kanäle Wärme zu verbreiten, ist mangelhaft«. Interessant ist ein Bericht eines englischen Fachblattes, welcher
ebenfalls um diese Zeit erscheint. In diesem stehen die Worte:
»Es scheint, daß die chinesische Art, Häuser zu heizen, anwendbar auf unsere Pflanzenhäuser und Werkstätten ist.«
Danach scheint die Kanalheizung im Anfang des 19. Jahrhunderts in China schon ziemlich verbreitet gewesen zu sein.

Auch in Wien muß um diese Zeit die Kanalheizung schon
ziemlich gebräuchlich gewesen sein. Denn in dem später zu
besprechenden Werk: »Die Heizung mit erwärmter Luft«,
welches Professor M e i ß n e r 1821 erscheinen ließ, sagt der
Verfasser, er hofft, »daß die neue Heizmethode, also die Luftheizung, selbst wenn kein Brennmaterial erspart werden
sollte, in längstens 20 Jahren aus allen Pflanzenhäusern die
Kanalheizung verdrängen wird und alsdann die Kanalplatten
unausweislich ins alte Eisen fallen müssen«.

Wenn nun M e i ß n e r 1821 glaubte und aussprach, daß
die von ihm erfundene Luftheizung in längstens 20 Jahren
die primitive Kanalheizung verdrängen würde, so täuschte
er sich, denn es gehörten viel mehr als 20 Jahre dazu, um die
primitive Kanalheizung vergessen zu machen. Ich erinnere
mich noch aus dem Beginn meiner heiztechnischen Laufbahn,
etwa aus dem Jahre 1875, daß es damals sehr schwer war,
den Gärtnereibesitzern den Vorzug der Warmwasserheizung
klar zu machen.

Ganz vergessen ist die Kanalheizung auch heute noch
nicht. Vereinzelt wendet man sie doch noch für einfachere
Pflanzenhäuser an, für welche eine Warmwasserheizung sich
zu teuer stellen würde. Auch hat man die Kanalheizung in
der Zeit, als die Zentralheizungen noch erheblich teurer waren
wie heute, nicht ungern für evangelische Kirchen, welche bekanntlich in der Regel nur einmal wöchentlich geheizt werden,
verwendet. Manchen von den Herren werden solche Ausführungen noch bekannt sein.

Steinofenheizung.

Wie wir gesehen haben, geschah bei der Hypokaustenheizung der Heizprozeß in der Weise, daß man Luft in den
Raum eintreten ließ, welche sich an denselben Flächen erwärmt hatte, die man durch die Feuergase von Holzkohlen
heiß machte. Da man wohl selten wird die Holzkohlen ganz
haben ausbrennen lassen, ehe man das Rauchrohr schloß, so
werden wahrscheinlich die Feuergase selbst noch in den Raum
mit eingeströmt sein und diesen erwärmt haben. Eine ähnliche Heizungsart finden wir in der mittelalterlichen Steinofenheizung. Verschieden ist sie jedoch zunächst insofern von
der Hypokaustenheizung, als mit Holz geheizt wird und die
Heizkammer nicht wie die fornax der Römer leer, sondern
mit Steinen, Findlingen, meist Granit- und Basaltsteinen, an-
gefüllt ist. Vom Holzfeuer schlägt die Flamme durch die
Lücken der aufgehäuften Steine, erhitzt letztere allmählich
bis zum Glühen, und die Feuergase entweichen in das Rauchrohr. Ist das Holz ausgebrannt und sind die Steine glühend,
so wird das Rauchrohr geschlossen und eine Öffnung von der

Heizkammer oder dem Warmluftkanal nach dem zu heizenden Raum hergestellt. Es strömt dann Außenluft durch die Lücken der glühenden Steine und dringt in den zu heizenden Raum ein.

Steinofenheizungen finden wir, soweit bekannt, nur in deutschen Burgen. M e y d e n b a u e r ist der Meinung, daß die Steinofenheizung von den deutschen Ordensrittern aus Palästina mitgebracht worden ist. Wenigstens stehen wir vor der Tatsache, daß die deutschen Ordensschlösser zu Marburg in Hessen und zu Marienburg in Ostpreussen anscheinend die ersten Steinofenheizungen gehabt haben. Die älteste der beiden genannten Anlagen scheint die im Marburger Schloß zu sein, da der Teil des Marienburger Schlosses, in welchem sich die Steinofenheizung befindet, nicht vor 1350 gebaut worden ist, also zu einer Zeit, wo die wesentlichsten Teile des Marburger Schlosses schon standen.

Die Steinöfen der Marienburg sind im Jahre 1822 von der preußischen Regierung untersucht und zum Teil wieder in nutzbarem Zustand versetzt worden. Es haben bei dieser Gelegenheit monatelange Versuche mit den Anlagen stattgefunden, aus denen hervorgeht, daß die Anlagen zur Heizung der umfangreichen Räume brauchbar gewesen sein müssen. Nur stellte sich heraus, an was Sie während meiner Beschreibung der Anlage gewiß schon gedacht haben werden, es schlugen sich an dem Holzfeuer Glanzruß und Destillationsprodukte nieder und obwohl die Steine bis zum Glühen erhitzt waren, teilte sich der Geruch dieser Niederschläge beim Heizen den Räumen in unangenehmer Weise mit.

Als eine Übergangsform von der Hypokaustenheizung zur Steinofenheizung sind diejenigen frühmittelalterlichen Anlagen zu betrachten, bei welchen die Heizkammer nicht mit Steinen gefüllt, sondern leer ist, und bei denen also die Wärme nur wie bei den älteren Backöfen in den dicken Heizkammerwänden aufgespeichert wird. Die Heizkammer lag gewöhnlich mitten unter dem zu heizenden Raum, in ihrer gewölbten Decke waren runde, mit Falz versehene und mit Steinplatten verschließbare Löcher. Solche Anlagen waren

in den ersten Klöstern des Zisterzienserordens, z. B. in Maul-
bronn, alsdann im Johanniskloster in Schleswig und noch
mehrfach anderswo.

Rauchröhrenheizung.

Als eine Abart der Kanalheizung ist die sog. Rauchröhrenheizung zu betrachten, welche im Anfang des vorigen Jahrhunderts eine ziemliche Bedeutung gewonnen hatte. Während
bei der Kanalheizung der Kanal, also das horizontale Rauchrohr, immer im Fußboden des zu heizenden Raumes liegt,
meistens ganz aus Mauerwerk gebildet ist und höchstens eine
eiserne Abdeckung besitzt, ist bei der Rauchröhrenheizung
derjenige Teil der Anlage, welcher zwischen der Feuerung
und dem Rauchabzugsrohr liegt, aus eisernem Rohr gebildet.
In der Literatur der damaligen Zeit ist meistens von der
»englischen« Rauchröhrenheizung die Rede, so daß anzunehmen
ist, daß die Engländer diese Heizungsart erfunden haben.

Von den älteren Rauchröhrenheizungen findet man
nirgends eine klare Beschreibung. Erst im Jahre 1827, als
das Handbuch der Heizung von Dr. C. M. Hcigelin erschien, ist in diesem gesagt, daß die Rauchröhrenheizung
eine besonders in Frankreich gebräuchliche Konstruktion ist,
und daß sie für Gewächshäuser und Wohnräume Verwendung
gefunden hat.

Etwas besser unterrichtet uns Professor Meißner in
Wien in der 3. Auflage seiner »Heizung mit erwärmter Luft«,
welche ebenfalls 1827 erschien. Er sagt dort: »Der Apparat
der englischen Rauchröhrenheizung besteht aus einem gußeisernen Ofen mit einem sehr langen eisernen Rohr, welches
in eigenen Kanälen unter den zu dieser Absicht durchbrochenen
Fußböden oder auf gleiche Art in den Wänden der zu er-
wärmenden Gemächer fortgeleitet wird und zuletzt in einen
Schornstein mündet«.

Meißner tadelt mit Recht die Feuergefährlichkeit
solcher Anlagen und macht uns in einer Anmerkung mit der
Tatsache bekannt, »daß durch solche Apparate das Schloß
zu Hessenkassel und mehrere andere schöne Gebäude ein
Raub der Flammen geworden sind«.

6*

Aber in England scheinen die Rauchröhrenheizungen trotz dieser Bedenken ziemlich verbreitet gewesen zu sein, und man hat sogar Kattunfabriken in dieser Weise geheizt. Darüber finden wir in einer Londoner Zeitschrift von 1829 die Nachricht, daß Mr. L e i g h   P h i l l i p s seine aus vier Stockwerken bestehende Fabrik mit Rauchröhrenheizung versehen hatte. Im unteren Stockwerk stand ein gewöhnlicher Ofen, den man eigentümlicherweise aus Gußeisen gemacht hatte, und das Rauchrohr führt anstatt unmittelbar in den Schornstein nach dem 1. Stockwerk. Dort läuft es horizontal entlang, steigt nach dem 2. Stock, über dessen Fußboden es parallel mit dem 1. Stock geführt ist und so fort bis zum letzten Stockwerk, wo es an den eigentlichen Schornstein angeschlossen ist.

Anscheinend die letzte Spur der Rauchröhrenheizung findet sich alsdann in einer Zeitschrift von Dr. phil. Friedrich A. K. (der Name ist nicht ausgeschrieben), welche 1847 in Leipzig erschien. In dieser heißt es: »Die Rauchröhrenheizung ist aber ihrer größeren Feuergefährlichkeit wegen bereits außer Kurs genommen.«

Luftheizung.

Luftheizung nennt man bekanntlich die Zentralheizungsart, bei welcher die Erwärmung des Raumes durch Einführung warmer Luft geschieht, während die im Raum befindliche zu kalte Luft verdrängt wird, um entweder ins Freie zu entweichen oder um erwärmt von neuem dem Raum zugeführt zu werden (Frischluftheizung, Umluftheizung). Die Erwärmung der Luft erfolgt also außerhalb des zu heizenden Raumes in einer sog. Heizkammer an den Flächen eines ofenartigen Körpers, eines Luftheizofens, den wir nach dem Vorbilde des Dictionaire Technique von 1800 Kalorifer zu nennen pflegen. Da man erst um das Jahr 1000 herum angefangen hat, die Außenfläche des Ofens zur Lufterwärmung zu benutzen, so kann die Erfindung der Luftheizung erst in das zweite Jahrtausend unserer Zeitrechnung fallen.

Die ersten Luftheizungen sind offenbar dadurch entstanden, daß man bei einer Steinofenheizung mit leerer Heiz-

kammer in diese einen Ofen hineinsetzte. Dies ist im Ordens-
schloß Marburg nachgewiesen, wo sich die scheinbar älteste
Luftheizung vorfindet. Hier steht ein Kalorifer mit einer
Oberfläche von grünen glasierten Kacheln auf dem Fundament des früheren Herdes der Steinofenheizung. Die Heizkammer liegt unmittelbar unter dem zu heizenden Saal und
hatte sehr wahrscheinlich die schon bei der Steinofenheizung
erwähnte durchlochte Decke.

Über diese Urform der Luftheizung, bei der also ein
Ofen in einer unmittelbar unter dem Raume liegenden Heizkammer mit durchlochter Decke (oder auch Gitter) stand,
finden wir mehrfach Angaben. Sie scheint vielfach verwendet
worden zu sein. So sagt Professor M e i ß n e r 1821:

»Man findet Heizapparate dieser Art viel in den Klöstern,
wo sie unter dem Fußboden der Speisesäle angebracht und
mit eisernen Gittern verdeckt sind.«

Alsdann berichtet uns H e i g e l i n im Handbuch der
Heizung 1827, daß »viele Schenken auf dem Lande derartige
Heizeinrichtungen haben«.

Man war nun aber wohl nicht immer in der Lage, die
Heizkammer unter dem zu heizenden Raum anzubringen,
sondern man mußte auch wohl mehrere Räume von einer gemeinschaftlichen Kammer aus heizen. Aus dieser Erwägung
heraus entstanden die Luftheizungen mit Kanälen.

Obwohl es nun von der Hypokausten- und Steinofenheizung her bekannt war, die Luft, die erwärmt als Heizluft
in den Raum einströmen sollte, der Heizkammer von außen
zuzuführen, hat man diese Maßregel zunächst nicht befolgt.
Denn bei der Luftheizung im Redoutensaal in Moskau, nach
deren Vorbild Friedrich der Große eine Luftheizung für sein
Arbeitszimmer im Stadtschloß in Potsdam einrichten ließ,
war die Heizkammer nur mit dem zu heizenden Raum verbunden, und zwar durch e i n e n Kanal. Solche Anlagen
waren in Rußland zu dieser Zeit, also 1756, schon ziemlich
verbreitet, sie hießen sogar russische Luftheizungen, und man
kann mit M e i ß n e r annehmen, daß auch die Anlagen,
welche Kaiser Joseph II. (1765—1790) im Wiener Irrenturm,
im Burgtheater und in mehreren Palästen Wiens ausführen

ließ, ebenfalls solche Umluftheizungen mit e i n e m Kanal gewesen sind. Den einen Kanal hielt man für ausreichend. Man glaubte, wenn sich durch die Wärme die Luft in der Heizkammer ausdehnt, so teilt sich die ganze vom Kalorifer erzeugte Heizluft und also Wärme dem zu heizenden Raume mit. In diesem Irrtum befanden sich alle Luftheizungskonstrukteure bis zu M e i ß n e r s Zeit, also bis etwa 1820.

Scheinbar ganz ohne Kenntnis ausgeführter Luftheizungen baute dann im Jahre 1792 Professor M o l i t o r in Mainz für das dortige Klinikum eine Luftheizungsanlage, welche anscheinend die erste Frischluftheizung gewesen ist. Aber sie war wenig glücklich konstruiert. E i n e porzellanene Röhre (leider ist Länge und Weite nicht angegeben) war horizontal in eine Feuerung so eingebaut, daß sie von außen glühend gemacht wurde. An der Innenwand der Röhre erwärmte sich die nach den Räumen hinaufströmende Heizluft und ein großer Trichter, welcher an der Einströmungsseite des Rohres befestigt war, sollte den Luftzutritt beschleunigen. Sie sehen, wie ungeschickt M o l i t o r die Sache anfaßte. Die große Oberfläche des ofenartigen Kastens, in dem die Feuerung war, blieb unbenutzt und mit der kleinen Feuerfläche der Porzellanröhre wollte er ein Klinikum heizen.

Jetzt fängt man auch in England an, Luftheizungen zu bauen, und zwar entsteht diejenige Anlage, welche wir für die älteste halten müssen, 1792 in der Kattunfabrik von Strutt in Belper. Auch sie ist eine Frischluftheizung, die Konstruktion des Kalorifers ist eigenartig. Eine auf der gemauerten Feuerung ruhende, aus schmiedeisernen Platten genietete Halbkugel bildet die Kaloriferheizfläche. Die Halbkugel steht aber nicht unmittelbar in der Heizkammer, sondern ist von einem gemauerten, ebenfalls halbkugeligen, Mantel umgeben, der vielfach durchlocht und an den Löchern mit kurzen nach innen stehenden Rohren (cockles) versehen ist. Durch wagerechte Teilung der Heizkammer wird nun bewirkt, daß durch die unteren Rohre die kalte Luft an die Heizfläche herangeführt, nach der Absicht des Konstrukteurs gewissermaßen angedrückt wurde. Sie ging dann dicht an

der Heizfläche nach dem oberen Teil und durch die oberen
»cockles« in die obere Heizkammer und von dort in die Kanäle.
Der cockle-stove ist der erste Kalorifer, von welchem wir
genaue Zeichnungen besitzen, mit ihm wurde von dem englischen Zentralheizungsindustriellen Karl S y l v e s t e r eine
Anzahl Luftheizungen — einige auch in Deutschland — ausgeführt.

Aus dem ungeschickten Kalorifer im Klinikum zu Mainz
hatte sich in Frankreich ein eigenartiger Kalorifertypus entwickelt. Man legte statt des einen Rohres eine ganze Anzahl,
und zwar nicht horizontal, sondern schräg durch die Feuerung,
und erhielt dadurch den sog. Röhrenofen, wie ihn D é s a r n o d
und C u r a n d a u in Paris scheinbar zahlreich verwendet
haben. Mit einem solchen Kalorifer — und zwar von Kupfer —
heizte 1797 C u r a n d a u die Nastsche Porzellanfabrik in Paris.

Den bekannten Nachteil der Luftheizung, durch die
hoch erwärmte Oberfläche des Kalorifers die Luft durch Verbrennung des mitgeführten Staubes zu verderben, muß man
schon im 18. Jahrhundert erkannt haben, denn 1793 nimmt
Joseph G r e e n ein Patent auf solche Luftheizungen, bei
denen die Lufterwärmung durch Dampfheizkörper stattfindet. Wir sehen daraus, daß die später vielfach ange-
wendete Dampfluftheizung schon vor 118 Jahren erfunden
worden ist.

So finden wir also um die Wende des Jahrhunderts schon
Luftheizungen in Rußland, Österreich, Deutschland, Frankreich und England. Von Rußland muß man annehmen, daß
um diese Zeit die Luftheizung anfing, sich allgemein zu verbreiten, denn in einem 1830 geschriebenen Buch über Luftheizungen, welches C. L. E n g e l, einen höheren Bau-
beamten Finnlands, zum Verfasser hat, ist gesagt, daß 1805
die Luftheizung in Rußland so verbreitet war, daß man die
Öfen und die anderen Teile in den mittleren und größeren
Städten überall in den Eisenbuden, wie sich Verfasser aus-
drückt, kaufen konnte.

Aber alle Anlagen der damaligen Zeit wurden noch ausgeführt, ohne daß man von dem physikalischen Gesetz des
Luftheizungsvorganges eine Ahnung hatte. Dieses wurde erst

entdeckt von P. T. M e i ß n e r , Magister der Pharmazie, ordentlicher und öffentlicher Professor der technischen Chemie am Kaiserlichen Polytechnischen Institut in Wien.

Als M e i ß n e r im Jahre 1821 seine Abhandlung, die Heizung mit erwärmter Luft, in erster Auflage erscheinen ließ, hatte er schon eine Anzahl Anlagen ausgeführt, alle für öffentliche Gebäude. Ein Wohnhaus ist, wie sich aus seinem Buche nachweisen läßt, nicht dabei. Über den Erfolg dieser Anlagen berichtet er in etwas überschwenglicher und außerordentlich temperamentvoller Weise. Daß er viel angefeindet worden ist, mag sein, jedenfalls benutzte er dies, um sich geschickt in Szene zu setzen. In diesem Buche hagelt es Grobheiten auf alle Zeitgenossen, welche sein neues System nicht anerkennen wollen oder ihm zu widersprechen wagen.

Zweifellos ist, daß M e i ß n e r nicht nur das physikalische Gesetz des Luftheizungsvorganges gefunden, sondern es auch bei seinen Anlagen zuerst praktisch angewendet hat. Die Frischluftheizung verbesserte er dadurch, daß er den sog. Abzugskanal zuerst anwendete, welcher, wie Sie wissen, vom Fußboden des zu heizenden Raumes senkrecht über Dach führt. Die Umluftheizung verbesserte er dadurch, daß er den sog. Rückgangskanal zuerst anwendete, welcher bekanntlich vom Fußboden des zu heizenden Raumes nach dem unteren Teil der Heizkammer zurückführt.

Die Klarheit, mit welcher M e i ß n e r die Vor- und Nachteile der Frischluftheizung gegen die Umluftheizung behandelt, steht im wohltuenden Gegensatz zu der Unklarheit, die damals in anderen Köpfen herrschte. Denn sein schon genannter Zeitgenosse E n g e l , der ebenfalls für sich in Anspruch nahm, in diesem Punkte Fachmann zu sein, schreibt an einer Stelle, daß durch die Frischluftzuführung eine Holzersparnis im Verhältnis zur Umluftheizung erzielt werde, während wir doch heute wissen, daß die Frischluftheizung deshalb gegen alle anderen Heizungsarten wesentlich zurücksteht, weil man je nach der Temperatur der eingeführten Luft das $2\frac{1}{2}$ bis 3fache derjenigen Brennmaterialmenge braucht, welche bei Ofenheizung, Dampfheizung oder Wasserheizung erforderlich ist.

M e i ß n e r führt nun in den nächsten zwei Jahrzehnten in Österreich, Böhmen und Steiermark eine große Anzahl Luftheizungen aus, was ihm wohl nur dadurch möglich gewesen sein wird, daß er seine Professur an den Nagel gehängt hat und Heizungsindustrieller geworden ist.

Aber von einer eigentlichen B e r e c h n u n g der Anlagen ist M e i ß n e r noch weit entfernt. Er gibt noch die Größen der Kanäle in der Weise an, daß er sagt, man soll den Kanal 2×2 Schuh machen. An anderer Stelle sagt er, er hätte anfangs geglaubt, daß die längeren senkrechten Kanäle mehr Luft durchlassen wie die kurzen, dies sei aber nach seinen Beobachtungen nicht der Fall. Das ist insofern verwunderlich, als in demselben Jahre W a g e n m a n n in Berlin eine Berechnung von Luftheizungen veröffentlicht, bei der schon die Kanäle nach einer Formel, welche wohl das Urbild der W o l p e r t schen Formel gewesen ist, berechnet werden. W a g e n m a n n zieht hier schon sowohl die Temperatur differenz $T - t$ als auch die Höhe h in die Berechnung hinein und setzt auch schon einen prozentualen Geschwindigkeitsverlust für die Reibung an, genau wie später W o l p e r t.

Als Kaloriferen verwendet M e i ß n e r weder die französischen Röhrenöfen noch die ähnlich konstruierten inzwischen ebenfalls in Gebrauch befindlichen Plattenöfen. (Blechkästen statt Röhren.) Auch nicht den Cockleofen, obwohl er alle diese Konstruktionen kennt und in seinem Buch sogar abbildet. Als von ihm verwendet beschreibt und zeichnet er verschiedene Formen, darunter zwei sehr bemerkenswerte. Eine ist das Urbild des noch jetzt allgemein gebräuchlichen runden eisernen Ofens, bei welchem die Feuergase von der Feuerung bis zur Kuppe emporsteigen, dann nach unten umkehren und durch den in halber Höhe des Ofens liegenden wagerechten Rauchrohrstutzen entweichen. Die zweite zeigt einen gemauerten rechteckigen Feuerungskasten mit drei oder fünf daneben angeordneten horizontalen Eisenrohren. Es ist also das Urbild des Kalorifers, welches Sie in der Kollektivausstellung unseres Verbandes hier in der Hygieneausstellung sehen.

Die nachdrückliche Reklame, die M e i ß n e r durch die drei Auflagen seines Buches, welche 1821, 1825 und 1827 erschienen, machte, trug viel zur Verbreitung der Luftheizung bei. Besonders in Bayern wurden viel Anlagen ausgeführt, von denen der Königspalast in München vielleicht die bemerkenswerteste und gleichzeitig in der Konstruktion die merkwürdigste erhalten hat. S c h i n k e l versieht 1820 bis 1830 die preußischen Staatsbauten mit Luftheizungen, dann auch das Schauspielhaus in Berlin. Eigentümlicherweise sind diese Anlagen trotz der M e i ß n e r schen Erkenntnis noch »russische Luftheizungen« mit e i n e m Kanal.

In den 50 er und 60 er Jahren des vorigen Jahrhunderts war die Blütezeit der Luftheizung. Einige Spezialgeschäfte versorgten nicht nur Deutschland, sondern auch das Ausland mit Luftheizungen ihrer Konstruktion. Aber nicht nur die Luftheizung, sondern auch die anderen Heizungsarten hatten sich bis dahin vervollkommt und durch die zahlreichen Ausführungen wurde man mehr auf die Mängel, welche dem System der Luftheizung unvermeidlich anhaften, aufmerksam. Man kam über die Schwierigkeit der Wärmeverteilung bei einseitigem Winde, über den brenzlichen Geruch in den Räumen und über den großen Brennmaterialverbrauch nicht hinweg und bald wurde die vorher so beliebte Luftheizung überall so ungünstig beurteilt, daß man sich in Berlin und anderswo veranlaßt fühlte, sie in zahlreichen Schulen und zahlreichen anderen öffentlichen Gebäuden durch Dampf- und Wasserheizungen zu ersetzen.

Wenn neuerdings der Versuch gemacht wird, die Luftheizung wieder einzuführen und die Wiedereinführung damit zu begründen, daß es vorteilhaft sei, die Luft in Blechkanälen anstatt in gemauerten Kanälen aufsteigen zu lassen, und wenn man sich nicht scheut, das als Neuheit, als a m e r i - k a n i s c h e Luftheizung hinzustellen, so muß an dieser Stelle darauf hingewiesen werden, daß solche Heizungen schon 1830 bekannt waren. C. L. E n g e l, Intendant der öffentlichen Bauten in Finnland, beschreibt sie in einem von ihm herausgegebenen Buch, kennt aber schon und nennt auch in völlig zutreffender Weise die Nachteile und Mängel solcher Anlagen.

Die Hochdruckdampfheizung.

Wie Sie wissen, nennt man Dampfheizung diejenige Zentralheizungsart, bei der metallene Heizkörper, welche in den zu heizenden Räumen stehen, von Wasserdampf mit größerer oder geringerer Spannung durchströmt werden. Ist die Dampfspannung sehr gering (etwa 0,05 bis 0,4 Atm.) und hat der Kessel gewisse Sicherheitsvorrichtungen, so spricht man von Niederdruck-Dampfheiznug. Diese soll später behandelt werden.

Die im Gegensatz zu dieser neueren Heizungsart sog. Hochdruck-Dampfheizung ist eine englische Erfindung des 18. Jahrhunderts. Von ihrer Geschichte ist etwas mehr bekannt geworden, wie von der der anderen Heizungsarten, ich werde mir daher gestatten, dieselbe etwas kürzer zu behandeln.

In der Literatur findet sich mehrfach die Behauptung, daß James W a t t der Erfinder der Dampfheizung ist. Dagegen spricht aber die Tatsache, daß Oberst C o o k die Dampfheizung 1745 in den Philosophical Transactions vorgeschlagen hat. Er wollte »die Zimmer mit Röhren von Metall heizen«. Wenn nun aber sein Landsmann Thomas T r e d g o l d in seinem Buche über die Dampfheizung mitteilt, daß der Vorschlag C o o k s erst 1799 für die Baumwollenspinnerei von Neil Snodgraß seine erstmalige Ausführung fand, so befindet er sich im Irrtum. Denn Boulton & Watt, die Firma, welcher James W a t t angehörte, schreibt 1820 in einem Briefe, an den Herausgeber von Gardeners-Magazine, daß sie seit 50 Jahren in ihrem ausgedehnten Werk vielfach »zum Heizen der Abteilungen ihrer verschiedenen Fabrikgebäude, als zum Heizen der Wohnungen, Bäder, Fässer« die Dampfheizung angewendet habe.

Ferner teilt L e u c h s 1818 mit, daß in dem vor 60 Jahren (also 1758) aus dem Englischen ins Deutsche übersetzten »Millers Gartenlexikon« eine Beschreibung und Abbildung einer Anlage, um große Treibhäuser mit Dampf zu heizen, enthalten gewesen sei.

Im Jahre 1793 nimmt John H o y l e , wie schon bei der Luftheizung erwähnt, ein englisches Patent auf die Verwendung von Dampfheizkörpern als Kaloriferen bei der

Luftheizung und in demselben Jahre läßt sich Joseph Green patentieren: »Luft durch Doppelrohre zu erwärmen, zwischen denen Dampf oder Wasser zirkuliert«. Das Patent bezweckte praktisch nichts anderes, als den patentgesetzlichen Schutz des später so vielfach angewendeten doppelzylindrischen Säulenofens.

Zu Anfang des 19. Jahrhunderts ist also nach dem vorstehend Mitgeteilten schon eine mäßige Anzahl Dampfheizungsanlagen für Gewächshäuser (Millers Gartenlexikon), für Fabriken (Tredgold) und sogar für Wohnhäuser (Boulton & Watt) in Gebrauch gewesen.

Aber die Verallgemeinerung schritt nur langsam fort und die Nachrichten darüber fließen spärlich. Noch für viele Jahrzehnte tritt das Bedürfnis, die Wohnungen ausreichender und behaglicher als durch die Kamine und die damals noch sehr primitiven Öfen zu heizen, völlig zurück gegen das Bedürfnis, Gewächshäuser mit möglichst geringen Kosten gleichmäßig zu erwärmen und in diesen mit der Zucht von Blumen und Früchten, in England besonders von Ananas, Pfirsichen und Weintrauben, Geld zu verdienen. Erst im Jahre 1816 finden wir wieder eine Spur. Denn in Dinglers Polytechnischem Journal von 1828 findet sich unter einem Aufsatz über die Warmwasserheizung in einer Fußnote die Bemerkung: »Dr. Schultes, der ehemalige Professor zu Landshut, hat schon vor 12 Jahren (das wäre also 1816) auf die Notwendigkeit der Beheizung der Glashäuser mittels Dampfes aufmerksam gemacht und wurde dafür ausgelacht.« Man fing also in Deutschland an, auf die Dampfheizung aufmerksam zu werden. In England aber war man weiter, denn im Mechanics Magazine von 1825 findet sich folgende Stelle: »Nach dem letzten Teile der Transactions of the Horticultural Society of London und Herrn Loudons letzter Nummer seines Gardener Magazine ist ein ganz neues System der Heizung der Glas- und Treibhäuser im Anzuge. Herr Turner zu Rocksnest war der erste, der vor acht Jahren (also 1817) durch sein Beispiel und durch sein Ansehen die Beheizung der Glashäuser durch Dampf allgemein einführen half.«

In Deutschland scheinen die ersten Dampfheizungen von dem Baumeister Ludwig C a t e l in Berlin ausgeführt worden zu sein. Die allererste, welche zur Heizung eines Orangeriegebäudes im Schloßgarten zu Pankow-Schönhausen bei Berlin bestimmt war, beschreibt er 1817 in einer von ihm veröffentlichten Broschüre. Er sagt in der Vorrede, daß er bezweckt, »dem Menschenleben und der bürgerlichen Gesellschaft die Hälfte des bisher erforderlich gewesenen Brennmaterials zu sparen« und daß seine Kollegen nicht mehr genötigt sein sollten, die Dampfheizungen für teueres Geld von England zu beziehen. Fachmann war er nicht, denn er sagt selbst: »Die hier erbaute Dampfheizungsmaschine ist mein eigenes Werk und wurde von mir nach einzelnen Notizen aus Journalen angelegt.«

C a t e l gibt in der Broschüre auch eine Zeichnung der Anlage. Der Kessel stand vertieft, hatte einen kreisförmigen, gewölbten Boden, kugelförmigen Dampfraum, ein Sicherheitsventil, zwei Probierhähne. Das Feuer umspülte den Kessel in einem Zuge wie einen Waschkessel. Die 8 cm weiten Dampfröhren liefen an der Hinterwand des Orangeriesaales mit $1\frac{1}{2}\%$ Gefälle hin und her, das Niederschlagwasser floß anfangs dem Kessel unmittelbar wieder zu. Aber die Sache ging nicht, denn der Erbauer sagt selbst: »Es war nötig geworden, um das Werk zu vollenden, eine gänzliche Umänderung des Bestehenden vorzunehmen.« C a t e l wandte sich dazu an die Regierung und nach einiger Zeit der Ratlosigkeit schickte man ihm einen Mechanikus, der in Frankreich Dampfheizungen für Baumwollfabriken angelegt hatte. Dieser verfuhr aber die Sache gänzlich, indem er die 8 cm weiten Dampfrohre mit Steigung verlegte, anstatt mit Gefälle. C a t e l gibt Zeichnung beider Konstruktionen, aus denen hervorgeht, daß seine die richtigere war. Schließlich muß man die Anlage aber doch in Gang gebracht haben, denn in richtiger Erkenntnis der Bedeutung der Sache sendet der Großherzog von Weimar eine Kommission, bestehend aus einem Baumeister und einem Gärtner, zur Besichtigung nach Pankow. Wie G e i t e l aus Goethes Tagebuch festgestellt hat, interessierte sich nämlich Karl August, Großherzog von Weimar, welcher mit Goethe und dem Chemiker D ö b e r e i n e r zusammen naturwissenschaftliche Studien betrieb, für die Verwendung des Dampfes zum Heizen und zum Kochen von Flüssigkeiten und hat auch zusammen mit Goethe, der nach seinen Aufzeichnungen in diesem Jahre mehrmals in Berlin war, die C a t e l sche Heizung besichtigt.

C a t e l hat übrigens dann in Berlin m e h r e r e Anlagen ausgeführt, eine im Palais des Prinzen August von Preußen, eine im neuen Badehaus für drei Stockwerke und eine im Hotel de Russie. Dieses war ein altes Berliner Hotel, welches ursprünglich »Die Sonne« hieß, am Schinkelplatz stand und später einem Bankgebäude hat weichen müssen. Dieses Hotel hat also schon 1817 eine Zentralheizung gehabt.

C a t e l s Mechanikus ließ das Niederschlagswasser nicht nach dem Kessel zurücklaufen, sondern nach einem tiefgelegenen Sammelbecken und eine Kesselspeisepumpe tat das übrige. Das hat man dann viele Jahrzehnte hindurch beibehalten, obwohl die neueren Dampfheizungen beweisen, daß C a t e l recht hatte und daß die Pumpe entbehrlich ist. Damit mit dem Wasser kein Dampf in das offene Becken entwich, setzte man an das Ende der Rückleitung einen Hahn, welcher ab und zu geöffnet werden mußte.

Weil diese Bedienung umständlich ist, betätigt F a r n - h a m , etwa um 1821, den Auslaufhahn durch eine Schwimmkugel und erfindet so den ersten »Kondenswasserableiter«. Diese Erfindung ist also auch schon 90 Jahre alt.

Um dieselbe Zeit baut in England ein Baumeister Thomas T r e d g o l d Dampfheizungen für die Gewächshäuser des Gärtners Atkinson und auch für andere. Die Erfolge bestimmten ihn, sich eingehend mit Physik zu beschäftigen. Zwei Jahre später schreibt dann der Physiker Thomas T r e d - g o l d ein Buch »Principles of warming and ventilation«, welches für die damalige Zeit so bedeutend war, daß es vom Magister Bernhardt K ü h n , Privatdozent an der Universität Leipzig, übersetzt, 1826 ebenda in deutscher Sprache erschien. T r e d g o l d versucht als erster, für die Dampfheizungen wissenschaftlich begründete Berechnungen anzuwenden. Er verwendet die Lehre von der spezifischen Wärme der Körper und berechnet den Nutzwert der Brennstoffe, die Rostfläche des Kessels und den Rauchrohrquerschnitt. Besonders bemerkenswert sind seine hygienischen Anforderungen an die Werke der Heizungstechnik. Er verwirft die über den Siedepunkt erwärmten Heizflächen und verlangt eine selbst für heutige Begriffe sehr ausgiebige, nach der Luftmenge berechnete Ventilation der Krankenhäuser, Hospitäler, Schulen, Gefängnisse und Theater.

Seine Beschreibung der Einzelteile der damaligen Dampfheizungen und die dazu gehörigen Zeichnungen lassen erkennen, daß schon damals recht brauchbare Konstruktionen vorlagen. Seine Flanschverbindungen für Rohre, seine Rollenböcke, doppelzylindrische Dampföfen, Rückgangsarmaturen, selbsttätige Niederschlagwasser-Ableiter und kofferförmigen Dampfkessel sind schon so durchgebildet, daß sie viele Jahrzehnte als Vorbild bei der Konstruktion unserer Dampfheizungen gedient haben.

Daß die Engländer in der Anwendung der Dampfheizung durchaus nicht zaghaft waren, beweist T r e d g o l d s Darstellung einer kleinen Fernheizung, welche eine Anzahl Gewächshäuser von einer Stelle heizte und bei welcher der Dampf etwa 270 m weit geleitet wurde. Die Anlage wurde 1818 gebaut.

Kurz nach T r e d g o l d finden wir ein deutsches Handbuch der Heizung von Dr. H e i g e l i n , 1827. H e i g e l i n behandelt alle Heizungsarten (nur über die Warmwasserheizung schweigt er). Von der Dampfheizung sagt er als erster, daß der hohe Dampfdruck ganz entbehrlich sei, man solle fast ohne Druck heizen, alsdann macht er eine für die fernere Entwicklung der Dampfheizung wichtige Angabe: er gibt im Gegensatz zu T r e d g o l d richtig an, wie man die Heizkörper entlüftet, nämlich nicht oben, sondern unten, weil die Luft schwerer ist als der Dampf.

Eine größere Dampfheizungsanlage entstand dann im Jahre 1828 und zwar für die Pariser Börse.

Im Jahre 1830 finden wir die erste Abdampfheizung und zwar in Deutschland. Der Ingenieur Dr. A l b a n in Plau heizt seine Maschinenfabrik mit dem Abdampf der Betriebsmaschine.

Wie Sie wissen, hat sich dann die Hochdruck-Dampfheizung nur bis zu einem bestimmten Typus weiter entwickelt,
obwohl die Ausführungen in den 40 er, 50 er und 60 er Jahren
so zahlreich wurden, daß Aufzählung hier nicht mehr möglich
ist. An die Stelle älterer Kesselformen trat meist der Flammrohrkessel, die Heizkörper waren anfangs noch Säulenöfen
mit durchgehenden Luftrohren, dann stehende und liegende
Rohrregister, die sog. Doppelrohrregister und endlich gerippte
gußeiserne Rohre und Heizkörper. Die Kesselspeisepumpe behielt man bei, den Kondenswasserableiter ebenfalls und die
Heizkörper sperrte man, auf eine eigentliche Wärmeregelung
wohl oder übel verzichtend, mit einem oberen und einem
unteren Ventil ab. Die Bedienung war also nicht bequem.
Der Kessel verlangte ständige Wartung, die Heizkörper
mußten einzeln entlüftet und, da sie entweder voll oder gar-
nicht heizten, häufig abgestellt und wieder angestellt werden.
Trotzdem behielt man diese Heizungsart ziemlich lange bei,
weil man sich von ihr eine gewisse Sicherheit der Heizwirkung versprach.

Die Niederdruck-Dampfheizung.

Wenn ich Ihnen die Entwicklung der Niederdruck-Dampfheizung bis zur Neuzeit schildere, so gehört dieses eigentlich nicht zu meinem Thema, weil diese Heizungsart erst
etwa 30 Jahre alt ist. Ich will daher nur kurz bemerken,
daß sie aus dem Bedürfnis entstanden ist, die schwerfällige,
mit den oben aufgezählten Schwächen behaftete Hochdruck-
Dampfheizung verwendbarer zu machen. An die Stelle des
der behördlichen Kontrolle unterworfenen Kessels mit ständiger Bedienung, Speisepumpe, Kondenswasser-Ableiter, kom-
plizierter Armatur, tritt der mit Sicherheitsstandrohr versehene und daher konzessionslose Niederdruck-Dampferzeuger
mit Koksschüttfeuerung und selbsttätiger Dampfdruck-
regulierung. Die Entlüftung der Heizkörper erfolgt zentral
und selbsttätig. Die Regulierung der Wärmeabgabe der Heizkörper machte bei den ersten Niederdruck-Dampfheizungen
viele Schwierigkeiten, seit 15 bis 20 Jahren sind aber auch
diese überwunden, so daß man heute die maximale Wärme-

abgabe des Heizkörpers annähernd ebensogut vermindern
kann, wie bei der Warmwasserheizung. Durch alle diese Veränderungen ist in den wenigen Jahrzehnten aus der unvoll-
kommenen Hochdruck-Dampfheizung eine Zentralheizungsart von hoher technischer Vollkommenheit geworden, welche
mit Recht mehr und mehr verwendet wird und in guter Ausführung der Warmwasserheizung schon ziemlich nahe an die
Seite gestellt werden kann.

Die Warmwasserheizung

ist bekanntlich eine Heizungsart, bei welcher man die Räume
durch örtliche metallene Hohlkörper oder Rohre erwärmt,
welche von kaum bis zum Siedepunkt erwärmtem Wasser durchströmt werden. Um anzudeuten, daß man eine solche Heizung nicht unter Druck setzen kann, hat man das Wort Nieder-
druck-Warmwasserheizung geprägt.

Das Verfahren, Räume durch metallene Hohlkörper zu
erwärmen, durch welche das Wasser heißer Quellen fließt,
haben anscheinend schon die Römer angewendet und wir erfahren 1853 in der Wiener Allgemeinen Bau-Zeitung von
Léon Duvoir, einem hervorragenden Pariser Zentralheizungs-
industriellen, daß man seit undenklichen Zeiten in Frankreich
in Chaudes aignes die Räume der Bäder in derselben Weise
heizte.

Auch in England scheinen die Römer Bäder durch heiße
Quellen erwärmt zu haben, denn der Archäologe Dr. S t u k e l e y
fand 1733 in der Ruine eines Römerbades Röhren und Hohlziegel, welche offenbar zum Durchleiten von heißem Wasser
bestimmt waren.

Aber in unserem Sinne ist die Warmwasserheizung eine
Anlage, bei welcher Wasser in einem Kessel erwärmt wird
und in den Räumen seine Wärme wieder abgibt. Eine derartige Anlage zu erfinden, war einem F r a n z o s e n vorbehalten. Im Jahre 1777 führte B o n n e m a i n , Ingénieur
Physicien in Paris, der französischen Akademie das Modell
einer regelrechten Warmwasserheizung vor. Allerdings diente
sie noch nicht zum Heizen von Menschen bewohnter Räume,
sondern B o n n e m a i n benutzte derartige kleine Anlagen,

um Brutkästen zum gewerbsmäßigen Ausbrüten von Hühner-
eiern zu erwärmen.

Während bei den sonstigen Erfindungen des 18. Jahrhunderts gewöhnlich die Zeichnung und noch mehr die Beschreibung sehr ungenügend und unklar ist, finden wir bei
B o n n e m a i n eine klar durchgearbeitete Konstruktions-
zeichnung seines Kessels und seiner ganzen Anlage (s. auch
Gesundheits-Ingenieur 1907, Festnummer).

Bei dieser Konstruktion ist alles bis ins kleinste korrekt.
Wenn man den Kessel heute auch wohl etwas einfacher bauen
würde, so muß man der Konstruktion lassen, daß sie für die
gute Ausnutzung des Brennmaterials sehr geeignet ist, und
wenn man heute einen solchen Kessel bauen würde, so würde
er ersichtlich tadellos arbeiten. Er hat Schüttfeuerung und
die Luftzufuhr wird sogar durch einen selbsttätigen Wasser-
temperatur-Regulator geregelt. Also der bekannte Wasser-
temperatur-Regulator, welchen wir jetzt an allen Warmwasserheizungen zu sehen gewohnt sind, welcher durch die Ausdehnung eines oder zweier Rohre beim Steigen der Wassertemperatur das Feuer mäßigt, ist schon vor 134 Jahren erfunden. Merkwürdigerweise ist dieser Regulator dann ein
volles Jahrhundert völlig verschwunden, obwohl ihn B o n n e -
m a i n 1827 auf der Weltausstellung in Paris vorgeführt hat
und erst gegen 1890 sind dann durch die intensive Reklame
einer Firma selbsttätige Wassertemperatur-Regulatoren nach
Art des B o n n e m a i n schen sozusagen in die Mode gekommen.

Über Ausführung von Warmwasserheizungen für Ge-
bäude oder auch nur für Gewächshäuser verlautet bei B o n n e -
m a i n noch nichts, man erfährt nur aus dem Dictionnaire
Technique, daß er in den 15 Jahren, die der französischen
Revolution voraufgingen, mit Eierausbrüten ein einträgliches
Geschäft gemacht habe.

Im Jahre 1816 nimmt sich der ebenfalls in Paris woh-
nende Marquis d e C h a b a n n e s der Bonnemainschen
Erfindung an, indem er sie für seine Erfindung ausgibt.
Er verspricht sich von der Anwendung der Warmwasserheizung am meisten in England, denn dieses ist holzarm

und auf Steinkohlen angewiesen und daher ein besserer Boden für die Zentralheizungen als das damals wälderreiche Frankreich. Deshalb ging er als Zentralheizungsindustrieller nach London und führte im Jahre 1817 in England einige Warmwasserheizungen für mehrstöckige Geschäftshäuser in der Burlington-Arcade aus.

Die Zeichnungen dieser Anlagen, welche sich im Mechanice Magazine von demselben Jahre vorfinden, zeigen uns die Konstruktion des Kessels, die Rohrführung und die Form der Öfen. Bemerkenswert ist, daß der Kessel in der Küche stand, vom Steigestutzen desselben ein Rohr zunächst nach einem nahe dem Ausdehnungsgefäß stehenden Sammelrohr führte, von welchem dann rücklaufende Rohrstränge nacheinander durch den Heizkörper des 3., 2. und 1. Stockwerks zum Kessel zurückführten. Es war also nicht, wie bei unseren heutigen Warmwasserheizungen, jeder Heizkörper einzeln von der Hauptleitung abgezweigt.

Die Literatur der damaligen Zeit teilt uns mit, daß Chabannes noch andere Anlagen ausgeführt hat, insbesondere scheint er größere Glashäuser mit Warmwasserheizungen versehen zu haben. Alles in allem aber scheint er einer von den vielen Heizungsindustriellen zu sein, die sich von ihrer Tätigkeit einen größeren Segen versprochen hatten, als er ihnen zuteil wurde. Denn in Dinglers Polytechnischem Journal von 1830 findet sich in einer Anmerkung die Stelle: »Marquis de Chabannes, der, wie mancher andere Erfinder, nichts wie Schaden von seiner Erfindung hatte, und der allmählich so herunterkam, daß er nur noch einen kleinen Kramladen im Palais Royal als seine einzige Nahrungsquelle unterhalten konnte. Vor diesem Kramladen brach die französische Revolution aus, die Karl X. den Thron kostete.«

Um das Jahr 1818 herum scheint man auch in Deutschland Treibhäuser mittels Warmwasserheizung beheizt zu haben. Wenigstens ist dies in dem französischen Werk von Joly behauptet. Sehr bekannt können diese Ausführungen aber nicht gewesen sein, denn als 1827 Dr. C. M. Heigelin ein Handbuch der Heizung herausgibt, erwähnt und beschreibt er neben Ofenheizung auch Kanalheizung, Dampf-

heizung und Luftheizung, aber mit keinem Wort ist der Warmwasserheizung gedacht. Dagegen in England, wo schon damals eine sehr gewinnbringende Ananas- und Rebenkultur
gute Gewächshausheizungen nötig machte, vollzieht sich insofern ein Umschwung, als die bis dahin sehr beliebte Dampfheizung für die Gewächshäuser nicht mehr ausgeführt wird
und der Warmwasserheizung Platz machen muß.

Aber nur in England scheint man Warmwasserheizungen
allgemeiner verwendet zu haben und auch da nur für Gewächshäuser. Denn obwohl Gebrüder P r i z e 1829 ein Patent auf
Verbesserungen für Wohnhausheizungen nehmen, erfährt man
nirgendwo etwas, daß bei ihren Ausführungen das Anwen-
dungsgebiet über die Gewächshäuser hinausgegangen wäre.
Aber für letztere werden in dieser Zeit schon zahlreiche Anlagen gebaut, sicher nicht nur Hunderte, sondern Tausende,
von denen wir nicht nur durch die englischen, sondern auch
durch Wiener und Münchener Fachblätter unterrichtet werden.

Im Jahre 1841 erscheint bei Fr. Voigt in Weimar eine
deutsche Übersetzung der Fachschrift »Die Warmwasserheizung«
von Charles H o o d. Die Schrift ist insofern interessant, als
sie, nachdem in einem langjährigen Federkrieg über die Ursache der Zirkulation des Warmwassers in Röhren die un-
sinnigsten Theorien aufgestellt waren, mit einem Male Klarheit schafft. H o o d ist der erste Theoretiker der Warmwasserheizung. Er sagt schon, daß die Zirkulationsgeschwindig-
keiten sich wie die Quadratwurzeln aus den Höhen verhalten
und führt schon die Reibung in den Rohrleitungen nach
P r o n y s Formel in die Berechnung ein. Auch berechnet er
schon den Rost nach der Menge des zu verbrennenden Materials. Er gibt auch Skizzen von Kesselformen, die sich von
den heute in England gebräuchlichen schmiedeeisernen, geschweißten Kesseln fast gar nicht unterscheiden.

Obwohl man nun in England, Bayern, Preußen und
Österreich zahlreiche Gewächshäuser durch Warmwasser
heizte, müssen Anlagen für mehrstöckige Wohngebäude doch
noch lange Zeit gefehlt haben oder doch sehr selten gewesen
sein, denn in dem Bericht über die Deutsche Gewerbeausstel-
lung in Berlin 1844 sind eine Anzahl Anlagen aufgeführt,

welche der Kupferschmied P a a l z o w damals gebaut hatte,
aber es fehlen Wohnhausheizungen und sogar Anlagen für
größere öffentliche Gebäude. Dagegen mußte man in Frankreich die Vorteile, welche die Warmwasserheizung für die
Beheizung der großen öffentlichen Gebäude bietet, schon
besser erkannt haben, denn zwischen 1840 und 1844 finden
wir schon in Paris drei namhafte Zentralheizungsindustrielle,
Léon D u v o i r - L e b l a n c , Renais D u v o i r und G r o u -
v e l l e , welche eine ganze Anzahl bedeutender, meist schon
durch Konkurrenz vergebener Anlagen ausführen.

Mit der zunehmenden Verallgemeinerung der Anlagen
klärt sich in dieser Zeit die Konstruktion ab und nähert sich
der typischen Form, welche viele von Ihnen noch an älteren
Anlagen kennen. Der Kessel gleicht etwa dem der damaligen
Dampfheizungen, natürlich ohne dessen Armatur. Die Heizkörper bestehen zumeist aus Säulenöfen, welche anfangs mit
Gummidichtungen, dann durch Lötung gedichtet werden.
Später fängt man an, die für die Vergrößerung der Heizflächen erforderlichen zahlreichen Rohre nicht mehr einzu-
löten, sondern mit denselben Siederohr-Dichtmaschinen ein-
zupressen, welche noch heute gebräuchlich sind. Sehr viel
Schwierigkeiten machte den Konstrukteuren die Herstellung
der Regulier- und Absperrvorrichtungen für die Warmwasserheizkörper. Noch im Anfang meiner heiztechnischen Laufbahn wurden als Regulierhähne für die Zylinderöfen für hervorragende Berliner Bauten Konushähne von Metall ohne
Stopfbüchsen verwendet, welche bei einem Durchlaß von etwa
32 mm mehrere Kilo wogen und fast immer tropften.

Die typische Form dieser Warmwasserheizungen veränderte sich erst dann, als man einsah, daß der allgemeineren
Einführung einerseits die hohen Anlagekosten, anderseits
die Umständlichkeit der Bedienung im Wege stand. Aus
diesen Gründen führte man statt der Kessel, in die man Steinkohlen schippenweise einbrachte, solche mit Koksschüttfeuerung ein. Dann versuchte man mit Erfolg die Säulenöfen, welche sich nicht nur in kupferner, sondern auch in
eiserner Ausführung sehr teuer stellten, durch Hohlkörper
von Gußeisen zu ersetzen. Am meisten führte sich als Heiz-

körper der sog. Rippenheizkörper ein. Dieser hatte zweifellos vor anderen Heizkörperformen den Vorzug, daß er pro Einheit der Leistung erheblich billiger war und pro Einheit der Leistung einen viel geringeren Raum einnahm. Daß man mit der Einführung der gerippten Heizfläche in hygienischer Beziehung einen ungeheueren Rückschritt machte, und daß man durch die Verallgemeinerung dieser Heizfläche für das Märchen von der trockenen Luft bei den Zentralheizungen den Boden bearbeitete, dafür hatte man zur Zeit der Erfindung der Rippenheizkörper, also in den 60 er und 70 er Jahren des vorigen Jahrhunderts, noch kein rechtes Verständnis. Man erfreute sich nur des Erfolges hinsichtlich der Verbilligung der Anlage.

Heute ist auch der Rippenheizkörper für bessere Warmwasserheizungen trotz seines niedrigen Preises — man kann wohl sagen e n d l i c h — abgetan. Der Radiator, der dünnwandige Hohlgußkörper mit glatter Oberfläche, wird fast allein allgemein verwendet. Freilich ist auch der Radiator ein gießereitechnisches Kunstwerk, gegen das in absehbarer Zeit nichts aufkommen dürfte, und da man sich endlich auch daran gewöhnt hat, den Radiator als das für die kältere Jahreszeit nützlichste Möbel im Zimmer zu betrachten und nicht mehr in staubsammelnden und meist wenig schönen Verkleidungen zu verstecken, so nimmt jetzt die Warmwasserheizung mit Koksschüttfeuerung, selbsttätiger Regelung der Wassertemperatur und mit glatter, freistehender Radiatorheizfläche auf absehbare Zeit zweifellos den ersten Rang unter den Zentralheizungsarten ein.

Die Heißwasserheizung.

Sie ist eine Zentralheizungsart, welche früher bekannter war als sie jetzt ist. Wie bei der Warmwasserheizung ist auch hier Wasser das wärmeübertragende Mittel. Um aber die Heizkraft der Heizkörper zu erhöhen, wird das Wasser nicht bis unter dem Siedepunkt erwärmt, sondern erheblich höher. Um dies zu ermöglichen, muß man natürlich die Dampfbildung verhindern und die Anlage unter Druck setzen. Da dieser Druck besonders bei den älteren Heißwasserheizungen

ein ziemlich bedeutender war, so ist die Anlage dementsprechend konstruiert. Statt des Kessels verwendete man eine
sog. Feuerschlange, als Heizkörper ebenfalls Rohrschlangen
und beides verband man miteinander durch dieselben schmiedeeisernen Röhren, aus welchen die Feuerschlangen und die
Heizkörper bestehen.

Die Heißwasserheizung ist zweifellos eine englische Erfindung, denn am 31. Juni 1831 erhielt Anger March P e r k i n s
ein englisches Patent zur Heizung von Gebäuden mit erwärmter Luft, sowie zur Erhitzung und Verdampfung von
Flüssigkeiten und zur Erhitzung von Metallen. Obwohl als
Zweck der Erfindung die Erwärmung von Räumen zuerst
genannt ist, scheint dem Erfinder die Erwärmung von Kupfer-
druckplatten und das Abdampfen von Melasse zunächst
näher gelegen zu haben und so wurde die erste Heißwasserheizung lediglich für diesen Zweck ausgeführt.

Es ist interessant, in der Patentschrift aus dem Jahre
1831 die Einzelheiten der Konstruktion mit derjenigen zu
vergleichen, welche wir aus den letzten Ausführungen der
Heißwasserheizung kennen. Es zeigt sich nämlich, daß der
Erfinder so konstruiert hat, daß im Laufe von mehr als einem
halben Jahrhundert nur ganz geringe Verbesserungen möglich
waren. In der Patentschrift finden wir schon die Rohrdich-
tung (Rechts- und Linksmuffe, Schneide auf Fläche dichtend),
den Durchpumphahn, den meist gebräuchlichen Ofen mit der
Feuerschlange, sogar als Doppelofen und Dreifachofen, die
sog. Expensen, also die halb mit Luft gefüllten Ausdehnungs-
rohre, kurzum, die in der Patentschrift bezeichnete Konstruktion weicht kaum von derjenigen ab, wie sie etwa um
1870 herum von den Spezialgeschäften, die fast ausschließlich
Heißwasserheizungen bauten, ausgeführt wurde. Nur den
Dreiwegehahn zum Ausschalten der Heizkörper hat man
später hinzugetan und die Expansion durch den Ventil-
kasten (mit einem belasteten Ventil) ersetzt.

Auch bei der Heißwasserheizung dauerte es geraume
Zeit, bis sich die Erfindung zum Heizen von Gebäuden ein-
führte. Denn fünf Jahre nach der Patenterteilung beschreibt
ein Artikel der Wiener Allgemeinen Bauzeitung die Kon-

Zentral-
Die verschiedenen Arten

Nr.	Gebräuchlicher Name der Heizungsart	Heizmittel	Erfunden	
			Land	Zeit
1	Hypokausten-heizung	Feuergase	Römisches Reich	Vorchrist-liche Zeit
2	Kanalheizung	Feuergase	Römische Kolonien	Erste Jahr-hunderte
3	Rauchröhren-heizung	Feuergase	Nicht bekannt	Nicht bekannt
4	Steinofenheizung	Luft	Deutschland	Frühes Mittelalter
5	Luftheizung	Luft	Deutschland	Mittelalter
6	Warmwasser-heizung	Wasser unter dem Siedepunkt	Frankreich	1777
7	Hochdruck-Dampfheizung	Wasser-dampf über $1/2$ Atm.	England	Mitte des 18. Jahr-hunderts
8	Niederdruck-Dampfheizung	Wasser-dampf unter $1/2$ Atm.	England	Anfang des 19. Jahr-hunderts
9	Heißwasserheizung	Wasser über dem Siedepunkt	England	1831

Die jetzige Jahresproduktion an Zentralheizungen (Warmwasser- und
300 bis 400 Millionen Mark. Davon entfallen
Begründete Berichtigungen erwünscht:

heizungen.

nach der geschichtlichen Entwicklung.

Erste nachweisliche Ausführung	Am meisten angewendet		Jetzige Bedeutung und Verwendung
	Land	Zeit	
Caldarum der Thermen in Rom u. Pompeji (v. Chr.)	Römische Kolonien	Erste Jahrhunderte	Ganz außer Anwendung.
Römische Befestigungen z. B. Saalburg (2. Jahrhundert)	China England Deutschland Österreich	Bis Mitte des 19. Jahrhunderts	Nur noch ganz vereinzelt ausgeführt.
Nicht bekannt	Deutschland England Frankreich	Bis Anfang des 19. Jahrhunderts	Ganz außer Anwendung.
Ordensschloß Marburg a. d. L. (13. Jahrhundert)	Deutschland (Burgen)	Mittelalter	Ganz außer Anwendung.
Rathaus zu Lüneburg (13. Jahrhundert)	Deutschland Rußland England Österreich	Von 1820 bis 1870	Nur noch vereinzelt ausgeführt.
Geschäftshäuser in London 1817	Frankreich England Deutschland Rußland neuerdings Amerika	Neuzeit	Von hervorragendster Bedeutung. Stark zunehmende Anwendung in allen Gebäudearten, besonders Wohnhäusern.
Fabrikräume Boulton & Watt (James Watt)	England Amerika Deutschland	Von 1800 bis 1870	Nur noch vereinzelt ausgeführt zur Heizung sehr großer Räume und für industrielle Zwecke.
Nicht bekannt	Amerika Deutschland (Süd) Österreich	Neuzeit	Von hervorragender Bedeutung. Häufige Anwendung für alle Arten von Gebäuden, jedoch weniger f. Wohnräume.
Zum Heizen von Kupferdruckplatten in London 1831	England Dänemark Deutschland Österreich	Von 1840 bis 1880	Nur noch vereinzelt ausgeführt, meist für technische Zwecke.

Niederdruck-Dampf) in den Kulturländern beträgt schätzungsweise 80 bis 100 Millionen auf Deutschland.

Verfasser Hermann Vetter, Berlin W. 30, Eisenacherstr. 26/27.

struktion, nennt aber als einzige Ausführung ein Fabrikgebäude in Zürich und läßt erkennen, daß die Heißwasserheizung damals in Wien noch unbekannt war.

Auch nach Frankreich führte sich die Heißwasserheizung
erst nach sieben Jahren, also 1838, ein. Von da an wurden die
Ausführungen aber zahlreicher. Scheinbar zuerst in Dänemark scheint sich die Heißwasserheizung verbreitet zu haben
und von dort über Hamburg nach Deutschland gekommen
zu sein. Weil die Hochdruck-Dampfheizung (Niederdruck-
Dampfheizung war damals noch nicht bekannt) ebenso wie
die Luftheizung nicht allgemein anwendbar waren und weil
die Warmwasserheizung in der damaligen, ganz aus Kupfer
bestehenden Konstruktion, sich sehr teuer stellte, wurde
die Heißwasserheizung für eine Reihe von Jahren, und zwar
noch die 60er Jahre des vorigen Jahrhunderts hindurch, am
meisten angewendet. Besonders nach Österreich-Ungarn
wurden von Berlin aus eine außerordentlich große Anzahl
Anlagen ausgeführt, viele Herrenhäuser, Schlösser und Villen
erhielten damals mit ziemlicher Selbstverständlichkeit Heiß-
wasserheizungsanlagen.

Die Fehler des Systems sind bekannt. Gerade dadurch,
daß man die Heizfläche, um sie wirksamer zu machen, heißer
machte, führte man den Übelstand herbei, daß der Staub auf
den Heizkörpern sich zersetzte und den bekannten brenzlichen Geruch verbreitete. Wegen dieses Mangels und noch
anderer Nachteile dieser Heizungsart konnte sich die Heißwasserheizung nur solange behaupten, als ihre Anlagekosten
erheblich geringer waren als die der Dampf- und Warmwasserheizung. Als aber durch die rapiden Fortschritte der Gießerei-
technik die letzten beiden Heizungsarten unbeschadet ihrer
Vervollkommnung erheblich im Preise gesunken waren, zog
man Warmwasserheizungen und Niederdruck-Dampfheizungen
der Heißwasserheizung vor und sie ist heute fast ganz in Vergessenheit geraten.

Dies ist in kurzem Abriß die Geschichte der letzterfun-
denen Zentralheizungsarten. Ich hielt es für ausreichend,
diese etwa bis zu dem Aufschwung zu verfolgen, welchen
unsere Industrie um die Zeit der Gründung des Deutschen

Reiches genommen hat. Nach dieser Zeit bietet sich Ihnen, um die Entwicklung der Zentralheizungen zu verfolgen, eine von Jahr zu Jahr reicher werdende Fachliteratur. Bautechnische und heizungstechnische Lehrbücher, Zeitschriften und Einzelschriften und alsdann auch die Patentschriften der verschiedenen Länder geben ein so erschöpfendes und klares Bild der neuzeitlichen Entwicklung unserer Heizungsanlagen, daß es mir entbehrlich schien, hier darauf einzugehen. Wer von den Herren sich aber für die heute von mir im Abriß vorgetragene ältere Geschichte der Zentralheizungen näher interessiert, findet im diesjährigen Historischen Jahrbuch, welches der Verein Deutscher Ingenieure unter dem Titel »Beiträge zur Geschichte der Technik und Industrie« im Buchhandel erscheinen läßt, eine viel ausführlichere, von mir verfaßte Zusammenstellung. Alsdann finden Sie in der wissenschaftlichen Abteilung für Heizung und Lüftung die hier wiedergegebene Tabelle »Zentralheizungen«, welche der Verband Deutscher Zentralheizungsindustrieller unter Benutzung meines Materials ausgestellt hat. Wie Sie sehen, zeigt dieselbe von jeder der von mir erwähnten Zentralheizungsarten die Zeit der Erfindung, der erstmaligen Ausführung und die Zeit, in welcher die betreffende Art sich der meisten Beliebtheit erfreute. Die Zusammenstellung ergibt ein recht übersichtliches und gewiß recht interessantes Bild (S. 104—105).

(Anhaltender lebhafter Beifall.)

Vorsitzender Ministerialrat Frhr. v. S c h a c k y a u f S c h ö n f e l d: Meine Herren! Ihr lebhafter Beifall ist Beweis dafür, daß die Ausführungen des Herrn Vortragenden Ihre Zustimmung gefunden haben. Ich darf ihm im Namen der Versammlung den herzlichsten Dank aussprechen für seinen lichtvollen Vortrag. Da das Wort zu dem Vortrag nicht gewünscht wird, so danke ich nur noch den Zuhörern für ihre Ausdauer und die Aufmerksamkeit, die sie gezeigt haben.

Ich schließe damit die heutige Sitzung.

(Schluß der Sitzung 1½ Uhr nachmittags.)

In Ausführung des vorbezeichneten Kongreßbeschlusses wurde folgende Depesche an Herrn Geheimen Regierungsrat Professor Dr.-Ing. R i e t s c h e l gesandt:

Geheimrat R i e t s c h e l in Urfeld.

Eröffnungssitzung des Kongresses beschloß freudig und einmütig Herstellung Ihrer Büste von Künstlerhand zur Überreichung an Sie mit der Bestimmung, dereinst den Ehrenhof der Hochschule Charlottenburg zu zieren. Mit Gruß und Dank von neunhundert Kongreßteilnehmern.

H a r t m a n n.

Besichtigungen.

Im Laufe des 12. Juni nachmittags besichtigten die Kongreßteilnehmer in Gruppen verteilt unter Führung von ortsansässigen Fachmännern die Heizungs- und Lüftungsanlagen folgender Gebäude:

1. des Ständehauses in Dresden,
2. des neuen Rathauses,
3. des Amtsgebäudes des Kgl. Landgerichts und des Gefangenenhauses,
4. und das Fernheizwerk.

Das Festmahl.

Am 12. Juni abends versammelten sich etwa 800 Teilnehmer des Kongresses mit ihren Damen zu einem Festmahl in dem Hauptsaale des Ausstellungspalastes.

Der Vorsitzende des geschäftsführenden Ausschusses, Geheimer Regierungsrat und Professor, Senatsvorsitzender im Reichs-Versicherungsamt zu Berlin Dr.-Ing. Konr. H a r t m a n n begrüßte die Festversammlung mit folgenden Worten:

Meine verehrten Damen und Herren! Millionen kommen in diesem Sommer nach Dresden, um die Wunder der Internationalen Hygiene-Ausstellung zu schauen, in der Wissenschaft und Technik sich vereinigt haben, um in unvergleichlicher Darstellung alles das zu zeigen, was den Menschen not tut zur Erhaltung seiner Gesundheit, seiner Arbeits- und Lebenskraft.

Volkswohlfahrt und Volksgesundheitspflege haben hier eine Stätte erhalten, von der aus das Licht der Aufklärung und Belehrung hinausgeht in alle Welt. Alle Kulturnationen sind den Männern, die dieses großartige Werk schufen, Dank schuldig. Wir danken auch dem Staate und der Stadt, die dieses Werk gefördert haben. Vor allem aber richten wir unseren ehrfurchtsvollsten Dank an Se. Majestät den König von Sachsen, der das Protektorat über die Ausstellung übernommen hat und dadurch aller Welt zeigt, wie ihm das Wohl seines Volkes und das aller Menschen am Herzen liegt. Uns Hygieniker und Gesundheitstechniker drängt es ganz besonders, unsern ehrfurchtsvollen Dank Sr. Majestät darzubringen, denn die allerhöchste Förderung der Hygiene bedeutet auch eine hohe Förderung der Gesundheitstechnik und damit auch der Heizungs- und Lüftungstechnik. Ich bitte Sie, meine verehrten Damen und Herren, unserem Dankgefühl gegenüber Sr. Majestät dem Könige von Sachsen dadurch Ausdruck zu geben, daß Sie mit mir einstimmen in den Ruf: Se. Majestät König Friedrich August von Sachsen, er lebe hoch!

(Die Festversammlung stimmt begeistert unter Erheben von den Plätzen in das Hoch ein. — Die Musik spielt die Königshymne.)

Ingenieur K u r z , Wien: Meine sehr geehrten Damen und Herren! Wenn man den ungeheuren Besuch des diesjährigen Heizungs- und Lüftungskongresses, an dem mehr als 900 Personen teilnehmen, mit dem Besuche der früheren Kongresse vergleicht, so muß man sich unwillkürlich fragen, was denn eigentlich die Ursache ist, daß der diesjährige Kongreß eine so kolossale Anziehungskraft ausgeübt hat. Bei allem Respekte, meine Damen und Herren, vor dem wissenschaftlichen Eifer meiner Berufskollegen, bei aller Achtung und Bewunderung für die Reichhaltigkeit der Hygiene-Ausstellung, sind diese beiden Umstände meines Erachtens doch nicht dasjenige Moment, welches für diese kolossale Teilnahme ausschlaggebend gewesen ist. Meiner Überzeugung nach ist es der O r t der Veranstaltung, d i e S t a d t D r e s d e n u n d i h r e B e w o h n e r, gewesen, die diesen großen Besuch verursacht haben. Dresden, die Stadt, die unter der Leitung

ihres hervorragenden Herrn Oberbürgermeisters Dr.-Ing.
B e u t l e r und ihrer Herren Bürgermeister Dr. K r e t z s c h -
m a r und Dr. M a y steht, hat es verstanden, durch Nutz-
barmachung von hygienischen Forschungsergebnissen der
modernen Zeit zu einer der schönsten, gesündesten und be-
suchtesten Städte Europas zu werden. Dresden ist dies
aber nicht nur durch seinen Ruf, durch seine herrliche Lage,
durch seine außerordentlich gesunden Einrichtungen, seine
glänzende Straßenreinigung, seine herrlichen Bauten geworden, sondern seine ganz besondere Anziehungskraft besteht in der außerordentlichen Gastfreundschaft und Liebenswürdigkeit seiner Bewohner, welche in einer Weise den
Fremden begegnen, daß sie sich in Dresden nicht wie in der
Fremde, sondern wie in der Heimat bei lieben Freunden
fühlen. Und dieses Gefühl, diese Überzeugung, daß wir hierher gekommen sind nicht als Fremde, sondern als liebe
Freunde, und daß wir hier als Freunde empfangen werden,
hat diesmal mehr Kollegen, als es sonst bei den Heizungs-
und Lüftungskongressen zu geschehen pflegt, bewogen, nach
Dresden zu kommen. Ich bin überzeugt, daß ich in Ihrer
aller Namen spreche, wenn ich aus vollstem Herzen und aus
der tiefsten Überzeugung heraus der Stadt Dresden und
ihren Bewohnern unseren allerherzlichsten und innigsten
Dank ausspreche für die freundliche und liebe Aufnahme,
die wir hier gefunden haben. Ich bitte Sie, meine verehrten
Damen und Herren, sich zu erheben und einzustimmen in
den Ruf: Die Stadt Dresden mit ihren Vorstehern und die
lieben Dresdner, sie leben hoch!

Bürgermeister Dr. K r e t z s c h m a r, Dresden: Meine hochverehrten Damen und Herren! Die überaus liebenswürdigen
Worte, mit denen soeben die Stadt Dresden begrüßt worden
ist, lösen, wie ich wohl auch im Namen aller meiner hier
anwesenden Mitbürger sagen kann, bei uns das stolze Bewußtsein aus, daß es eine Lust ist, ein Dresdner zu sein, um so
mehr, als diese Worte aus dem Munde des Angehörigen eines
außerdeutschen Staates kam, mit dem wir in freundnachbar-
lichem Verhältnisse, in dem Zustande besonderer nationaler
Zuneigung leben. (Lebhaftes Bravo!) Aber, meine hoch-

verehrten Damen und Herren, ich glaube, daß der hochverehrte Herr Vorredner in dem Lobe, das er unserer Stadt Dresden gespendet hat, des Guten zu viel getan hat. Wenn Ihr Kongreß eine so glänzende Teilnahme aufweist, so ist das nicht darin begründet, daß er in unserer Stadt Dresden stattfindet, sondern auf die Tatsache zurückzuführen, daß unsere Stadt jetzt in der Internationalen Hygiene-Ausstellung einen Anziehungspunkt von ganz besonders magnetischer Kraft besitzt. Und wenn wir auf der Internationalen Hygiene-Ausstellung sehen, wie die Technik der Heizung und Lüftung in so hervorragender Weise vertreten ist, so können wir dafür nur unseren herzlichsten Dank aussprechen. Wir werden in der Ausstellung in besonders eindringlicher Weise daran erinnert, in wie innigen Beziehungen gerade dieses Gebiet der Technik mit den Großstädten steht. Ich bin deshalb dazu berechtigt, die Herren Heizungs- und Lüftungsfachmänner als treue Bundesgenossen der großstädtischen Verwaltungen zu begrüßen, und in diesem Bewußtsein treuer Bundesgenossenschaft haben wir ganz besonders hervorzuheben, wie die Ausstellung beweist, welche außerordentlichen Fortschritte die Technik der Heizung und Lüftung in den letzten Jahren gemacht hat. Der Hauptanteil an dem Verdienste, diese Fortschritte herbeigeführt zu haben, gebührt unzweifelhaft Ihrer Vereinigung, die es verstanden hat, unter der Führung zielbewußter, tatkräftiger Männer sich auf immer weitere Kreise zu erstrecken, und ihre Anziehungskraft nicht bloß auf alle Teile unseres deutschen Vaterlandes, sondern ich darf wohl sagen, auf alle Erdteile der Welt auszudehnen.

Was läge da wohl näher als der von Herzen kommende Wunsch, diesen treuen Bundesgenossen großstädtischer Verwaltung noch weiter in einer hervorragend glänzenden Entwicklung zu sehen. Mit dem Wunsche, daß die Dresdner Tagung ein weiterer Markstein in der Entwicklung des Heizungs- und Lüftungskongresses sein möge, bitte ich Sie deshalb, mit mir einzustimmen in den Ruf:

Es blühe, wachse und gedeihe der Kongreß für Heizung und Lüftung! Hoch! Hoch! Hoch!

Oberingenieur H ü t t i g , Dresden: Meine hochverehrten
Damen! Mir ist die angenehme Aufgabe zuteil geworden,
Sie hier willkommen zu heißen.

Wir danken Ihnen für Ihr liebenswürdiges Erscheinen,
vornehmlich der hochverehrten Gemahlin unseres ersten
Vorsitzenden, Frau Geheimrat H a r t m a n n . Zu ganz besonderem Danke ist Ihnen der Ortsausschuß unseres Kongresses verpflichtet, da Sie wesentlich dazu beitragen, die
von ihm getroffenen Veranstaltungen zu verschönen.

Ich muß deshalb ganz energisch jenem geflügelten Worte
widersprechen: wer seine Frau lieb hat, läßt sie zu Hause.

Meine hochverehrten Damen! Sie wissen sehr wohl,
wie schwer wir Männer gerade in der jetzigen Zeit zu kämpfen
haben. Der Dienst, unsere geschäftliche Tätigkeit erfordern
mehr als je unsere ganze Spannkraft. — Manche Sorge können
wir nicht im Bureau lassen, wir schleppen sie wie einen An-
steckungsstoff mit nach Hause — und da gibt es nur ein Mittel:
es ist der freundliche Empfang, ein liebevolles Streicheln
mitfühlender Frauenhand über das sorgenschwere Haupt des
Gatten — es ist die liebenswürdige Geduld, die wohltuende
Fürsorge der Hausfrau, die uns dann wieder aufrichtet und
zu neuer Arbeit ermutigt.

Meine hochverehrten Damen! Als ich vor einigen Wochen
in Dessau weilte und ganz zufällig das Rathaus besichtigte,
da las ich über dem Eingange zum Standesamt die Worte:

»Kein schöner Ding ist wohl auf Erden,
Als Frauenlieb, wem sie mag werden.«

Dem Dichter mag hier gewiß das Ideal der deutschen
Hausfrau vorgeschwebt haben, jene lichte, hehre Gestalt
mit dem offenen freundlichen Blick, in schmuckem, einfachem
Kleidchen, freudig dem heimkehrenden Gatten die Hand
entgegenstreckend, den Mund zum Kusse darbietend, jene
Frau, die tapfer ihre eigenen Sorgen verbirgt, um wenigstens
diese dem Manne zu ersparen. Das ist Frauenliebe! Meine
hochverehrten Damen! Sie sehen, welche Anforderungen
das Leben auch an Sie stellt, welche Aufgaben der Kampf
ums Dasein auch von Ihnen fordert.

Aber es macht den Eindruck, als stünde die moderne Frau dem Manne feindlich gegenüber. Die Frauenemanzipation macht Fortschritte. Mit Humpelröckchen und Hosenrock will man uns Männern andere Begriffe von der Frau beibringen. Ich möchte aber an ein Dichterwort erinnern: »Das ewig Weibliche zieht uns hinan.« Nun, wenn das Weibliche männlich wird, so muß mit mathematischer Genauigkeit alsdann die entgegengesetzte Richtung eintreten. (Heiterkeit.)

Und wenn Sie, meine hochverehrten Damen, Gelegenheit nehmen wollten, im Vergnügungseck der Hygiene-Ausstellung Beobachtungen anzustellen, so werden Sie finden, wie auch hier wieder die mathematische Schlußfolgerung richtig ist. — Meine hochverehrten Damen! Ihre Aufgaben sind so vielseitig, so groß und schön. Was schätzen wir Männer? Die Schönheit — wohl, sie ist nur leider eine veränderliche Größe, aber Ihr Geist, Ihr Witz, Ihr Humor, dessen fröhliches Lachen jedes Männerohr aufhorchen läßt, die angeborene Liebenswürdigkeit der Frau, alle diese sind es, die uns das Leben wert machen und die Sorgen zum Teil vergessen lassen.

Nun, meine Damen, Sie wissen es ja viel besser als ich, wie man Männer fesselt — und ich bin überzeugt, daß ein nicht zu unterschätzender Anteil Ihres Einflusses in unserem heutigen Zusammensein zum Ausdruck kommt. Für diese Ihre Mitwirkung danke ich Ihnen im Namen der anwesenden Herren und bitte die Herren, das Glas zu ergreifen und mit mir einzustimmen in den Ruf:

Die Damen, sie leben hoch, hoch, hoch!

(Die Herren stimmen begeistert in das Hoch ein.)

Ingenieur und Fabrikbesitzer S c h i e l e , Hamburg: Hochverehrte Festanwesende! Die Technik hat sich in unserem modernen Leben eine herrschende Stellung erworben, sie hat früher ungekannte Anerkennung und Unterstützung aus allen Kreisen erfahren, und ihre Vertreter, zu denen auch wir zählen, nehmen heute im Gegensatz zu früheren Zeiten eine bevorzugte Stellung ein.

Wie alle technischen Wissenschaften, so hat auch der Maschinenbau, zu dem die Heizungs- und Lüftungstechnik

gehört, sich in einer Vielgestaltigkeit entwickelt, die es erforderlich macht, Unterabteilungen vorzunehmen, um die
Interessen der einzelnen Fächer wirksamer zu vertreten,
Fachgruppen zur Vertiefung und zur Verfolgung gemein-
samer Ziele zu bilden, und so dem Fache zu dienen. So sind
auch wir zusammengekommen, und so ist unser Kongreß,
unsere derzeitige Tagung entstanden.

Aus bescheidensten Anfängen heraus ist die Versammlung
von Heizungs- und Lüftungsfachmännern emporgewachsen,
anfangs nur spärlich besucht, im wesentlichen
von Angehörigen des Deutschen Reiches
oder doch deutscher Zunge.

Mancher Heizungsingenieur stand den Veranstaltungen
skeptisch gegenüber und blieb fern, und von einer Vertretung
von Vereinen oder Verbänden oder gar von
staatlichen und städtischen Körperschaf-
ten konnte früher nicht die Rede sein.

Unter zielbewußter Leitung setzte sich der Kongreß
durch und hat seit seinem Entstehen regelmäßig in zwei-
jährigen Tagungen seine Wiedergeburt erlebt. Erfreulicherweise ist das Interesse an ihr und damit die Teilnahme gewachsen.

Das gilt zunächst auch wieder bezüglich der deutschen Fachgenossen, aber zur großen Freude des geschäftsführenden Ausschusses auch bezüglich der ausländischen Spezialfachleute, die zum Teil als Einzelpersonen
in privater Eigenschaft, zum Teil als Vertreter von Verbänden
oder Interessengemeinschaften herbeigeeilt sind. Der geschäftsführende Ausschuß freut sich, Vertreter zahlreicher Länder
hier begrüßen zu können und heißt sie herzlich willkommen.

Die Erkenntnis von der Wichtigkeit des Heizungs- und
Lüftungsfaches und die Art der Durchführung
der Kongresse hat Vereine und Interessenvertretungen, die
staatlichen und städtischen Behörden aller Art, technische
Schulen und Hochschulen sowohl des Inlandes wie des Auslandes veranlaßt, sich offiziell bei unserem Kongreß vertreten zu lassen. Eine große Genugtuung liegt
für den geschäftsführenden Ausschuß in dieser Beteiligung

und mit d e m D a n k e an die e n t s e n d e n d e n S t e l l e n
verbinde ich namens des geschäftsführenden Ausschusses
nochmals ein herzliches Willkommen auch für diese Mitglieder
des Kongresses mit dem besonderen Wunsche, daß sie reiche
Anregung für die Verwertung in ihrem Wirkungskreise hier
finden möchten.

Fragt man nun aber, wer denn unseren Veranstaltungen
von jeher die Folie gegeben hat und auch heute gibt, eine
Folie, die auch nach außen, dem Fernstehenden und dem
Laien gegenüber die Wichtigkeit des Kongresses und des
von ihm vertretenen Faches betont, so scheint mir die Antwort
nur die sein zu können: das sind die Männer, die, dem Fache
zum Teil vollkommen fernstehend, dasselbe doch in seiner
Wichtigkeit für das Allgemeinwohl erkennen und die sich
aus dieser Überzeugung heraus gern mit unseren Veranstaltungen identifizieren, und so vermittelnd zwischen uns und
das Publikum treten, die uns ihre tatkräftige Hilfe leihen
und die wir heute an der Tafel hier als unsere Ehrengäste
begrüßen dürfen. Mit dem herzlichsten Willkomm für diese
Herren verbinde ich namens des geschäftsführenden Ausschusses den aufrichtigsten Dank und hoffe, daß Sie alle damit
einverstanden sind, wenn ich Sie auffordere, zur Bekräftigung
aller meiner namens des geschäftsführenden Ausschusses
ausgesprochenen Willkommensgrüße mit mir einzustimmen
in ein Hoch auf unsere in- und ausländischen Gäste, auf die
behördlichen Vertreter des In- und Auslandes und auf unsere
Ehrengäste. Sie leben hoch, hoch, hoch! (Die Festversammlung
stimmt begeistert in das Hoch ein.)

Vorsitzender Geheimrat Dr.-Ing. Konr. H a r t m a n n :
Meine Damen und Herren! Wir haben heute morgen beschlossen,
unserem hochverehrten Freund, Kollegen und Meister, Geheimrat Dr.-Ing. R i e t s c h e l , eine Depesche zu schicken, die
ihm anzeigt, daß sich der Kongreß heute mit der Herstellung
seiner Büste einverstanden erklärt hat. Herr Geheimrat
R i e t s c h e l hat darauf das folgende Telegramm gesandt:

»Tief gerührt von der mir, meinem Streben und meinem
bescheidenen Wirken dargebrachten hohen Ehrung sende

ich den verehrten Teilnehmern des Kongresses freudigen
Herzens tiefempfundenen Dank und treueste Grüße.

R i e t s c h e l.«

(Lebhaftes Bravo!)

Wir erwidern diesen Gruß durch ein dreifach donnerndes
Hoch. Herr Geheimrat Dr.-Ing. R i e t s c h e l lebe hoch,
hoch, hoch!

(Die Festversammlung stimmt begeistert in das Hoch ein.)

J. Gust. R i c h e r t, Stockholm, vorm. Professor an
der Kgl. Technischen Hochschule zu Stockholm, Dr. phil. h. c.,
konsultierender Ingenieur, bringt mit seinen Landsleuten
ein donnerndes Skol in Gestalt eines vierfachen Hurra auf
den Heizungs- und Lüftungskongreß und dessen geschäftsführenden Ausschuß aus. (Lebhafter Beifall.)

Zweite Kongreßsitzung

im Vortragssaale der Internationalen Hygiene - Ausstellung.

Dienstag, den 13. Juni 1911.

Vorsitzender k. k. Oberbaurat F o l t z, Wien: Sehr geehrte
Herren! Ich erkläre die zweite Kongreßsitzung für eröffnet,
nachdem wir glücklicherweise bei der Verdunklung des Saales
für die Lichtbilder zu dem elektrischen Lichte gekommen
sind, auf das wir so lange warten mußten. Ich bitte daher
um Entschuldigung, daß ich die Sitzung nicht pünktlicher
eröffnen konnte.

Ich ersuche Herren Stadtbaurat W a h l, seinen Vortrag
über »D i e H y g i e n e - A u s s t e l l u n g i m a l l g e m e i n e n«
halten zu wollen.

III. Vortrag.

Die Internationale Hygiene-Ausstellung in Dresden 1911.

Von Stadtbaurat L. W a h l, Dresden.

Der Gedanke, in Dresden eine internationale Hygiene-
Ausstellung ins Leben zu rufen, stammt aus dem Jahre 1903,
wo in Dresden die 1. Deutsche Städte-Ausstellung gezeigt
wurde. In dem gleichen Jahre hat auch der Kongreß für

Heizung und Lüftung erstmalig in Dresden getagt. Es werden
sich einzelne Teilnehmer vielleicht noch an jene Sonderausstellung erinnern, durch welche damals ein umfassendes
Bild über die verheerende Wirkung der Infektionskrankheiten
gegeben wurde. Diese Vorführung, die beabsichtigte, die
Bevölkerung in gemeinverständlicher, aber doch wissenschaftlich einwandfreier Form zu belehren, hatte sich eines
außerordentlich regen Besuches zu erfreuen und fand nicht
nur in Dresden sondern auch in Frankfurt, München und Kiel,
wo sie später vorgeführt wurde, allgemeine Anerkennung,
und zwar nicht nur bei den Laien, sondern im gleichen Maße
auch bei den Autoritäten der Gesundheitspflege. Schon damals
erörterte man die Frage lebhaft, dieses Unternehmen weiter
auszubauen und über das gesamte Gebiet der Gesundheitspflege zu erstrecken. Zwischen diesen Vorführungen und der
1. Hygiene-Ausstellung, welche im Jahre 1883 in Berlin
stattfand, lag eine gewaltige Entwicklungsperiode der gesamten
Hygiene-Wissenschaft, und es schien an der Zeit, der Ge-
samtheit wieder einmal das zur Vorstellung zu bringen, was
in dieser Periode auf diesem wichtigsten Gebiete wissenschaftlicher Betätigung geleistet worden ist. In diesem Zeit-
raume ist die Hygiene zu einem wichtigen Faktor des gesamten
öffentlichen Lebens geworden. In die Entwicklung der Städte
hat sie mächtig eingegriffen, in der Gesetzgebung, in der
Industrie spielt sie eine hervorragende Rolle, so daß der
Zeitpunkt als besonders geeignet erschien, auch ihre Anwendung
zur Verbesserung der Lebensbedingungen möglichst lückenlos
vorzuführen.

Als man daher im Jahre 1906 mit diesem Plan hervor-
trat, fand derselbe allgemein eine äußerst günstige Aufnahme, und zwar in erster Linie bei den Männern der
Wissenschaft.

An allen maßgebenden Stellen erkannte man, daß es
von allergrößter Bedeutung sein müßte, wenn einmal dem
einzelnen Forscher und dem Hygieniker von Fach selbst
wie der gesamten zivilisierten Welt eine Übersicht gegeben
würde über alle Gebiete dieser verhältnismäßig jungen Wissenschaft, um zu erkennen, wie sich diese aus ihren Anfangs-

stadien mit den Fortschritten der Technik und unter deren
Einwirkung entwickelt hat. Alle hervorragenden Hygieniker
waren sich überdies darüber klar, daß all ihr Schaffen und
Mühen nur dann dauernden Nutzen bringen könne, wenn die
Ergebnisse ihrer wissenschaftlichen Arbeit auch praktisch
angewandt und zum Gemeingut aller Mitmenschen werden.

Jedem einzelnen muß es zum Bewußtsein gebracht werden,
daß Gesundheit das höchste irdische Gut ist, und daß es bis
zu einem gewissen Grade in der Hand jedes Menschen liegt,
seinen Gesundheits- und Kräftezustand zu erhalten und zu
fördern. Diese Gedanken sind keineswegs neu. Soweit wir
die Entwicklung des Menschengeschlechtes rückwärts verfolgen können, finden wir bei fast allen Völkern Sitten und
Gebräuche, deren Endzweck die Erhaltung der Gesundheit
und der Körperkraft des einzelnen wie des ganzen Volkes ist.
Es ist eine merkwürdige Erscheinung in der Entwicklungsgeschichte des Menschen, daß ein großer Teil dieser wertvollen
Erkenntnisse und Bestrebungen, auf denen sich die Wohl-
fahrt und Entwicklung der Völker aufgebaut hat, lange Zeit
vernachlässigt wurde und in Vergessenheit geriet. Erst
in neuerer Zeit, etwa in den letzten 50 Jahren, hat sich die
wissenschaftliche Forschung diesem Arbeitsgebiete zugewandt
und dasselbe zu einer experimentellen Wissenschaft als wichtigen Teil der medizinischen Wissenschaft neu aufgebaut.
Seitdem werden uns fortgesetzt neue Mittel und Wege gezeigt, wie man mit Erfolg den vermehrten Gefahren begegnen
kann, durch welche heute die Gesundheit der Menschen
durch ihre veränderte Betätigung und Lebensweise bedroht
wird. Aber man muß feststellen, daß mit Ausnahme der
Mediziner und Hygieniker eigentlich nur noch die Verwaltungs-
beamten, die sich berufsmäßig mit der öffentlichen Gesundheitspflege zu befassen haben, eine genügende Kenntnis in
all den Fragen der Hygiene besitzen. Auch sonst gut gebildete
Kreise haben von dem Bau des menschlichen Körpers, von den
technischen Funktionen seiner Organe nur ganz beschränkte
Vorstellungen und meist gar keine Ahnung von den Gefahren,
welche ihnen durch die Verdichtung der Bevölkerung, durch
das Anwachsen der Industrie und die Steigerung des Verkehrs

drohen, und was dagegen zu ihrem Schutze getan werden kann und in dieser Richtung bereits geschehen ist.

Die von den Hygienikern geforderten Maßnahmen finden daher vielfach mangelhaftes Verständnis beim einzelnen wie bei der großen Menge, und das, was zum allgemeinen Besten gefordert wird, lastet als polizeiliche Maßregel, als unverstandener Zwang auf dem Volke, dem nur ungern Folge geleistet wird. Das mag wohl auch der Grund sein, daß der Gedanke der Hygiene-Ausstellung in allerwärmster Weise von den Hygienikern selbst aufgenommen wurde, und daß diese ihre Mitwirkung von vornherein zusagten. Ohne diese tatkräftige Unterstützung und Förderung aller hervorragender Männer der Hygiene-Wissenschaft wäre es unmöglich gewesen, dieses Werk, das heute fertig vor ihnen steht, in Angriff zu nehmen.

Wie aber war dieser großzügige Gedanke in die Tat umzusetzen. Wie sollte die als Ziel allen vorschwebende Belehrung der großen Massen mit Erfolg durchgeführt werden. Am sichersten werden große Massen von Besuchern durch Ausstellungen angezogen, denn da hofft jeder das Neueste zu sehen und nebenbei noch Erholung und Vergnügen zu finden. Aber so wie man die Ausstellungen bisher organisiert hatte, konnte man bei der überall zu spürenden Ausstellungsmüdigkeit nicht verfahren; man konnte es nicht dem glücklichen Zufall überlassen, wer sich an dem Unternehmen beteiligen wollte, und was die einzelnen Aussteller bringen würden; das hätte dem Charakter der geplanten Veranstaltung nicht entsprochen, deren Gemeinnützigkeit und systematischer Aufbau eine ganz andere Behandlung der Ausstellungsmaterie erforderte. So mußte die Methode der Ausstellung selbst erst eingehend geprüft und dem beabsichtigten Zwecke einer Lehrveranstaltung angepaßt werden. Zu erstreben war, daß alles das vermieden würde, was die Klagen über Ausstellungsmüdigkeit hat entstehen lassen.

Besonders zu berücksichtigen war ferner der Bildungsgrad und das Fassungsvermögen des Besuchers. Es sollte der einfache Mann ebenso seinen Wissensdurst stillen können wie die Gelehrtenkreise. Der Fachmann, sei er nun Mediziner,

Ingenieur oder Verwaltungsbeamter, sollte sich umfassend
und schnell einen Überblick über alles das verschaffen können,
was Neues auf den ihn interessierenden Gebieten der Hygiene
geschaffen worden ist und was vielleicht geeignet zur praktischen Verwertung im eigenen Wirkungskreise wäre.

Diese Forderung zwang zur Behandlung der gesamten
Materie nach zwei Richtungen, und so entstand einmal die
wissenschaftliche Abteilung und zum anderen die populäre
Hygiene. Zur gemeinschaftlichen Einführung in das gesamte
Gebiet wurde eine historische Abteilung gebildet, an welche
sich die ethnographische Unterabteilung mit der Hygiene
unserer Naturvölker organisch anschließt.

Das gesamte Gebiet der Gesundheitspflege wurde nun
zunächst in 12 große Abteilungen und 44 Unterabteilungen
zerlegt, die nach rein wissenschaftlichen Gesichtspunkten
weiter behandelt werden konnten, da sie in erster Linie für
den Fachmann bestimmt sind. Als Leiter und Organisatoren
dieser einzelnen Gruppen wurden die hervorragendsten Spezia-
listen aller Gebiete gewonnen, und es sind nicht weniger als
etwa 3000 der angesehensten Gelehrten der ganzen Welt in
aller Stille tätig gewesen, um in selbstlosester Arbeit das
geistige Gerippe zu schaffen, an welches sich dann die praktische
Verwertung der wissenschaftlichen Forschung in der Technik,
in der sozialen Fürsorge der Gesetzgebung und vor allem in
der Industrie angliedern konnte.

Die einzelnen Abteilungen sind so zur Darstellung gelangt, daß sich für jede Gruppe ein plastisches Lehrbuch
ergibt, das uns ein systematisches und möglichst lückenloses
Gesamtbild über alle Teile dieses Spezialgebietes entrollt.
Auf diese Weise erfährt der Besucher zunächst, was an
wissenschaftlicher Erkenntnis und Erfahrung vorhanden
ist, wobei alles Charakteristische und Wertvolle durch die
hervorragendsten wissenschaftlichen Fachleute in den Vordergrund gestellt ist. So ausgerüstet und belehrt tritt dann der
Besucher in die großen Hallen, wo er die einzelnen Erzeugnisse
der Industrie als Anwendung der wissenschaftlichen Forschung
vorgeführt findet. Es ist ihm das Auge geschärft, und er
vermag an den Objekten den Wert der verschiedenen Aus-

führungen zu bemessen und abzuwägen, was seiner Gesundheit am besten dient. Auf diese Weise wird er einen wesentlich nachhaltigeren Eindruck von dem Dargebotenen gewinnen, mit wegnehmen, als wie es bisher bei allen Ausstellungen möglich war. Es bleibt abzuwarten, welche Wirkung diese Verbindung von Theorie und Praxis für den Besucher wie für den Aussteller haben wird. Jedenfalls ist festzustellen, daß bereits weitsichtige Industrielle dieser vollkommen veränderten Vorführungsmethode in weitgehendstem Maße durch sorgfältigste Auswahl ihrer Ausstellungsobjekte Rechnung getragen haben, und es steht zu erwarten, daß die Industrie auch den wirtschaftlichen Vorteil erlangen wird, den sie sich aus den zum Teil nicht unbedeutenden Opfern erhofft.

Nachdem man sich entschlossen hatte, auf einer so weiten Grundlage das gesamte Gebiet der Hygiene zur Vorführung zubringen, lag es nahe, auch den außerdeutschen Staaten Gelegenheit zu geben, das zur Darstellung zu bringen, was auf dem gleichen Gebiete geschaffen worden ist. So hat sich die Hygiene-Ausstellung zu einem internationalen Wettbewerbe der Völker ausgestaltet, um uns über alles das zu belehren, was imstande ist, die kurze Dauer unseres irdischen Daseins zu verlängern.

Man hat sehr bald erkennen müssen, daß ein derartiges großes Unternehmen zu seiner Durchführung Mittel erfordert, wie sie bisher für Ausstellungszwecke in unserer Stadt noch nicht gefordert worden sind; aber die sächsische Staatsregierung, die Stadtgemeinde Dresden und der hochherzige Sinn der Dresdener Bürger hatten binnen kurzem die erforderlichen Mittel zur Verfügung gestellt, so daß die finanzielle Durchführung des Unternehmens überraschend schnell gewährleistet war. Nachdem Seine Majestät der König von Sachsen das Protektorat über die Ausstellung übernommen und der Reichskanzler an die Spitze des Ehrenpräsidiums getreten war, nachdem die reichs- und bundesstaatlichen Regierungen weitgehendste Förderung und Beteiligung zugesagt und die ersten Autoritäten der Wissenschaft ihre Mitwirkung für den Ausbau der Gruppen zugesichert hatten, waren die Grundlagen für den Bau der Hygiene-Ausstellung geschaffen. Nun galt es für Unterkommen zu sorgen und Raum für dieses Unternehmen zu schaffen. Die Stadtgemeinde Dresden hatte das städtische Ausstellungsgrundstück mit seinem massiven Ausstellungspalast zur Verfügung gestellt und diesem Areal noch die längs der Lennestraße gelegenen Güntzwiesen angegliedert. Aber das reichte bei weitem nicht aus, und so stellte die Kgl. Staatsregierung noch einen Teil des Kgl. Großen Gartens zur Verfügung, der sich durch seinen wundervollen Baumbestand, durch seine herrlichen Alleen und Rasenflächen zu einem ganz besonders reizvollen Ausstellungspark zusammenschließen ließ. So umfaßt das gesamte zur Verfügung gestellte Gelände einen Flächenraum von etwa 320 000 qm, auf dem mit einem Kostenaufwande von mehr als ℳ 2 Mill. eine Reihe von Bauwerken errichtet wurden, die insgesamt etwa 75 000 qm bebaute Grundfläche boten.

Es war zu erwarten, daß der eine große Gedanke, der das ganze Ausstellungsunternehmen trägt, auch in der äußeren Gestaltung der Gebäude zum Ausdruck kommen würde. Von vornherein forderte die Ausstellungsleitung für die Bauten eine möglichst einheitliche architektonische Durchbildung in ernsten, würdigen Formen, doch möglichst so, daß das Äußere der Ausstellung gleichzeitig ein Bild des künstlerischen Empfindens ihrer Zeit geben sollte.

Mit Ausnahme der Pavillons für die fremdländischen Staaten sind sämtliche Bauten von Dresdener Architekten geschaffen. Unter der Oberleitung des Stadtbaurats Erlwein ist die stattliche Schar von Künstlern bemüht gewesen, eine kleine Stadt von wunderbarem Reize aufzubauen, wie sie auf Ausstellungen in so vornehmen Formen noch nicht gesehen worden ist.

Die Wirkung der äußeren Architektur ist bei allen Bauten durch eine großzügige Massenverteilung erzielt, durch geschickte Linienführung in der Silhouette, durch sachgemäße Anordnung der Dachflächen. Die großen ruhigen, hell gehaltenen Putzflächen, die nur hier und da durch plastische Ornamente unterbrochen sind, stehen würdevoll auf dem herrlichen, tiefen Grün des wunderbaren Baumbestandes. Die mächtigen Dachflächen sind gleichfalls diesem reizvollen Hintergrunde angepaßt und in lichtem Grün getönt.

Das Ausstellungsgelände bot für die gesamte Anordnung mancherlei Schwierigkeiten. Durch die Lennestraße ist das Areal in zwei Teile zerrissen, von denen der eine überdies den Kgl. Botanischen Garten noch umschließt. Ferner war das Gelände nach verschiedenen Richtungen durch Alleen durchschnitten, und da an diesen nichts geändert werden konnte, mußten sie ausschlaggebend für die Geländeaufteilung werden. Trotz dieser Schwierigkeiten ist aber eine vornehme und monumentale Ausgestaltung erzielt worden mit großen wohlgeordneten Plätzen, mit geschlossenen marktähnlichen Raumbildungen und wunderbaren, perspektivisch wohlgelungenen Durchblicken.

Ein Wettbewerb, aus dem die Architekten Lossow und Kühne als Sieger hervorgingen, schuf den Gesamtplan*), durch welchen die einzelnen Gebäude zunächst über das gesamte Gelände verteilt und alsdann wieder zu Gruppenwirkungen zusammengefaßt wurden.

Man betritt das Ausstellungsgelände von der Lennestraße her durch eine wuchtige, dreireihige Säulenhalle, die den Haupteingang bildet, rechts schließt sich das Verwaltungsgebäude an, in dem auch Post, Feuerwehr und Sanitätswache Unterkommen gefunden haben. Diesem Bau gegenüber ist ein ähnlicher Flügelbau angegliedert, der den großen Festsaal und Vortragssaal mit Garderoben enthält und weiterhin die Ausstellung für Kinder- und Jugendfürsorge aufnimmt. Das Eingangstor mit den beiden Flügelbauten bildet einen würdigen Vorhof, in dessen Längsachse, um einige Stufen vertieft, der große Festplatz liegt. Über diesen hinweg wird das Auge des Eintretenden mächtig angezogen durch den gewaltigen Bau für die Populäre Hygiene. Die gewaltigen Abmessungen dieser Halle lassen sofort erkennen, welch wichtiger Teil der Ausstellung dort untergebracht ist.

Treten wir ein in diese mächtige Halle, so umfängt uns eine feierliche, ernste Stimmung; im Hintergrunde des weiten Raumes grüßt uns eine kraftvolle Mannesgestalt mit dankbar erhobenen Armen als Zeichen höchsten irdischen Glücks und Wohlbefindens.

*) Zu vergl. Tafel 1 am Schlusse des Berichts.

Bestimmt sind diese Hallen der populären Hygiene
zunächst für das große Laienpublikum, in dem erst das Interesse und das Verständnis für die Fragen der Hygiene erweckt
werden soll. Um dies zu erreichen, muß auch dem einfachen
Manne eine richtige Vorstellung beigebracht werden, wie der
menschliche Körper aufgebaut ist und welche Funktionen
die einzelnen Organe zu erfüllen haben. Zu diesem Zwecke
finden wir in den ersten Sälen den menschlichen Körper als
Kunstwerk behandelt; ausgehend von dem Bau der Zellen
wird systematisch durch vorzügliche Präparate der Aufbau
des menschlichen Organismus erläutert. Die Wirkungsweise
und die inneren Vorgänge der komplizierten Maschine werden
durch anschauliche Modelle aufgeklärt. Alsdann werden
wir auf die Mittel hingewiesen, deren wir zur Unterhaltung
und zum Betrieb des menschlichen Arbeitsmechanismus bedürfen. Es ist des weiteren die Ernährung des Körpers, der
Wert der einzelnen Nahrungsmittel, der Nahrungsbedarf an
zahlreichen Beispielen erläutert. Hieran anschließend werden
wir über den Zweck und die richtige Ausführung unserer
Kleidung und Wohnung belehrt. Eine äußerst interessante
Ausstellung über die Volkskrankheiten und ihre Verbreitung
soll uns die Augen öffnen über die vielen Gefahren, denen
unsere Gesundheit ausgesetzt ist. Wie sich der Staat der
Pflege der Gesundheit angenommen hat, wird in einer Abteilung für Gewerbe- und Berufshygiene gezeigt, während
in der Abteilung für Körperpflege der Einzelne erkennen
soll, wie er selbst ohne große Aufwendungen an der
Erhaltung der Gesundheit unseres Volkes mitarbeiten
kann.

Es ist eine gewaltige Materie, die hier behandelt werden
mußte, um den großzügigen Gedanken der Massenbelehrung
zu verwirklichen und man hat sich hierbei nicht begnügt,
lediglich die vorzüglichsten Präparate und Anschauungsmittel
herbeizuschaffen, sondern man hat eine große Zahl von Fach-
leuten, meist Mediziner, gewonnen, welche fortgesetzt in
einfachen, schlichten Vorträgen und Erläuterungen den Besuchern alles das näherbringen sollen, was diese infolge mangelhafter Bildung nicht sofort zu erfassen vermögen.

Man kann daher wohl sagen, daß kaum ein Besucher diese Hallen verlassen wird, ohne nicht eine Zahl von Tatsachen gelernt zu haben, die ihm bisher unbekannt waren. Wenn dies erreicht wird, so ist der ernste Zweck, den der Schöpfer dieses Unternehmens, Herr Geheimer Kommerzienrat L i n g n e r und seine wissenschaftlichen Mitarbeiter im Auge hatten, voll und ganz erreicht.

Zwischen diesen beiden Hauptgebäudegruppen ziehen sich um den Hauptfestplatz niedere Gebäude hin, nach der Seite des Großen Gartens ein elegantes Weinrestaurant mit reizvollen Veranden und Terrassen im Obergeschosse, gegenüber ein entsprechender Pavillon für die Ausstellung Englands bestimmt. Auf der anderen Längsseite wird der Platz von Ladenbauten begrenzt, welche gleichzeitig eine Verbindung zu den Arkaden des städtischen Ausstellungspalastes bilden. Gegen den Botanischen Garten zu schließt sich alsdann ein Erholungspark an, welchem im Plane der Gesamtanlage dem ernsten Zwecke der Ausstellung entsprechend, ein nicht allzu großer Spielraum gelassen werden konnte. Sie finden zunächst dort friedlich vereinigt im lustigen Wettbewerb die Völker Asiens, Inder, Japaner mit ihren Bajaderen und Geishas, die mit ihren heiteren Künsten die ermüdeten Besucher aufzufrischen bemüht sind. Daneben liegt ein Hippodrom, ein festlich gehaltener Tanzsaal, eine akademische Bierkneipe, der Wurst'lprater, sowie das unvermeidliche Oberbayern. Sie alle laden nach ernster Arbeit zu fröhlichem Treiben ein.

In dem städtischen Ausstellungspalaste ist zur Einführung in das gesamte Gebiet der Hygiene die historische Abteilung untergebracht. Das Innere des Palastes mußte diesen Zwecken erst angepaßt werden, da die weiten, hohen Räume sich nicht für die Vorführung näher zu betrachtender Gegenstände eignen.

Jenseits des zentral gelegenen großen Vestibuls, in dem Flügel längs der Stübelallee, sind Infektionskrankheiten untergebracht mit ihrer besonderen Abteilung über die Krebsforschung. In dem eingeschlossenen Hofe ist ein Sonderpavillon für die hygienische Statistik erbaut worden.

Wenn dieses unentbehrliche Hilfsmittel auch in fast allen Abteilungen der Ausgangspunkt für die wissenschaftliche Behandlung der Materie ist, so erschien es doch wertvoll, die wichtigsten Ergebnisse der Statistik an einer Stelle zusammenzufassen. Auf diese Weise ist der volkswirtschaftliche Wert der Hygiene, insbesondere ihr Einfluß auf die Sterblichkeit der Menschen und die Bevölkerungszunahme an der Hand zahlenmäßiger Nachweise zur Darstellung gelangt.

In dem anstoßenden Längsflügel sind die Tropenhygiene und die Zahnerkrankungen, und anschließend daran das Arbeiterversicherungswesen dargestellt. An der Lennestraße ist in einem besonders großen Bau die chemische Industrie, der wissenschaftliche Apparatenbau und die literarische Abteilung untergebracht worden. In unmittelbarer Nähe des Vortragssaales haben die Ausstellungen der Bäder und Kurorte Aufnahme gefunden.

Von dem großen Festplatze führt uns in der Achse des Ausstellungspalastes der Weg in die Herkulesallee. Diese 40 m breite Straße mit ihren prachtvollen alten Linden ist in der Länge von ¾ km mit dem anstoßenden Gelände des Großen Gartens in die Ausstellung einbezogen worden. Hier, inmitten des jahrhundertalten Baumwuchses haben sich die fremden Nationen niedergelassen und eine wundervolle Rue des nations gebildet. Nach eigenen Plänen baute zunächst die chinesische Regierung im Nationalstil eine dreigeschossige Pagode, an welche sich eine tempelartige Säulenhalle zur Aufnahme der Ausstellungsobjekte anschließt.

Daneben, in östlicher Richtung, hat Österreich einen stattlichen Pavillon in ruhigen Formen erbaut. Dieser bildet die eine Seite einer äußerst reizvollen Platzanlage. Im Hintergrunde derselben erhebt sich der Pavillon Rußlands, ein hervorragendes Werk russischer Bauweise. Rechts und links von dem reich mit Majolika-Mosaik verzierten Torbogen steigen Treppen zu den Galerien des Baues auf, die in ihren wuchtigen Formen an die Bauten des Kreml erinnern. Die dritte Seite des Viereckes nimmt das Gebäude Japans ein, dessen klare konstruktive Durchbildung im nationalen Stile besondere Aufmerksamkeit verdient. Die Schweiz ist durch das liebliche »Schwizer Hus« nach der Art der Bauernhäuser des Berner Niederlandes vertreten. In weiterer Folge, etwas abliegend von der Herkulesallee, liegt der Pavillon Brasiliens in den Formen, wie sich die Republik bereits auf anderen Ausstellungen vorzustellen pflegte. Ein einfacher, kleiner Pavillon ist von Spanien errichtet worden, während Frankreich durch einen besonders prächtigen Bau in die Erscheinung tritt. Derselbe ist in schönster französischer Renaissance gehalten und bildet mit seinen ruhigen, vornehmen Linien einen wundervollen Abschluß der Herkulesallee. Man genießt von den Stufen des Repräsentationsraumes dieses Pavillons nach beiden Seiten einen Blick durch die Herkulesallee von seltener Schönheit. Derselbe wird des Abends durch eine vieltausendkerzige elektrische Beleuchtung zu märchenhafter Schönheit gesteigert. Im Anschluß an diesen Pavillon ist noch eine Ausstellung der Stadt Paris untergebracht. Die französische Nachbarschaft wird von Italien und der Stadt Amsterdam geteilt. Auf diesem Wege sind wir in den Teil hinter den Kgl. Botanischen Garten gelangt, welcher sich durch einen besonders herrlichen Baumbestand hundertjähriger Eichen auszeichnet. Längs des Botanischen Gartens ist die Halle für Hygiene im Verkehr und die Halle für Krankenfürsorge, Rettungswesen, Militär- und Kolonialhygiene erbaut worden.

In der ersten Halle soll sich der Besucher an der Hand zahlreicher Modelle, graphischer Darstellungen und Photographien über alles das orientieren können, was der Verkehr zu Wasser und zu Lande und schließlich auch in der Luft für die Gesunderhaltung der Reisenden wie der Bediensteten erfordert. In der zweiten Halle ist zunächst eine Übersicht über die Verbreitung und den Wirkungskreis der Ärzte gegeben, verbunden mit einer Darstellung der wesentlichen Hilfsmittel für die Krankenbehandlung. Neben den zahlreichen Darstellungen über den Bau und die innere Einrichtung der Krankenhäuser befindet sich hier auch eine sehr interessante Sonderausstellung des Johanniterordens. Diese gibt ein anschauliches Bild der segensreichen Liebestätigkeit, auf die sich heute diese ritterliche Genossenschaft beschränken muß, die einst eine so wichtige Rolle im politischen und kirchlichen Leben Deutschlands gespielt hat.

In dem diesen Hallen sich anschließenden Teile des Parkes befindet sich eine Anzahl kleinerer Bauten, welche mit besonderem Geschick in das Grün der alten Bäume hineingesetzt sind; so ist dort ein Waldrestaurant, ein Mustergut, Bauten des Vereins für Heimatschutz, ein Luftbad, verschiedene Systeme von Krankenbaracken und im äußersten Teile ein Waldfriedhof zu finden. Letzterer will Anregung geben, die nüchternen Begräbnisstätten der Großstädte umzugestalten.

Wenden wir uns die Herkulesallee zurück nach dem zweiten großen Teile des Ausstellungsgeländes, so gelangen wir an dem Pavillon Ungarns vorbei zu einer massiven Doppelbrücke, welche den Verkehr über die Lennestraße vermittelt. In anmutigen, bewegten Linien überspannt dieses Werk Dülfers die Lennestraße, welche den gesamten Ausstellungsverkehr zu bewältigen hat. Die Brücke selbst ist aus Eisenbeton, rein aus der Konstruktion entwickelt, und bildet so den natürlichen Zugang zu einem platzartigen Raume, dessen eine Front von der Halle für Beruf und Arbeit gebildet wird; ihr gegenüber liegt die Maschinenhalle. Den hinteren Abschluß bildet die wundervolle Platanenallee. Durchquert man diese, so gelangt man zu der gewaltigen Halle für Ansiedlung und Wohnung, die in ihren Abmessungen (14 000 qm überbauter Raum) eine größere Fläche bedeckt als unser Hauptmarktplatz in Dresden, der Altmarkt. Die Halle selbst ist ein wunderbar wohlgelungenes Werk des Architekten Bitzan.

Der mächtige Mittelbau mit seinem wunderbaren Kuppelraume ist der wissenschaftlichen Ausstellung des Städtebaues, der Städtereinigung, der Beleuchtung, der Wasserversorgung sowie der Heizung und Lüftung gewidmet. Vier weite Hallen umschließen diesen hervorragend schönen Raum und nehmen die Erzeugnisse der Industrie auf. An der westlichen Front ist die Sonderausstellung des Verbandes Deutscher Centralheizungs-Industrieller eingefügt. Schräg vor der Halle zieht sich ein Teil der Johann Georgen-Allee hin, die auf etwa 250 m Länge in das Ausstellungsgebiet eingezogen worden ist, doch so, daß der Durchgangsverkehr der elektrischen Straßenbahn bestehen bleibt. Den Fahrgästen wird jedoch nicht gestattet, innerhalb des Ausstellungsgeländes auszusteigen. An die Johann Georgen-Allee schließt sich das Volksrestaurant der bekannten Witwe Lang an, während diesem gegenüber die Völker Äthiopiens ihre Niederlassung aufgeschlagen haben. Zwischen diesen beiden Anlagen hindurch sieht der Besucher bereits in der Ferne die mächtige Statue des Ballwerfers stehen, hinter der sich das Sportgelände dehnt. Man gelangt dahin über einen marktartigen Platz, der von zwei mächtigen Gebäuden mit flügelartigen Anbauten gebildet wird; das eine nimmt die Ausstellung für Kleidung und Körperpflege, Sport und Spiel auf, während in dem anderen die Ausstellung für die Ernährung und Nahrungsmittel untergebracht ist.

Um zu zeigen, welche belebende Wirkung das bewegte Wasser auf den Körper auswirkt, ist ein Wellenschwimmbad erbaut worden, in dessen Becken das Wasser durch Maschinenkraft in bekannter Weise bewegt wird. Dem Wellenbade gegenüber ist eine Turnhalle errichtet, die nach den Förderungen der Turnlehrervereinigung erbaut sich durch besonders geschickte Verteilung der Geräte, Anordnung eines Bades und von Auskleideräumen vorteilhaft auszeichnet. Der Sportplatz selbst, welcher von der Stadtgemeinde der Ausstellung überlassen wurde, ist durch eine Zuschauertribüne sowie ein Sportlaboratorium ergänzt worden.

Durch die sportlichen Vorführungen sollen die Besucher darauf hingewiesen werden, wie durch turnerische und sportliche Betätigung ohne verhältnismäßig großen Kostenaufwand doch ein hohes Maß von Gesundheitsgefühl erlangt, wie durch vernünftigen Sport Körperkraft und geistiges Wohlbefinden des einzelnen, wie ganzer Völker gehoben werden kann.

Ich habe versucht, Sie im Fluge durch das Ausstellungsgelände zu führen und Sie mit den Baulichkeiten der Ausstellung näher bekannt zu machen. Ich habe es mir versagen müssen, in den einzelnen Hallen länger zu verweilen und mit Ihnen die Schätze der Hygiene-Wissenschaft und -Industrie zu mustern. Ich muß es Ihnen selbst überlassen, das näher zu studieren, was die Gelehrten der ganzen Welt in edler Kameradschaft zusammengetragen haben, um uns über das aufzuklären, was imstande ist, das höchste irdische Gut, die Gesundheit der Menschen, zu fördern und zu erhalten.

Der Vortrag wurde von der Versammlung mit großem Beifall aufgenommen.

Vorsitzender k. k. Oberbaurat F o l t z: Sie haben, meine geehrten Herren, den Herrn Vortragenden durch reichen Beifall ausgezeichnet. Es erübrigt mir nur noch, auch von dieser Stelle für dieses interessante Orientierung über die Ausstellung den wärmsten Dank auszusprechen.

Ich muß aber doch noch fragen, ob vielleicht jemand von den geehrten Herren eine Anfrage an den Herrn Vortragenden zu stellen hat. Da dies nicht der Fall ist, so können wir weiter gehen.

Zuvor hat Herr Geheimrat Dr. H a r t m a n n das Wort.

Geheimer Regierungsrat und Professor Dr.-Ing. Konr. H a r t m a n n: Meine Herren! Gestatten Sie mir ein paar kleine, aber um so wichtigere Mitteilungen. Soeben ist die 897. Teilnehmerkarte ausgegeben worden. Die Teilnehmerliste wird wahrscheinlich heute erscheinen. Da sie selbstverständlich sehr viele Druckfehler enthalten wird, so bitte ich dringend, sie zu prüfen auf Namen, Adressen, Titel usw. und möglichst bald dem Kongreßbureau oder mir Mitteilung zu machen von den Korrekturen, die Sie vorzunehmen wünschen, damit dann die Liste bei der Veröffentlichung des Kongreßberichtes richtig erscheint.

Weiter möchte ich Sie bitten, sich für den Ausflug nach Meißen in die im Kongreßbureau im Hotel Hoeritzsch ausliegende Liste einzuzeichnen. Es ist unmöglich, wenn wir morgen vielleicht 300 bis 400 Teilnehmer mehr haben, als in der Liste stehen, das Arrangement so, wie wir es wünschen, durchführen zu können.

Weiter will ich mitteilen, daß, wie ich gehört habe, mehrere Herren gestern abend keine Einlaßkarte für die Begrüßung heute abend im Rathaus erhalten haben. Es läßt sich natürlich im Augenblick auch nicht mehr feststellen, wer die Herren sind, und deshalb, glaube ich, ist es am besten, wenn die

Herren heute abend einfach nach dem Rathause kommen.
Ich werde dafür sorgen, daß sich unten am Eingange jemand
aufhält, der noch einige Karten zur Verfügung hat, die er
abgeben kann gegen die Bons, die sich in der Teilnehmerkarte befinden.

Vorsitzender k. k. Oberbaurat F o l t z: Im Anschluß
an die Mitteilungen des Herrn Geheimrat Dr. H a r t -
m a n n möchte ich mir gleich an den Herrn Obmann des
Ortsausschusses, Herrn Stadtbaurat W a h l, eine Frage bezüglich der heute Nachmittag stattfindenden Besichtigungen
zu stellen erlauben, und zwar zur allgemeinen Information
der Herren. Es heißt hier im Programm: »Besichtigung der
Internationalen Hygiene-Ausstellung zu Dresden unter sachverständiger Führung.« Wann und wo erfolgt diese sach-
verständige Führung? Es wäre vielleicht sehr gut, wenn
bekannt gegeben würde, wo man sich einzufinden hat, damit man sich eventuell zu Gruppen zusammenschließen kann.

Stadtbaurat W a h l, Dresden: Meine Herren! Es war
uns natürlich nicht möglich, bei einer so großen Teilnehmerzahl dafür zu sorgen, daß die Herren alle in einzelnen
Gruppen geführt werden können. Aber Sie haben von mir
gehört, daß in den einzelnen Hallen überall Vorträge stattfinden. Ich glaube, Sie werden sich heute im allgemeinen
nur einen Überblick verschaffen können über das, was die
Hygiene-Ausstellung bietet. Ich muß es Ihnen dann selbst
überlassen, sich das herauszusuchen, was für Sie von besonderem Werte ist. Dieser Punkt ist also nicht ganz pro-
grammäßig einzuhalten gewesen, und ich bitte, das mit der
großen Teilnehmerzahl zu entschuldigen.

Vorsitzender k. k. Oberbaurat F o l t z: Ich danke sehr
für die Mitteilung; wir sind jetzt wenigstens orientiert.

(Ingenieur und Fabrikbesitzer S c h i e l e, Hamburg,
Vorsitzender des Verbandes Deutscher Centralheizungs-Industrieller, Mitglied des Reichsgesundheitsrates, Hamburg, übernimmt den Vorsitz.)

Vorsitzender Ingenieur und Fabrikbesitzer S c h i e l e:
Herr Professor Dr. B r a b b é e wird nunmehr die Güte haben,
uns Bericht zu erstatten »Ü b e r d i e w i s s e n s c h a f t -

9*

liche Abteilung der Gruppe ‚Ventilation
und Heizung‘ der Internationalen Hygiene-
Ausstellung Dresden 1911«.

IV. Vortrag.

**Bericht über die wissenschaftliche Abteilung der Gruppe
„Ventilation und Heizung der Internationalen Hygiene-
Ausstellung Dresden 1911.**

Von Dr. techn. K. Brabbée, Professor an der Kgl. Technischen
Hochschule zu Berlin.

Wie uns allen bekannt ist, durchzog von Anfang an die
ganze Ausstellung der Grundgedanke, getrennte wissenschaftliche und industrielle Abteilungen zu schaffen. Mochte diese
geniale Idee der Ausstellung eine besondere Anziehungskraft sichern, so schuf sie in der Heizungs- und Lüftungstechnik unzweifelhaft große Schwierigkeiten. Unsere guten
industriellen Anlagen stellen die wissenschaftlich einwandfreie Lösung bestimmter Aufgaben dar, unsere Forschungs-
arbeiten schaffen der ausübenden Praxis die Bausteine für ihre
Gebilde. Meßgeräte sind für den richtigen Betrieb der Einrichtungen unentbehrlich, so daß diese wissenschaftlichen Apparate integrierende Bestandteile industrieller Anlagen bilden.

Die wissenschaftlichen Abteilungen sollten dem Beschauer
gleich einem Lehrbuch ein lückenloses Bild des heutigen
Standes der einzelnen Fächer bieten. Die von Professor
Pfützner in diesem Sinn ausgearbeitete Zusammenstellung
umfaßte 31 Originalapparate, 93 graphische Darstellungen
und 380 Modelle. Gerne hätten wir das umfassende Programm zur Durchführung gebracht, doch fehlte zur Anschaffung der Einrichtungen und zu ihrer Unterbringung
Geld und Raum.

Zu den bereits genannten Schwierigkeiten trat noch ein
Umstand verschärfend hinzu. Die Ausstellungsleitung mußte
mit aller Strenge darauf sehen, daß die Gegenstände nach
Gruppen geordnet zur Darstellung gebracht werden. Damit
war den einzelnen Ausstellern die Möglichkeit genommen,

als geschlossene Einheit in die Erscheinung zu treten, und all die viele Einzelarbeit mußte im Interesse des Gesamtbildes verschwinden.

So befand sich der Ausschuß der Gruppe »Ventilation und Heizung« in einer recht verzweifelten Lage, die oft nur durch die persönlichen Bemühungen des Gruppenvorsitzenden Herrn Geheimen Oberbaurats U b e r entwirrt werden konnte. Das Ergebnis der über ein Jahr dauernden Verhandlungen bildet die von Ihnen heute zu besichtigende Sonderausstellung, die lange nicht alles enthält, was wir wollen; vielleicht aber doch einiges Wissenswerte und Interessante bietet.

In dem Gebäude für Ansiedlung und Wohnung untergebracht, nimmt die wissenschaftliche Abteilung der Gruppe »Ventilation und Heizung« ein Viertel des Kuppelbaues und den unmittelbar anstoßenden Lichthof ein. Um das von mir zu erstattende Referat nicht allzu ermüdend zu gestalten, darf ich mich im folgenden vielleicht einer abgekürzten Ausdrucksweise bedienen.

T i s c h I. Übersichtliche graphische Darstellungen über die Wärme- und Kohlensäureabgabe der Menschen und Beleuchtungskörper. Verschlechterung der Luft durch Ausatmung und Ausdünstung der Menschen, Angaben über die erforderliche Größe des Luftwechsels. Im Zusammenhang hiermit, die Flaschenmethode von P e t t e n k o f e r zur Kohlensäurebestimmung sowie eine neue bequemere Methode zur Untersuchung der Raumluft nach Dr. B e n d e r und Dr. H a h n.

Modell zum Nachweis der Durchlässigkeit der Baumaterialien, betriebsfähiger Apparat zur Darstellung der Druckverhältnisse in einem beheizten und gelüfteten Wohnraum. Die auftretenden Über- bzw. Unterdrücke werden durch eine leicht bewegliche Seidenstoffbespannung erkannt und können an einem kombinierten Mikromanometer direkt abgelesen werden.

Ventilatorenmodelle mit plastischen Wirkungsgradkurven, ein betriebsfähiger Ventilator, kombiniert mit einem durch die Besucher selbst schaltbaren Umformer, Hochspannungstransformator und Ozonisator.

Preß- und Saugköpfe für Eisenbahnen, Kriegs- und Handelsschiffe und Häuser mit Angabe von Versuchsergebnissen, Dachentlüfter, Stoff-, Watte-, Holzwolle-, Koks- und Sandfiltermodelle.

T i s c h II. Übersichtliche Zusammenstellung der in der Heiz- und Lüftungstechnik verwandten Meßgeräte, geordnet nach Feuchtigkeits-, Temperatur-, Oberflächentemperaturmessung, nach Mengen- und Druckbestimmung für Gase, Wasser und Dampf. Diagramme über die Druckverhältnisse zwischen Räumen verschiedener Geschosse gegen das Treppenhaus sowie zwischen Bühne und Zuschauerraum. Modell der Versuchsventilatorenanlage der mir unterstehenden Prüfungsanstalt mit Filter, Luftröhrenkessel, umschaltbarem Doppelventilator, Umformeraggregat, Lüftungsschalttafel und Rohrleitung mit Gleichrichtern, Modell einer Einrichtung zur Bestimmung der einmaligen und Reibungswiderstände in Warmwasserheizungen.

Mir ist leider nicht Gelegenheit gegeben, über die mit letzterer Anordnung durchgeführten Studien eingehend zu berichten. Vielleicht aber darf ich mit ein paar Worten die bezüglichen Arbeiten der Prüfungsanstalt kennzeichnen, die unser so sehr verehrter Herr Geheimrat Professor Dr.-Ing. R i e t s c h e l seinerzeit selbst noch begonnen hat. In den letzten Jahren ist in der Art der Berechnung von Warmwasserheizungen eine gewisse Unsicherheit eingetreten. Die Weißbachschen Werte wurden heftig angegriffen, L a n g sche Zahlen wurden benutzt, Dipl.-Ing. R e c k n a g e l faßte die Ergebnisse der B i e l schen Untersuchungen in besondere Tabellen, und Ingenieur T i c h e l m a n n kleidete das Resultat seiner Studien wieder in neue Formeln. Die Verschiedenartigkeit der Ergebnisse erklärt sich daraus, daß die Berechnungen immer von verschiedenartigen Unterlagen ausgingen, nirgends aber jenes Versuchsmaterial benutzten, das gerade für die Heizungstechnik in Frage kommt. Die Versuche der Anstalt wurden an 5 m langen Muffenrohren und 40 m langen Siederohren mit dem Durchmesser von 14 bis 50 bzw. 57 bis 143 mm l. W., mit Geschwindigkeiten von 0,05 bis 2,5 m/Sek. und

Temperaturen von 10 bis 80⁰ C. durchgeführt. Die Röhren
sind bezogen worden von:

1. Balcke, Tellering & Co.,
2. Bismarckshütte,
3. Düsseldorfer Röhrenwalzwerk,
4. Gleiwitzer Hütte,
5. Joh. Haag,
6. Hahnsche Werke,
7. Siegener Röhrenwalzwerke.

Die Arbeiten, die sich über mehr als zwei Jahre
erstreckten, sind abgeschlossen, und die Ergebnisse weichen
wesentlich von allen früheren Formeln und Tabellen ab.
Die Versuche ergeben über den ganzen Bereich, den wir
in der Heizungstechnik brauchen, getrennt für Muffen- und
Siederohre eine überraschend einfache Formel, deren mathematische Form allerdings schon im Jahre 1872 erscheint.
So kehren wir auch hier vom Komplizierten zum Einfachen
zurück, ein Weg, der fast jeder schöpferischen Tätigkeit der
Menschen beschieden ist.

Anders aber liegt es mit den einmaligen Widerständen.
Hierüber sind bis vor kurzem Untersuchungen überhaupt
nicht angestellt worden, trotzdem ihre Berücksichtigung
für die Berechnung der Heizungen ebenso wichtig ist wie die
Rohrreibung. Unter Überwindung zahlloser Schwierigkeiten
sind in den letzten Jahren in der Prüfungsanstalt über 800 Versuche an einmaligen Widerständen ausgeführt worden. Manches
verblüffende Ergebnis haben sie gezeitigt, ein abschließendes
Urteil ist immer noch nicht möglich. Man könnte versucht
werden, die zeitraubenden Versuchsreihen durch theoretische
Betrachtungen zu ersetzen, um hierdurch einen schnelleren
Abschluß der Arbeiten zu erreichen. Dies ist aber so lange ausgeschlossen, als der mathematischen Behandlung des Stoffes
nicht einwandfreie Annahmen zugrunde gelegt werden können.
Welche Irrwege betreten werden, wenn man die theoretische
Lösung einer Aufgabe ohne solche Unterlagen zu erzwingen
sucht, werden die in nächster Zeit zu veröffentlichenden
Versuche über den Einfluß von Heizkörperverkleidungen
zeigen.

Unsere jahrelangen Arbeiten über die Widerstände in Warmwasserheizungen zeigen, daß die Reibungen im allgemeinen kleinere, die einmaligen Widerstände größere Werte ergeben, als bisher angenommen wurde, aus welchem Grunde eine gleichzeitige Veröffentlichung beider Untersuchungen geraten erscheint, die hoffentlich im nächsten Jahre wird erfolgen können.

Noch auf Tisch II. Ofenmodelle, Meidingerscher Apparat zur Darstellung der Umkehr des Schornsteinzuges.

Tisch III. Verschiedene Kesselmodelle, Verbrennungsregler, Typen von Heizkörpern der verschiedensten Konstruktionen, Rohrführungen, Diagramme von Kessel- und Heizkörperversuchen auch unter Anwendung großer Luftgeschwindigkeiten, Studien über rauchschwache Feuerungen. Modell einer kombinierten Ferndampfheizung und Vorführung der in einer Fernwarmwasserheizung auftretenden Druckverhältnisse. An dem Modell läßt sich anschaulich erkennen, wie durch entsprechende Einrichtungen, Anordnung des Expansionsgefäßes, die Anlage im Betrieb entlastet und sonach vor dem Auftreten gefahrbringender Drücke geschützt werden kann.

Elektrisch geheizte Glasmodelle zur Darstellung der Wirkungsweise von Dampf- und Wasserheizungen. Bei ersterem ist die Art und Weise sowie der Ort der Kondensatbildung interessant zu verfolgen. Bei dem letzteren Modell lassen sich die Strömungsvorgänge dadurch erkennen, daß das mit Lackmustinktur versetzte Wasser automatisch Einspritzungen von Essigsäure bzw. Kalilauge erhält. Neben diesen Apparaten stehen Proben von Isoliermaterialien und Dauerbetrieben, verschiedene Konstruktionen automatischer Wärmeregler und eine Anzahl von Kondenstöpfen mit Darstellung der mit ihnen gewonnenen Versuchsergebnissen.

Rückwand der Halle. Modell eines Heißwasserofens und verschiedenartige Kalorifers für Luftheizungen.

Zwischen Tisch II und III. Pläne über in Staatsbauten Preußens ausgeführte Heizungs- und Lüftungsanlagen.

Zwischen Tisch III und der Hallenrück-
wand. Zeichnungen solcher Anlagen auf S. M. S. S. Deutschland und Scharnhorst. Diese sowie die im Lichthof ausgestellten Plansammlungen dürften manchen Fachgenossen zu
eingehenderem Studium veranlassen.

Neben den Tischen. Modelle einer Bühnen-
rauchklappe, einer Schulhaus- und Etagenheizung sowie ein
betriebsfähiges Modell einer Luftheizung. An diesem kann
bei Abschluß des Frischluft-Hauptschiebers die »rückläufige
Luftbewegung in den Kanälen« erkannt werden.

Im Lichthof. Modell der Heizungs- und Lüftungsanlagen im Neubau des Deutschen Museums in München,
Pläne des Kgl. Fernheizwerkes Dresden und des Haupt-
bahnhofs München sowie Zeichnungen einer Reihe in städtischen Betrieben ausgeführten Anlagen, geordnet nach Schul-
haus-, Krankenhaus-, Theater- und Fernheizungen, darunter
eine Reihe amerikanischer Krankenhausanlagen. Schließlich
Vorführungen aus der Technik der Gasheizung und eine
Darstellung der Kohlensorten sowie der bei ihrer Verwertung
entstehenden Produkte.

Zum erstenmal tritt auf dieser Ausstellung das Sonder-
gebiet der Heizungs- und Lüftungstechnik in sich geschlossen
vor den Beschauer. Fast alles war neu zu beschaffen, und
nahezu jeder Gegenstand mußte erst errungen werden, wozu
bemerkt sei, daß nennenswerte Geldmittel überhaupt nicht
zur Verfügung standen.

Wir wissen alle, daß unsere wissenschaftlichen Forschungen erst nach jahrelangen mühseligen Kämpfen zum
Ziele führen, daß sich die geheimnisvollen Gesetze der Natur
dem forschenden Geist nur widerwillig und nach zahllosen
Irrwegen entschleiern. Wer in diesen Gedanken den Rundgang durch die kleine wissenschaftliche Abteilung antritt,
der wird erkennen, daß wir in unserem Fach schon so manchen
Schritt auf diesem steinigen Weg vorgedrungen sind.

Schreiten wir aber durch andere Abteilungen dieser
ungeheuren Ausstellung und sehen wir, wie überall der technische Fortschritt getragen wird von der wissenschaftlichen

Forschung, wie diese auf allen Gebieten in stolzem Sieges-
zuge von Erfolg zu Erfolg eilt, so mag uns alle der Gedanke
einigen, daß auch wir nimmer rastend in wissenschaftlichem
Streben Schritt für Schritt vorwärtskämpfen sollen und
aufwärtsringen müssen. (Lebhafter Beifall.)

Vorsitzender Ingenieur und Fabrikbesitzer S c h i e l e ,
Hamburg: Darf ich fragen, ob an den Herrn Vortragenden
Fragen zu stellen sind? — Das ist nicht der Fall. Dann darf
ich Herrn Professor B r a b b é e in Ihrer aller Namen
für den lichtvollen Vortrag unseren verbindlichsten Dank
sagen. (Bravo!)

Geheimer Oberbaurat U b e r , Berlin: Ich wollte nicht
eine Frage an Herrn Professor B r a b b é e stellen — deshalb habe ich mich nicht gleich gemeldet — ich wollte bloß
die Gelegenheit wahrnehmen, derjenigen Herren zu gedenken,
die beim Ausbau der wissenschaftlichen Abteilung sich beteiligt haben. Herrn Professor P f ü t z n e r und Herrn
Professor B r a b b é e , meinen Mitarbeitern im Vorsitz, bin
ich ganz besonders zu Dank verpflichtet. Auch die Herren
Aussteller haben so große Opfer gebracht, nicht bloß an
Arbeit, sondern auch an Geld, daß ich von dieser Stelle aus
allen den Herren meinen herzlichsten Dank aussprechen
möchte. (Bravo!)

Vorsitzender Ingenieur und Fabrikbesitzer S c h i e l e ,
Hamburg: Darüber hinaus wollte ich mir erlauben, und ich
bin sicher, daß ich da in Ihrem Namen sprechen darf, den
Herren, die unser Fach durch die Vorbereitung und Durchführung der wissenschaftlichen Ausstellung so wesentlich
unterstützt haben, den Dank der Versammlung auszusprechen, und ich möchte diesen Dank legen für alle, die
dazu berufen gewesen sind, in die Hand des Herrn Geheim-
rats U b e r . (Lebhaftes Bravo.)

Außerdem wäre noch mitzuteilen, daß der kleine Katalog
»Ventilation und Heizung«, »Die wissenschaftliche Abteilung«
im Vorraum gegen eine Gebühr von 20 ₰, die die Selbstkosten
darstellen, zu haben ist.

Vorsitzender k. k. Oberbaurat Foltz: Wir kommen nun zum dritten Punkte der Tagesordnung. Darf ich Herrn Ingenieur Recknagel bitten, uns seinen Vortrag »Die Kollektivausstellung des Verbandes Deutscher Centralheizungs-Industrieller auf der Internationalen Hygiene-Ausstellung Dresden 1911« zu halten.

V. Vortrag.

Bericht über die Kollektiv-Ausstellung des Verbandes Deutscher Centralheizungs-Industrieller.

Von Diplom-Ingenieur H. Recknagel, technischem Beirat des Verbandes Deutscher Centralheizungs-Industrieller, Berlin.

Mancher Besucher großer Ausstellungen kehrt nach Hause zurück, ohne daß er bei der Fülle des Gebotenen, das für ihn Wichtigste gesehen hat. Die Ausstellungshallen der einzelnen Abteilungen besitzen meist solche Dimensionen, daß es oft lange dauert, bis man diejenigen Teile gefunden hat, welche man besonders studieren will, und dann wird das Auge ermüdet, durch die vielfachen Wiederholungen, welche nicht zu vermeiden sind, wenn jeder Aussteller unabhängig von seinem Nachbarn die Hauptbestandteile seiner Industrie zur Darstellung bringt. Es muß daher dem Verband Deutscher Centralheizungs-Industrieller als besonderes Verdienst angerechnet werden, daß er durch die Organisation einer Kollektivausstellung den Interessenten für Heizungs- und Lüftungsanlagen sowie den Fachgenossen ein klares und übersichtliches Bild von dem heutigen Stande der Industrie geschaffen hat, das auch derjenige nicht übersehen wird, der ohne besondere Führung die Ausstellung besucht.

Die Verwirklichung dieses Gedankens war nicht leicht. Die hohen Kosten der Platzmiete, welche mit den Nebenspesen auf etwa .ℳ 150 pro Quadratmeter belegte Grundfläche zu stehen kommen, haben einen erheblichen Zuschuß des Verbandes verlangt und die Aussteller noch stark belastet. Die Aussteller mußten ihre Opferwilligkeit weiter erhöhen und auf eine Eindruck hinterlassende Massenwirkung verzichten, wegen der Notwendigkeit, die Ausstellungsobjekte der einzelnen Firmen räumlich zu trennen, um sie in die Hauptgruppen einzureihen. Da sich viele Aussteller erst im letzten Augenblick zur Beteiligung entschlossen haben, zu einer Zeit, wo der gewünschte Platz nicht mehr verfügbar war, mußten trotz einer nachträglichen, mit besonderen Kosten bewirkten Vergrößerung des Ausstellungsplatzes manche Anmeldung zurückgewiesen werden.

Die Kollektivausstellung des Verbandes liegt auf der Westseite der Halle 54 für Ansiedlung und Wohnung und umfaßt ca. 1300 qm. In einem architektonisch hervorragend schönen Rahmen, den der Architekt der Halle, Herr Rudolf B i t z a n in Dresden, geschaffen hat, sind folgende Gruppen untergebracht.

Gußeiserne und schmiedeeiserne Zentralheizungs- und Warmwasserbereitungskessel mit Füllfeuerung, Hochdruck-Dampfkesselarmaturen, Armaturen und Regulatoren für Niederdruckdampf- und Warmwasserheizanlagen, Schnellumlaufvorrichtungen für Warmwasserheizungen, Brennstoffe und Kokstransportanlagen, Ausdehnungsgefäße und Warmwasserbereiter, Wärmeschränke und Wärmeplatten, Heizkörper. Heizspiralen und Heizplatten, Heizkörperverbindungen, selbsttätige Temperaturregler, Werkzeuge und Maschinen der Heizungsindustrie, autogene Schweißapparate, Röhren und Rohrverbindungen, schmiedeeiserne und gußeiserne Rohrverbindungsstücke und Flanschen, Ausdehnungskompensatoren, Rohrisolierungen, Fernheizkanäle, Ventile und Strahlapparate, Druckminderer, Niederschlagswasserableiter.

Die Lüftungsabteilung umfaßt Schrauben- und Schleudergebläse, Luftfilter, Luftvorwärmeapparate, Luftklappen- und -Gitter, Apparate zur Erzeugung von Ozon und Radium, betriebsfähige Heizkammern mit Luftwascheinrichtungen, Klappenfernstellungen, eingebauten Meßinstrumenten für Luftdruck, Luftgeschwindigkeiten, Temperaturen usw.

An der Kollektivausstellung sind 67 Firmen beteiligt, nur Mitglieder des Verbandes Deutscher Centralheizungs-Industrieller und deren Lieferanten und Fabrikanten.

Tafel II (am Schlusse des Berichts) zeigt die Gesamtanordnung im Grundriß. Durch Pfeile ist der Weg angedeutet, den der Besucher durchwandert, um an allen Aus-
stellungsobjekten zwangläufig ohne weiteres vorbeigeführt zu
werden.

Einen Einblick in die Architektur gewähren Fig. 1 und 2,
welche den Empfangsraum darstellen. Die Pläne ausgeführter
Heizungs- und Lüftungsanlagen sind in besonderen Nischen
(Fig. 3) untergebracht.

Fig. 1. Eingangshalle zur Kollektivausstellung des Verbandes
Deutscher Centralheizungs-Industrieller.
(Ansicht von der Halle 54 aus gesehen.)

Auch hier ist der Grundgedanke aufrechterhalten, einheitliche Gruppen zusammenzufassen. Die Pläne sind nach
Gebäudekategorien geordnet: Theater- und Konzertsäle, Kirchen, öffentliche Gebäude, Fernheizungen, Krankenhäuser,
gewerbliche Anlagen, Schulen, Geschäftshäuser und Wohnhäuser.

Die Ausstellung enthält folgende Pläne bzw. Sonder-
darstellungen: Stadttheater in Freiburg (Zuluft von oben)
und das Stadttheater in Nürnberg (Zuluft von oben, Emil
Kelling, Berlin), Theater in Cassel (Zuluft von oben, Rudolf

Fig. 2. Eingangshalle mit dem Blick nach der Heizkessel-
abteilung.

Otto Meyer, Hamburg), Theater in Cottbus (Zuluft von unten,
Fritz Kaeferle, Hannover), Theater in Hagen i. W. (Zuluft von
unten, Bechem & Post, Hagen i. W.), Hoftheater in Stuttgart
(Zuluft von unten, Emhardt & Auer, München), Hebeltheater
in Berlin (Zuluft von unten, Schäffer & Walcker, Berlin), Fest-

halle in Frankfurt a. M. (Rud. Otto Meyer, Hamburg), Konzert-
haus Clou in Berlin (Schwabe & Reutti, Berlin). — K i r c h e n:
Michaelskirche in Hildesheim (Niederdruck-Dampfheizung,
Arendt, Mildner & Evers, Hannover), Kirche in Alt-Rahlstadt
(Heißwasserheizung, Rud. Otto Meyer, Hamburg), St. Michels-
Schloßkirche in Pforzheim (Niederdruck-Dampfheizung, Em-
hardt & Auer, München), Evangelische Kirche in Isny (Nieder-
druck-Dampfheizung, Fritz Kaeferle, Hannover), Kgl. Dom in
Berlin (Niederdruck-Dampfheizung, Rud. Otto Meyer, Ham-
burg), Münster in Ulm (Niederdruck-Dampfheizung, Gebrüder

Fig. 3. Plansammlung.

Sulzer, Ludwigshafen). — Ö f f e n t l i c h e G e b ä u d e:
Deputiertenkammer in Bukarest (Dampfheizung mit Rohöl-
feuerung, David Grove, Charlottenburg), Land- und Amts-
gericht in Berlin (Rud. Otto Meyer, Hamburg), Saalbauten
Zoologischer Garten in Berlin (David Grove, Charlottenburg),
Kgl. Anatomie in München (Emhardt & Auer, München),
Vorlesungsgebäude in Hamburg (Rud. Otto Meyer, Hamburg),
Kurhaus in Wiesbaden (Rietschel & Henneberg, Berlin), Land-
und Amtsgericht mit Gefängnis in München-Gladbach (Bechem
& Post, Hagen i. W.), Polizeipräsidium in Hannover (Arendt,

Mildner & Evers, Hannover). — Fernheizungen: Offiziersheim Taunus zu Falkenstein i. T. (Ferndampfheizung, Fritz Kaeferle, Hannover), Bürgerspital Straßburg i. E. (Fernwasserheizung, Zentrale und Fernleitungen, H. Recknagel, G. m. b. H., München), Verkehrsministerium München (Ferndampfheizung, Emhardt & Auer, München), Bureau- und Fabrikgebäude Emil Blank & Co. in Barmen (Heißwasserheizung mit Dampfzentrale, W. Zimmerstädt, Elberfeld), Villa Kommerzienrat H. Zander in Berg, Gladbach (Abdampf-Wasserfernheizung, W. Zimmerstädt, Elberfeld), Wohn- und Fabrikgebäude W. Zimmerstädt in Elberfeld (Schnellumlauf-Wasserheizung, W. Zimmerstädt, Elberfeld), Provinzial-Heil- und Pflegeanstalt Warstein (Ferndampf-Wasserheizung, Bechem & Post, Hagen i. W.), Oberelsässische Bezirks-Heil- und Pflegeanstalt Rufach (Ferndampfheizung, Bechem & Post, Hagen i. W.), Provinzialirrenanstalt zu Obrawalde b. Meseritz (Ferndampf-Wasserheizung, Bechem & Post, Hagen i. W.), Provinzialpflegeanstalt Eickelborn (Fernwasserheizung, Bechem & Post, Hagen i. W.), Kloster vom guten Hirten Marienfelde (Ferndampfheizung, J. L. Bacon, Berlin), Industriewerke Weißensee b. Berlin (Ferndampfheizung, J. L. Bacon, Berlin), Kaiserin Augusta Viktoriahaus, Charlottenburg (Fernwasserheizung, Johannes Haag, Augsburg), Heil- und Pflegeanstalt Castricum, Holland (Fernwasserheizung, Zentralheizungswerke Hannover-Hainholz), Krüppelheim Beuthen i. O.-Schl. (Pumpenheizung, David Grove, Charlottenburg). — Krankenhäuser: Krankenhaus Charlottenburg-Westend (Joseph Junk, Berlin), Kronprinz-Wilhelm-Volksheilstätte Obornik (Joseph Junk, Berlin), I. und II. Medizinische Klinik der Kgl. Charité in Berlin (Joseph Junk, Berlin), Heilstätten Beelitz, Pavillon für Erwerbsunfähige (Joseph Junk, Berlin), Knappschaftslazarett Königshütte, Chirurgischer Pavillon (Joseph Junk, Berlin), Landesirrenanstalt Teupitz (Joseph Junk, Berlin), Krankenhaus der Gemeinden Reinickendorf, Tegel, Wittenau und Rosenthal (Pumpenheizung, Joseph Junk, Berlin), Städtisches Krankenhaus Barmen (Pumpenheizung, Bechem & Post, Hagen i. W.), Masurisches Diakonissenmutterhaus Bethanien in Lötzen

(Niederdruck-Dampfheizung, Schäffer & Walcker, Berlin), Städtisches Krankenhaus in Mülheim a. Ruhr (Niederdruck-Dampffernheizung, Arendt, Mildner & Evers, Hannover), Provinzialhaus der Ehrwürdigen Schwestern des Heiligen Kreuzes, Hall in Tirol (Pumpenheizung, Emhardt & Auer, München), Kgl. Universitäts-Augenklinik Breslau (Niederdruck-Dampfheizung, Emil Kelling, Berlin), Zoologisches Institut der Universität Breslau (Niederdruck-Dampfheizung, Emil Kelling, Berlin). — Gewerbliche Anlagen: Bergmann Elektrizitätswerke, A.-G., Rosenthal Turbinenhalle (Niederdruck-Dampfheizung, David Grove, Charlottenburg), Sandbadeanlage (Bolte & Loppow, Hamburg), Feuerungseinrichtung für Gas und Kohle (Schäffer & Walcker, Berlin), Selbsttätige Rückspeisung von Kondenswasser in Niederdruck-Dampfkessel (Schäffer & Walcker, Berlin), Kerntrockenkammer mit Heißwasserheizung (Rud. Otto Meyer, Hamburg), Trockenräume einer Farbenfabrik mit Heißwasserheizung (J. L. Bacon, Berlin), Heißwasserheizung für Apparate zur Fabrikation von Dachpappe (J. L. Bacon, Berlin), Badeanlage in der II. Gasanstalt Leipzig-Connewitz (Emil Kelling, Berlin). — Schulen: Kurfürst Friedrich-Schule Mannheim (Niederdruck-Dampfheizung, Gebrüder Sulzer, Ludwigshafen), Realschule in Gotha (Niederdruck-Dampfheizung, Fritz Kaeferle, Hannover), Gemeindeschule in Essen (Niederdruck-Dampfheizung, Bechem & Post, Hagen i. W.), Aula und Hörsaal der Kgl. Universität Berlin (Rud. Otto Meyer, Hamburg), Gymnasium in Lankwitz (Warmwasserheizung, Schäffer & Walcker, Berlin), Bismarck-Schule in Hannover (Wasserdunstheizung, Arendt, Mildner & Evers, Hannover), Unterdruck-Dampfheizung (Louis Opländer, Dortmund). — Geschäfts- und Wohnhäuser: Jakob Ravené Söhne in Berlin (Pumpenheizung, David Grove, Charlottenburg), Fabrik- und Geschäftshaus C. Lipmann in Hamburg (Rud. Otto Meyer, Hamburg), Geschäftshaus „Fruchthof". Hamburg (Rud. Otto Meyer, Hamburg), Rathaushotel Hamburg (Warmwasserheizung mit Drucklüftung, Rud. Otto Meyer, Hamburg), Sparkasse in Bremen (Rud. Otto Meyer, Hamburg), Dresdner Bank in München (Warmwasserheizung, Emhardt & Auer, München),

Atlantichotel in Hamburg (Niederdruck-Dampfheizung, Rud.
Otto Meyer, Hamburg), Wohnhaus M. Honigmann in Aachen
(Warmwasserheizung, Emhardt & Auer, München), Warm-
wasserheizungen mit oberer und unterer Wasserverteilung
für eine Villa (Johannes Haag, Augsburg), Perspektivische
Darstellung einer Wasserheizung in einer Villa (Rud. Otto
Meyer, Hamburg).

Ferner sind in den unterirdischen Fernheizkanälen der
Firma Rud. Otto Meyer, Hamburg, noch folgende Pläne der
von dieser Firma ausgeführten Anlagen ausgestellt:

Fernwasserheizung im städtischen Krankenhaus in Essen
(Ruhr),
Ferndampfheizung im allgemeinen Krankenhaus Hamburg-
St. Georg,
Fernleitungen für die Heizungs- und Lüftungsanlage in den
Spitalneubauten in Mülhausen (Elsaß),
Heizanlage in der Heilanstalt Strecknitz,
»   im Erweiterungsbau des Kriminalgerichtsgebäudes
Berlin-Moabit,
Heizanlage im neuen botanischen Garten in Dahlem,
»   » Hauptbahnhof in Hamburg,
»   » Land- und Amtsgericht in Berlin,
»   in den Gebäuden des Bürgerspitals in Straß-
burg (Elsaß),
Fernwasserheizung im städtischen Krankenhaus in Danzig.

Die Heizungs- und Lüftungsanlage im Kurhause in
Wiesbaden Fig. 4 (Rietschel & Henneberg, Berlin) und die
Kesselzentrale des Krankenhauses in Barmen (Bechem & Post,
Hagen i. W.) sind weiterhin durch beigefügte Modelle an-
schaulich erläutert.

Zu Beginn und am Ende der Plansammlung sind ferner
die Ergebnisse eines im Februar 1911 vom Verbande aus-
geschriebenen Wettbewerbes zur Erlangung von Entwürfen
für eine hygienisch einwandfreie Aufstellung von Heizkörpern
(Radiatoren) in künstlerischer Ausführung ausgestellt, und
zwar die mit Preisen bedachten und angekauften Entwürfe
für Wandheizkörper, Eckheizkörper und Fensterheizkörper.

Gruppe Heizkessel und Armaturen.

Bei der Ausstellung der Heizkessel ist unverkennbar
das allgemeine Bestreben, gußeiserne Gliederkessel mit möglichst großen Heizflächen zu bauen, um die Konkurrenz
der schmiedeeisernen Kessel siegreich zu bekämpfen. Durch
die neuerdings allgemeiner getroffene Einrichtung der Brenn-
stoffaufgabe von oben wird gleichzeitig der Vorteil der be-

Fig. 4. Modell der Heizungs- und Lüftungsanlage im Kurhause in Wiesbaden.

quemen Beschickung wie bei den eingemauerten Kesseln
erreicht. Eine solche Brennstoffzufuhr mit elektrischem
Antriebe (Siemens-Schuckertwerke, Berlin) ist betriebsfähig
mit einer Batterie Catenakessel (Strebelwerk Mannheim)
vorgeführt (Fig. 5 und 6), und zwar für den weniger günstigen
Fall, daß das Brennstofflager mit dem Fundament der Heizkessel auf gleicher Höhe liegt. Der Koksförderkasten wird

10*

Fig. 5. Kokstransporteinrichtung mit elektrischem Antriebe.

Fig. 6. Strebelkessel, links Catenakessel mit elektrisch betriebener Koksfördereinrichtung.

nach dem Einfüllen des Brennstoffes zunächst hochgehoben,
um alsdann selbsttätig den horizontalen Weg über die Kessel
fortzusetzen, und zwar über den Füllschachtdeckeln, welche
nach Bedarf zum bequemen Nachfüllen der Füllschächte
geöffnet werden. Der große Fassungsraum der Förderkasten
ermöglicht die Arbeit des Nachfüllens der Kessel in relativ
kurzer Zeit. Der elektrische Antrieb macht sich bezahlt
durch die geringere Zahl der notwendigen Bedienungsleute,
was bei großen Anlagen mit erheblichem Brennstoffbedarf,
entsprechend ins Gewicht fällt, zumal der Zeitaufwand sehr
abgekürzt wird, bis sämtliche Kessel morgens zum Hochheizen betriebsfertig sind.

Fig. 7. Gebr. Sulzer, Ludwigshafen a. Rh.: Gußeiserne Gliederkessel,
Gasherd mit Heizkessel kombiniert.

Während man früher bei Etagenheizungen die kleinen
Wasserkessel zur Beheizung der Wohnungen von 5 bis 10
Zimmern als selbständige Kesselanlage in der Küche oder
auf der Diele zur Aufstellung brachte, gehen die modernen
Bestrebungen dahin, diese Kessel als solche äußerlich nicht
in die Erscheinung treten zu lassen, sie vielmehr mit den
Kochherden einheitlich zu verkleiden. G e b r ü d e r S u l z e r,
L u d w i g s h a f e n a. Rh., zeigen eine Kombination des
Heizkessels mit einem Gasherde (Fig. 7).

Die Nationale Radiator - Gesellschaft, Berlin, führt eine solche Vereinigung mit weiß emaillierter Verkleidung (Fig. 8) vor, desgleichen die Firma Gebrüder

Fig. 8. Nationalkessel, links Kochherd mit Heizkessel kombiniert.

Demmer in Eisenach, deren Küchenherd gleichzeitig für Gas- und Kohlenfeuerung für Herrschaftsküchen

Fig. 9. Gebr. Demmer, Eisenach: Kochherd für Gas- und Kohlenfeuerung mit Heizkessel kombiniert.

gebaut ist. (Vgl. Fig. 9 und Hintergrund von Fig. 10.) Der Vordergrund der Fig. 10 zeigt zwei Herde der Eisenwerke Hirzenhain, Hugo Buderus, welche im Gegensatz zu

den übrigen Ausführungen mit einer einzigen Feuerstelle heizen, kochen und braten. Den bei solchen Kombi-
nationen sonst hervortretenden Schwierigkeiten, daß bei tief-
liegendem, abgebranntem Füllschachtfeuer das Braten wegen
des zu großen Abstandes des Feuers von der Herdplatte
nicht gelingt, wird hier entgegengetreten durch einen
zweiten, jederzeit querklappbaren Rost in der Nähe der
Herdplatte, welcher auch im Sommer im Gebrauch ist. Die

Fig. 10. **Eisenwerke Hirzenhain, Hugo Buderus: Heiz-, Koch- und Bratherde
mit nur einer Feuerungsanlage.**

Konstruktion dieser Heizkochherde »Lynkeus« geht aus den
Fig. 11, 12, 13 und 14 hervor.

Selbständige, freistehende Kleinkessel für Wasser und
Dampf bis zu 0,6 qm Heizfläche herab, sind in runder, ovaler
und rechteckiger Grundrißform vertreten, meist mit hochwertiger glatter Kontaktheizfläche, vgl. Fig. 15, B u d e r u s-
s c h e E i s e n w e r k e , W e t z l a r , Fig. 8 Rovakessel
des S t r e b e l w e r k e s M a n n h e i m , Fig. 11 Rund-
kessel der N a t i o n a l e n R a d i a t o r - G e s e l l s c h a f t ,

Fig. 11. Heizkochherd „Lynkeus", zerlegter Tafelherd.

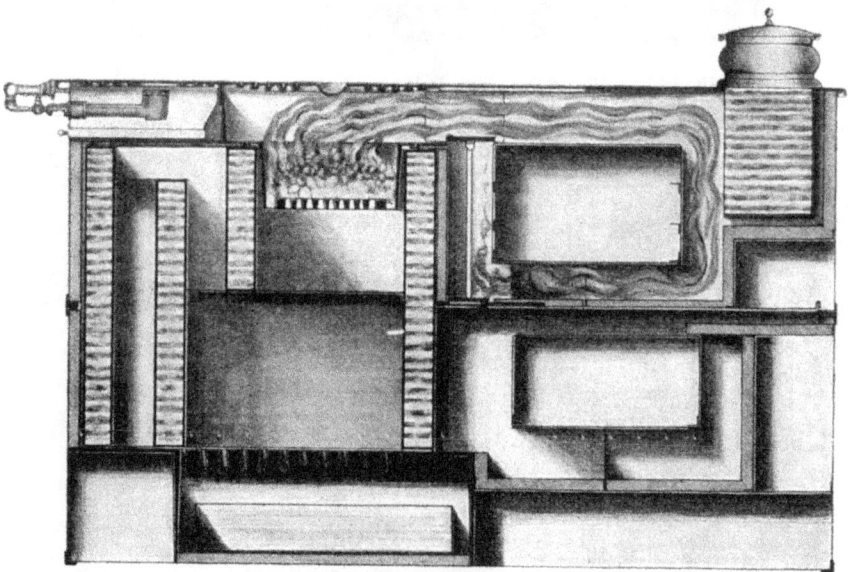

Fig. 12. Heizkochherd „Lynkeus", Sommerbetrieb.

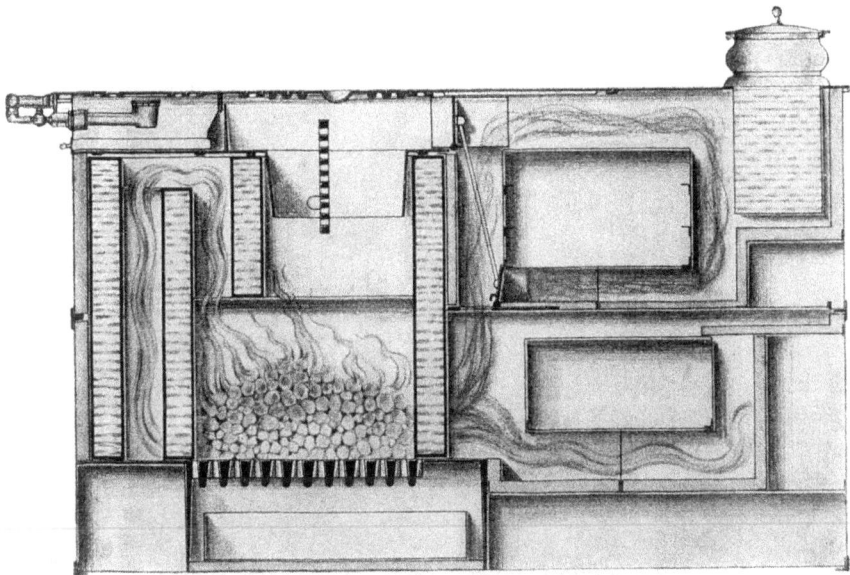

Fig. 13. Heizkochherd „Lynkeus“, Winterbetrieb.

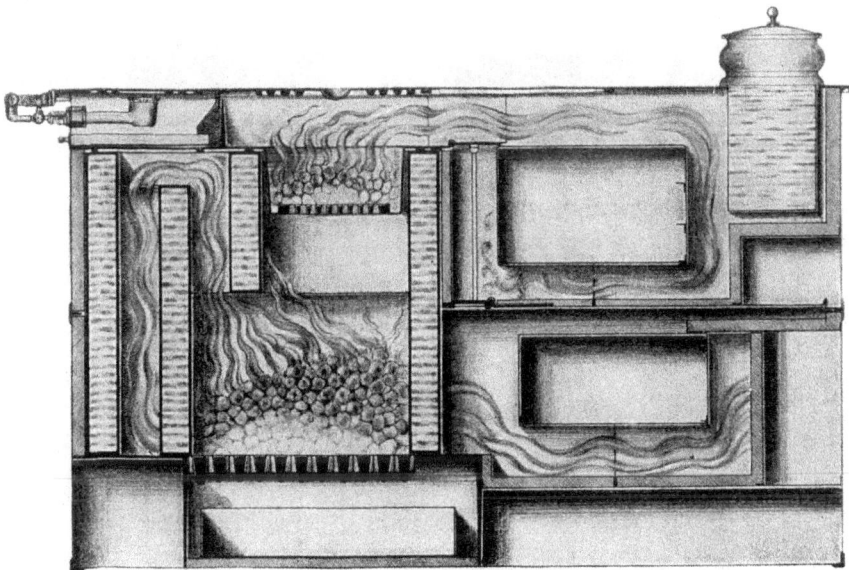

Fig. 14. Heizkochherd „Lynkeus“, Heiz- und Kochfeuer im Betrieb.

Fig. 15. Lollarkessel, Buderussche Eisenwerke in Wetzlar.

Fig. 16. Fritz Kaeferle, Hannover: Gufseiserne Gliederkessel,
Kleinkessel mit Kochplatte.

Berlin. Die rechteckigen Kleinkessel der Firma Fritz Kaeferle, Hannover., Fig. 16, 17 und 17a sind auch mit oberer Herdplatte ausgestellt, ebenso die Kleinkessel der Firma Gebrüder Sulzer, Ludwigshafen. Letztere sind mit unterem Abbrande konstruiert, machen also von der Kontaktheizfläche keinen Gebrauch, um auch bei ganz geringem Wärmebedarf die Regulierbarkeit zu erleichtern.

Als Repräsentanten gußeiserner Großkessel mit unterem Abbrande und horizontal aufsteigen-

Fig. 17. Fritz Kaeferle, Hannover: Gußeiserne Gliederkessel.

den Rauchzügen haben Gebrüder Sulzer einen Wasserheizkessel von 37,5 qm Heizfläche ausgestellt (Fig. 18) mit Füllschachtzugängen von oben sowohl wie von der Kesselfront. Diese Kessel werden aus symmetrisch zur Mittelebene liegenden Halbgliedern zusammengesetzt, um bei den in Frage kommenden großen Dimensionen Gußspannungen nach Möglichkeit auszuschließen. Die Füllschächte sind besonders groß dimensioniert und vermögen Brennstoff für einen 11- bis 12 stündigen Betrieb aufzunehmen. Die weiterhin ausge-

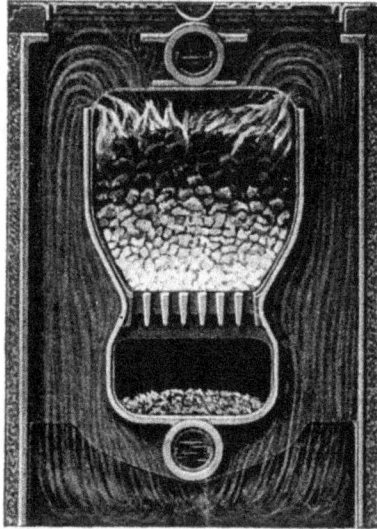

Fig. 17 a. **Fritz Kaeferle, Hannover: Rechteckiger Kleinkessel mit Herdplatte.**

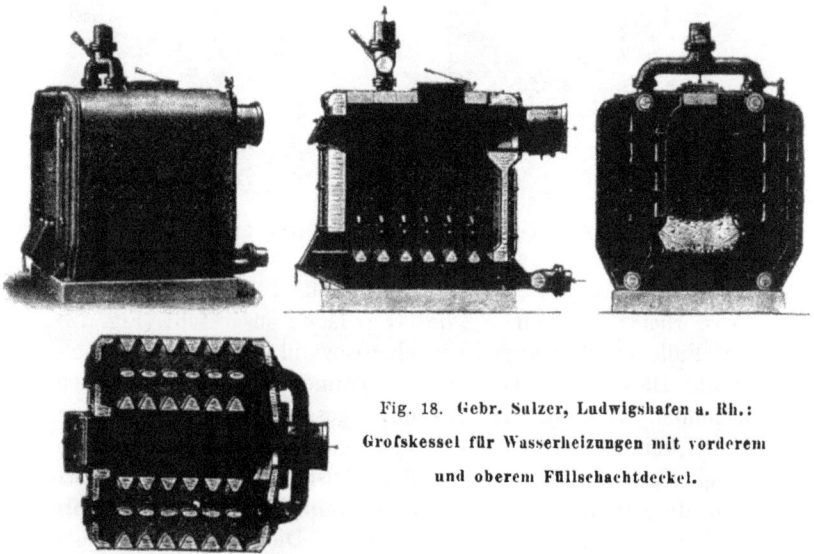

Fig. 18. Gebr. Sulzer, Ludwigshafen a. Rh.:
Grofskessel für Wasserheizungen mit vorderem
und oberem Füllschachtdeckel.

stellten kleineren gußeisernen Gliederkessel aus hufeisen-
förmigen Vollgliedern für Wasser- und Dampfheizungsanlagen
werden nur von der Front aus mit Brennstoff beschickt.
Beigefügte Einzelglieder lassen die rein metallische Verbindung

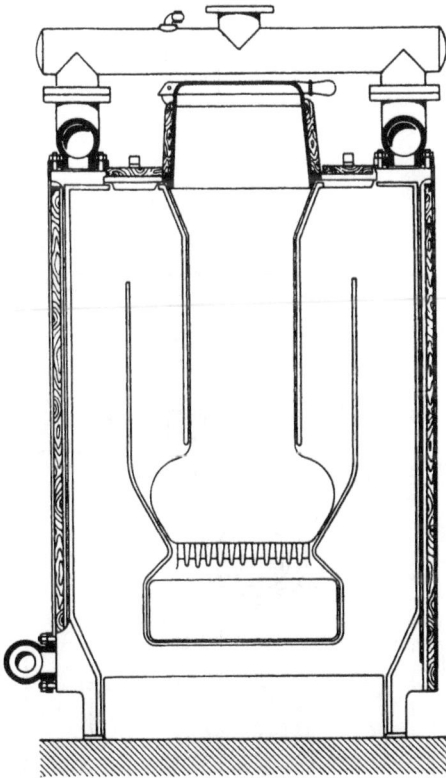

Fig. 17 b. **Fritz Kaeferle, Hannover: Grofskessel für Niederdruckdampfheizungen
mit oberem Füllschachtdeckel** (Vertikalschnitt).

der Kesselglieder durch Rechts- und Linksgewindenippel,
sowie den angegossenen, durch Wasser gekühlten Rost erkennen.

Die Firma F r i t z K a e f e r l e , H a n n o v e r (Fig. 16
und 17), vertritt in ihrer Kesselkonstruktion u n t e r e n Ab-
brand des Brennmaterials mit v e r t i k a l auf und ab

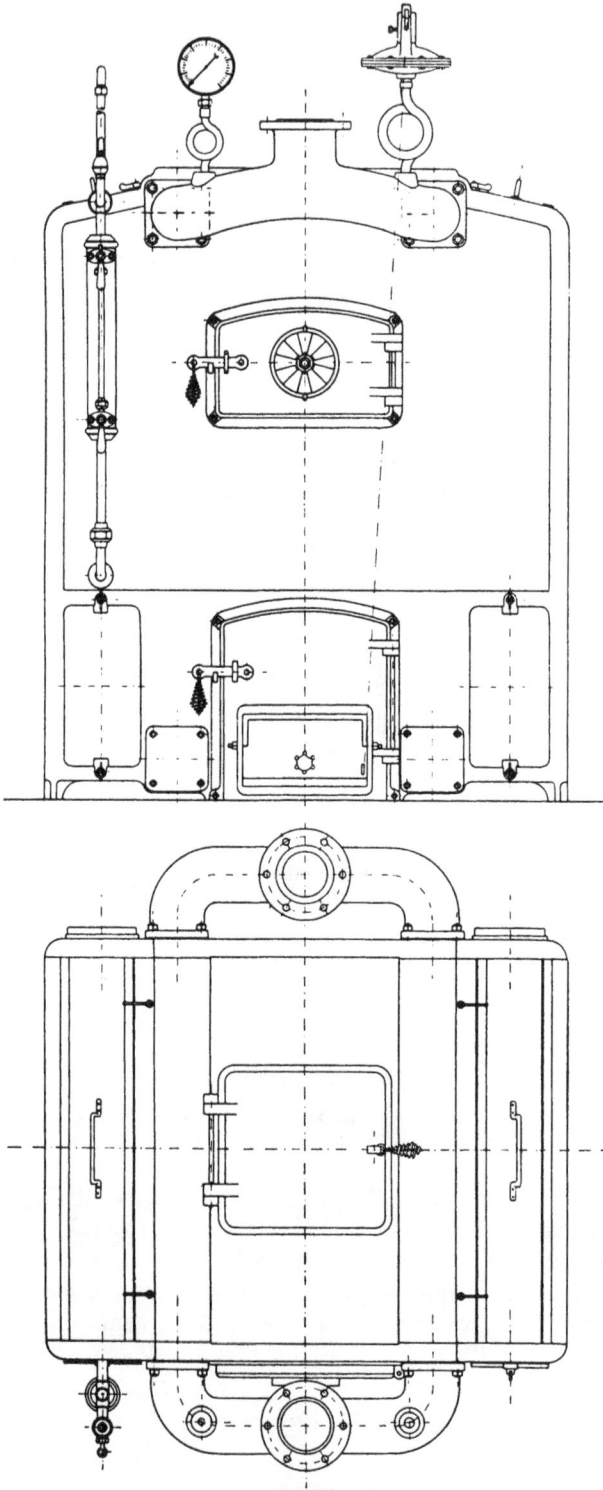

Fig. 19. Buderussche Eisenwerke, Wetzlar: Gußeiserner Großkessel für

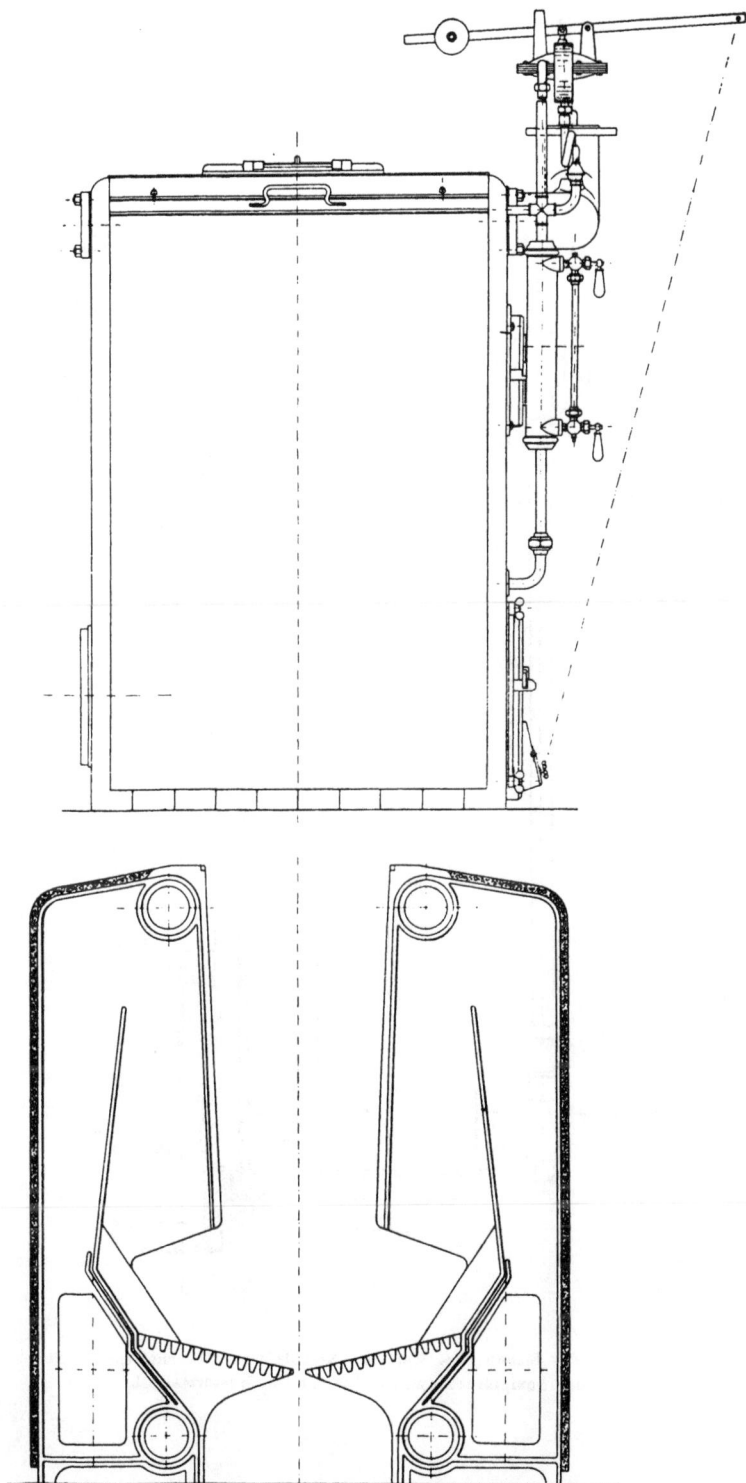

Niederdruckdampfheizungen mit oberem und vorderem Füllschachtdeckel.

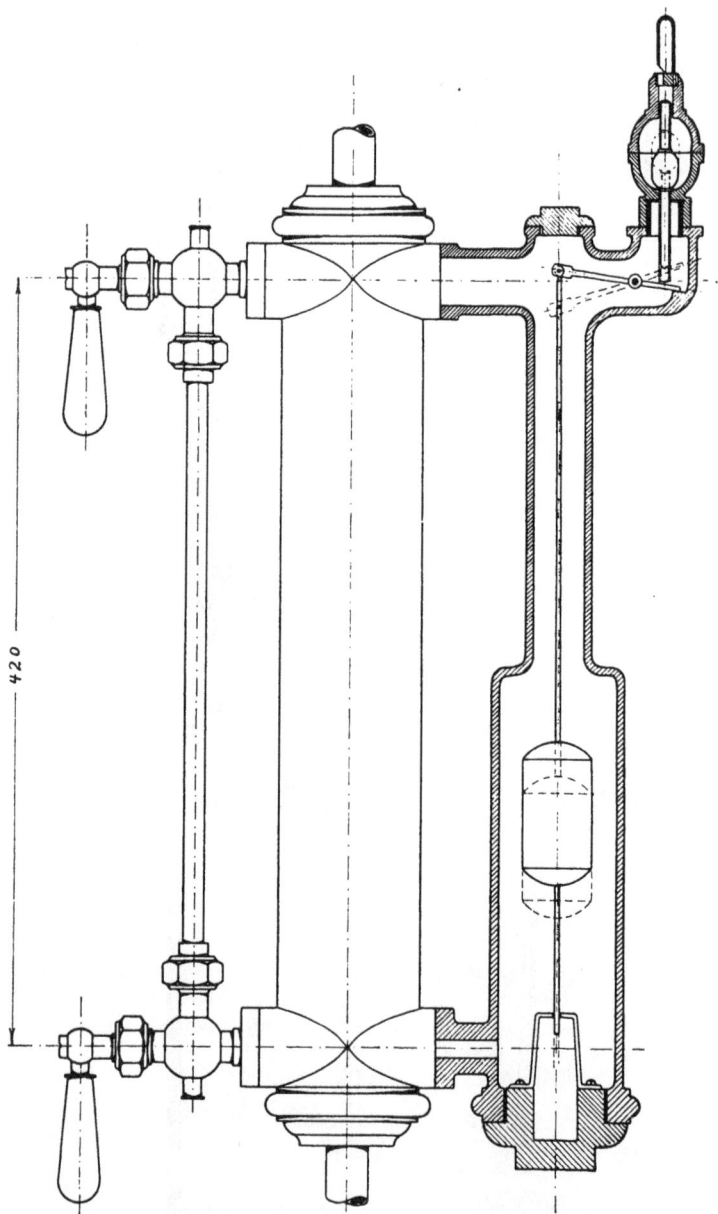

Fig. 20. Buderussche Eisenwerke, Wetzlar: Kombinierte Sicherheitspfeife für
zu hohen Dampfdruck und zur Anzeige von Wassermangel.

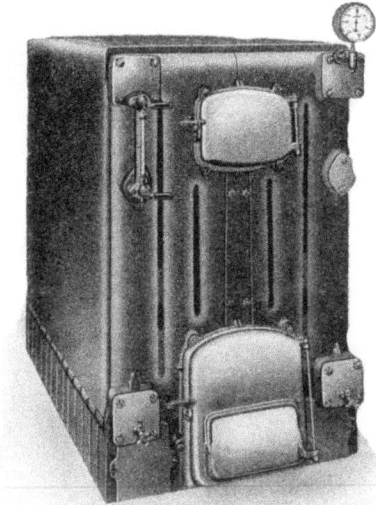

Fig 21. **Strebelwerk Mannheim: Gufseiserner Gliederkessel für Niederdruckdampfheizungen.**

Fig. 22. **Strebelwerk Mannheim: Catenakessel.**

steigenden Rauchzügen. Durch die Aufstellung eines Groß-
kessels mit oberer Füllschachtbeschickung in vertikalem

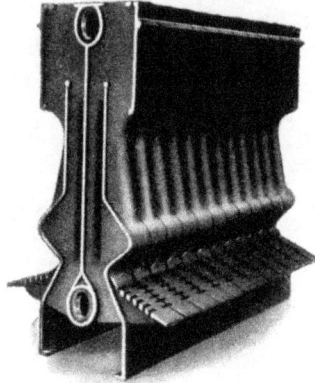

Fig. 23. Strebelwerk Mannheim: Catenakessel-Mittelglieder.

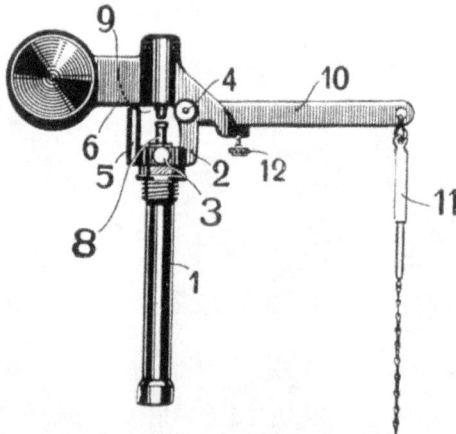

Fig. 24. Strebelwerk Mannheim: S - Regler,
Feuerungsregler für Warmwasserkessel, beruhend auf der Volumänderung
einer in 1 eingeschlossenen Flüssigkeit.

Querschnitt wird die Konstruktion dieses Kesseltyps besonders deutlich veranschaulicht (vgl. Fig. 17b). Die mit
allen Armaturen und Garnituren ausgerüsteten Kessel sind

mit Zug- und Druckregulatoren, Standrohrgefäßen und
Signalpfeifen zur Anzeige zu hohen Dampfdruckes versehen.
Rauchschieber, Reinigungszargen für Rauchkanäle und Schür-
geräte vervollständigen die Bestandteile eines betriebs-
fähigen Kesselhauses.

Fig. 25. Nationale Radiator-Gesellschaft Berlin: Gußeiserner Großkessel
für Niederdruckdampfheizungen mit oberem und vorderem Füllschachtdeckel.

Die seit Jahren bestbekannten Fabrikate der B u d e r u s -
s c h e n E i s e n w e r k e i n W e t z l a r (Lollarkessel), des
S t r e b e l w e r k e s M a n n h e i m und der N a t i o n a l e n
R a d i a t o r - G e s e l l s c h a f t i n B e r l i n weisen außer
den normalen Konstruktionen, wie eingangs schon erwähnt,
neue Großkesselmodelle mit oberer Füllschachtbeschickung

11*

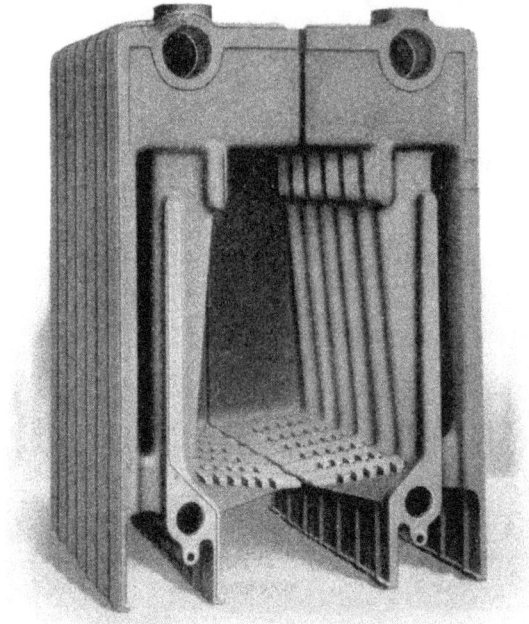

Fig. 26. Nationale Radiator-Gesellschaft Berlin: Schnitt durch den Grofskessel Fig. 25.

Fig. 27. Nationale Radiator-Gesellschaft Berlin: Gufseiserner Gliederkessel für Warmwasserheizungen.

auf, sowie spezielle Ausrüstungsstücke in Form von Regulatoren und Signalvorrichtungen, welche teilweise in nachfolgenden Abbildungen wiedergegeben werden können.

Die vier Feuerstellen der Catenakesselgruppe von 50 qm
Heizfläche werden von einem gemeinsamen Membranregulator
bedient, der eine Steuerwelle beeinflußt, an der die einzelnen
Regulierklappen eingehängt sind. An jeder der Ketten ist
eine Stellvorrichtung eingebaut, die es ermöglicht, einzelne
Feuerungen ganz auszuschalten oder mehr oder minder stark
in Betrieb zu nehmen.

Fig. 28. Otto Bernhardt, Hamburg: Gußeiserne Gliederkessel.

Bei den L o l l a r -, S t r e b e l - und N a t i o n a l
k e s s e l n geht der erste Zug der Verbrennungsluft durch
den Inhalt des Füllschachtes hindurch; der Füllschachtinhalt
wird in starke Glut versetzt und die anliegende Kontaktheizfläche nimmt durch Strahlung einen erheblichen Teil der
Wärmeleistung des Kokses auf. Das Gegenstromprinzip ist bei
den drei Systemen durchgeführt, bei den kleineren Lollarkesseln

mit einseitigem, bei den Strebelkesseln mit zweiseitigem, symmetrischem Zuge von oben nach unten, während die Feuerungen bei den Nationalkesseln in horizontalen Zügen nach abwärts geführt werden. Die Gliederkessel der Firma O t t o B e r n h a r d t i n H a m b u r g (Fig. 28) besitzen für die aufsteigenden Feuergase neben dem Füllschacht noch besondere Kanäle, so daß die durch das Brennmaterial im Füllschacht ziehenden Gase sich mit den hocherwärmten Gasen der Seitenkanäle mischen und verbrennen, um gemein-

Fig. 29. Zentralheizungswerke Hannover-Hainholz: Gußeiserne Gliederkessel.

sam im Gegenstrom nach unten abzuziehen. An Stelle eines gemeinschaftlichen Rauchschiebers wird jeder einzelne zwischen den Kesselgliedern liegende Rauchkanal durch Drehklappen gedrosselt, welche für beide Seiten des Kessels gekuppelt sind und mit einer Kurbel bedient werden. Ein den Kesseln beigefügtes Diagramm zeigt besonders auch bei geringer Beanspruchung der Kessel eine hohe Ausnutzung des Brennmaterials.

Die von den Zentralheizungswerken Hannover-
Hainholz ausgestellten gußeisernen Gliederkessel für Nieder-
druckdampf- und Warmwasserheizungsanlagen sind jeweils in
Verbindung mit Vorrichtungen montiert, welche das besondere
Interesse in Anspruch nehmen (Fig. 29 u. 30). Ein Gliederkessel von 9 qm Heizfläche für Niederdruckdampf hat
eine besondere Vorrichtung, welche es ermöglicht, von derselben Kesselanlage Dampf von verschiedener Spannung
zu entnehmen, wie dies in Gebäuden wünschenswert sein

Fig. 30. **Zentralheizungswerke Hannover-Hainholz: Gußeiserne Gliederkessel.**

kann, bei denen nicht nur die Heizanlage, sondern auch
eine Kochküchen- oder Dampfwäschereianlage betrieben
werden soll. Durch eine kombinierte Ventilanordnung
wird der Heizleitung erst dann Dampf zugeführt, wenn
in der vorher abzweigenden Nutzdampfleitung der Druck
von höherer Spannung, z. B. 0,3 Atm., erreicht ist, während
anderseits die Feuerungsanlage des Kessels unter der Einwirkung des Dampfdruckes in der Heizleitung steht. — Ein
Warmwassergliederkessel von 10 qm Heizfläche ist mit einer

Sicherheitsvorrichtung gegen Explosionen und Defekte ausgestattet, welche im Hauptvorlauf und im Hauptrücklauf
Abstellungen besitzt, die einerseits beim Ausschalten eines von
mehreren Heizkesseln die Verbindung des Kesselinhaltes mit
dem Heizsystem vermitteln und weiterhin durch die Handhabung von Wechselventilen die Möglichkeit bieten, jeden
einzelnen Kessel für sich zu entleeren. Die Einrichtung ist so

Fig. 31. C. Nolte, Hannover. Schmiedeeiserner Sattelkessel mit eingeschweifster
Feuerbrücke, Armaturen: Rud. Otto Meyer, Hamburg.

getroffen, daß der Wasserinhalt des Kessels nie vollständig
abgeschlossen ist, damit beim versehentlichen Anheizen eines
ausgeschalteten Kessels nicht durch die Ausdehnung des Wassers der Kessel zerstört wird, oder bei einseitigem Abschluß der
Vorlaufleitung durch Dampfbildung der Wasserinhalt nach
der Rücklaufleitung verdrängt werden kann, was ein Erglühen
der Kesselwandung zur Folge haben würde.

Ein Niederdruckdampfkessel von 21,8 qm ist mit einer Schwimmerpumpe verbunden, welche durch den Niederdruckdampf der eigenen Kesselanlage betrieben wird. Die Einrichtung gelangt zur Anwendung, wenn die Kesselanlage so wenig vertieft werden kann, daß das Kesselwasser nicht selbsttätig zurückfließt. Ein tiefstehendes Sammelgefäß für das zurückfließende Kondenswasser besitzt einen Schwimmer, in Verbindung mit einem Steuerventil. Wird durch den Wasserstand das Schwimmgefäß hochgehoben, dann wird durch den Dampfdruck des Kessels der Wasserinhalt des Sammelgefässes in ein über dem Kesselwasserstand angeordnetes zweites Gefäß gedrückt. Nach dessen Füllung erfolgt die Umsteuerung selbsttätig derart daß die Verbindung mit dem unteren Sammelbassin abgeschlossen wird, während das obere Bassin mit dem Dampfraum in Verbindung gebracht wird, und seinen Wasserinhalt nach dem Kessel entleeren kann. Der gleiche Kessel besitzt auch einen selbsttätigen Kesselnachspeiser bei Wassermangel, in Verbindung mit einem elektrischen Alarmapparat.

Ein großer Gliederkessel für Niederdruckdampfheizungsanlagen von 32,7 qm ist mit einem selbsttätigen Kondenswasser-Rückspeiseapparat verbunden, welcher aus einer Kreiselpumpe mit angekuppeltem Elektromotor besteht, welcher selbsttätig durch die Höhe des Wasserstandes eingeschaltet wird. Durch eine sinnreiche Konstruktion erfolgt die Einschaltung des Motors nicht plötzlich, sondern stufenweise, so daß die Einrichtung auch für große Anlagen geeignet ist, bei welchen der Elektromotor durch Anlaßwiderstände allmählich in Betrieb zu setzen ist. Die Einrichtung ist betriebsfähig montiert.

Die modern gewordenen Gliederkessel mit den Vorzügen geringer fortlaufender Reparaturen, welche bei den alten eingemauerten Kesseln hauptsächlich die Feuerungsbrücken und die Roste verursacht haben, sind naturgemäß der Zahl nach im Übergewicht. — Wie sehr sich die schmiedeeisernen Heizkessel in der Erkenntnis ihrer früheren Schwächen durch eingeschweißte wassergekühlte Feuerbrücken vervollkommnet haben, zeigt der von der Firma C. Nolte in Hannover, mit Armaturen der Firma Rud. Otto Meyer in Hamburg ausgestellte Niederdruckdampfkessel von 40 qm Heizfläche in

Fig. 32. Gebr. Sulzer, Ludwigshafen a. Rh.: Schmiedeeiserner Flammrohrkessel mit eingeschweifster Feuerbrücke und wassergekühltem Rost.

Fig. 33. Gebr. Sulzer, Ludwigshafen a. Rh.: Flammrohrkessel, Rückansicht.

Form eines liegenden Sattelkessels mit einem, den Füllschacht umschließenden Dampfdom (Fig. 31).

Der von der Firma Gebr. Sulzer, Ludwigshafen, ausgestellte schmiedeeiserne Niederdruckdampfkessel von 50 qm Heizfläche (Fig. 32 und 33) besitzt ein zylindrisch durchgehendes, nach unten offenes Flammrohr, worunter der durch Wasser gekühlte Rost gelagert ist. Dieser Rost ist aus einzelnen gußeisernen Gliedern mittels schmiedeeisernen Nippeln mit Links- und Rechtsgewinden zusammengesetzt. Die Feuerbrücke ist als Sammelrohr für die einzelnen Roststabglieder ausgebildet. Das von der Heizung gesammelte

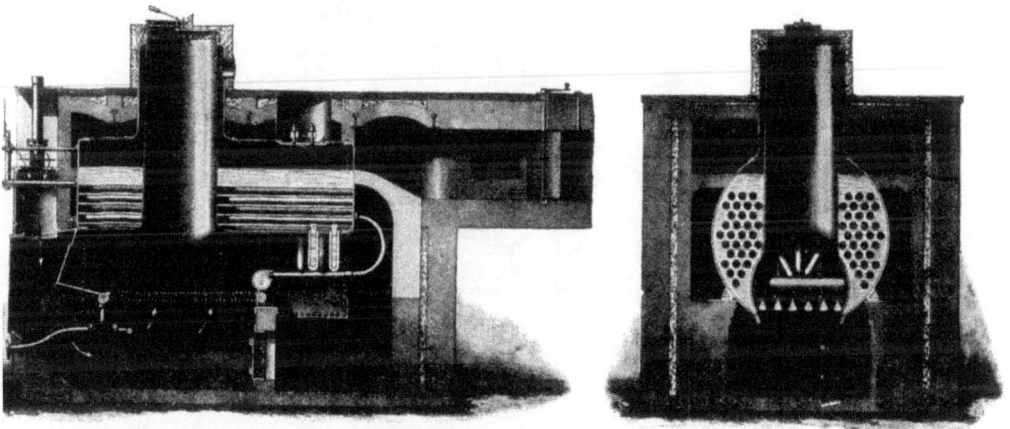

Fig. 34. Gebr. Sulzer, Ludwigshafen a. Rh.: Liegender Flammrohrkessel für Niederdruckdampfheizungen.

Rücklaufwasser durchfließt zunächst den Rost, so daß auf diese Weise die Temperatur des Rostes erheblich herabgedrückt wird, und die Schlackenbildung eine wesentliche Verminderung erfährt, während das durchfließende Wasser entsprechend vorgewärmt, in den Kessel eintritt. Durch die hinter der Feuerbrücke im Flammrohr angebrachten Zirkulationsröhren wird eine lebhafte Wasserbewegung bzw. Wasserumwälzung im Kessel hervorgerufen, und dadurch die Heizfläche hochwertiger gestaltet. Wie aus Fig. 33 her-

Fig. 35. C. W. Julius Blancke & Co., Merseburg u. S.: Hochdruckdampfkessel-
armaturen.

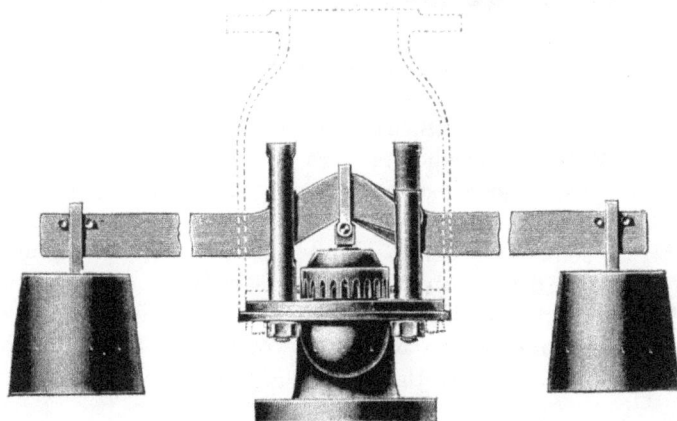

Fig. 36. C. W. Julius Blancke & Co., Merseburg: Hochhubsicherheitsventil.

vorgeht, wird die Heizfläche durch eingebaute Fieldröhren in sehr wirksamer Weise vergrößert. Die Konstruktion ist aus Fig. 34 ersichtlich.

An dem Modell eines Hochdruckdampfkessels zeigt die Firma C. W. Jul. Blancke & Co., Merseburg a. S., alle für Hochdruckkessel in Frage kommenden Armaturen: ein Hochhubsicherheitsventil (Fig. 36), ein von außen kontrollier-

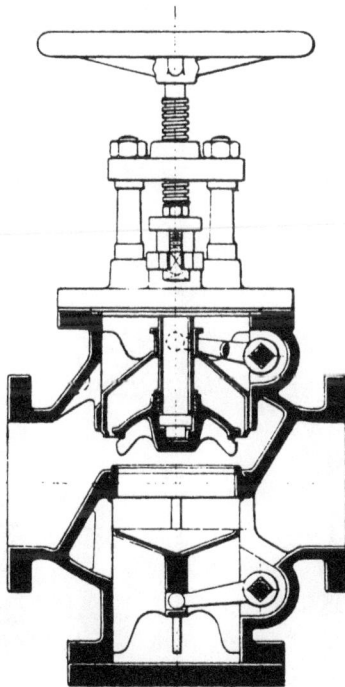

Fig. 37. C. W. Julius Blancke & Co., Merseburg: Rohrbruchventil.

bares Rohrbruchventil (Fig. 37), welches nach beiden Seiten abschließt, ein Dampfdruckreduzierventil, System Kuhlmann, einen neuen Kondenswasserableiter, System Geipel (Fig. 38, 39 u. 40), dessen Wirkung auf der Ausdehnung verschiedener Rohrmaterialien beruht, und im Gegensatz zu ähnlichen Konstruktionen den Durchgangsquerschnitt für das

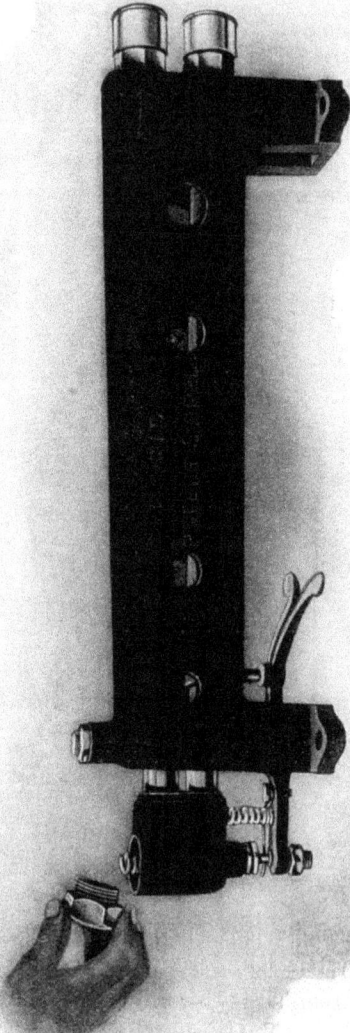

Fig. 38. C. W. Julius Blancke & Co., Merseburg: Kondenswasserableiter „System Geipel".

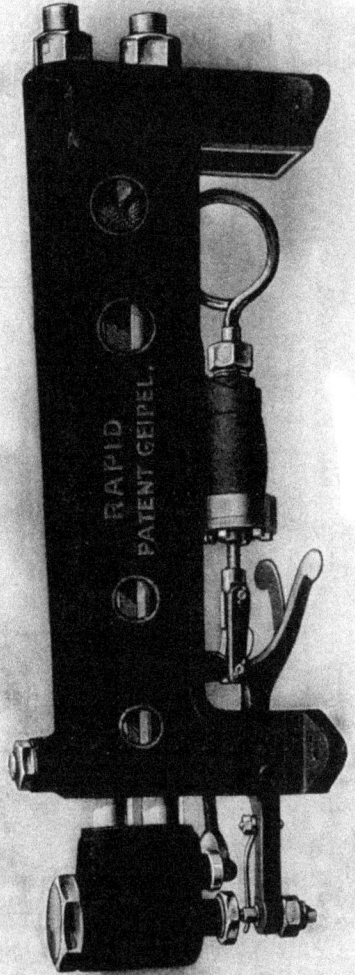

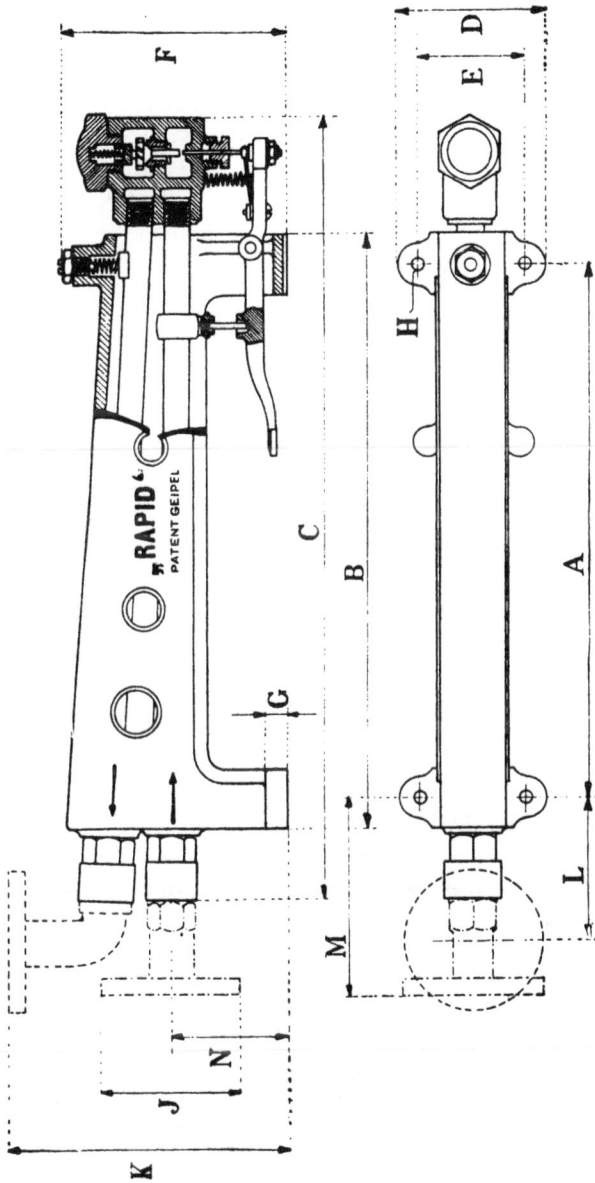

Fig. 40. C. W. Julius Blancke & Co., Merseburg: Kondenswasserableiter „System Geipel".

Kondenswasser nicht drosselt, sondern das Kondensat stoß-
weise abläßt. — Heißdampfventile mit elastischer Nickeldichtung (Fig. 41), sowie solche mit eingesprengten Dich-
tungsringen mit harter Nickellegierung, diese sollen besondere
Widerstandsfähigkeit bei hohen Überhitzungen, sowie bei
unreinem und sodahaltigem Wasser besitzen. Schwimmer-
kondenstöpfe (Fig. 42) mit geteiltem Gehäuse und nach

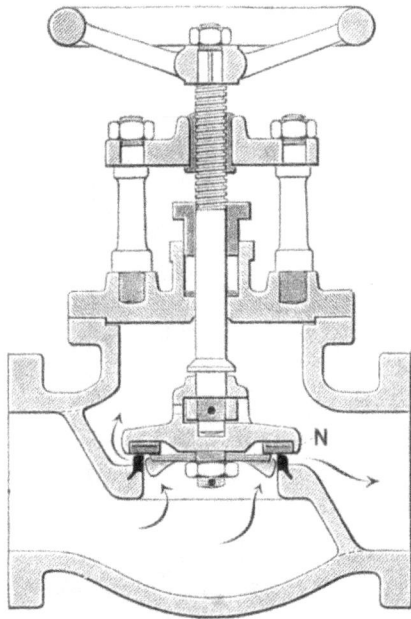

Fig. 41. C. W. Julius Blancke & Co., Merseburg: Heißdampfventil mit
elastischer Nickeldichtung.

oben herausziehbarer Schwimmerführung, Hochhubdampf-
sicherheitsventile mit Federbelastung, speziell für bewegliche Kessel, Koch- und Desinfektionsapparat. Wasserstands-
anzeiger verschiedener Konstruktion, Manometer mit und
ohne Schreibvorrichtung, sowie Thermometer und Zugmesser,
sowie deren übersichtliche Gruppierung auf Ornamentplatten
ergänzen die Gruppe der Hochdruckarmaturen.

Die Ausstellung der Firma G. A. S c h u l t z e , B e r l i n -
C h a r l o t t e n b u r g , umfaßt Verbundszugmesser mit und
ohne Registrierung. Optische Pyrometer, Fernpyrometer,
Pyrometer mit und ohne photographische Registrierung.
Manometrische Luft- und Gasgeschwindigkeitsmesser, Fern-
thermometer und Fernwasserstandsanzeiger.   Fig. 43.

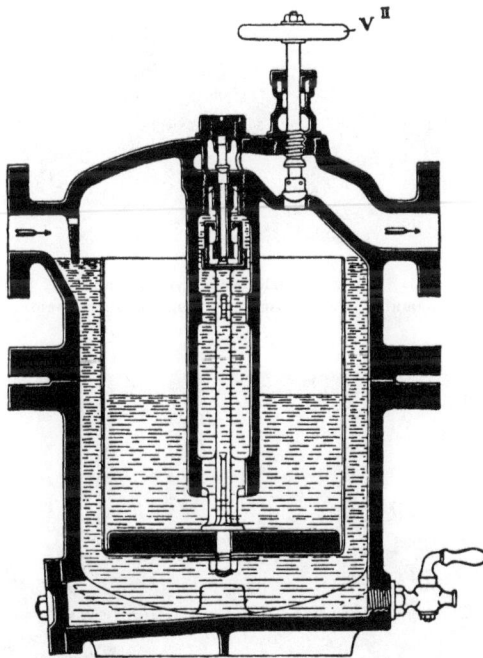

Fig. 42. C. W. Julius Blancke & Co., Merseburg: Schwimmerkondenstopf.

Für Niederdruckdampf- und Warmwasserheizungsanlagen
hat die Firma M a x S c h u b e r t in C h e m n i t z eine reiche
Kollektion von Manometern und Thermometern zur Ausstellung gebracht, welche sich besonders durch deutliche
Anzeigetafeln auszeichnen.

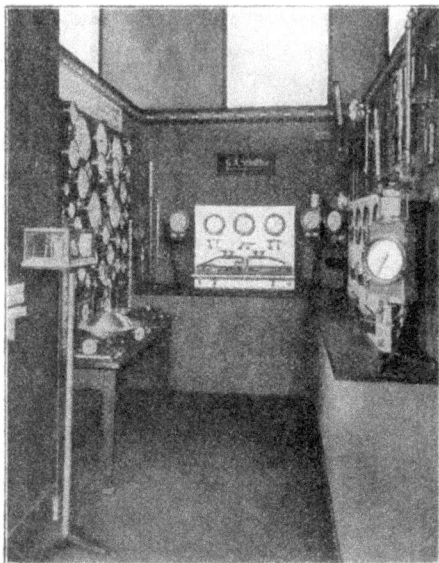

Fig. 43. G. A. Schultze, Charlottenburg-Berlin und Max Schubert, Chemnitz: Feine Armaturen und Meßinstrumente.

Fig. 44. David Grove, Charlottenburg und Rud. Otto Meyer, Hamburg: Kreuz-stromwerke, Hagen i. W.

Fig. 44 läßt die Kesselfront eines liegenden schmiedeeisernen Niederdruckdampfkessels erkennen, in der Konstruk-
tion der Firma D a v i d G r o v e , B e r l i n - C h a r l o t t e n b u r g.
Ein Alarmapparat für zu niedrigen Wasserstand kann in seiner
Wirkung praktisch erprobt werden, welche darin besteht,
daß sich in dem Wasserstandsglas ein Schwimmer mit Eisen-
kern befindet, welcher beim Herabsinken mit dem Wasser-
stande einen, außerhalb der Glasröhre angeordneten Magneten
mit nach unten zieht und dadurch ein elektrisches Läutwerk in
Bewegung setzt. Ein selbsttätig nachspeisender Wasserstands-
regler, System Hannemann, vervollständigt die übliche Ausrüstung der Niederdruckdampfkessel.

Fig. 45. Rud. Otto Meyer, Hamburg: Selbsttätiger Nachspeiseapparat
für Niederdruckdampfkessel.

Eine, dem gleichen Zweck dienende, sehr sinnreiche
Einrichtung zeigt Fig. 44. u. 45. Ein selbsttätiger Nachspeiseapparat für Niederdruckdampfkessel der Firma R u d. O t t o
M e y e r , H a m b u r g , dessen Wirkung darin beruht, daß
das Wassernachspeiseventil geöffnet wird, wenn bei sinkendem
Wasserstand eine vorher mit Wasser gefüllte, horizontal ge-
lagerte Rohrkombination sich mit Dampf anfüllt.   Die auf
diese Weise auftretnde Temperatursteigerung dient als Motor
zum Öffnen des Wasserventils, während umgekehrt, nach er-
folgtem Nachspeisen, der Wasserinhalt des Rohres erkaltet
und den Abschluß des Speiseventils bewirkt.

12*

Fig. 44 läßt ferner einen Temperaturregler für Dampf-Warmwasserbereiter der Firma David Grove erkennen, dessen Wirkungsweise darin besteht, daß durch die Temperatursteigerung des geheizten Wassers sich eine eingeschlossene Flüssigkeit ausdehnt, durch welche das in der Dampfzuleitung eingebaute Ventil gesteuert wird.

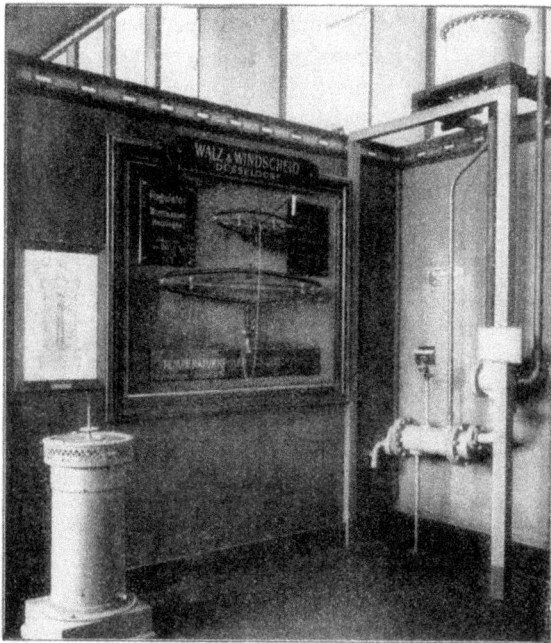

Fig. 46. Emil Kelling, Berlin; Walz & Windscheid, Düsseldorf: Rud. Otto Meyer, Hamburg.

Temperaturregler für den gleichen Zweck hat die Firma Walz & Windscheid in Düsseldorf ausgestellt (Fig. 46 u. 47). Ein vom erwärmten Wasser durchflossener Doppelrohrbügel überträgt seine durch die Wärmewirkung des Wassers bedingten Bewegungen auf ein Dampfventil, das den Dampf je nach der Einstellung bei jeder gewünschten

Wassertemperatur ganz abschließt. Fig. 48 zeigt das gleiche Prinzip als Feuerungsregulator für Wasserheizungen.

Der selbsttätige Regulator für Dampfkesselfeuerungen der Firma Emil Kelling, Berlin (Fig. 46), arbeitet

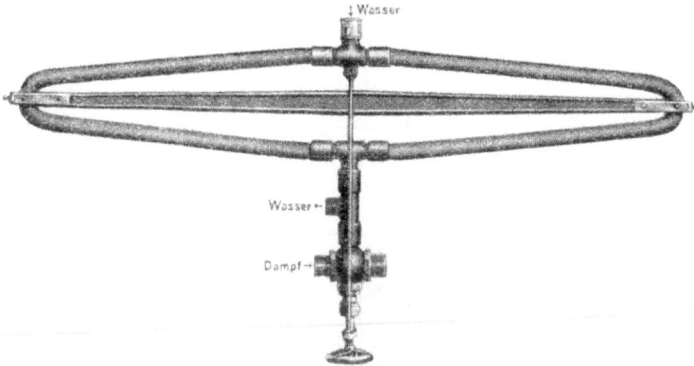

Fig. 47. **Walz & Windscheid, Düsseldorf: Temperaturregler für Dampfwarm-wasserbereiter.**

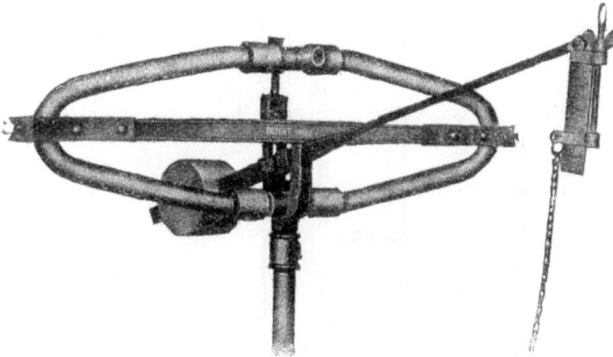

Fig. 48. **Walz & Windscheid, Düsseldorf: Temperaturregler für Wasserheizkessel.**

mit einem Tellerventil, das mit steigendem Dampfdruck den Luftdurchgang zur Feuerung abschließt. Die Abdichtung des Dampfes erfolgt durch Quecksilber, so daß die Empfindlichkeit nicht durch Reibung beeinträchtigt wird.

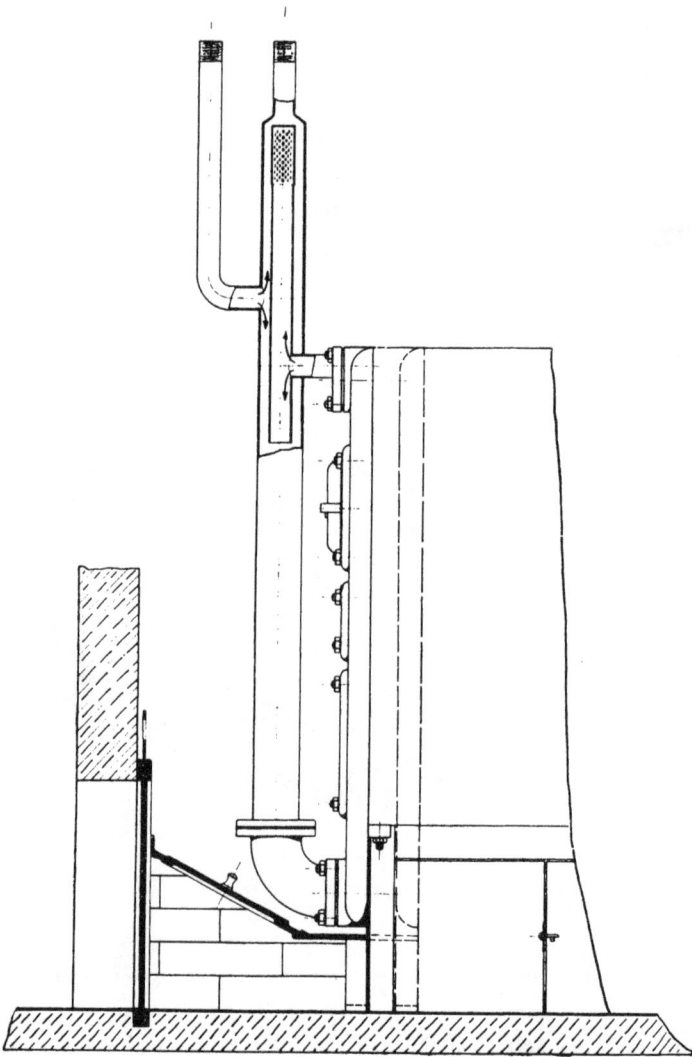

Fig. 49. **Rud. Otto Meyer, Hamburg: Anordnung des „Gremelrohres" zur Wasser-zirkulationsbeschleunigung.**

Eine Vereinigung der Standrohreinrichtung mit einem Druckregler für Niederdruckdampfkessel ist in der Ausführung und Schnittzeichnung von dem **K r e u z s t r o m - w e r k**, G. m. b. H. i n H a g e n i. W. ausgestellt (Fig. 44). Das Standrohr arbeitet mit Quecksilberfüllung, in welcher ein Schwimmer durch den Dampfdruck gehoben wird und durch Kettenübertragung die Luftzufuhr zur Feuerung beeinflußt.

Apparate und Vorrichtungen zur Beschleunigung des Wasserumlaufes bei Warmwasserheizungen sind durch die Firma R u d. O t t o M e y e r i n H a m b u r g vertreten in einer Kombination, System R e c k , dessen Wirkungsweise aus der Literatur hinreichend bekannt ist. Die rechte Seite der Fig. 46 zeigt die betriebsfähige Montage des Dampfzumischapparates und Dampfkondensators in Verbindung mit dem Expansionsgefäße. In Fig. 44 und Fig. 49 ist die Kombination eines sog. G r e m m e l r o h r e s mit dem Endgliede eines Strebelkessels für Warmwasserheizung zu erkennen. Der Wasserkessel wird derart mit den Wasserzirkulationsleitungen verbunden, daß Dampf entstehen muß, welcher durch ein perforiertes Rohr dem Vorlaufwasser zugemischt wird und dadurch die Beschleunigung des Umlaufes bewirkt. Das Wasserrücklaufrohr schließt nicht an den Kessel an, sondern unterhalb der Dampfzuführung an das Heizrohr. Der zur Beschleunigung des Wasserumlaufes verwendete Dampf hat also auch gleichzeitig die Aufgabe der Wassererwärmung. Da der kondensierende Dampf dem Heizsystem erhalten bleibt, ersetzt sich das im Kessel verdampfende Wasser selbsttätig. Die Aufstellung eines besonderen Dampfkessels erübrigt sich durch diese Kombination.

Während die von G. A. S c h u l t z e , C h a r l o t t e n - b u r g , D a v i d G r o v e , C h a r l o t t e n b u r g (System Cöpsel), R u d. O t t o M e y e r , H a m b u r g ausgestellten Fernthermometer elektrische Fernleitung besitzen und darauf beruhen, den erhöhten elektrischen Widerstand von Drähten bei steigender Temperatur zu messen, beruht das Fernthermometer **der** Firma S c h ä f f e r & B u d e n b e r g , G. m. b. H. in M a g d e - b u r g auf manometrischer Messung der Drucksteigerung,

welche eine eingeschlossene Flüssigkeit mit steigender Temperatur erfährt. Die Einrichtung ist betriebsfähig montiert.
(Fig. 50). In einem Wasserbassin mit elektrischem Heizkörper
können durch Hochheizen steigende und durch Zuführung
von kaltem Wasser fallende Temperaturen kontrolliert werden, einerseits an einem Manometer, dessen Skala Gradteilung

Fig. 50. Schäffer & Budenberg, Magdeburg: Manometrische Fernthermometer-
anlage. Gebr. Sulzer, Ludwigshafen: Ausdehnungsgefäfse in Ofenform und für
Warmwasserbereitung.

zum direkten Ablesen der Temperatur enthält und anderseits an einer Registriertrommel. Diese Fernthermometer
können bis 50 m Verbindungsleitung von der Meßstelle bis zur
Beobachtungsstelle erhalten. Um den Einfluß der Temperatur
auf die lange Verbindungsleitung auszuschalten, wird diese
in doppelter Anordnung parallel geführt und ihr Einfluß vor
und hinter der Membrane zum Ausgleich gebracht. Die Möglichkeit der Registrierung und die dauernde Temperatur-
anzeige ohne Energieverbrauch sind wertvolle Eigenschaften
dieser Fernmeßapparate.

Zur Kontrolle des Wasserstandes in den Ausdehnungs-
gefäßen bei Warmwasserheizungen verwendet man mit Vor-
liebe Manometer, an Stelle der Signalrohre, weil ein Blick
genügt, um sich von der Sachlage zu überzeugen. Ein Mißstand bei den gewöhnlichen Manometern liegt jedoch darin,
daß die Teilstrecke auch bei großen Skalen bei den Manometern
für hohe Drücke von 2 bis 3 Atm., wie sie als statische Druckhöhe bei Wasserheizungen die Regel bilden, sehr nahe bei
einander liegen und kleine Druckunterschiede nicht deutlich
genug abgelesen werden können. Diesen Übelstand beseitigt
ein Doppelmanometer der gleichen Firma. S c h ä f f e r
& B u d e n b e r g wählen 2 Manometer, von denen eines als
gewöhnliche Ausführung den Gesamtdruck anzeigt, während
ein zweites sehr empfindliches Manometer mit sehr großer
Skala mit seiner Anzeige erst beginnt, wenn der Wasserstand
den Boden des Ausdehnungsgefäßes erreicht hat. Die Anzeige
auf die relativ geringe Höhe der Expansionsgefäße verteilt
sich alsdann auf die ganze Skala und gestattet eine sehr
genaue Ablesung. In der Nähe der Decke ist ein mit
Wasserstandsglas versehenes Ausdehnungsgefäß, während an
der Säule im Vordergrunde (Fig. 50) durch einen Dreiweghahn
der Wasserstand verschieden hoch eingestellt werden kann.
Man ist also in der Lage, sich durch Augenschein von der
guten Funktion zu überzeugen.

Diese Meßmethode kann natürlich nur Platz greifen,
wenn die Beobachtungsstelle tiefer liegt als der zu kontrol-
lierende Wasserstand, wie dies bei Heizanlagen der Fall ist.

Von der Höhenlage unabhängig ist die von G. A. S c h u l t z e
in Funktion gezeigte elektrische Meßmethode Fig. 43, welche
darauf beruht, daß durch einen auf dem Wasserspiegel
ruhenden Schwimmer durch Kettenübertragung beim Heben
und Senken eine Scheibe in Umdrehung versetzt wird, welche
mehr oder weniger Widerstände in einen elektrischen Strom-
kreis einschaltet,. Die Stromstärke wird mittels eines Gal-
vanometers gemessen, dessen Skala direkt ablesbar in Meter
Wasserstandshöhe geteilt ist.

Fig. 50 u. 51 zeigen weiterhin Ausdehnungsgefäße der
Firma G e b r. S u l z e r i n L u d w i g s h a f e n, welche

zu Heizöfen ausgebildet sind und gleichzeitig zur Warmwasserbereitung im Winter Verwendung finden. Im letzteren Falle
wird in das Ausdehnungsgefäß ein zweites Reservoir konzen-
trisch eingebaut, das mit der Wasserleitung mittels Schwimmkugelgefäß dauernd gefüllt wird und durch die Scheide-
wand von dem Ausdehnungsgefäß die Wärmezufuhr erhält.

Warmwasserbereiter für Warmwasserversorgungsanlagen
mit kupfernem Röhrenbündel als Heizfläche hat das H o f f -
m a n n s w e r k i n L e u b e n b. D r e s d e n ausgestellt (Fig. 51),

Fig. 51. Hoffmannswerk, Leuben b. Dresden: Dampfwarmwasserbereiter mit aus-
ziehbarer Kupferheizspirale. Gebr. Sulzer, Ludwigshafen: Ausdehnungsgefäfs
gleichzeitig für Warmwasserbereitung eingerichtet.

gleichzeitig mit kleinen Dampfwarmwasserheizapparaten für
Etagenheizungen mit zentraler Niederdruckdampfkesselanlage.
Ein beigefügtes Schema zeigt die praktische Ausführung des
sehr beachtenswerten Gedankens, bei Etagenheizungen die
örtliche Heizkesselanlage mit den Umständen des Brennstoff-
und Aschetransportes zu vermeiden, eine Brennstoffbezahlung
nach dem tatsächlichen Bedarfe aber zu ermöglichen durch
Messen des Niederschlagswassers, was für jede Heizanlage
getrennt durchgeführt werden kann. Die Dampfwarmwasser-
apparate erhalten für normale Verhältnisse so geringe Höhen-

abmessungen, daß die Zirkulationshöhe auch für Fensterheizkörper noch positiv, d. h. $+ 0{,}20$ bis $+ 0{,}30$ m wird,
die Rohrleitungen werden also verhältnismäßig klein.

Die komplette Montage eines Warmwasserboilers mit
einem Heizkessel der Firma F r i t z K a e f e r l e in H a n -
n o v e r (Fig. 52) gibt ein Bild von dem geringen Platzbedarf
einer solchen Einrichtung, wie sie für Privatwohnhäuser in
Frage kommt. Die Wassererwärmung erfolgt indirekt durch

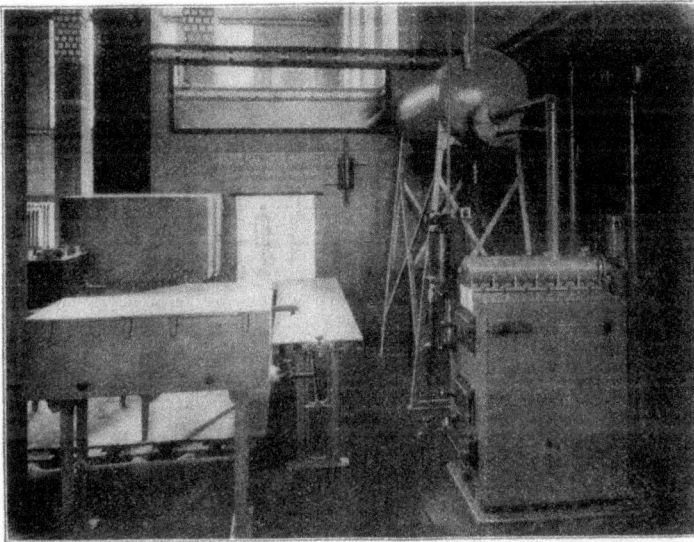

Fig. 52. Fritz Kaeferle, Hannover: Warmwasserbereitungsanlage, Wärmeplatten
und -Schränke, Leimwärmer.

Dampfheizspiralen, so daß sich bei hartem Wasser der aus-
scheidende Kesselstein leicht entfernbar, außen auf den Spiralen
ansetzt. Durch einen selbsttätigen Regulator wird die Feuerung
im Sinne des Warmwasserverbrauches beeinflußt und die
Verbrennung bei fehlendem Warmwasserverbrauche ganz
gemäßigt. Der kleine Dampfkessel ist mit allen Armaturen und
Garnituren ausgerüstet.

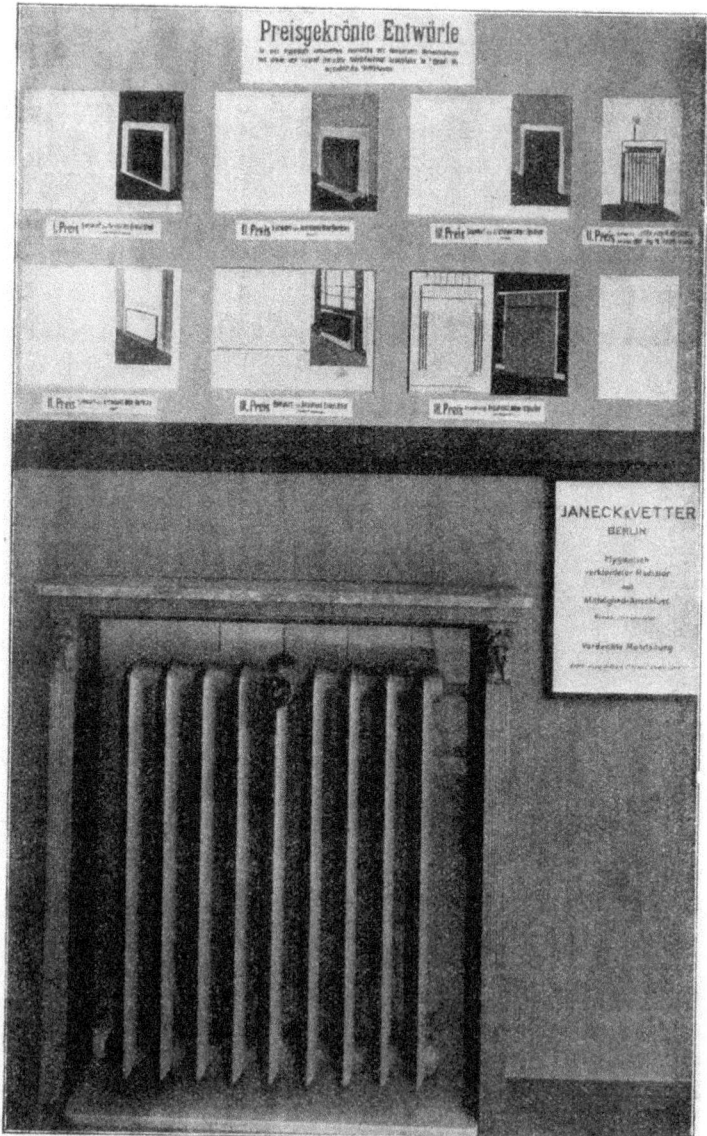

Fig. 53. Janeck & Vetter, Berlin: Heizkörperumrahmung, Mittelgliedanschlufs
und verdeckte Rohrleitung.

Die im Anschluß an Zentralheizungsanlagen hauptsächlich bei Fabriken und in technischen Betrieben in Anwendung
kommenden Wärmeplatten, Leimwärmer, Wärmeschränke und
Bainsmarie sind in mehrfacher Ausführung gleichfalls von der
Firma Fritz Kaeferle in Hannover zusammengestellt
(Fig. 52). Diese Gruppe der Ausstellung bildet den Übergang zu den

Heizkörpern und Heizkörperverbin-
dungen.

Naturgemäß nehmen hier die Radiatoren den weitaus
größten Raum ein. Die schlichten einfachen Formen, ihre
ruhigen, parallelen Linien ermöglichen die freie Aufstellung

Fig. 54. Deutsche Radiatoren-Verkaufstelle, Wetzlar.

dieser Heizkörper in Räumen jeden Stiles, besonders dann,
wenn durch eine entsprechende Umrahmung ein harmonisches
Ganze von Künstlerhand geschaffen wird. Die Ergebnisse
des vom Verband Deutscher Centralheizungs-Industrieller
veranstalteten Wettbewerbes lassen dies deutlich erkennen,
wie dies eingangs schon erwähnt wurde. Die Firma Janeck
& Vetter, Berlin, hat diese Auffassung unterstützt
durch die Aufstellung eines solchen Rahmens mit Heizkörper
(Fig. 53), gleichzeitig mit einem Versuch, die Rohrführung

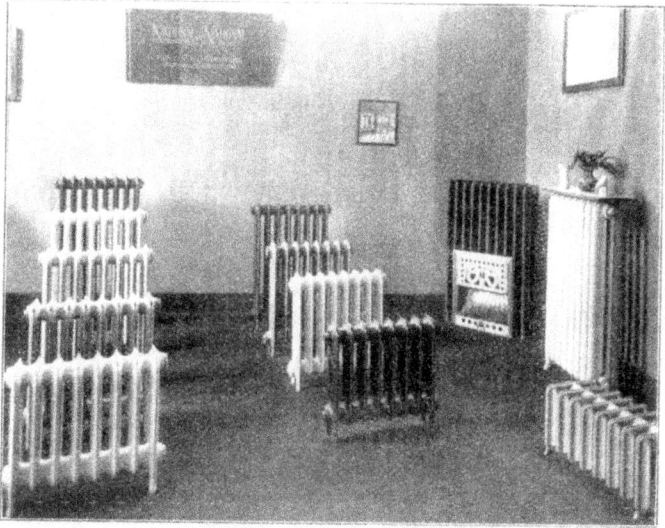

Fig. 55. Nationale Radiator-Gesellschaft, Berlin.

Fig. 56. Nationale Radiator-Gesellschaft, Berlin.

hinter wegnehmbaren Kacheln dem Auge zu entziehen. Die
Deutsche Radiatoren-Verkaufsstelle, G.
m. b. H. in Wetzlar (Fig. 54), welche die Werke
Buderussche Eisenwerke, Wetzlar; Balcke, Tellering & Co.,
Akt.-Ges., Benrath; Rudolf Böcking & Co. Erben; Stumm-
Halberg und Rud. Böcking, G. m. b. H., Brebach b. Saar-
brücken; Hessen-Nassauischer Hüttenverein, G. m. b. H., Wil-
helmshütte a. Lahn; de Dietrich & Co., Niederbronn umfaßt,
und die Nationale Radiator-Gesellschaft m.
b. H., Berlin (Fig. 55 u. 56), haben durch Vorführung
einer reichen Auswahl von Modellen in entsprechendem An-
strich das Bestreben unterstützt, den Architekten zu zeigen,
daß auch durch Farbenwirkung viel erreicht werden kann, um
die Radiatoren den ästhetischen Anforderungen anzupassen.

Die Firma Gebrüder Sulzer, Ludwigshafen,
zeigt außer den normalen Radiatoren auch solche von besonderer Höhe bis 1500 mm vertikaler Ausdehnung, einschließlich
Füßen (Fig. 57), auch Schnitte durch ihre Radiatoren, unter
welchen die Gleichförmigkeit der Wandstärke, besonders auch
bei denjenigen Modellen auffällt, bei welchen sechs Radiator
glieder in einem Stück gegossen sind.

Alle Aussteller haben Wert darauf gelegt, ihre Spezialmodelle mit Wärmenischen und Gasreflektoren vorzuführen.
Hoffentlich wird hierdurch das Vorhandensein solcher Spezial-
einrichtungen in weitere Kreise getragen und deren Verwendung
allgemeiner werden als dies bis jetzt in Miethäusern festzustellen
ist. Solche Einrichtungen erhöhen die Annehmlichkeit der Zentralheizungen wesentlich, die Wärmenischen der Radiatoren
leisten treffliche Dienste in Eßzimmern als Tellerwärmer
und Wärmeschränke zum Warmhalten von Speisen bis zum
Nachservieren, während in Schlafzimmern, welche auch als
Krankenzimmer in Frage kommen, das Warmhalten von Ge-
tränken und Arzneien eine nicht zu unterschätzende Annehmlichkeit darstellt. Die Kombination der Radiatoren mit Gasreflektoren hat hauptsächlich in solchen Gegenden Wert,
wo häufig in den Übergangszeiten und auch im Sommer
kühlere Tage auftreten. Durch die vorübergehende Benutzung
der Gasheizung erübrigt sich die Inbetriebsetzung der ganzen

Fig. 57. Gebr. Sulzer, Ludwigshafen a. Rh.: Radiatoren und Rohrspiralen.

Fig. 58. Emil Kelling, Berlin: Rechts: Plattenheizkörper als Paneel. Links:
Dampfheizspirale. Im Hintergrunde: Kastenheizkörper mit rückwärtigen, vertikalen Rippen.

Heizanlage. Die Aufstellung solcher Heizkörper empfiehlt sich daher für Frühstückszimmer und Wohnräume.

Neu sind die Warmwasserheizkörper mit Gasheizung, welche die Firma Gebr,. Sulzer auf den Markt bringt. Während die seither üblichen Konstruktionen einen in die Radiatoren eingebauten Gasofenreflektor darstellen, wird hier durch die Gasheizung der Wasserinhalt der Radiatoren erwärmt und durch dessen mild temperierte Oberfläche dem Raume die Wärme vermittelt.

Bei manchen Modellen wird die ästhetische Wirkung durch aufgelegte Marmorplatten erhöht. Gebrüder Sulzer verkleiden hierdurch auch eingebaute Luftbefeuchtungsschalen, welche Fritz Kaeferle in emaillierter Ausführung frei auf die Radiatoren aufstellt. Kaeferle und Gebr. Körting, Körtingsdorf b. Hannover, haben neben anderen Radiatoren auch Schnittmodelle von Radiatoren mit Luftumwälzung vorgeführt, Ausführungen, welche die beiden vorherrschenden Systeme repräsentieren. Gebr. Körting haben auch die neue von Ludwig Dietz konstruierte Radiatorform ausgestellt, welche unter Anlehnung an die Rückwand die Bildung eines Aspirationsschachtes und damit eine erhöhte Wärmeabgabe der Heizfläche anstrebt.

Die Firma O. Fritze & Co., Offenbach a. M., hat durch verschiedenfarbige Anstriche an Radiatorgliedern ihre hitzebeständigen Farben „Crudol" vorgeführt. Die Bedeutung guter Farben tritt hauptsächlich bei hellen Anstrichen hervor, welche bei minderwertigen Farben gelb und braun werden.

Die keramischen Heizkörper bzw. Radiatoren der Firma Villeroy & Boch in Dresden bedürfen keines Anstriches. Diese neue Erscheinung auf dem Gebiete der Zentralheizungsindustrie hat ihre Vorzüge für feuchte Räume, wo Anstriche nicht auf die Dauer halten, und in chemischen Betrieben, wo Eisen angegriffen wird, auch in Krankensälen, wo die Notwendigkeit häufiger Desinfektion mit scharfen Mitteln die Haltbarkeit der Heizkörperanstriche in Frage stellt, wird deren Anwendung angezeigt sein. Die geringere Wärmeleistung pro Quadratmeter Heizfläche, also der größere Platzbedarf und die relativ hohen Kosten werden die Häufigkeit der Anwendung beschränken.

Außer durch Radiatoren sind glatte Heizflächen vertreten durch die Plattenheizkörper der Firma E m i l K e l - l i n g , B e r l i n (Fig. 58), welche in Verbindung mit Holz-

Fig. 59. Emil Kelling, Berlin: Geschweifste glatte Rohrspirale für Wasserheizungen.

verkleidungen in vornehmer Weise als Paneel wirken. Als Heiz-fläche kommt nur die freie Vorderfläche der von Wasser durchflossenen schmiedeeisernen hohlen Platten zur Wirkung. Diese Heizfläche für bemittelte Leute kommt für reich ausgestattete Villen in Frage und hat sich dadurch bewährt, daß lebhafte vertikale Luftströme vermieden werden, durch welche sonst die Bildung schwarzer Streifen an den Wänden begünstigt wird. E m i l K e l l i n g hat weiterhin noch gewöhn-liche (Fig. 58) und geschweißte Rohrspiralen ausgestellt.

Fig. 59 läßt deutlich die Vorteile erkennen, welche das moderne autogene Schweißverfahren durch den Fortfall aller Verbindungsstücke mit sich bringt. Es entsteht eine ideale Heiz-

Fig. 60. Fritz Kaeferle, Hannover: Gußeiserne Rippenheizkörper und Rippenrohre. C. Maquet, Heidelberg: Schmiedeeiserne und kupferne Rippenheizfläche.

fläche für Krankensäle, an welcher keine Stelle der Reinigung und Desinfektion Schwierigkeiten bietet.

Der Hintergrund von Fig. 58 zeigt den Übergang zu den für Wohnräume immer mehr verlassenen Rippenheizflächen, einen von K e l l i n g ausgestellten gußeisernen Kastenheizkörper mit rückwärts angegossenen vertikalen Rippen. Wenn die Rückseite, wie hier, für die Reinigung zugängig gemacht

13*

ist, kann solchen Heizkörpern die Daseinsberechtigung auch vom hygienischen Standpunkte aus nicht abgesprochen werden.

Trotz aller Schwierigkeit der Reinigung kommen Rippenheizkörper und Rippenrohre überall noch da in Anwendung, wo eine große Heizwirkung auf kleinem Raume erzielt werden muß oder untergeordnete Räume in der Anlage billig

Fig. 61. Gebr. Sulzer, Ludwigshafen a. Rh. Heizkörperverbindung mit neuen Fischerfittings bei freiliegender Rohrmontage.

beheizt werden müssen. Fritz Kaeferle, Hannover hat alle hier in Frage kommenden Modelle mit allem Zubehör (Fig. 60) zur Vervollständigung der Gruppe Heizkörper zur Aufstellung gebracht. C. Maquet, Heidelberg, zeigt in übersichtlicher Form Rippenheizflächen in Schmiedeeisen, welche durch Galvanisieren vor Angriffen durch Rost geschützt werden können und außerdem die Möglichkeit bieten, durch Biegen sich besonders geformten Wandflächen anpassen zu lassen. Die Herstellung solcher schmiedeeiserner Rippenkörper erfolgt durch warmes Aufziehen von Scheiben auf schmiedeeiserne Rohre, welche vorher in die wünschenswerten Formen gebogen werden. Kleinere Aus-

führungen in Kupfer und anderen Metallen zeigen, wie diese
Art der Fabrikation die Schwierigkeit überwinden läßt, wenn
bei säurehaltigen und ätzenden Dämpfen oder Gasen die Haltbarkeit solcher Heizflächen in Eisen ausgeschlossen ist.

Fig. 62. Joh. Haag, Augsburg. Geschweifste Rohrverbindung mit freiliegender
Rohrmontage.

Die Gruppe der Heizkörper umfaßt auch Heizkörperverbindungen. Die Firma G e b r. S u l z e r, L u d w i g s -
h a f e n, zeigt eine elegante freiliegende Rohrmontage mit
einseitigem und zweiseitigem Heizkörperanschluß in drei
übereinanderliegenden Etagen unter Verwendung der neuen
Fittings von G e o r g F i s c h e r in S i n g e n, welche ein
Überkröpfen der sich kreuzenden Leitungen vermeiden lassen
(Fig. 61). Als Pendant hierzu führt die Firma J o h a n n e s
H a a g in A u g s b u r g die gleiche Heizkörperaufstellung
mit ganz geschweißter Rohrverbindung vor, ein Verfahren,
das zur Erzielung einer ästhetischen Wirkung bei vollständig
freiliegenden Rohren Verwendung finden kann (Fig. 62).

Wenn zur Führung der horizontalen Rohre wagerecht liegende Mauerschlitze ausgespart werden, welche nach beendeter Montage durch Rabitzwände oder Schilfbretter hohl verkleidet werden, dann erleidet die Mauer eine bleibende Schwächung. Dies sucht die Firma J a n e c k & V e t t e r , B e r l i n , durch ihre TS-Bauweise zu vermeiden, indem sie

Fig. 63. **Janeck & Vetter, Berlin. T S - Bauweise für horizontale Mauerschlitze. Heizkörper mit Mittelgliedanschlufs.**

besondere Formsteine verwendet, deren Anwendungsweise durch die Vorführung zweier Fensternischen mit Heizkörpern und Rohrverbindung im Zustande des Rohbaues gezeigt ist. Wie aus Fig. 63 ersichtlich ist, erfolgt die Zuführung des Heizmittels von rückwärts durch ein Mittelglied, an welchem sich auch der Anschluß des Rücklaufes befindet. Bei unverkleideten Heizkörpern wirkt die symmetrische Anordnung und die wenig sichtbare Rohrleitung für das Auge angenehm.

Die Attribute moderner Zentralheizungen, die selbsttätigen Temperaturregler, sind vertreten durch das bekannte J o h n - s o n 'sche System der G e s e l l s c h a f t f ü r s e l b s t -

tätige Temperaturregelung in Berlin-Frie-
denau, das in seinen mannigfachen Details veranschaulicht

Fig. 64. Gesellschaft für selbsttätige Temperaturregelung, Berlin-Friedenau.
Temperaturregler für Wasser- und Dampfheizungen.

ist (Fig. 64). Die Wirkungsweise dieser Regler ist wie bei
der weiterhin ausgestellten Einrichtung von Fritz Käferle in Hannover derart, daß dort durch Druckluft

und hier durch elektrischen Kontakt der Zufluß des Heizmittels unterbrochen wird, wenn die einmal eingestellte Temperatur erreicht ist. Sinkt die Raumtemperatur infolgedessen
in den Intervallen von 0,5 bis 1,0 Grad, so öffnet sich
selbsttätig das Regelungsorgan wieder und leitet durch er-
neuten Wärmezufluß die Temperatursteigerung wieder ein,
in fortlaufendem Wechselspiel. Anders ist die Wirkung des

Fig. 65. **C. H. Bernhardt, Dresden. Spezialwerkzeuge für die Zentralheizungs-
Industrie.**

von der Firma G. A. S c h u l t z e in C h a r l o t t e n b u r g
ausgestellten selbsttätigen Temperaturreglers Temperator, bei
welchem mit zunehmender Temperatursteigerung durch eine
sich ausdehnende eingeschlossene Flüssigkeit der Durchgangsquerschnitt für das Heizmedium soweit gedrosselt wird,
bis sich Wärmezufuhr und Wärmeverluste das Gleichgewicht
halten.

W e r k z e u g e   u n d   S c h w e i ß a p p a r a t e.

Eine reichhaltige Zusammenstellung der speziell für die
Zentralheizungs-Industrie wichtigen Werkzeuge hat die Firma
C. H. B e r n h a r d t, D r e s d e n - N., ausgestellt (Fig. 65).

Vollständige Werkzeuge für Montage und für Reparaturen
in Versandkisten zusammengefügt zeigen, wie wenig Raum
moderne Werkzeuge durch ihre vielseitige Verwendbarkeit in
Anspruch nehmen. Eine große Zahl von Spezialwerkzeugen
ist prüfungsfähig gezeigt. Mittels des ausgestellten R o h r -
b i e g e r s »C y c l o p« können Rohre bis 1″ Durchmesser
kalt, ohne Füllung gebogen werden, Rohre von 1″ bis 2″ in
e i n e r Hitze ohne Füllung. A n f r ä ß a p p a r a t e zum An-
fräsen der Schneiden und Flächen senkrecht zur Gewinde-
achse sind für ³/₈ bis 2″ Rohr und gesondert für starkwandiges
Perkinsrohr vorgeführt. Von besonderem Interesse sind neben
den verschiedenen Systemen der Rohrzangen, Rohrabschneider
für sehr große Rohrdimensionen sog. Bügel-Rohrabschneider
für Rohre von 4 bis 8″. Neben vielen normalen Ausführungen,
wie Schraubstöcke, Schmiedefeuer usw. wird als Neuheit eine
e i n s c h e n k l i g e G a s g e w i n d e k l u p p e angeführt,
mit regelbarer Schnittgeschwindigkeit, welche mit e i n e m
Schnitt selbst 4″ Rohrgewinde fix und fertig schneidet. Zur
Entfernung des Grates dienen alsdann Rohrfräser mit nach-
schleifbaren Messern als Ersatz für Brustleier und Kraus-
köpfe. D i c h t m a s c h i n e n und U n i v e r s a l - D i c h t -
m a s c h i n e n zum Aufwalzen von Flanschen und Bord-
ringen auf patentgeschweißte Rohre sind hier bis 350 mm
lichter Rohrweite zu sehen. Ihre Konstruktion unterscheidet
sich von früheren Ausführungen durch den Wegfall der Ge-
windespindeln bei Apparaten für Rohre bis 203 mm l. W.
Durch die eigenartige Lagerung der Rollen zieht sich der
Dorn selbsttätig durch Rechtsdrehen in den Rollenkasten,
dabei die Rollen auseinandertreibend.

Solche Dichtmaschinen oder U n i v e r s a l - F l a n -
s c h e n - W a l z e n für Rohrweiten bis 500 mm l. W. (Fig. 66)
hat die Firma E. M ö h r l i n in S t u t t g a r t zur Schau
gestellt. Die Ausführungen für Handbetrieb werden in sechs
Gruppen ausgeführt und umfassen in den einzelnen Größen
Rohre von 30 bis 110 mm l. W., 52 bis 182 mm, 52 bis 210 mm,
147 bis 320 mm, 200 bis 406 mm, 349 bis 510 mm l. W. An
einem ausgestellten Kesselboden wird ein geschütztes Verfahren zum Einwalzen von Rillen in Böden und Flanschen

dargestellt, durch dieses Verfahren erhalten die nachträglich
eingewalzten Rohre einen festeren Halt gegen Beanspruchung
in der Richtung der Rohrachse.

Eine motorisch angetriebene Universal-Flanschen-Walze
für Röhren von 100 bis 500 mm l. W., geeignet für Werk-
stättenbetrieb, ist betriebsfähig montiert. Durch übermäßige
Beanspruchung ist der Nachweis erbracht, daß aufgewalzte

Fig. 66. **E. Möhrlin, Stuttgart. Universal-Flanschen-Walzen für Hand-
und Motorbetrieb.**

Flanschenverbindungen die Festigkeit der Rohre übertreffen
können. Ein solches ausgestelltes Probestück wurde bei
155 Atm. zerstört, ohne daß vorher die Flanschen undicht
wurden. Durch ein besonderes Verfahren können mit diesen
Maschinen schmiedeeiserne oder Bronzeflanschen auf Kupfer-
röhren dauernd und einwandfrei befestigt werden.

An Stelle der Flanschenverbindungen haben sich in der
Zentralheizungsindustrie schon in großem Umfange die geschweißten Rohrverbindungen eingeführt, hauptsächlich auch
eingeschweißte Abzweige als Ersatz der gußeisernen Formstücke, welche vielfach erheblichen Platz in Anspruch nehmen.

Die »Autogen«-Werke für autogene Schweiß-
methoden in Berlin haben alle in Frage kommenden
Apparate für einschlägige Schweißarbeiten anschaulich vereinigt (Fig. 67), unter Vorführung von komprimiertem, in

Fig. 67. Autogen-Schweißapparate, geschweißte Musterstücke.

Azeton gelöstem Azetylengas, welches als Autogas oder
Azetylendissous einen Gasakkumulator von großem
Umfange darstellt, der auswärtige Schweißarbeiten erleichtert
und die Gefahren schlecht bedienter Azetylenapparate aus-
schaltet. Im Anschluß an diese Stahlflaschen kann gleichzeitig eine intensive Beleuchtung für Nachtarbeiten geschaffen
werden. Eine solche Beleuchtungszusammenstellung ist für
200 Kerzen Lichtstärke und vier Stunden Brenndauer als sog.
Streckenbeleuchtungsapparat ausgestellt.

Die Halleschen Röhrenwerke A.-G., Johannes Haag, Augsburg, und Gebr. Körting, Körtingsdorf, zeigen durch mehr oder weniger komplizierte Schaustücke (Fig. 67), welche vortreffliche Lösungen in Rohrverbindungen sowohl wie in Sammel- und Verteilstücken durch autogenes Schweißen möglich sind, Ausführungen, wie sie in Gußeisen und Fassonstücken nicht entfernt

Fig. 68. Gruppe: Röhren- und Rohrverbindungen.

in gleich kompendiöser Form und ästhetischer Wirkung erreichbar sind, abgesehen von der größeren Zuverlässigkeit und bequemen Nacharbeit im Falle auftretender Defekte.

Aus einer Abbildung der Norddeutschen Röhren- und Blechschweißerei in Gestemünde bei Bremen ist die Einrichtung einer großen Fabrikschweißerei ersichtlich.

Wenn auch das autogene Schweißverfahren sich in der Zentralheizungsindustrie weitverbreiteten Eingang verschafft hat, so gibt es, abgesehen vom Kostenpunkte, viele Fälle, welche das Schweißverfahren z. B. wegen Unzugänglichkeit ausschließen. Die Gruppe

Rohrverbindungsstücke und Flanschen enthält daher eine umfangreiche Sammlung von schmiedeeisernen und Temperguß-Fittings sowie eine Sammlung der vom Verband Deutscher Centralheizungs-Industrieller fest-gelegten gußeisernen Formstücke, deren Normalien sich rasch eingeführt haben, da die einheitlichen Dimensionen ein be-quemes Auswechseln defekter Stücke auch bei Bezügen aus

Fig. 69. Vereinigte Flanschenfabriken und Stanzwerke, Regis. Winkelbord-ringe zum Aufwalzen für Hochdruck-rohrleitungen.

Fig. 70. Vereinigte Flanschenfabriken und Stanzwerke, Regis. Winkelflan-schen zum Aufwalzen für Hochdruck-leitungen.

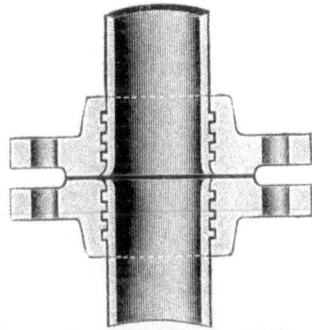

Fig. 71. Vereinigte Flanschen-fabriken und Stanzwerke, Regis. Ansatz-Aufwalzflanschen für Niederdruckleitungen.

verschiedenen Fabriken ermöglichen. Die großen Lager-bestände der Gießereien entlasten die einzelnen Heizungs-firmen, welche früher mit ihren eigenen Modellen trotz großer Vorräte häufig in Verlegenheit kamen. Fig. 68 zeigt rechts den Aufbau der Fabrikate des Buderusschen Eisen-werkes in Wetzlar. In schmiedeeisernen Flanschen sind die Vereinigten Flanschenfabriken und Stanzwerke in Regis-Leipzig durch eine reiche Kollektion in den verschiedensten Größen und Ausführungen vertreten (Fig. 68, 69, 70, 71). Nach Untersuchungen des Kgl. Materialprüfungsamtes haben sich Flanschen aus Spe-zial-S.-M.-Flußeisen besser bewährt als Stahlgußflanschen von gleichen Dimensionen.

In diesem Jahre hat der Verband Deutscher Centralheizungs-Industrieller auch Normalien für Aufwalzflanschen
geschaffen[1]).

Flanschen und Bordringe für Dampf von hoher Spannung
nach den Normalien des Vereins Deutscher Ingenieure vom
Jahre 1900 sowie in allen Variationen hat auch die Firma

Fig. 72. Gebr. Inden, Düsseldorf. Flanschen und schmiedeiserne Rohrverbindungsstücke.

Gebr. Inden in Düsseldorf ausgestellt (Fig. 72).
Auf dem kleinen Raume, welcher nur zur Verfügung gestellt
werden konnte, ist eine außerordentliche Fülle von Temper-
gußfittings, geschmiedeten und geschweißten Fittings aller Art
sowie Stahlbogen aus nahtlosem Rohre mit aufgeweiteten
Muffen vereinigt, ein Schmuckkästchen interessanter Konstruktionen von Thermometerfittings, von Kreuzungs-

---

[1]) Vgl. Kalender für Gesundheits-Techniker 1912, S. 197,
Verlag R. Oldenbourg, München-Berlin.

T-Stücken mit Verteilungszungen für Rohrleitungen in verschiedenen Ebenen (Fig. 73), von Radiatorenverbindungsstücken. Neu sind Verschraubungen zur Verbindung von Bleirohr mit Bleirohr oder Bleirohr (Fig. 74) mit Eisen- oder Metallrohren ohne Lötung (Fig. 75). Expansionsverschraubungen und Verbindungsstücke für Rohrleitungen ohne Gewinde in Gewächshäusern, sowie zahlreiche Modelle von Rohr-

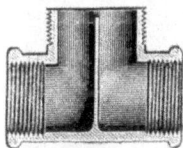

Fig. 73 a.

Fig. 74. Gebr. Jnden, Düsseldorf. Verschraubung
zur Verbindung zweier Bleirohre ohne Lötung.

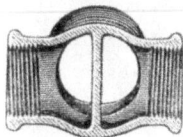

Fig. 73 b.
Gebr. Jnden, Düsseldorf.
Kreuzungs-T-Stücke mit
Verteilungsrippen.

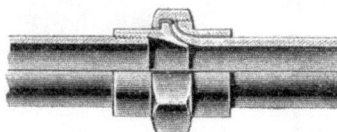

Fig. 75. Gebr. Jnden, Düsseldorf. Verschraubung
zur Verbindung von Bleirohr mit Eisenrohr.

rosetten, Wand- und Deckendurchgängen, Mauerschutzhülsen, Rohrbügel, Rohrlager, Rohrstühle, Rohrschellen, Rohrgehänge und Rohrhaken vervollständigen die mit reichen Qualitätsproben ausgestellte Sammlung.

Aus Fig. 76 sind die Ausstellungsobjekte der Firmen Aktiengesellschaft Lauchhammer, Akt.-Ges. der Eisen- und Stahlwerke vorm. Georg Fischer in Singen und »Archimedes« Aktiengesellschaft für Stahl- und Eisen-Industrie in Berlin ersichtlich, welche in mustergültiger Ausführung eine große Zahl von Spezialfassonstücken vorführen, die in praktischer Formgebung wesentlich dazu beitragen, die Montagen von Heizungsanlagen schöner und billiger zu gestalten. Einige Spezialmodelle der Firma Archimedes sind in Fig. 77 bis 82 wiedergegeben.

Fig. 76. Schmiedeeiserne Rohrverbindungsstücke.

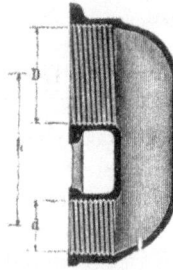

Fig. 77a.   Fig. 77b.
Archimedes, Berlin. Radiatoranschlufsstück.

Röhren und Rohrverbindungen.

Die Firma Johannes Haag in Augsburg hat als eine der Vertragsfirmen zur Lieferung von Verbandsröhren eine übersichtliche Zusammenstellung vorgeführt, aus welcher die Überlegenheit der auf 50 Atm. unter Abhämmern geprüften starkwandigen Verbandsröhren gegenüber gewöhnlichen Röhren deutlich hervorgeht. Schnitte durch den Gewindeteil lassen vornehmlich erkennen, daß das übrigbleibende Fleisch nach angeschnittenem Gewinde bei gewöhnlichen Gasröhren sehr gering ist im Vergleich zu den starken Beanspruchungen, denen die Gewinde bei Abzweigen beim Dehnen und Zusammenziehen der Rohre ausgesetzt sind. Kalt- und Warmbiegeproben (Fig. 68 u. Fig. 83) lassen neben der guten

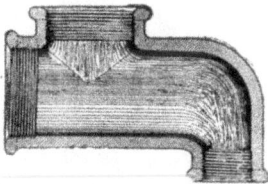

Fig. 78. **Archimedes, Berlin.**
Anschlußstück für Entwässerungsschleifen bei Niederdruckdampfleitungsrohren.

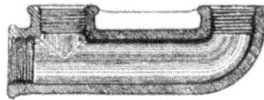

Fig. 79. **Archimedes, Berlin.**
Entwässerungssammelstücke für Entwässerungsschleifen.

Qualität die Vorteile größerer Wandstärke auch für die Montage erkennen.

An Rohrverbindungen ist neben den geschweißten Ausführungen (Fig. 67) noch die Rohrführung vom Dampfverteiler einer Theaterheizung (Fig. 84), ausgestellt von der Firma Rud. Otto Meyer in Hamburg und ein Dampfverteiler der Firma Fritz Käferle in Hannover hervorzuheben.

Die verschiedenen Isoliermethoden für Hochdruck- und Niederdruckdampfleitungen und Warmwasserröhren sind durch die Firma Balduin Hagen, München, in Remanitseide und praktisch konstruierten Flanschenisolierkappen und die Firma Reinhold & Co., Berlin, in Diatomeenschalen, Korkschnur, Gloria-Infusoritwärmeschutzmasse, Asbestschnur und Korkschalen zur Darstellung gelangt, in einer Form, welche den Werdegang der Isolierung in entsprechender Reihenfolge erkennen läßt (Fig. 83).

Wenn die Hauptverteilungsleitungen durch Abzweigungen in ihrer Dimension wesentliche Verschiedenheiten aufweisen, dann werden die Längenkompensatoren der kleineren Dimensionen auf Grund ihrer leichteren Nachgiebigkeit häufig über das zulässige Maß beansprucht, bevor die starren größeren

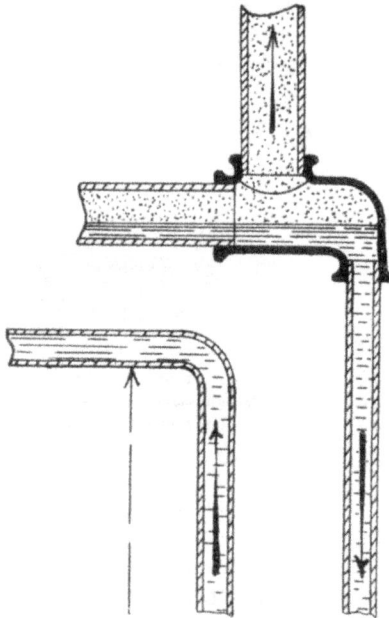

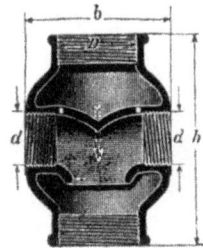

Fig. 81.
Archimedes, Berlin.
Kreuzstück mit inneren
Führungsflächen.

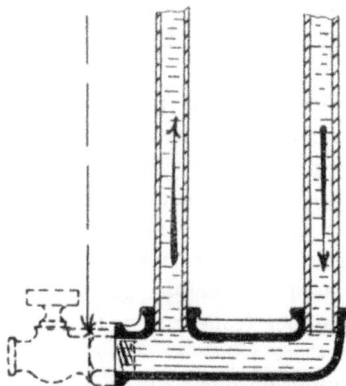

Fig. 82.
Archimedes, Berlin.
T-Stück mit innerer Führungs-
fläche.

Fig. 80. Archimedes, Berlin.
Zusammengestellte Entwässerungsschleife.

Fig. 83. Gruppe: Röhren, Kompensatoren, Rohrisolierung, Armaturen.

Fig 84. Rud. Otto Meyer, Hamburg. Dampfverteiler einer Theaterheizung.

Ausführungen in Funktion treten. Um diesen Mißstand zu beseitigen, hat die Firma Fritz Käferle in Hannover die normalen Kupferkompensatoren mit Hemmungen ausgerüstet, welche sowohl in der Ausdehnung als im Zusammen-

14*

drücken den Weg auf das zulässige Maß beschränken. Diese
Konstruktion ist in drei Größen (Fig. 83) ausgestellt. Für
große Rohrdimensionen kommen Federbogen nicht mehr in

Fig. 85. **Metallschlauchfabrik Pforzheim. Z-Kompensator aus geschweifstem Metallschlauch.**

Betracht, hier bieten Metallschlauchkompensatoren den großen
Vorteil, daß relativ große Wege von einem Kompensator
aufgenommen werden können. Während früher die spiral-
förmig gewundenen Metallbänder an den übergreifenden
Stellen durch beigelegte Dichtungen eine Abdichtung erhalten
mußten, welche nicht selten zu Betriebsstörungen Anlaß

Fig. 86. **Metallschlauchfabrik Pforzheim. Schnitt durch einen geschweiften
Metallschlauch.**

gaben, bieten die neuen Ausführungen gegen Undichtwerden
insofern Garantie, als die Spiralnaht durch autogene Schwei-
ßung verbunden ist, also Abdichtmittel entbehrlich werden.
  Solche Metallschlauchkompensatoren sind von der M e -
t a l l s c h l a u c h f a b r i k P f o r z h e i m (Fig. 68 u. 83)
in den Durchmessern 200 und 100 mm in V- und I-Form in
Kupfer und mit 300 mm l. W. aus Bronze in Z-Form ausgestellt.
Ein geschweißtes Metallschlauchmusterstück von 700 mm l. W.
zeigt, bis zu welchen Dimensionen diese Fabrikate jetzt schon

hergestellt werden. Details der Ausführung gehen aus Fig. 85
bis 87 hervor.

Einschlägig in diese Gruppe sind Abdeckplatten für
Rohrkanäle im Fußboden, welche in zweckentsprechender

Fig. 87. Metallschlauchfabrik Pforzheim. Geschweifster Metallschlauch
von 700 mm l. W.

Ausführung mit Spezialprofileisen zur Aufnahme des Riffel-
abdeckbleches die Firma R u d. O t t o M e y e r in H a m -
b u r g ausgestellt hat.

In natürlicher Größe und in der Ausführungsart, wie sie
der Praxis entspricht, in gemauerten und gefugten unterirdischen Kanälen hat R u d. O t t o M e y e r in H a m b u r g

Fig. 88. Rud. Otto Meyer, Hamburg. Fernheizkanal für eine Ferndampfheizung etc.

moderne, begehbare Fernheizkanäle mit eingebauten Rohrleitungen vorgeführt, wie sie für Ferndampf- und Fernwasser-

Fig. 89. Rud. Otto Meyer, Hamburg. Fernheizkanal für eine Ferndampfheizung

Fig. 90. Rud. Otto Meyer, Hamburg. Fernheizkanal für eine Fernwasserheizung etc.

heizungen und zentrale Warmwasserversorgungsanlagen in
Frage kommen. Für beide Fernheizsysteme ist die Rohrführung auch bei abzweigenden Seitenkanälen zur Darstellung gebracht, was jeweils die größten Schwierigkeiten mit
sich bringt, wenn die Aufgabe sachgemäß gelöst werden soll,
die Röhren ohne Wasser- und Luftsäcke und ohne Störung

Fig. 91. Fritz Käferle, Hannover. Ventile, Dampfentwässerer, Druckminderer,
Niederschlagswasserableiter.

der Passage durch querlaufende Rohre zu führen. Bekanntlich bilden Verkehrshindernisse die größte Gefahr für das
Bedienungspersonal, das bei eintretenden Defekten sich nur
durch eilige Flucht vor Schaden bewahren kann. Aus Fig. 88,
89 u. 90 ist die Ausführung ersichtlich, welche auch die Art
der Lagerung mittels Kugellager und die Isolierung erkennen
läßt, welche je nach der Temperatur der Leitung mit ent-
sprechenden Sicherheitsvorkehrungen gegen Verkohlung usw.
durchgeführt ist.

Gebr. Körting, Körtingsdorf (Fig. 83),
Fritz Käferle, Hannover (Fig. 91), Klein,
Schanzlin & Becker, Frankenthal (Fig. 92)
haben in Absperrschiebern und Ventilen für Wasser und Dampf,
Niederschlagswasserableitern für Hochdruck- und Nieder-

Fig. 92. **Klein, Schanzlin & Becker, Frankenthal.** Schieber, Ventile,
Kondenstöpfe, Zentrifugalpumpen.

druckdampf, sowie in Wasserausscheideapparaten ebenso reich
haltig als instruktiv für den Besucher ausgestellt. Die Firma
Klein, Schanzlin & Becker, Frankenthal,
auch eine Zentrifugalpumpe, wie sie speziell für Fern
warmwasserheizanlagen in Frage kommt. Die Dampfdruck-
minderer der Firma Fritz Käferle, Hannover und
der Firma Chr. Salzmann, Leipzig (Fig. 93) haben sich
in ausgedehntem Maße in der Praxis bewährt, letztere sind in

der Detailkonstruktion als normales Reduzierventil (Fig. 94 und 95) und als Kombination mit einem gesteuerten Sicherheitsventil (Fig. 96 und 97) wiedergegeben. Eine solche Kombi-

Fig. 93. Chr. Salzmann, Leipzig. Dampfdruckreduzierventile.
Gebr. Siemens & Co., Lichtenberg b. Berlin. Meßapparat für Niederschlags-
wassermengen zur Berechnung der Heizkosten.

nation hat Bedeutung für Abdampfheizungen, um bei Unterschreitung eines bestimmten Druckes in der Abdampfleitung selbsttätig Frischdampf zuzuspeisen, bei entstehendem Überdruck aber, also bei geringerem Bedarf an Abdampf, den Überschuß an geliefertem Abdampf automatisch nach dem

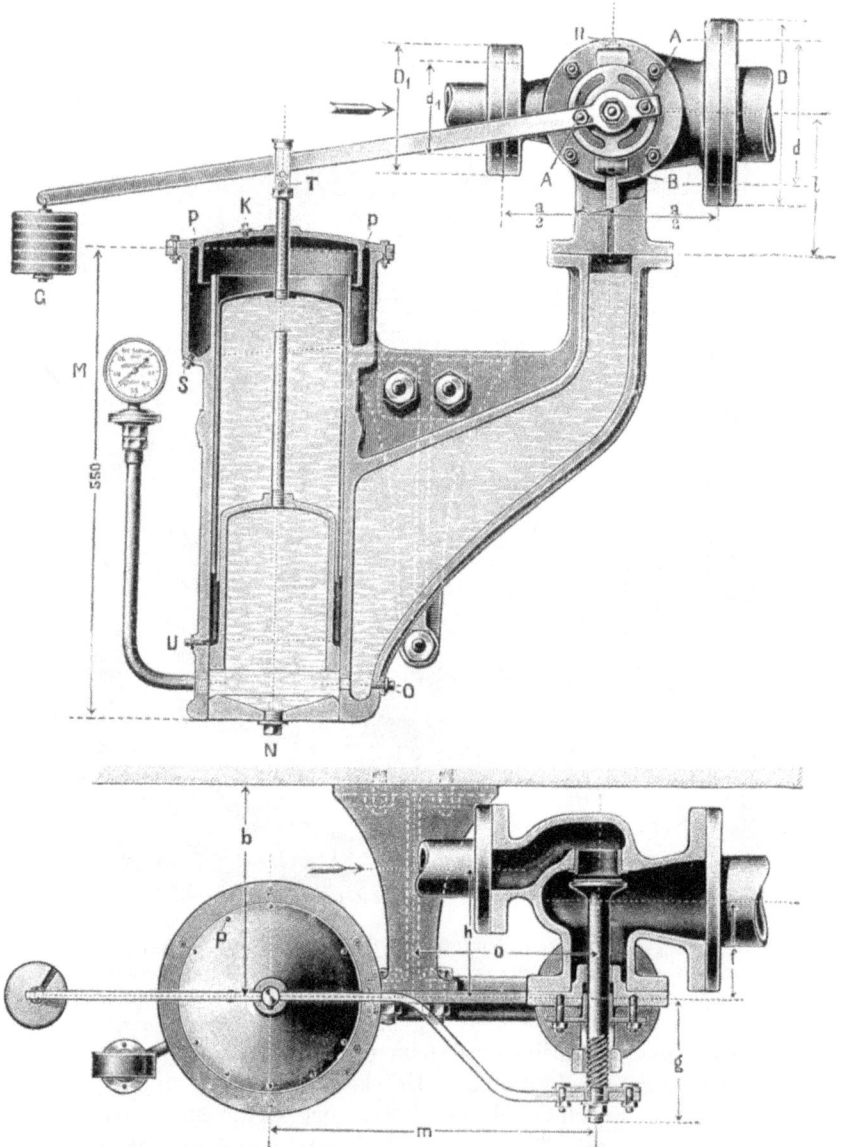

Fig. 94 und 95. Chr. Salzmann, Leipzig. Dampfdruckreduzierventil zur
Reduktion von Hochdruck auf beliebige Minderdrucke zwischen 0,05 und
0,25 Atm.

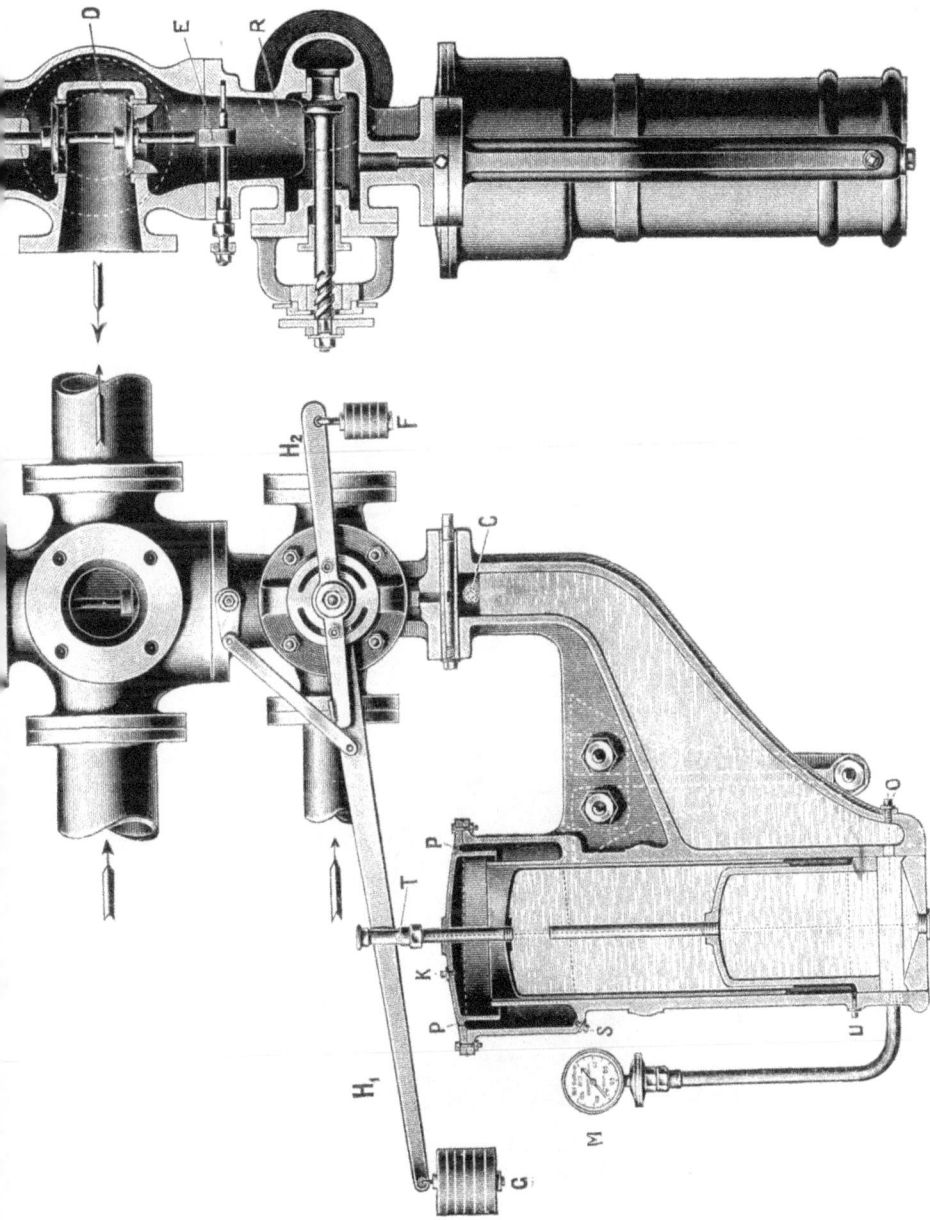

Fig. 96 und 97. Chr. Salzmann, Leipzig. Frischdampf-Zusatzventil mit gesteuertem Sicherheitsventil.

Freien entweichen zu lassen, ohne den Gegendruck auf die Maschine unzulässig zu erhöhen. Eines der ausgestellten

Fig. 98. Rud. Otto Meyer, Hamburg. Dampfstauer für Niederdruck-Dampfheizkörper.

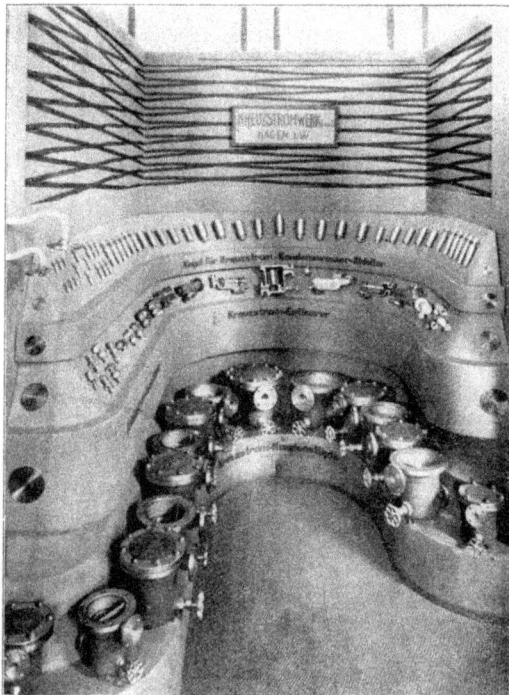

Fig. 99. Kreuzstromwerk, Hagen i. W. Kreuzstrom-Dampfwasserableiter für Hoch- und Niederdruck.

Reduzierventile gestattet, den reduzierten Dampfdruck beliebig zwischen 0,05 und 3,00 Atm. einzustellen, geeignet für Zwischendampfentnahme bei einem Druck bis 3,00 Atm.

Fig. 100. **Gruppe: Regulierventile und Armaturen.**

Einen Niederschlagswasserableiter kleinster Form für den direkten Anschluß an Radiatoren als Dampfstauer der Firma R u d. O t t o M e y e r , H a m b u r g, zeigt Fig. 98.

Fig. 101. **Gruppe: Regulierventile.**

Auf dem Ausstellungsplatze der K r e u z s t r o m w e r k e H a g e n i. W. läßt sich der ganze Werdegang der Kreuzstrom-Dampfwasserableiter verfolgen (Fig. 99), welche sich durch die Einfachheit ihrer Konstruktion rasch verbreiteten Eingang verschafft haben.

Schilling & Co., Dresden (Fig. 100) haben neben ihrem Kondenswasserableiter »Rival« reichhaltige Modelle in Schiebern, Ventilen und Hähnen in Eisen und Metall vorgeführt, ebenso wie die Firmen C.W. Julius Blancke & Co.

Fig. 102. **Fritz Käferle, Hannover. Schieber und Ventile, Badearmaturen.**
Gesellschaft für selbsttätige Temperaturregelung, Berlin-Friedenau.
Selbsttätige Regelungsvorrichtungen für Lüftungsanlagen.

in Merseburg a. Saale (Fig. 100), Buschbeck & Hebenstreit in Dresden (Fig. 100), F. Butzke & Co. in Berlin (Fig. 101) und Schäffer & Oehlmann in Berlin (Fig. 101), Fritz Käferle, Hannover (Fig. 102), welche besonders auch in Heizkörper-

Regulierventilen für Niederdruckdampf- und Warmwasserheizungen vorzügliche Konstruktionen und Ausführungen zur
Darstellung bringen.

Ein Kondenswassermesser für eine stündliche Leistung bis
zu 300 l mit anschließendem Entlüftungsgefäß war von G e -

Fig. 103.   C. W. Julius Blancke & Co. in Merseburg a. S.   Strahlapparate.

brüder Siemens & Co. in Lichtenberg bei
Berlin betriebsfähig montiert, um zu zeigen, daß sich der
Brennmaterialverbrauch bei einer Dampfheizung ebenso kon-
trollieren läßt, wie z. B. durch eine Gasuhr das Nutz- und
Brenngas (Fig. 93).

Den Übergang von der Heizung zur Lüftung bilden die
Strahlapparate (Fig. 103), in welcher Gruppe die Firma C. W.
Julius Blancke & Co. in Merseburg a. S. Apparate zur

Wassererwärmung durch direkten Dampf, Mischapparate für
Hochdruck und Niederdruckdampf, Pulsometer, Dampfinjek-
toren, Streudüsen zur Luftförderung und Luftbefeuchtung
sowie Luftbefeuchtungseinrichtungen für gewerbliche Anlagen
ausgestellt hat.

Fig. 104. **White, Child & Beney, Berlin.** Schraubenventilatoren
und Schleudergebläse.

Gruppe: Lüftung.

Als Wahrzeichen dieser Abteilung schwebt über dem mittleren Felde der Lüftungsgruppe ein Schraubenflügel von
3 m Durchmesser, mit welchem die Firma White,
Child & Beney in Berlin ihren Ausstellungsplatz be-
krönt hat, während sich zu beiden Seiten Turmbauten (Fig. 104)
aus Schleudergebläserädern erheben, welche erkennen lassen,

in welchen Abstufungen die verschiedenen Größen dieser
Konstruktion gebaut werden. Sirocco-Propeller Fächer-
Ventilatoren auf Füßen für kleine Leistungen von 24 bis 83
cbm Luft pro Minute und einem Kraftbedarf von 0,05 PS
bis 0,225 PS bei 1500 bis 950 Touren pro Minute stehen die
größten Ausführungen gegenüber; Sirocco-Propeller von
3200 mm Durchmesser, welche bei 250 Umdrehungen 7725 cbm
Luft bei freiem Ein- und Austritt bei 45 PS Kraftbedarf liefern. Ein Spänetransport-Ventilator-Rad für eine Wider-

Fig. 105. White, Child & Beney, Berlin.
Sirocco-Propeller.

Fig. 106. White, Child & Beney,
Berlin. Sirocco-Zentrifugal-
ventilatorrad.

standshöhe bis 150 mm WS und ein Hochdruck-Ventilator-
rad für Widerstände bis 300 mm WS geben Aufschluß über
die verschiedenen Anwendungsgebiete und Ausführungs-
formen, von welchen in Fig. 105, 106 und 107 einige Konstruktionen wiedergegeben sind.

Nicht minder interessant sind die Ausstellungsobjekte
der Blackman Export Company, Limited
in London (Fig. 108). Ein Doppel-Blackman-Ventilator
von 635 mm Durchmesser mit Gleichstrommotor für beide
Drehrichtungen einschaltbar und regulierbar, sowie ein 254 mm
Keith-Zentrifugalventilator gekuppelt mit einem Gleichstrommotor waren betriebsfähig montiert. Ein Riesen-Doppel-
Blackman-Flügelrad von 2540 mm Durchmesser beherrschte

15*

den Hintergrund. Fig. 109 zeigt die Konstruktion der Keith-
Ventilatorräder mit der nach innen zunehmenden Schaufel-
breite, Fig. 110 einen Keith-Ventilator mit Blechgehäuse,

Fig. 107. **White, Child & Beney, Berlin. Sirocco-Zentrifugalventilator**
mit Blechgehäuse.

während Fig. 111 die Ausführung als Hochdruckgebläse wieder-
gibt. Die ältere Ausführung der Blackmanventilatoren, Fig. 112,
wird immer mehr durch die neuere Ausführung der Doppel-
Blackman-Ventilatoren verdrängt, deren eigenartige Flügel-
anordnung aus Fig. 113 hervorgeht. Die gleiche Konstruktion mit direkt gekuppeltem Elektromotor ist aus Fig. 114
ersichtlich.

Fig. 108. Blackman-Export-Company, London. Schrauben- und Zentrifugal-Ventilatoren.

Fig. 109. Blackman-Export-Company, London. Keith-Ventilatorrad.

Die Ausstellung der Firma G. Schiele & Co., Frankfurt a. M.-Bockenheim bietet insofern besonderes In-

Fig. 110. **Blackman-Export-Company, London. Keith-Ventilator
im Blechgehäuse.**

Fig. 111. **Blackman-Export-Company, London. Hochdruck-Zentrifugal-
ventilator.**

teresse, als an der Hand einer sachgemäß ausgeführten Blech-
rohrleitung mit schön abgerundeten Knien im Vergleich zu
einer solchen mit scharfem Richtungswechsel in parallelem
Anschluß an einen im Betrieb befindlichen Zentrifugalven-

Fig. 112. Blackman-Export-Company, London. Blackman-Ventilator.

Fig. 113. Blackman-Export-Company,
London. Doppel-Blackman-Ventilator
für Riemenantrieb.

Fig. 114. Blackman-Export-Company,
London. Doppel-Blackman-Ventilator
gekuppelt mit Elektromotor.

tilator (Patentschrägschaufelgebläse) gezeigt wird, welch er-
heblicher Unterschied unter sonst gleichen Umständen in den
geförderten Luftmengen besteht (Fig. 115).

Fig. 115. G. Schiele & Co., Frankfurt a. M.-Bockenheim.
Zentrifugalventilatoren.

Fig. 116. G. Schiele & Co., Frankfurt a. M.-Bockenheim.
Schrägschaufelgebläse.

Schrägschaufelgebläse in größerer Ausführung als Flügel-
rad und im Blechgehäuse eingebaut (Fig. 116) zeigen auch hier,
wie dies bei den übrigen Ausstellern der Fall ist, wie die moderne
Bestrebung darauf gerichtet ist, die in ihrem Wirkungsgrade

günstiger arbeitenden Zentrifugalgebläse der Lüftungstechnik
nutzbar zu machen, dadurch, daß bei den großen Durch-
gangsquerschnitten die geförderte Luft nicht unnütz große
Geschwindigkeiten beim Durchströmen des Ventilators annehmen muß, wie dies bei Verwendung der Modelle von Hoch-
druckzentrifugalventilatoren der Fall ist, von welchen ein
350 mm Rad mit 90 mm Ausblaseöffnung, neben einer Zentrifugalpumpe 40 mm Anschluß ausgestellt ist.

Wie sehr sich die Zentrifugalventilatoren in der Lüftungstechnik eingebürgert haben, zeigen die drei betriebsfähig
montierten Heizkammern der Firma R u d. O t t o M e y e r
i n H a m b u r g, D a v i d G r o v e i n C h a r l o t t e n -
b u r g u n d M. H a s e i n D r e s d e n, welche einheitlich
die früher allgemein übliche Anwendung von Schraubenventilatoren vermieden haben, dem Zuge der Zeit folgend,
welcher dahin geht, die Wärmeabgabe der Luftvorwärme-
Heizkörper durch Anwendung großer Luftgeschwindigkeiten
entsprechend zu steigern, also mit kleinen billigen Heizkörpern
auszukommen. Es ist Sache eingehender Kalkulation, das richtige Maß zu finden, das in der Praxis nicht selten überschritten
wird. Je größer die Luftgeschwindigkeit gewählt wird, desto
billiger werden die Anlagekosten, aber um so teurer wird
der motorische Betrieb. Bei doppelt so großer Luftgeschwindig
keit wächst der Kraftbedarf auf das Vierfache.

Die von Theoretikern ausgegangene Propaganda für
Röhrenkessel zur Luftvorwärmung hat sich bereits überlebt,
die großen Widerstände, welche diese Konstruktion der Luftbewegung bietet, haben zur Rückkehr zu den altbewährten
Radiatoren geführt, welche billig und praktisch, bei sachgemäßer Anordnung allen zu stellenden Anforderungen entsprechen. Dies schließt nicht aus, daß für besondere Verhältnisse auch schmiedeiserne Heizfläche angezeigt ist. Die
Luftheizzellen der Firma M. H a s e i n D r e s d e n, Fig. 117,
bestehen aus autogengeschweißten Elementen von recht-
eckigem Querschnitt. Ein Luftvorwärmeapparat der Firma
R u d. O t t o M e y e r i n H a m b u r g ist aus konzentrischen,
dampfgeheizten Zylindern zusammengesetzt, zwischen welchen
die vorzuwärmende Luft hindurchstreicht. Fig. 118 und 119

geben die äußere Ansicht der in jeder Hinsicht erstklassig aus-
gestatteten Heizkammeranordnung der Firma Rud. Otto
Meyer in Hamburg. Diese Vorführung wird ihren Eindruck
auf die staatlichen, gemeindlichen und Provinzialbaubeamten

Fig. 117. M. Hase, Dresden. Luftheizzellen in Verbindung mit einem Luft
filter, System K. u. Th. Möller, Brackwede i. W.

nicht verfehlt haben, einerseits in der Belehrung darüber, daß
Heizungs- und Lüftungsanlagen keine Objekte sind, geeignet
zur öffentlichen Submission, wie die Lieferung von Backsteinen,
sondern daß solche Ingenieurwerke eingehendes Spezialstu-
dium und ein reiches Maß von Erfahrung erfordern, und daß

anderseits die für solche Anlagen zu bewilligenden Mittel reichlich zu bemessen sind, wenn vollkommenes geschaffen werden soll. Lüftungsanlagen mit unzureichender Ausrüstung zur Kontrolle des Betriebes sind totgeborne Kinder, ihre Inbetriebsetzung beschränkt sich meist auf den Probebetrieb

Fig. 118. Rud. Otto Meyer, Hamburg. Betriebsfähige Heizkammer mit Luftozonisierungsanlage.

bei der Abnahme. Später sind es Zugerscheinungen auf Grund unzureichend erfolgter Erwärmung oder hohe Betriebskosten auf Grund unkontrollierbarer Vergeudung von Wärme und Kraft, welche dazu führen, den Lüftungsbetrieb einzustellen. Es war daher besonders verdienstvoll, eine sachgemäß ausgerüstete Heizkammer betriebsfähig vorzuführen. Vorgesehene selbsttätige Temperaturregler für die erste und zweite Vorwärmung garantieren die notwendige Einströmtemperatur der Ventilationsluft, durch Streudüsen mit nachfolgendem Koksfilter erfolgt die Luftreinigung, während eine übermäßige Luftbefeuchtung wiederum durch selbsttätige Regulierung vermieden wird. Die Druckverhältnisse vor und hinter dem

Zentrifugalventilator sind an feinen Manometern ablesbar und geben dem Bedienungsmanne die Mittel an die Hand, den Ventilator mit gutem Wirkungsgrade im Betriebe zu erhalten. Besondere Apparate lassen die geförderten Luftmengen erkennen und durch gleichzeitig aufgezeichnete Diagramme ist eine spätere Kontrolle sachgemäßer Bedienung und einer

Fig. 119. Rud. Otto Meyer, Hamburg. Ventilator und Bedienungszentrale der Heizkammer Fig. 118.

ausreichend bemessenen Lüftung möglich. Auf einer Marmortafel sind alle Meßapparate und Schalter für den elektrischen Betrieb vereinigt, welcher sich gleichzeitig auf eine Luft-Ozonisierungsanlage erstreckt, welche bekanntlich eine Lüftungsanlage nicht zu ersetzen vermag, wohl aber als eine gute Ergänzung derselben zur Desodorisierung der Luft erachtet werden muß. Solche Ozonisierungsapparate sind für verschiedene Zwecke auch zur lokalen Aufstellung in den Räumen von den Firmen C. Hemmerlin in Mühlhausen und der Aktiengesellschaft für Ozonverwertung in Stuttgart (Fig. 120) ausgestellt.

Rud. Otto Meyer hat ferner die neueste Errungen-
schaft auf dem Gebiete des Lüftungswesens einen Luft -
Radioaktivator ausgestellt, der in seiner einfachen
kompendiösen Form sich von seinen funkensprühenden und
sich durch Geruch verratenden Kollegen zur Ozonisierung
der Luft wesentlich dadurch unterscheidet, daß äußerlich

Fig. 120. C. Hemmerlin, Mülhausen i. Els., und
Aktiengesellschaft für Ozonverwertung, Stuttgart. Luftozonisierungsapparate.

von seiner heilspendenden Tätigkeit nichts zu erkennen ist.
David Grove, Charlottenburg, verwendet bei
seiner Lüftungszentrale zur Luftreinigung seine bekannten
Streiffilter, bei welchen die Luft nicht durch den Filterstoff
hindurchtritt, sondern den mitgeführten Staub bei der winkel-
förmigen Ablenkung an der rauhen Stoffoberfläche abstreift.
Diese Filter haben den großen Vorzug, daß sie geringen Luftwiderstand geben, mit zunehmender Verstaubung ihren
Widerstand nicht erhöhen, wenn auch natürlicherweise eine
vollständige Absorbierung des Staubes nicht erreicht werden

kann. Trotzdem leisten Streiffilter gute Dienste bei Lüftungsanlagen ohne Motorbetrieb. Die Firma Fr. X a v e r H a b e r l
i n B e r l i n (Fig. 122) baut ihre Streichfilter mit verstell-

Fig. 121. David Grove, Charlottenburg. Heizkammer mit Schaltbrett
für Kontrolle der Temperatur, Luftgeschwindigkeit und Klappenstellung.

barem Winkel (Fig. 123), um auf diese Weise die Einstellung
an Ort und Stelle in solchem Maße durchzuführen, daß der zu-
lässige Widerstand nicht überschritten wird, dabei aber die
Luftreinigung eine möglichst vollkommene wird. Die einfachste
Ausführung führt nur eine einmalige Richtungsänderung der
Luft herbei.

In Verbindung mit der Luftheizzelle von M. H a s e i n
D r e s d e n hat die Firma K. u n d Th. M ö l l e r i n B r a c k -
w e d e i. W. ihre neuen Durchgangsstoffilter ausgestellt

Fig. 122. F. Xaver Haberl, Berlin. Streichfilter, Durchgangsstofffilter,
Holzwolle- und Wattefilter.

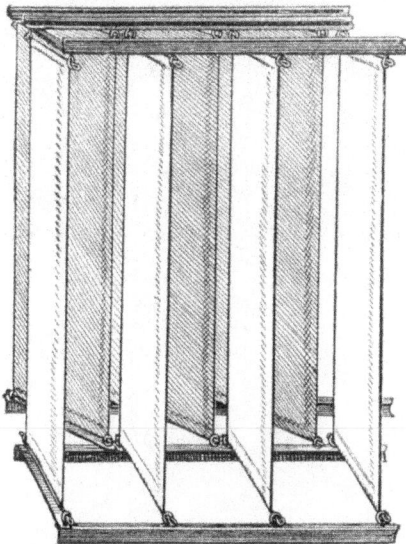

Fig. 123. F. Xaver Haberl, Berlin. Im Winkel verstellbares Streichfilter.

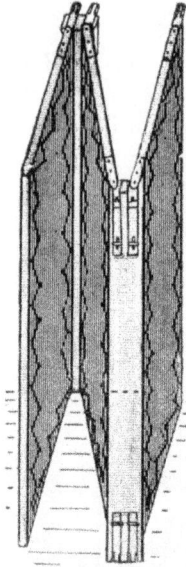

Fig. 123 a. F. Xaver Haberl, Berlin.
Im Winkel verstellbares Stoffdurch-
gangsfilter auf Einzelrahmen.

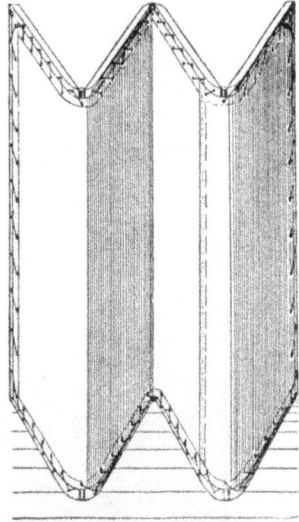

Fig. 123 c. F. Xaver Haberl, Berlin.
Im Winkel verstellbares Stoffdurch-
gangsfilter mit Dichtungsleisten für
Decke und Fußboden.

Fig. 123 b. F. Xaver Haberl, Berlin. Im Winkel verstellbares Watte-
und Holzwolle-Luftfilter.

(Fig. 117), welche im Gegensatz zu ihrer früheren Ausführung
nunmehr in Einzeltaschen hergestellt werden, um den Einbau
und das Auswechseln der Filtertücher zu erleichtern. In noch
größerem Umfange mit 60 qm Filterfläche, bestehend aus 13

Fig. 124. Emil Kelling, Berlin. Luftheizofen.
K. u. Th. Möller, Brackwede i. W. Luftfilter in eine Holzfilterkammer
eingebaut.

Taschen, ist die Konstruktion in einem Holzgehäuse vertreten
(Fig. 124, rechts). Bei einem Luftdurchgang von 6000 cbm
in der Stunde beträgt der Luftwiderstand ca. 1 mm WS
bei 3900 cbm nur $1\frac{1}{2}$ mm, und zwar in neuem Zustand; unter
normalen Verhältnissen wächst jedoch der Widerstand während
einer Heizperiode auf 3 bis 6 mm WS, was durch Reinigung
der Filter wieder wesentlich herabgesetzt werden kann.

Die in Fig. 122 in der Gesamtanordnung ersichtlichen weiteren Filterkonstruktionen der Firma F. X a v e r H a - b e r l i n B e r l i n gehen in ihrer Konstruktion aus den Fig. 123 a, 123 b u. 123 c hervor. Besonders beachtenswert sind auch die Wolle- und Holzwollefilter, deren Bedienung sich durch außerordentliche Einfachheit auszeichnet. Für die bequeme Montage an Ort und Stelle kommt wesentlich in Betracht die Einrichtung der in sich verschiebbaren Rahmen,

Fig. 125. Rud. Otto Meyer, Hamburg.
Jalousieklappe mit Druckluftfernstellung. Schaltbrett einer Theater-
lüftungsanlage.

durch welche Ungenauigkeiten in der Höhe ausgeglichen werden können, ohne Nacharbeiten vornehmen zu müssen. Die Winkeländerung der Rahmen erfolgt, ohne daß ein Luftspalt entsteht, durch welchen die Luft ungereinigt passieren könnte.

Die Luftheizkammer von D a v i d G r o v e ist mit Fernthermometern und einer Fernmeßvorrichtung für die Luftgeschwindigkeit versehen, welch letztere darauf beruht, daß mit einem dynamischen Anemometer eine Miniaturdynamomaschine gekuppelt ist; je rascher das Anemometer durch den Luftstrom in Umdrehung versetzt wird, desto stärker ist die Erregung des elektrischen Stromes, dessen Spannungsmesser direkt in m Luftgeschwindigkeit empirisch eingeteilt ist. Diese Methode der Fernmessung der Luftgeschwindigkeit ist neu, bei dauerndem Gebrauch wird durch die Änderung der Konstanten des Meßinstrumentes die Messung weniger genau werden als bei der sonst üblichen manometrischen Fernübertragung. D a v i d G r o v e zeigt ferner eine elektrisch betätigte Fernklappenstellung mit Rückmeldung des Neigungswinkels, in welchem die Drehklappe

Fig. 126. **Zentralheizungswerke Hannover-Hainholz. Luftheizofen.**

jeweils steht. Diese Stellvorrichtungen haben sich im allgemeinen bewährt trotz der Zierlichkeit des Mechanismus. R u d. O t t o M e y e r zeigt die Lösung einer Klappenfernstellung mittels Druckluft an einer Riesen-Jalousieklappe (Fig. 125), welche von der nebenliegenden Zentralschalttafel für eine Theaterlüftung aus bedient wird. Solche Einrichtungen zur Betätigung durch Druckluft sind besonders da angezeigt, wo ein Kompressor zur selbsttätigen Erzeugung der Druck-

16*

luft im Anschluß an die Wasserversorgung ohnehin schon besteht, durch die Anlage einer J o h n s o n s c h e n automatischen Regelung der Raumtemperaturen, der Luftfeuchtigkeit oder Temperatur der Ventilationsluft, deren vielseitigen Konstruktionsdetails, ausgestellt von der G e s e l l s c h a f t f ü r   s e l b s t t ä t i g e   T e m p e r a t u r r e g e l u n g   i n F r i e d e n a u - B e r l i n , aus Fig. 102 ersichtlich sind.

Durch eine intensive Reklame für die sog. amerikanische Luftheizung hat sich vielfach die Meinung verbreitet, als bestehe zwischen den Zentralheizungs-Industriellen und dem System der Feuer-Luftheizung eine bittere Feindschaft, die tatsächlich nur der minderwertigen Ausführung und der Verwendung an unpassender Stelle gilt, wie die vortreffliche Ausführung und übersichtliche, bequem zu revidierende Anordnung der Luftheizöfen von E m i l   K e l l i n g   i n   B e r l i n (Fig. 124 links) und von den C e n t r a l h e i z u n g s w e r - k e n ,   H a n n o v e r - H a i n h o l z (Fig. 126) erkennen lassen. Die erste Forderung, die ein Calorifère zu erfüllen hat, ist seine leichte Revisionsfähigkeit auf etwa vorhandene Defekte, um Rauchgasvergiftungen mit Sicherheit zu vermeiden. Wenn solche Heizapparate aber mit angeschraubten Blechmänteln umgeben sind, hinter welchen offene Fugen und bei Gußeisen stets zu gewärtigende Sprünge verborgen bleiben, bis es zu spät ist, wie dies bei den berühmten amerikanischen Luftheizöfen der Fall ist, dann muß vor der Anwendung der Luftheizung für Wohnhäuser nachdrücklichst gewarnt werden, da es andere Heizsysteme gibt, bei welchen die dauernde Gefahr nicht besteht, über Nacht einer Kohlenoxydgasvergiftung zu erliegen.

Die mit der Luftheizung verbundene Lüftung läßt sich auch mit jeder andern Zentralheizung verbinden. In vielen Fällen genügt es, die Fensternischen-Heizkörper mit Frischluftzuführung zu versehen. Die Firma O t t o   B e r n h a r d t i n   H a m b u r g hat eine solche Einrichtung in Verbindung mit einem Warmwasserheizkörper (Fig. 127) ausgestellt, welche das Einfrieren des Heizkörpers dadurch vermeidet, daß die Stellvorrichtung der Zuluftklappe mit dem Regulierventil derart in Verbindung gebracht ist, daß beim Abschließen des Ventils selbsttätig auch die Zuluftklappe abschließt.

Eine lokale Vorwärmung der Ventilationsluft in einem Zentralluftkanal zeigt Fig. 128 als Ausführung der Firma

Fig. 127. Fritz Käferle, Hannover. Lüftungsklappen.
Maschinenbauanstalt Humboldt, Cöln-Kalk. Zierbleche.
Otto Bernhardt, Hamburg. Wasserheizkörper mit Frischluftzuführung
und Sicherung gegen Frost.

Gebr. Körting in Körtingsdorf b. Hannover. Der Heizkörper befindet sich hinter einer aufklappbaren Glastüre, der Kontrolle auf Reinhaltung leicht zugängig und in bezug auf seine Wärmeabgabe beeinflußt durch einen selbsttätigen Temperaturregler, welcher durch die Raum-

temperatur betätigt, die zuströmende Luft nur soweit vorwärmen läßt, daß keine Überheizung des Raumes eintritt.

Fig. 128. Gebr. Körting, Körtingsdorf b. Hannover. Nachwärmeheizkörper
für Lüftungs- und Luftheizanlagen.

Zur Luftbefeuchtung kann die unter den Heizkörpern laufende
Rinne mit entsprechend temperiertem Wasser gefüllt werden.
Als Lüftungsgitter hat die Firma Fritz K ä f e r l e in Han-

nover eine Sammlung verschiedenartiger Verschlüsse von Ventilationsöffnungen zusammengestellt (Fig. 127), welche sich nicht nur durch die Gitterformen, sondern hauptsächlich durch die Art der Handhabung der Abschlußorgane unterscheiden. Die Lösung dieser Aufgabe ist nicht immer leicht, wenn es sich darum handelt, alle Wünsche der Innenarchitekten

Fig. 129. Gebr. Sulzer, Ludwigshafen a. Rh. Zentrale der Vakuum-Reinigungs- und Staubabsauge-Anlage.

zu erfüllen und Eingriffe Unberufener in die Stellvorrichtung zu vermeiden.

Welche Fülle von Gittermustern für die architektonische Ausgestaltung der Luftein- und -Austrittsöffnungen zur Verfügung stehen, hat die Maschinenbau-Anstalt Humboldt in Cöln-Kalk durch eine reiche Gruppe gelochter Bleche (Fig. 127) von der einfachsten bis zur kunstvollsten Ausführung gezeigt. Die Zierblechfabrikation hat sich zu einer bedeutenden Industrie entwickelt, welche auch das Material für die bei manchen Architekten unentbehrlichen Heizkörperverkleidungen liefert. Metallgehänge und Hammerschlagbleche sind z. B. auf diesem Gebiete das Neueste und Begehrteste.

Zum Schlusse sei noch eine wichtige Einrichtung erwähnt, die Staubbeseitigung und Absaugeanlage, welche durch die Firma Gebr. Sulzer in Ludwigshafen a. Rh. für den praktischen Betrieb zur Reinhaltung der ganzen Kollektivausstellung betriebsfähig montiert wurde. Durch dieses vorzügliche Hilfsmittel konnte die Reinigung nebenbei durch das Aufsichtspersonal in hygienisch einwandfreier Weise besorgt werden, während andernfalls eine Akkordierung mit dem Reinigungsinstitut der Ausstellung einen Betrag von über ℳ 2000 erfordert hätte. Das System ist in seiner Zentrale aus Fig. 129 ersichtlich, eine mehrstufige Zentrifugalluftpumpe ist mit einem Elektromotor gekuppelt und fördert die abgesaugte Luft nach einem Stoffilter, um aus diesem staubfrei auszutreten. Die Saugleitungen sind von relativ weitem Durchmesser, um einerseits mit einem Minimum von Kraft auszukommen, anderseits aber mit großen Luftmengen und relativ kleinen Luftgeschwindigkeiten zu arbeiten, ein Prinzip, das wesentlich zur Schonung der Stoffe beiträgt, welche im anderen Falle, bei sehr großer Luftgeschwindigkeit auch von den Stofffasern befreit werden, was wohl in den seltensten Fällen beabsichtigt ist.

Die eingehendere Beschreibung einer so reichhaltigen Ausstellung ist für den Leser wie für den Autor gleich ermüdend, ebenso wie die Einleitung und praktische Durchführung des an sich für den Industriezweig neuen Ausstellungsgedankens. Die Ausstellung hat jedoch ihren Zweck erfüllt.

Professor Dr. J. Kollmann schreibt als Berichterstatter über die Hygiene-Ausstellung im Leitartikel der Frankfurter Zeitung Nr. 169 vom 20. Juni 1911: »Auf alle Fälle wird man aus unserer Schilderung erkennen, daß die Industriegruppe für Heizung und Lüftung so viel interessantes Material enthält, daß sich für den Fachmann sowohl als auch für das große Publikum schon dieser einzigen Gruppe wegen der Besuch der Dresdener Ausstellung als lohnend erweisen wird.«

Der Berichterstatter des Vereins deutscher Ingenieure, Herr C. Matschoß schreibt im Septemberheft der Technik und Wirtschaft 1911: ». . . es ist ein Genuß, diese einheitlich durchgeführte Ausstellung im einzelnen zu studieren. Man kann überzeugt sein, daß es nicht ganz leicht gewesen sein mag, so verschiedene Interessenten in dieser Form zu vereinigen. Der große Erfolg dieser Ausstellungsabteilung aber wird gewiß die hier noch hervortretenden Schwierigkeiten bei zukünftigen Ausstellungen leichter überwinden lassen, und insofern dürfte gerade diese Abteilung für die weitere so notwendig erscheinende Ausgestaltung unseres Ausstellungswesens von großer Bedeutung werden.«

Von dem Preisgericht wurde, abgesehen von den vielen hohen und höchsten Auszeichnungen, welche den Einzelausstellern zuerkannt wurden, die Kollektiv-Ausstellung des Verbandes als Ganzes mit den zwei höchsten Auszeichnungen bedacht, dem Kgl. s ä c h s i s c h e n S t a a t s p r e i s e und dem E h r e n p r e i s e d e r S t a d t D r e s d e n.

In der gewordenen Anerkennung liegt reicher Lohn, der vielleicht dazu anspornt, nach Ablauf einer angemessenen Frist den grundlegenden Gedanken dieser Kollektivausstellung a u f b r e i t e r e r B a s i s bei passender Gelegenheit zu verwirklichen, anknüpfend an die Erfahrungen gelegentlich des ersten Versuchs, den der Verband Deutscher Centralheizungs-Industrieller auf Antrag und unter Leitung des Verfassers auf der Dresdener Hygiene-Ausstellung unternommen hat.

Meine Herren! Ich will nicht schließen, ohne den Herren, welche an der Verwirklichung der Kollektiv-Ausstellung regen Anteil genommen haben, auch noch von dieser Stelle aus den besten Dank auszusprechen.

(Anhaltender lebhafter Beifall.)

Der Vorsitzende k. k. Oberbaurat F o l t z, Wien, dankt dem Redner namens der Versammlung für den Vortrag und weist mit Anerkennung darauf hin, daß der Verband deutscher Centralheizungs-Industrieller keine Mühe und Kosten gescheut hat, die Ausstellung so zu gestalten, um das Spezialgebiet »Heizung und Lüftung« so glänzend vorzuführen.

Wünscht jemand der geehrten Anwesenden das Wort zu dem Vortrage zu nehmen?

Geheimer Oberbaurat U b e r , vortragender Rat im Ministerium der öffentlichen Arbeiten, Berlin-Wilmersdorf: Meine Herren! Ich glaube, jeder, der die Ausstellung des Verbandes schon gesehen hat, wird finden, daß sie in hohem Grade beachtenswert und anerkennenswert ist. Jedenfalls glaube ich, hat sich der Verband durch die vorzügliche Art der Ausführung ein großes Verdienst erworben.

Nur über etwas bin ich mir nicht ganz klar geworden, nämlich über den künstlerischen Wert der Figur in dem Vorraume. (Heiterkeit.)

Sie erinnert mich an einen unserer Urvorfahren, wenigstens in der Haltung. Vielleicht ist aber jemand in der Lage, mich darüber aufzuklären; ich bin gern bereit, Belehrung anzunehmen.

Jedenfalls ist aber die ganze Ausstellung in hohem Grade interessant, und das scheint auch der Architekt schon herausgefunden zu haben, denn er hat in den Medaillons über dem Zugang den Namen der Ausstellung V. D. C. I. umgetauft in »I. V. D. C. I.«, »Interessante Verbandsausstellung Deutscher Centralheizungs-Industrieller«. (Heiterkeit).

Vorsitzender k. k. Oberbaurat F o l t z: Wünscht noch jemand das Wort? — Da sich niemand meldet, so danke ich dem geehrten Herrn Vortragenden auf das wärmste für die eingehende Darstellung, die uns die Besichtigung der Ausstellung wesentlich vereinfacht. Herr Geh. Rat U b e r hat mir das bereits vorweggenommen, was ich sagen wollte. Der Verband selbst hat keine Mühe und Kosten gescheut, die Ausstellung so zu gestalten, um unser Spezialgebiet glänzend vorzuführen.

Damit wäre die heutige Tagesordnung erledigt, und ich muß Ihnen danken, meine Herren, für die Ausdauer und für das Interesse, das Sie den heutigen drei Vorträgen entgegengebracht haben.

Damit kann ich die zweite Kongreßsitzung schließen. (Beifall.)

(Schluß der Sitzung 11½ Uhr.)

Empfang
im neuen Rathause durch die städtischen Behörden.

Am Dienstag, den 13. Juni abends wurden sämtliche Kongreßteilnehmer von der Stadt Dresden in den Festräumen des neuen Rathauses empfangen.

Herr Oberbürgermeister Dr. Dr.-Ing. B e u t l e r und Herr Bürgermeister Dr. K r e t z s c h m a r begrüßten mit ihren Gemahlinnen die Festgäste, die dann an den in den Festsälen aufgestellten Tischen zu fröhlichem Mahle Platz nahmen. Vom Ratskollegium waren die Herren Stadtrat K ö r n e r und K a m m s e t z e r, Stadtbaurat Professor E r l w e i n sowie die Stadtbauräte W a h l und F l e c k erschienen, während das Stadtverordnetenkollegium durch die Herren Stadtverordnetenvorsteher Dr. S t ö c k e l, Vizevorsteher U n r a s c h sowie die Stadtverordneten B e c k, C h r i s t o p h, F ö r s t e r, G a w e h n, G r e g o r, T h i e r - f e l d e r und W e n d s c h u c h vertreten war.

Dritte Kongreßsitzung
in der Aula der Technischen Hochschule.
Mittwoch, den 14. Juni 1911.
Beginn der Sitzung 9 Uhr vormittags.

Den Vorsitz führt zunächst Herr Professor P f ü t z n e r, Karlsruhe i. B.

Vorsitzender: Meine Herren! Ich eröffne hierdurch die dritte Sitzung unseres Kongresses für Heizung und Lüftung. Da geschäftliche Mitteilungen vorläufig nicht zu machen sind, können wir sofort mit den Vorträgen beginnen, ich bitte nur, sich an der Tür die gedruckten Leitsätze, die zum ersten Vortrage aufgestellt sind und dann diskutiert werden sollen, zu verschaffen. (Es geschieht.)

Nachdem sich wohl alle Herren mit diesen Leitsätzen versehen haben, erteile ich Herrn Ingenieur S c h u m a c h e r das Wort zu seinem Vortrage über »H e i z u n g u n d L ü f - t u n g v o n S c h u l e n«.

VI. Vortrag.

Heizung und Lüftung von Schulen.

Von Ingenieur H. Schumacher, Berlin, Direktor der Firma Rietschel & Henneberg, G. m. b. H., zu Berlin.

Die Hygieneausstellung, welche uns hier zusammengeführt hat, gibt uns einen neuen glänzenden Beweis dafür, daß die Notwendigkeit, gesunde Lebensverhältnisse für die Menschen zu schaffen, allseitig anerkannt wird; sie zeigt uns auch, was auf dem Gebiete der Hygiene bereits erreicht ist.

Wir Heizungs- und Lüftungsfachmänner sind bemüht, die Bestrebungen der Hygiene nach Kräften zu unterstützen und unter Berücksichtigung der notwendigen Wirtschaftlichkeit unsere Anlagen den Anforderungen der Hygiene entsprechend auszuführen, zumal für alle von Menschen bewohnten Räume die richtige Versorgung mit Wärme und guter Luft eine Hauptrolle im ganzen Häuserbau spielt.

Es gehen aber die Ansichten, wie die Forderungen der Hygiene am besten erfüllt werden können, vielfach noch sehr weit auseinander, und besonders trifft dies zu für die Heizung und Lüftung von Schulen.

Ich will deshalb die Hauptgesichtspunkte für die Beurteilung derartiger Anlagen kurz erörtern und dann auf einige Ausführungsarten von Schulheizungs- und -lüftungsanlagen näher eingehen. Ich hoffe, damit zur Klärung dieser wichtigen Frage beizutragen und Ihnen Grundsätze vorschlagen zu können, nach denen das Entwerfen solcher Anlagen in sichere Bahnen gelenkt und wesentlich erleichtert wird.

Die Temperatur in einem bewohnten Raume soll überall — oben und unten, an den Innenwänden wie in der Nähe der Fenster — möglichst gleich sein. Dies ist besonders wichtig für Schulen, wo doch jeder Schüler einen bestimmten Platz stundenlang beibehalten muß und sich nicht nach Belieben frei bewegen darf. Die Temperatur soll aber auch weder zu niedrig noch zu hoch sein; besonders unangenehm werden zu hohe Temperaturen empfunden, weil dadurch Wärmestauungen im menschlichen Körper hervorgerufen werden, welche die Kinder mehr ermüden und schädigen als das Einatmen

schlechter Luft. Der in der Raumluft enthaltene Staub soll
an den Heizflächen nicht zersetzt werden. Zugerscheinungen
an den Fenstern und Türen sowie in der Nähe der Zu- und
Abluftgitter sollen vermieden werden, und schließlich soll
natürlich die Luft im Raume selbst möglichst gut sein. Leider
besitzen wir hierfür keinen genauen Maßstab, sondern müssen
uns damit begnügen, die Güte der Luft nach ihrem Gehalt
an Kohlensäure zu beurteilen.

Die H a u p t f o r d e r u n g e n d e r H y g i e n e lauten
also:

    a) Möglichst gleichmäßige Wärme im ganzen Raume;
    b) Einhaltung bestimmter Wärmegrade,
    c) Vermeidung von Staubzersetzung,
    d) Verhütung von Zugerscheinungen,
    e) Erhaltung guter Luft im Raume.

Untersuchen wir nun einmal die Verhältnisse der Heizung
und Lüftung in einem normalen Klassenzimmer.

Der in Fig. 130 dargestellte Raum von 9,50 m Länge,
6,50 m Breite und 4 m lichter Höhe soll unter einer Annahme
von − 20⁰ C Außentemperatur auf + 18⁰ C erwärmt werden,
und der stündliche Wärmebedarf im Beharrungszustande
stellt sich auf 2670 WE.

Es sind Doppelfenster gerechnet, weil diese für Schulen
meistens vorteilhafter sind; die Annahme von einfachen
Fenstern würde übrigens an den nachfolgenden Betrachtungen
nicht viel ändern, indem nur der Gesamtwärmebedarf entsprechend erhöht wird.

In der Fig. 131 habe ich für den erwähnten Raum den
Wärmebedarf sowohl für die Zeit der Besetzung als auch für
die Dauer des Hochheizens graphisch aufgetragen, und zwar
nicht nur für − 20⁰ C sondern auch für − 10⁰ C, + 0⁰ C und
+ 10⁰ C Außentemperatur. Es ist angenommen, daß je nach
der Außentemperatur vier, drei, zwei oder eine Stunde bis
zur Erreichung des Beharrungszustandes hochgeheizt werden
soll; ferner ist angenommen, daß die Klasse von 8 bis 12
und von 2 bis 4 Uhr benutzt wird und in den Pausen um 9,
10 und 3 Uhr durch Öffnen der Fenster und Türen durch-

gelüftet wird. Hiernach ergeben sich die schwarz gezeichneten Kurven des jeweiligen Wärmeverbrauches.

Unter der Annahme von 50 Schülern kann die stündliche Wärmeabgabe aller Schüler einer Klasse zu mindestens
2000 WE gerechnet werden. Wenn wir diese Wärmemenge

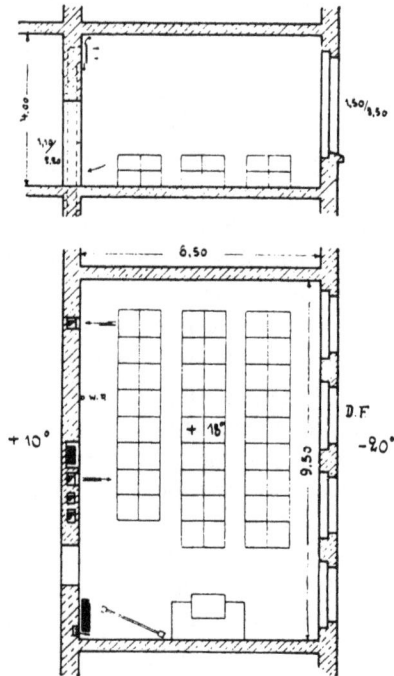

Fig. 130.

für die vorher genannte Zeit vom Heizungswärmebedarf der
Klasse absetzen, dann erhalten wir die punktiert eingetragenen
Kurven.

Wie die Verhältnisse sich bei einfachen Fenstern und
bei Eckräumen sich gestalten, ist in den Diagrammen ebenfalls angedeutet; die Nullinie rückt dann auf die punktiert
bzw. strichpunktiert gezeichneten Linien herunter, und es
kommen noch die Wärmemengen hinzu, welche in der ersten
Spalte neben diesen Linien geschrieben sind.

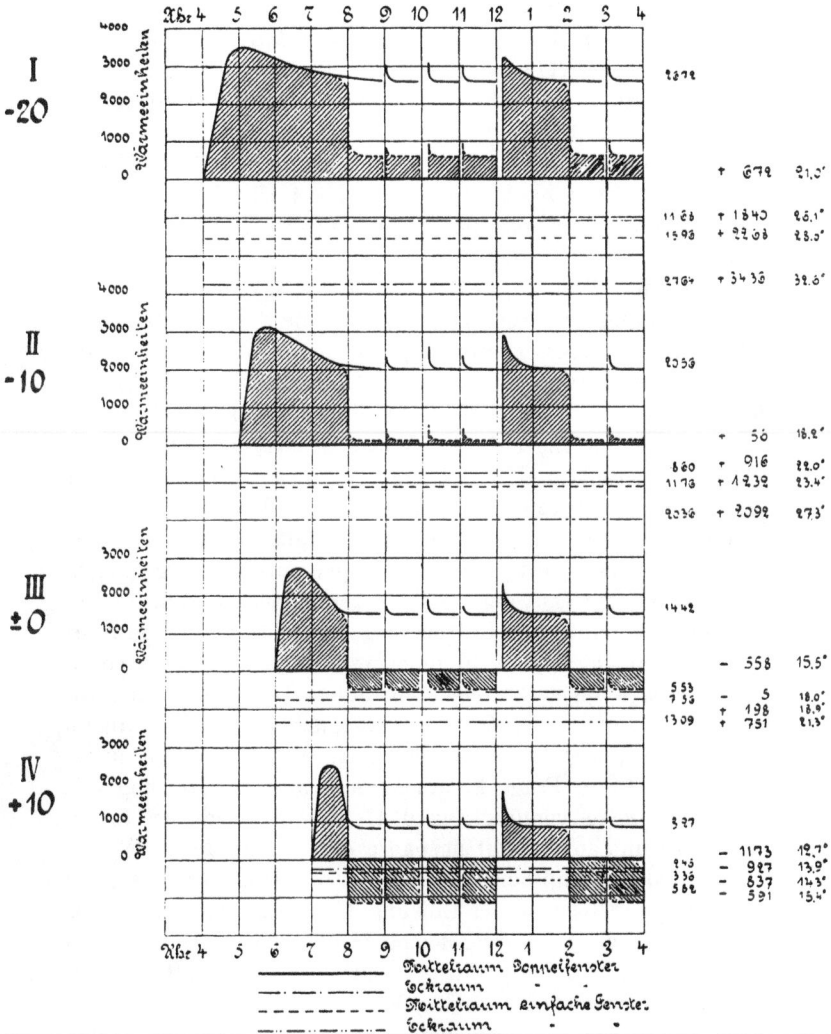

Fig. 131.

Unter Berücksichtigung der Wärmeabgabe durch die Schüler wären also die in der zweiten Spalte angegebenen Wärmemengen zuzuführen bzw. fortzuleiten.

Aus all diesen Diagrammen ersehen Sie nun, daß ein
großer Unterschied besteht zwischen der Zeit, in welcher die
Klasse hochgeheizt bzw. auf einer Temperatur von 18 ⁰ C
erhalten wird, einerseits und der eigentlichen Schulzeit anderseits.

Das Diagramm II zeigt ferner, daß die erwähnte Klasse
in der Zeit von 8 bis 12 und von 2 bis 4 Uhr fast gar keine
Wärme braucht, wenn die Außentemperatur über — 10⁰ C
steigt.

Aus den Diagrammen III und IV erkennen wir, daß
bei Außentemperaturen von etwa — 5⁰ C aufwärts sogar
noch Wärme überschüssig ist, die beseitigt werden muß,
wenn die Temperatur im Raum nicht über die zulässige Grenze
hinaus steigen soll. Ein Blick auf die punktiert gezeichneten
Kurven lehrt auch, daß der Wärmebedarf der Klasse sehr
schnell wechselt und daß keine Warmwasserheizung oder
Dampfheizung imstande sein kann, sich so plötzlich dem Heiz-
bedürfnis anzupassen; deshalb muß, falls nicht zur Luftheizung, welche derartige Schwankungen zuläßt, übergegangen
werden soll, die Lüftung zu Hilfe genommen werden.

Warum einfache Luftheizungen nicht gerne gewählt
werden, braucht hier wohl nicht weiter erörtert zu werden;
denn deren Mängel, bestehend in hohen Betriebskosten bzw.
zu hoher Lufttemperatur, Unzulänglichkeit bei windigem
Wetter usw., sind Ihnen ja bekannt. Da andere Heizungssysteme nicht in Frage kommen, muß also die Heizung mit
der Lüftung so vereinigt werden, daß während der Hoch-
heizdauer und in der Mittagspause die Räume durch Warm-
wasser- oder Dampfheizung erwärmt werden, während nach
Besetzung der Klassen der Lüftung die Haupttätigkeit zufällt.

Wie durch Rechnung leicht festzustellen ist, kann bei
angemessener Lüftung durch Änderung der Lufteintritts-
temperatur sowohl der bei Außentemperaturen unter — 10⁰
noch erforderliche Wärmebedarf durch die aus der Zuluft
abgegebene Wärme gedeckt werden, während bei wärmerem
Wetter der Überschuß an Wärme sich durch Einführung
kälterer Luft so weit beseitigen läßt, daß eine Höchsttemperatur
im Raum von + 20⁰ C nicht überschritten wird. Hierfür ge-

nügt schon ein drei- bis viermaliger Luftwechsel, d. h. im vorliegenden Falle eine Zuführung von 750 bis 1000 cbm für die Klasse in einer Stunde.

Die Lufteintrittstemperaturen zur Erhaltung einer Raumtemperatur von + 18⁰ C sind für dreifachen Luftwechsel ausgerechnet und in der dritten Spalte neben die Diagramme geschrieben.

Es ist von berufenster Seite festgestellt worden, daß für Klassenräume zur Erhaltung guter Luft, entsprechend einem Kohlensäuregehalt von etwa $1^o/_{oo}$, mindestens dreimaliger Luftwechsel notwendig ist. Somit würde die Regelung der Innentemperatur durch die Zuführung von verschieden erwärmter Luft eine Verstärkung des mit Rücksicht auf gute Raumluft erforderlichen Luftwechsels nicht bedingen.

Es fragt sich nun, ob es möglich ist, Luft in den angegebenen Mengen nötigenfalls auch kälter als Raumtemperatur zugfrei einzuführen.

Geheimrat Rietschel hat bereits vor vielen Jahren durch eingehende Untersuchungen in mehreren Schulen festgestellt, daß bei Lüftung von Schulräumen Zugbelästigungen sich vermeiden lassen, wenn die frische Luft mit mehr als 15⁰ C nahe der Decke, und zwar in einem Winkel von 30⁰ gegen die Decke gerichtet, eingeblasen wird.

Mit Rücksicht auf Unterzüge usw. läßt sich aber diese Art der Luftzuführung leider selten anwenden.

Neuerdings ist nun nachgewiesen, daß bis zu einem gewissen Grade frische Luft ohne jede Vorwärmung zugfrei in die zu lüftenden Räume geleitet werden kann, wenn die Eintrittsöffnungen sehr klein gewählt und gleichmäßig auf die ganze Decke verteilt werden.

Diese Ausführungsart kommt für Schulen allerdings kaum in Frage, weil sie an die Bauausführung Anforderungen stellt, welche man dem Architekten nicht zumuten darf, und weil sie den Hygienikern Anlaß zu Beanstandungen bezüglich der Reinhaltung der Luftwege geben kann. Sie lehrt uns aber, worauf wir bei der Ausbildung der Luftausströmungsöffnungen zu achten haben, wenn Luft unter Raumtemperatur zugfrei zugeführt werden soll.

Zugerscheinungen können nun aber nicht allein durch unzweckmäßige Lüftung sondern auch durch starke Abkühlung der Raumluft an den Außenflächen sowie durch Undichtigkeiten der Fenster hervorgerufen werden. Letztere Übelstände werden sehr gemildert, teilweise sogar beseitigt, wenn alle Klassenfenster als Doppelfenster hergestellt werden. Die Kosten der Doppelfenster werden teilweise durch die Minderkosten der Heizungsanlage gedeckt und im übrigen durch die jährliche Brennstoffersparnis in kurzer Zeit getilgt.

Es kann aber auch durch die Lüftung gegen Zugerscheinungen verbessernd eingewirkt werden, wenn man die vorhin genannten Luftmengen nach dem Gebrauch nur teilweise durch Abluftkanäle entweichen läßt, sie vielmehr zwingt, durch die Poren der Mauern und durch die Undichtigkeiten der Fenster den Raum zu verlassen.

Hierdurch werden, wie Ingenieur Hoffmann nachgewiesen hat, die Mauern und die Hohlräume zwischen der inneren und äußeren Fensterfläche höher erwärmt, es wird also die Abkühlung vermindert und gleichzeitig der Eintritt kalter Luft durch Undichtigkeiten verhütet. Natürlich kann dies nur durch Drucklüftungsanlagen, d. h. mit Ventilatorbetrieb, erreicht werden.

Gewöhnlich versucht man, durch Aufstellung von Radiatoren in den Fensternischen oder von Rohrschlangen an der ganzen Außenwand der Abkühlung durch die Wand und der Zugluft von den Fenstern entgegenzuarbeiten, bedenkt aber dabei nicht, daß gerade in besetzten Klassen fast gar kein Wärmebedürfnis vorliegt und infolgedessen die örtliche Heizfläche abgestellt sein muß, wenn eine Überheizung vermieden werden soll.

Die örtliche Heizfläche kann also in Klassen mit Doppelfenstern ebensogut an den Innenwänden aufgestellt werden, besonders, wenn diese Klassen mit Drucklüftung versehen sind.

Wenn aber einfache Fenster gewählt sind und dort Heizflächen angeordnet werden sollen, müssen letztere gleichmäßig auf die ganze Wand verteilt werden und so beschaffen sein, daß die Schüler sich daran nicht verletzen können, noch durch Strahlung belästigt werden; sie müssen möglichst tief liegen

und niedrige Oberflächentemperatur besitzen oder Strahlungs-
schutzbleche erhalten.

Wenn man berücksichtigt, daß die Kinder mit ihren
Schuhen jedesmal eine Menge Staub mitbringen, welcher
nachher in der Luft umherfliegt, an Heizflächen mit höherer
Temperatur als 80° C sich zersetzt und somit die Luft sehr ver-
schlechtert, dann kommt man zu der Überzeugung, daß entweder die örtlichen Heizflächen während der Benutzung der
Klassen außer Betrieb sein müssen oder als örtliche Heizung
nur Warmwasserheizung zur Anwendung kommen sollte,
die gewöhnlich mit niedrigeren Temperaturen als + 80° C
arbeitet.

Letzteres System ist wohl auch wegen der geringeren
Strahlung und weil Verletzungen durch Verbrennungen unmöglich sind, für örtliche Heizung, die während der Schulzeit in Betrieb sein soll, vorzuziehen.

Es bliebe nun noch die zuerst erwähnte Hauptforderung
der Hygiene zu erörtern, möglichst gleichmäßige Wärmeverteilung im Raum.

Wie bereits angedeutet, kann durch Aufstellung von Heizkörpern an den Hauptabkühlungsflächen ein Sinken der
Raumtemperatur an dieser Stelle vermieden werden, allerdings
nur so lange, wie diese Heizkörper in Betrieb sind. Besser
ist es jedenfalls, Doppelfenster vorzusehen und außerdem durch
Drucklüftung die Verhältnisse an der Außenwand und an den
Fenstern günstiger zu gestalten.

Wie Sie sehen, ist die Drucklüftung für die verschiedensten Zwecke von Nutzen, zur Vermeidung von Zugerscheinungen an Außenwänden und Fenstern, zum Ausgleichen der
Temperaturen im Raum, zur Ersparnis an Wärmeverlusten
und zur Abkühlung bei wärmerer Witterung; auf ihre sonstigen
Vorzüge komme ich noch später zurück.

Was unsere Heizungs- und Lüftungsanlagen bieten
sollen und können, wäre damit wohl zur Genüge besprochen.
Ich will nun dazu übergehen, an einzelnen Beispielen zu er-
läutern, wie die Anlagen in Wirklichkeit ausgeführt werden.

Bei ganz kleinen Landschulen, wo die Schulzeit verhältnismäßig kurz ist und die Kinder sich sonst viel im Freien auf-

17*

halten, kann auf künstliche Lüftung verzichtet oder nötigenfalls Fensterlüftung angewandt werden, zumal die Landkinder mehr abgehärtet sind und den bei Fensterlüftung unvermeidlichen Zug ohne Schädigung der Gesundheit ertragen können.

Zur Beheizung derartiger Schulen sind Füllregulieröfen mit Mänteln, vom Gang aus heizbar, zu empfehlen. Wenn diese Öfen dann noch mit Frischluftzuführung versehen werden, kann sogar schädlichen Temperatursteigerungen im Raum vorgebeugt werden.

Ganz ungeeignet sind die sonst so beliebten Kachelöfen, weil sie sich dem Wärmebedarf einer Klasse gar nicht anpassen lassen.

Eine gute Vereinigung der Heizung mit der Lüftung finden wir bei der Luftheizung mit ständiger Frischluftzuführung (nicht zu verwechseln mit der sog. amerikanischen Luftheizung), wenn der Luftheizofen reichlich bemessen und eine Luftmischung für den Zuluftkanal jeder einzelnen Klasse vorgesehen ist. Die Zeit gestattet es mir nicht, auf die Einzelheiten dieses Systems näher einzugehen, ich will nur noch bemerken, daß die Betriebskosten sehr hoch sind, weil gerade beim Anheizen unnötigerweise stark gelüftet werden muß, und daß sich der Luftwechsel nicht der Schülerzahl anpassen läßt, weil er vom Wärmebedarf der Klassen abhängig ist. Immerhin lassen sich mit gut durchgebildeten Luftheizungen in kleineren, geschützt liegenden Schulen mit Doppelfenstern gute Resultate erzielen, wenn weniger an Betriebskosten als am Anschaffungspreis gespart werden soll.

Heißwasserheizungen scheiden für neuere Schulen gänzlich aus, einmal wegen der hohen Heizflächentemperaturen, noch viel mehr aber wegen der großen Explosionsgefahr.

Es bleiben somit noch die Warmwasserheizung und die Niederdruckdampfheizung, welche ohne oder mit Lüftung in ungemein verschiedenen Ausführungsarten für Schulen zur Verwendung gekommen sind. Beide Systeme bieten die Möglichkeit, selbst große Schulhäuser von einer Feuerstelle aus zu erwärmen, und ermöglichen einen sicheren Betrieb.

Vorausschicken möchte ich nur diejenigen Unterschiede, welche bei Wahl des Systems einer Schulheizung besonders in Betracht zu ziehen sind. Die Warmwasserheizung läßt sich zentral regeln, d. h. je nach der Außentemperatur kann mit höheren oder niedrigeren Wassertemperaturen geheizt werden; sie arbeitet ganz geräuschlos und mit Temperaturen unter 80° C, sie hat außerdem eine sehr große Lebensdauer, während die Niederdruckdampfheizung weniger große Heizkörper und Rohrleitungen benötigt und den Vorzug größerer Billigkeit besitzt. Die Betriebskosten bei der Niederdruckdampfheizung sind übrigens nicht höher als bei der Warmwasserheizung, sobald Überheizung der Räume durch Einbau von selbsttätigen Temperaturreglern verhütet wird.

Ich kann natürlich nicht auf alle bekannteren Ausführungsarten genannter Systeme eingehen, sondern muß mich darauf beschränken, einzelne, für die Beurteilung der soeben geschilderten Vorgänge geeignete Anlagen kurz zu erklären.

In einer großen Anzahl der Berliner Schulen ist Warmwasserheizung mit schmiedeeisernen Doppelrohrregistern, an den Innenwänden stehend, zur Verwendung gekommen. Die Regelung der Heizkörper erfolgt durch den Heizer, welcher mit Hilfe der bekannten Thermometer mit Schaurohr vom Gang aus die Innentemperaturen beobachtet und während der Pausen die etwa notwendige Regelung durch Einstellung der Heizkörperhähne vornimmt.

Zwecks Lüftung der Klassen sind Kanäle von Luftkammern im Kellergeschoß aus nach den einzelnen Räumen hochgeführt, derart, daß die frische Luft ohne jede Vorwärmung zu den erwähnten Rohrregistern gelangt. Eine Wechselklappe im Sockel des Doppelrohrregisters regelt die Frischluftzufuhr und gleichzeitig den Zutritt der Raumluft zum Heizkörper (Fig. 132).

Die Wirkung der Lüftung beruht fast ausschließlich auf dem Auftrieb der Luft in den Abluftkanälen, sie ist also für jede Außentemperatur verschieden, außerdem entsteht Unterdruck im Raum, so daß trotz der Doppelfenster Zugerscheinungen an den Außenwänden nicht ausgeschlossen sind.

Abgesehen davon, daß eine gewissenhafte Bedienung der Anlage den Heizern viel Arbeit macht, entspricht die ganze Einrichtung nur teilweise der vorher genannten Forderung der Hygiene, da die eigenartigen Verhältnisse in den

Klassenräumen beim Betrieb nicht berücksichtigt werden können.

Über die Heizung und Lüftung der S c h u l e n i n D r e s d e n hat Ingenieur Haase vor einigen Jahren im »Gesundheits-Ingenieur« sehr interessante Mitteilungen gemacht. Diese Schulen werden durch Niederdruckdampf geheizt, als Heizkörper dienen für die Klassen schmiedeeiserne Rohrschlangen an der Außenwand unterhalb der Fenster, die nur zum Hochheizen oder bei ganz kaltem Wetter benutzt werden und während der Besetzung der Klassen abgestellt sind.

Für die Schulzeit muß die Lüftungsanlage die noch nötige Wärme den Klassen zuführen, d. h. sie wirkt wie eine Luftheizung.

Um jeden Raum von dem anderen bezüglich der Zuglufttemperatur unabhängig zu machen und um gleichzeitig den erforderlichen Auftrieb zu sichern, ist Heizfläche zur Erwärmung der Frischluft, bestehend aus Radiatoren oder Rohrregistern, am Fuße der Zuluftkanäle angeordnet und für jeden Kanal getrennt so mit Glaskästen umgeben, daß eine Beeinflussung der Kanäle untereinander ausgeschlossen ist.

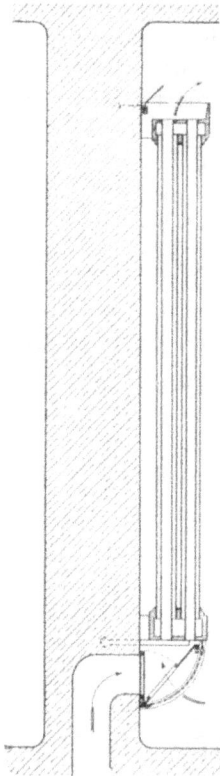

Da die Kanäle für dreimaligen Luftwechsel bis zu $+10^{0}$C Außentemperatur bemessen sind und die erwähnten Heizkörper für Erwärmung dieser Luftmenge bis -5^{0} C Außentemperatur ausreichen, kann der Heizer bei Außentemperaturen über $+2^{0}$ C durch Abdrosseln der Heizfläche, bei Außentemperaturen unter -2^{0} C durch Drosseln der Luftklappen die Zulufttemperatur und damit die Innentemperatur der

Fig. 132.

Klassen von unten aus regeln, wofür ihm eine Fernthermo-
meteranlage den nötigen Anhalt gibt. Ein anschauliches Bild
erhalten wir aus dem Haaseschen Diagramm (Fig. 133).

Es fällt hierbei auf, daß gerade bei Außentemperaturen
über — 5⁰ C und unter + 10⁰ C, d. h. für den größten Teil
der Heizperiode, der erforderliche dreifache Luftwechsel stark

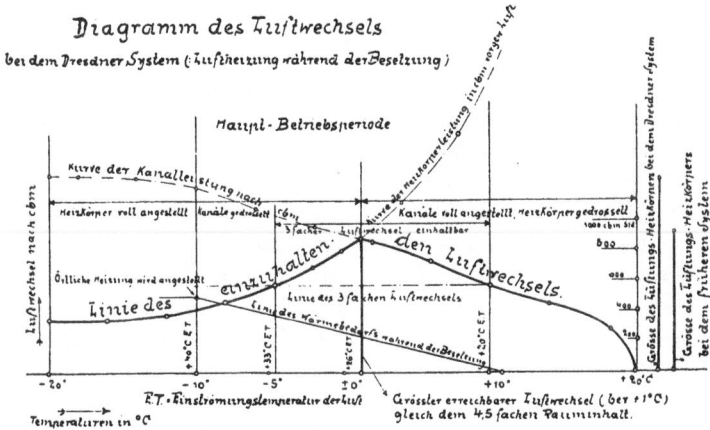

Fig. 133.

überschritten wird, was einen erheblichen Mehrverbrauch an
Brennmaterial bedeutet.

Anderseits ist erwiesen, daß bei windigem Wetter die
Luftkanäle unzuverlässig wirken und die örtliche Heizfläche,
welche nur bei Außentemperaturen unter — 10⁰ C zur Hilfe
genommen werden sollte, an solchen Tagen ebenfalls angestellt werden mußte.

Diesen Unvollkommenheiten könnte abgeholfen werden,
wenn die Luftbewegung nicht durch natürlichen Auftrieb,
sondern durch elektrisch betriebene Ventilatoren gesichert
würde.

Schließlich ist auch zu berücksichtigen, daß bei diesen
Anlagen die Lufterwärmungsflächen sich nicht zum Hochheizen ausnutzen lassen, ohne daß gleichzeitig gelüftet wird.

Ein ganz besonderes System hat neuerdings die Stadt
D o r t m u n d angewandt. Das Bestreben, den Lehrern jede

Einwirkung auf die Heizung und Lüftung ihrer Klassen zu entziehen, hat hier dazu geführt, für die Heizkörper einer jeden Klasse eine besondere Zuleitung vom Kesselraum aus anzulegen. Der Heizer kann nun mit Hilfe von Fernthermometern jederzeit die Temperaturen in den einzelnen Klassen prüfen und hiernach das Ventil in der betreffenden Zuleitung einstellen. Da nur ein kleiner Teil der Raumheizfläche als Rohrschlange unterhalb der Fenster, und zwar in der Nähe des Fußbodens angeordnet ist und der Rest in Form eines Radiators in der Nähe vom Lehrerpult Aufstellung gefunden hat, ist eine Belästigung der Schüler durch Strahlung nicht beobachtet worden, obwohl bisher Niederdruckdampfheizung zur Anwendung gekommen ist.

Mit der Lüftung haben die Lehrer ebenfalls nichts zu tun, die frische Luft wird durch Röhrenkessel vorgewärmt und mittels elektrisch betriebener Ventilatoren in Mengen von 700 bis 1000 cbm für jede Klasse und Stunde mit etwa + 20 ^{0} C in die einzelnen Räume gedrückt, Zuluft- und obere Abluftklappen sind nur vom Gang aus zu stellen und dienen die letzteren nur dazu, um ein Steigen der Raumtemperaturen zu verhindern, wenn durch Abstellen der Raumheizfläche nichts mehr zu erreichen ist.

Die Fenster sind doppelt und nur mit Steckschlüsseln zu öffnen, sie werden nicht einmal während der Pausen geöffnet, sondern die Abkühlung der Klassen geschieht in der Weise, daß zu Beginn der Pause der Röhrenkessel durch einen Luftschieber ausgeschaltet und gleichzeitig ein Umgehungskanal geöffnet wird, worauf die frische Luft ohne jede Vorwärmung in die Klassen gelangen kann.

Derartige Anlagen sind in der Anschaffung wohl etwas teurer, doch kann der Betrieb sicher durchgeführt werden. Die erhöhten Wärmeverluste von den vielen Zuleitungsrohren dürften dadurch wieder ausgeglichen werden, daß die sonst vielfach beobachtete Wärmeverschwendung in den Klassen durch Überheizung oder durch Öffnen der Fenster vermieden wird. Wenn die frische Luft unter Verwendung geeigneter Verteilungsvorrichtungen an den Einströmungsgittern mit + 15^0 C oder weniger eingeblasen werden könnte, würde auch

die vorhin als notwendig bezeichnete zeitweilige Kühlung
während der Besetzung der Klassen erreicht werden. Diese
Kühlung wird wohl noch mehr notwendig sein, wenn in Zukunft, wie beabsichtigt, statt der Dampfheizung eine Warmwasserheizung zur Verwendung kommt, die infolge der im
Wasser aufgespeicherten Wärmemengen viel mehr nachheizt
als die bisherige Niederdruckdampfheizung.

Die Anlagen in den neuen Schulen der Stadt C a s s e l
unterscheiden sich von dem zuletzt erwähnten System in
der Hauptsache dadurch, daß die Regelung der Raumtemperaturen nicht durch eine Reihe von Ventilen im Kesselraum seitens des Heizers erfolgt, sondern durch selbsttätige
Temperaturregler, welche auf die Ventile der Raumheizfläche direkt einwirken. Letztere besteht aus Rohrschlangen
unterhalb der Fenster. Zum Schutz gegen Strahlung sind
leicht abnehmbare Bleche vor die Rohrschlangen geschraubt,
da Niederdruckdampfheizung angewandt wurde.

Da diese Schulen einfache Fenster haben, ist die Anordnung der Heizfläche an der Außenwand wohl begründet.
Die Einhaltung einer richtigen Innentemperatur wird dadurch
erleichtert, daß die frische Luft, welche durch Röhrenkessel
vorgewärmt und durch einen elektrisch betriebenen Ventilator
in die Klassen gedrückt wird, mit höchstens $+ 15^0$ C in die
Räume eintreten soll. Ein Ablenkblech vor dem Eintritts-
gitter verteilt die Luftmenge, welche 700 bis 1000 cbm für
jede Klasse und Stunde beträgt, seitwärts und nach oben,
so daß der geschlossene kalte Luftstrom nicht geradeaus nach
unten fallen und die Schüler treffen kann.

Abluftkanäle mit nur unterer Öffnung sind wohl vorhanden,
aber fast ganz geschlossen, damit die verbrauchte Luft gezwungen ist, durch die Poren der Mauern und durch die Fugen
der Fenster nach außen zu entweichen, so daß hier Zugerscheinungen vermieden werden.

Die Heizfläche im Raum, überhaupt die ganze Heizungsanlage ist sehr reichlich bemessen, so daß die Räume schnell
hochgeheizt werden können. Hierdurch wird erstens an Brennstoff gespart und anderseits erreicht, daß die kühlen Mauern

während der Schulzeit noch Wärme aufzunehmen vermögen und so schnelle Temperatursteigerungen verhindern.

Um dem Heizer zu ermöglichen, sich von der richtigen Wirkungsweise der selbsttätigen Temperaturregler zu überzeugen, sind Thermometer mit Schaurohren an den Innenwänden angebracht.

Wenn die Anlagen in den neuen Schulen in W i e s b a d e n einfacher gehalten werden, so erklärt sich dies wohl daraus, daß das dortige milde Klima so große Vorsicht wie in Städten mit rauhem Klima nicht erfordert. Ein Niederdruckdampfradiator in einer Fensternische und ein solcher an der Kathederinnenwand sorgen für die Erwärmung der Klasse; jeder dieser Heizkörper wird durch einen selbsttätigen Temperaturregler in bzw. außer Betrieb gesetzt, derart, daß die Raumtemperatur sich auf $+ 17^0$ bis $+ 18^0$ C hält.

Der Innenheizkörper dient gleichzeitig zur Nachwärmung der frischen Luft, die mit elektrisch betriebenem Ventilator in die Klassen geblasen wird und hinter dem erwähnten Heizkörper austritt.

Die Vorwärmung der frischen Luft um 10^0 bis 12^0 C wird im Untergeschoß durch Radiatoren bewirkt.

Der Motor des Ventilators wird nach einer Uhr selbsttätig ein- und ausgeschaltet, so daß der Schuldiener, welcher die Anlage zu bedienen hat, auch dieser Sorge enthoben ist.

Bemerkenswert ist bei allen Anlagen das Bestreben, die Lehrer jeder Einwirkung auf die Heizung und Lüftung zu entziehen und trotzdem dem Bedienungspersonal die Arbeit zu erleichtern.

Bei Klassen, deren Heizkörper von den Lehrern selbst reguliert werden, sind nämlich Innentemperaturen zwischen $+ 14^0$ und $+ 24^0$ C beobachtet worden. Eine lange Erklärung hierfür brauche ich Ihnen wohl nicht zu geben; es spielt u. a. das persönliche Empfinden der verschiedenen Lehrer hierbei eine große Rolle, teilweise wird das Steigen der Temperatur zu spät beachtet. Auch tritt gewöhnlich die Wirkung der vorgenommenen Regelung erst in der nächsten Schulstunde ein. Jedenfalls müssen wir mit dieser Tatsache rech-

nen und Abhilfe schaffen, entweder durch Einrichtung einer
Zentralstelle wie bei den Dortmunder Schulen, oder noch besser
durch Verwendung selbsttätiger Temperaturregler.

Die Industrie, welche sich mit der Herstellung derartiger
Apparate befaßt, hat in den letzten Jahren große Fortschritte
gemacht, denn wir haben jetzt tatsächlich preiswerte Temperaturregler, auf die wir uns verlassen können, und die Verzinsung
und Amortisation der für Temperaturregler angewandten
Summen ist erheblich geringer als der Betrag, der an Bedienung gespart werden kann.

Es fragt sich nur, ob die Wirkung der Heizkörper nach der
Regelung durch den Temperaturregler so schnell nachläßt,
wie es nach den Ihnen zuerst gezeigten Diagrammen sich als
notwendig erweist. Ich muß dies bezweifeln, denn der Wechsel
vom Wärmebedarf zum Wärmeüberschuß kommt viel zu
plötzlich, selbst wenn man berücksichtigt, daß die Umfassungs-
mauern der Räume bei Temperatursteigerung Wärme aus der
Raumluft aufnehmen und hierdurch ausgleichend wirken.

Schneller als durch Ausschaltung von Heizkörpern kann
nur durch Zuführung verschieden erwärmter Zuluft abgeholfen werden.

Ideal wäre eine Anlage mit zwei Kanalnetzen, von denen
das eine Luft von $+ 14^0$ und das zweite Luft von etwa $+ 30^0$ C
führt, so daß die Zuluft jeder Klasse durch Mischung an Ort
und Stelle auf die jeweilig notwendige Temperatur gebracht
werden könnte. Wenn dann die Mischklappe durch den
selbsttätigen Temperaturregler bedient würde, könnte man in
den Klassen trotz der ungünstigsten Verhältnisse stets gleichmäßige Temperaturen erhalten.

Die Herstellung zweier Kanalnetze erfordert aber zu
bedeutende Kosten und ist vielfach baulich nicht in hygienisch einwandfreier Weise durchführbar. Deshalb empfiehlt
sich eine Anordnung laut Fig. 134.

Die frische, von einem Ventilator geförderte Luft wird
im Untergeschoß auf etwa $+ 14^0$ vorgewärmt und gelangt
so in die einzelnen zu lüftenden Räume, soweit sie sich nicht
an dem Nachwärmeradiator A, der in einer durch Glastüre
verschlossenen Nische neben dem Zuluftkanal aufgestellt ist,

höher erwärmt. Ob und in welchen Mengen sie am Nachwärmeheizkörper vorbeifließen soll, wird durch eine Mischklappe *B* gesteuert, die von dem vorhin erwähnten Temperaturregler *F* betätigt wird.

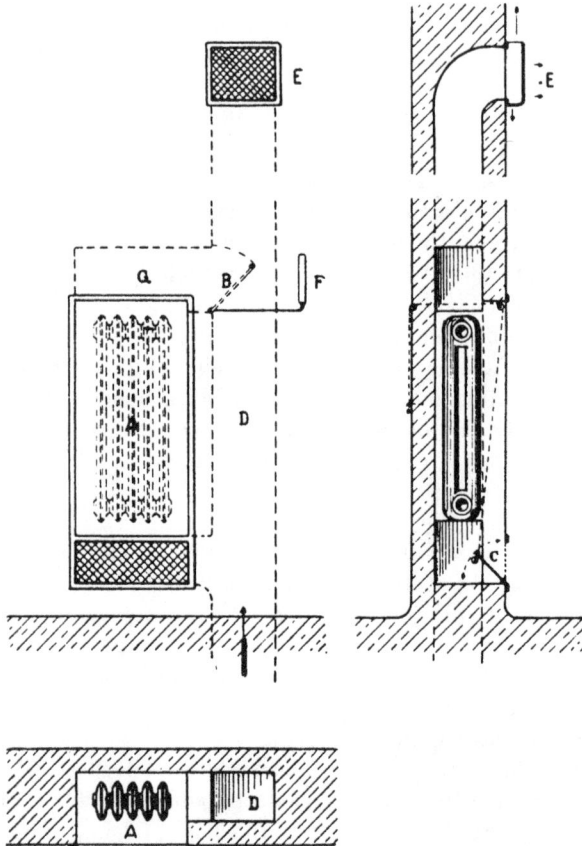

Fig. 134.

Es tritt also nahezu die gleiche Wirkung auf, wie wenn
die vorher erwähnten beiden Kanalnetze vorhanden wären.
Die selbstregelnde Nachwärmevorrichtung hat aber vor dieser
Anordnung noch den Vorteil, daß die Nachwärmeheizfläche

bei geöffneter Klappe *C* zum Hochheizen des zugehörigen
Raumes benutzt werden kann und die Raumheizfläche,
welche nach meinen bisherigen Erörterungen nur zum Hochheizen Verwendung finden sollte, entsprechend verringert
werden darf.

Als weitere Vorzüge dieses Systems möchte ich hervorheben:

1. Während der Besetzung der Klasse ist keine Raumheizfläche in Betrieb, so daß eine Belästigung durch
Strahlung vermieden wird, auch wenn Niederdruck-
dampfheizung zur Verwendung kommt.

2. Die Frischluft braucht nur selten, und zwar nur
bei warmem Wetter kälter als mit Raumtemperatur
eingeführt zu werden (vgl. Temperaturen neben
Diagrammen).

3. Keine Wärmeverluste an den Raumheizkörpern,
wenn zwecks Durchlüftung die Fenster und Türen
geöffnet werden.

In den zuerst gezeigten Diagrammen ist absichtlich
nicht berücksichtigt, daß zeitweilig der Wärmebedarf einer
Klasse durch Windanfall erhöht oder durch Einwirkung der
Sonnenstrahlen vermindert wird. Dies sind Ausnahmefälle,
welche für die allgemeinen Betrachtungen unberücksichtigt
bleiben konnten. Im Betrieb muß man aber damit rechnen,
es kommen sogar noch andere Umstände in Betracht, nämlich
ob die Klasse voll besetzt ist, ob die Nebenräume benutzt und
geheizt sind usw.

Kurz, es gibt so viel unberechenbare Einwirkungen, welche
eine Änderung der Innentemperatur hervorrufen können,
daß z. B. mit zentraler Regelung gemeinsam für alle Klassen
nicht viel zu erreichen ist und somit der Hauptvorzug einer
Warmwasserheizung für Schulen nicht immer voll zur Geltung
kommen kann.

Es muß also jeder Raum besonders behandelt werden,
und ich möchte deshalb nochmals die Verwendung selbsttätiger Temperaturregler empfehlen.

Es sei noch daran erinnert, daß die Gänge auf + 10 bis
+ 15° C geheizt werden sollten und für die Turnhallen + 15
bis + 16° C Innentemperatur zu empfehlen ist.

Eine Ersparnis an Betriebskosten, sowohl an Brennstoff
als auch an Bedienung, wird durch Gruppenteilung der Heizung erreicht, indem sowohl für Turnhalle und Aula als
auch für Lüftung usw. besondere Leitungen vom Kesselraum
aus angelegt werden.

Hiermit kann ich meine Betrachtungen über die Heizung
wohl schließen, um noch kurz auf die Lüftung zurückzu-
kommen.

Die richtige Wirkung der Heizung ist, wie wir gesehen
haben, in gewissem Maße von dem Vorhandensein einer
guten Lüftung abhängig. Die Notwendigkeit einer künstlichen Lüftung in Schulen wird allgemein anerkannt, selbst
von denjenigen Hygienikern, die zur Überzeugung gekommen
sind, daß in Krankenhäusern Lüftungsanlagen entbehrt
werden können, weil dort besondere Verhältnisse vorliegen,
indem man die Kranken zeitweilig in andere Räume schickt
oder bettlägerige Kranke vorübergehend gegen Zugluft
schützt.

Sehr bedauerlich ist es daher, wenn einzelne Stadtverwaltungen aus falschen Sparsamkeitsgründen die Lüftungsanlagen in Schulen nicht benutzen lassen und die betreffenden
Heizungsingenieure dann trotz der Überzeugung, daß künstliche Lüftungsanlagen zweckmäßig und notwendig sind,
solche bei Neubauten gar nicht mehr vorsehen, mit der Be-
gründung, sie würden nachher doch nicht benutzt.

Meine Herren! An die heranwachsende Jugend werden
jetzt schon viel höhere Ansprüche gestellt als an uns seinerzeit, und wir sind daher verpflichtet, unseren Kindern möglichst gesunde Lebensverhältnisse zu schaffen, damit sie später
in dem immer schwieriger sich gestaltenden Kampf des wirtschaftlichen Lebens nicht unterliegen.

Was nutzen prunkvolle Schulpaläste mit aller darin gelehrten Wissenschaft, wenn die Kinder in den Schulen körper-
lich nicht in gleichem Maße gut aufgehoben sind.

Ich sagte vorhin: Falsche Sparsamkeitsrücksichten veranlassen manche Stadtbehörden, von Lüftungsanlagen abzusehen. Wenn die betreffenden Herren sich einmal erkundigen wollten, wie viel mehr bei Fensterlüftung Wärme verloren geht als bei künstlicher Lüftung, würden sie anders handeln. Betriebsergebnisse sonst gleichartiger Schulen haben dies zur Genüge bewiesen.

Es sollte auch nicht vergessen werden, daß durch Fensterlüftung bei windstillem, warmem Wetter nichts zu erreichen ist und in der Nähe von staubigen oder geräuschvollen Straßen die Fenster ohnehin geschlossen bleiben müssen.

Allerdings können auch künstliche Lüftungsanlagen unwirtschaftlich sein, wenn sie, nur mit natürlichem Auftrieb arbeitend, gerade bei kaltem Wetter, wenn gespart werden muß, weit über das erforderliche Maß die Luft in den Klassen erneuern. Hier gibt es, wie gesagt, nur ein Mittel, d. i. Drucklüftung mit Ventilatorbetrieb, durch welche unabhängig von der jeweiligen Außentemperatur stets die gleichen Luftmengen zugeführt werden.

Außer den vorher schon genannten Vorzügen der Drucklüftung möchte ich noch hervorheben die bessere Ausnutzung der zur Lufterwärmung erforderlichen Heizflächen, die Ersparnis an Gitter, Klappen, Schiebern und an Maurerarbeiten, da mit größeren Luftgeschwindigkeiten gearbeitet werden kann, Raumersparnis im Untergeschoß, da nur eine Luftkammer notwendig ist, kurz so viel Ersparnisse, daß die Anschaffungskosten des Ventilators mit Motor dadurch voll aufgewogen werden. Hierzu kommt als weiterer Vorteil die Möglichkeit, auch im Sommer richtig lüften und sogar etwas kühlen zu können.

Vielfach werden die Stromkosten des Motors viel zu hoch eingeschätzt. Nicht nur die Berechnungen sondern auch die tatsächlichen Betriebsergebnisse in verschiedenen Städten ergeben, daß bei M. 0,15 Strompreis für die Kilowattstunde die Stromkosten für das ganze Jahr nur 5 bis 7 Pf. für jedes Kind betragen. In Wirklichkeit sind die Stromkosten nicht einmal so hoch, weil die Elektrizitätswerke während der Tagesstunden billiger liefern können, und schließlich ist der Wärmegewinn durch teilweise Ausnutzung der in der Abluft enthaltenen Wärme bei Drucklüftung weit größer als der erwähnte geringe Betrag für den elektrischen Strom.

Der Wärmebedarf zur Lufterwärmung darf uns ebenfalls nicht hindern, von der Anschaffung von Drucklüftungen abzusehen. Denn das Öffnen der Fenster, ohne welches der Kohlensäuregehalt erwiesenermaßen auf 8 bis $12^0/_{00}$ steigt, kostet weit mehr, als zur regelrechten Lufterwärmung notwendig ist.

Die Amerikaner sind uns in bezug auf Schullüftung weit voraus. Es besteht dort ein Gesetz, nach welchem mindestens achtmaliger Luftwechsel vorgeschrieben ist, und behördliche Inspektoren sorgen dafür, daß die Anlagen auch wirklich so betrieben werden. Die gesamten Betriebskosten dieser Lüftung von 50 bis 80 cbm für jedes Kind und Stunde betragen dort etwa M. 5 im Jahr.

Wir begnügen uns mit drei- bis viermaligem Luftwechsel und rechnen reichlich, wenn wir die Kosten zu M. 1,50 für ein Kind im Jahr einsetzen. Würden nicht die meisten Eltern gern diese M. 1,50 zum Schulgeld zulegen, wenn sie damit erreichen könnten, daß ihre Kinder in der Schule gesunde Luft erhalten, ohne Erkältungen ausgesetzt zu sein?

Es darf nicht unerwähnt bleiben, daß eine Lüftung in dem vorgeschlagenen Maße auch zur Verhütung hoher Luftfeuchtigkeit in den Klassen von Nutzen ist, da feuchte Luft die Zersetzung des in der Luft enthaltenen Staubes begünstigt.

Wenn Professor P f ü t z n e r vorgestern an dieser Stelle die Notwendigkeit der Luftbefeuchtung betont hat, so hat er gewiß nicht Schulen damit gemeint.

Um Ihre Geduld nicht länger in Anspruch zu nehmen, will ich zum Schluß kommen, denn alle Fragen der Schulheizung und -lüftung kann man nicht in einem kurzen Vortrag erörtern.

Es ist selbstverständlich nicht möglich, ein System der Heizung und Lüftung zu finden, das für alle Verhältnisse paßt. Man wird auf die Größe und Lage der Schulen, auf die Benutzungsart sowie auf das betreffende Klima Rücksicht nehmen müssen, so daß nach wie vor ganz verschiedenartige Anlagen entstehen werden.

Wir kommen aber einen großen Schritt weiter, wenn wir uns wenigstens über die wichtigsten in Frage kommenden Grundsätze einigen, die Ihnen gedruckt überreicht wurden.

Leitsätze für den Bau und Betrieb von Heizungs- und Lüftungsanlagen in Schulen.

1. Die normale Innentemperatur für Klassenzimmer soll + 18° C in Kopfhöhe gemessen betragen, Temperaturen unter + 16° C und über + 20° C müssen vermieden werden.

2. Bei richtiger Anordnung ist sowohl Warmwasserheizung als auch Niederdruckdampfheizung für Schulen zweckmäßig.

3. Bei Doppelfenstern kann die Raumheizfläche an den Innenwänden aufgestellt werden.

4. Künstliche Lüftung ist unbedingt notwendig. Als unterste Grenze ist dreimaliger Luftwechsel in der Stunde festzusetzen.

5. Die zugeführte Luft muß, wenn sie mit weniger als Raumtemperatur eingeführt wird, gut verteilt werden.

6. Drucklüftung mit Ventilatorbetrieb ist jeder anderen Lüftungsart vorzuziehen.

7. Abluftkanäle sind notwendig, aber bei Drucklüftung höchstens für ½ des vorgesehenen Luftwechsels zu bestimmen. Obere Abzugsöffnungen sind nur nötig, wenn Gasbeleuchtung vorhanden, oder wenn Kühlung durch Zuführung kälterer Luft nicht vorgesehen ist.

8. Eine Durchlüftung der Klassenräume während der Pausen für einige Minuten ist auch für Schulen mit guten Lüftungsanlagen zu empfehlen.

9. Das Öffnen der Fenster während der Besetzung muß unbedingt verhindert werden.

10. Vorrichtungen zur Befeuchtung der Luft sind vollständig überflüssig.

11. Die Bedienung der Heizkörperventile und Lüftungsklappen soll nicht durch die Lehrer oder Schüler,
sondern durch Schuldiener oder Heizer erfolgen, sofern nicht selbsttätige Temperaturregler vorhanden
sind, welche durchaus empfohlen werden können.

12. In großen Städten sind Lehrheizer oder dergleichen
notwendig, welche ständig darauf achten, daß die
Anlagen richtig bedient werden.

Der Vortrag wurde von der Versammlung mit leb-
haftem Beifall aufgenommen.

Vorsitzender Professor Pfützner: Meine Herren!
Ich darf wohl ihren Beifall in Worte kleiden und Herrn Ingenieur Schumacher für seine eingehenden und ausführlichen Mitteilungen über dieses interessante Kapitel den
Dank der Versammlung aussprechen. (Bravo!)

Ich möchte nun die

Diskussion

eröffnen, und zwar bitte ich, sich hierbei an die Leitsätze zu
halten, die Herr Ingenieur Schumacher hat drucken lassen,
und die wohl in Ihrer aller Hände sind. Ich möchte aber
von vornherein bemerken, daß die Leitsätze nicht etwa zur
Abstimmung kommen oder dann als Leitsätze, die unumstöß-
lich sind, betrachtet werden sollen, sondern sie sollen nur
einen Anhalt für die Diskussion geben, damit die Diskussion
sich nicht zu sehr auseinander bewegt.

Mit Ihrem Einverständnis wäre jetzt der erste Punkt zu
besprechen:

»Die normale Innentemperatur für Klassenzimmer soll
18° C in Kopfhöhe gemessen betragen, Temperaturen unter
16° C und über 20° C müssen vermieden werden.«

Ich bitte die Herren, die sich darüber aussprechen wollen,
sich zum Wort zu melden.

Ingenieur Dr. Marx, Berlin-Wilmersdorf: Meine Herren!
Wir wollen uns unsere Aufgabe nicht dadurch erschweren,
daß wir uns um Dinge kümmern, die uns eigentlich nichts
angehen. Die Temperatur der Klassenräume vorzuschreiben,
die unsere Anlagen zu erreichen haben, ist lediglich Sache

unserer Auftraggeber, d. h. der Hygieniker, und hier insbesondere der Herren Schulärzte. Daß stellenweise eine Überheizung der Räume eingetreten ist, muß selbstverständlich zugegeben werden, und wir können ja den beteiligten Kreisen vielleicht zur Kenntnis bringen, daß wir derartig hohe Temperaturen des öfteren bei unseren Anlagen beobachtet haben und sie von unserem Laienstandpunkte aus als einen Fehler betrachten. Aber, wie gesagt, uns hier über das ureigenste Gebiet der Hygieniker und insbesondere der Schulärzte in eine Diskussion einzulassen, das halte ich nicht für richtig.

Außerdem, meine Herren, ist der Satz nicht klar genug abgefaßt. Hier heißt es: »Die normale Innentemperatur für Klassenzimmer soll 18⁰ C in Kopfhöhe gemessen betragen.« Was heißt das? Morgens um 8 Uhr, bevor die Kinder in die Schule kommen, oder um $\frac{1}{2}$9 Uhr, nachdem in einen solchen Raum 60 Kinder eingetreten sind? Die Temperatur steigt selbstverständlich erheblich, wenn sich das Klassenzimmer mit Menschen füllt.

Endlich finde ich drittens, daß das Intervall, das der Herr Vortragende angegeben hat, nämlich 16 bis 20⁰, viel zu groß ist; 16 bis 18 oder 17 bis 19⁰ halte ich für richtiger.

Direktor O. Krell sen., Nürnberg: Meine Herren! Der Herr Vortragende hat wiederholt die Wärmeaufnahme der Umfassungswände als Temperaturregulator bezeichnet.

Das ist allerdings der Fall und von größtem Einfluß auf die Wärmeverteilung im Raum. Bei den vorliegenden Diagrammen und Zahlenbeispielen aber ist dieser Einfluß nicht berücksichtigt.

Die Wände, Boden und Decke des Schulzimmers nehmen die durch die anwesenden Schüler abgegebene Wärmemenge fast vollständig auf, und es ist nicht erforderlich, wie es die hergebrachte, auch von dem Vortragenden angewandte, auf eingetretenen Beharrungszustand basierte Berechnungsweise vorschreibt, durch Untertemperatur der Zuluft diese Wärmemenge zu entfernen.

Deshalb stimmen die unter der Voraussetzung des eingetretenen Beharrungszustandes errechneten vorliegen-

den Diagramme und mitgeteilten Zahlen auch nicht annähernd mit den in Wirklichkeit eintretenden Verhältnissen
überein.

Schon vor 25 Jahren hat R i e t s c h e l festgestellt[1]),
daß bei einem Schulraum, mit Dampfwasser beheizt bei 1,4⁰
Außentemperatur, durch eine Bogenlampe beleuchtet, bei
Gegenwart von $\sim$ 30 Schülern, bei geschlossenen Lüftungs-
kanälen die Steigerung der Raumtemperatur im Verlauf
von 2½ Stunden nur ungefähr 1⁰ betrug.

Nach der hergebrachten Berechnungsweise hätte unter
solchen Verhältnissen eine sehr bedeutende Temperatursteigerung im Raum eintreten müssen.

G. d e G r a h l hat bereits 1907[2]) und neuerdings in
seinem Buch über Wirtschaftlichkeit der Zentralheizungen[3])
auf diese, bei allen nur je einige Stunden benutzten Räumen
eintretenden Verhältnisse aufmerksam gemacht und versucht,
dieselben rechnerisch zu fassen.

Auch ich habe bereits 1907[4]) die im Widerspruch mit der
hergebrachten Berechnungsweise in der Wirklichkeit ein-
getretene, außergewöhnlich geringe Temperatursteigerung im
vollbesetzten Theater durch die Wärmeaufnahme der Umfassungswände erklärt.

Vorsitzender: Wünscht noch jemand zu diesem Punkte
das Wort? — Das ist nicht der Fall.

Wir gehen zum zweiten Punkte über, welcher lautet:
»Bei richtiger Anordnung ist sowohl Warmwasserheizung
als auch Niederdruckdampfheizung für Schulen zweckmäßig.«

Wünscht jemand das Wort dazu? — Herr Ingenieur
S c h i e l e.

Ingenieur und Fabrikbesitzer S c h i e l e, Hamburg:
Es ist von dem Herrn Vortragenden gesagt worden, daß

---

[1]) R i e t s c h e l, Lüftung und Heizung von Schulen, Tabelle III, S. 35.

[2]) Festschrift des Gesundh.-Ing. 1907. Verlag von R. Oldenbourg, München und Berlin.

[3]) G. d e G r a h l, Wirtschaftlichkeit der Zentralheizungen.
S. 174 bis 195. Verlag von R. Oldenbourg, München und Berlin.

[4]) Gesundh.-Ing. 1907, Nr. 20, S. 342.

die Heißwasserheizung für Schulen ausscheiden müsse wegen ihrer Explosionsgefahr. Diesem Standpunkte kann ich nicht ohne weiteres beitreten, denn die Heißwasserheizung wäre dann auch für kleinere Kirchen, Turnhallen usw., wofür sie gelegentlich sehr gut zu verwenden ist, ausgeschlossen. Nach meiner Meinung scheidet die Heißwasserheizung für mehrklassige Schulen aus, weil sie in der Regel zu hohe Heizflächentemperaturen hat, namentlich aber, weil sie für eine Mehrheit von Räumen zu schwer abzutönen ist. Wir wissen alle, daß wir sehr gut einen großen Raum mit Heißwasser heizen können, daß wir aber, wenn wir die wechselnden Wärmebedürfnisse mehrerer Räume, die an dasselbe System angeschlossen sind, befriedigen sollen, dies nur schwer oder überhaupt nicht können. Lediglich zur Vermeidung von Mißverständnissen mit Rücksicht auf die erwähnte Explosionsgefahr, die außerdem immer sehr fern von den Schülern auftreten würde, wollte ich dies feststellen, um nicht über die Heißwasserheizung nach außen — denn wir sprechen doch, wenn ich so sagen darf, zum Fenster hinaus — falsche Auffassungen aufkommen zu lassen.

Ingenieur S c h i m p k e , Dresden: Ich muß den Ausführungen des Vortragenden widersprechen und sie dahin berichtigen, daß es sehr wohl möglich ist, neben der Zentralheizung und dem eisernen Mantelofen auch Kachelöfen als Schulöfen zu verwenden. Ich habe schon Ende der 1880er Jahre in Frankfurt a. O. in einer städtischen sechsklassigen Schule Kachelöfen mit Lüftung ausgeführt, die, bei ganz einwandfreier Prüfung durch städtische Beamte, den geforderten Ansprüchen genügt haben. In den 300 cbm großen Schulräumen wurde mehr als ein dreifacher Luftwechsel pro Stunde erreicht.[1]

---

[1] Herr S c h i m p k e hat zur Ergänzung seiner Ausführungen folgendes aus den damaligen Bedingungen mitgeteilt, die seinerzeit in der Tonindustrie-Zeitung von Professor S e e g e r vom 23. Februar 1889 zum Abdruck gekommen waren, und die, wie folgt, lauteten:

»Die zwei Öfen jedes Klassenzimmers sollen bei Heizung mit schlesischer Steinkohle und bei mittelmäßig gewandter Bedienung die Fähigkeit haben, bei täglich einmaliger Heizung jedes der im

Das Resultat war folgendes:

Es wurden per Stunde und Raum meist über 1000 cbm verbrauchte Luft abgesaugt. Die Klassenluft, welche ohne Ventilation in 30 Minuten 2 $^0/_{00}$ Kohlensäure enthielt, reinigte sich nach einstündiger Öffnung der Ventilationszüge auf 0,8$^0/_{00}$ und bei fortgesetzter Lüftung bis auf 0,55$^0/_{00}$. Anzahl der Schulkinder 60 bis 70 pro Klassenzimmer.

Die Luftfeuchtigkeit schwankte zwischen 30 bis 35$^0/_0$. Die Ablesung der Kontrollthermometer ergab eine Durchschnittszimmerwärme von $+ 19,1^0$ C bei einer Durchschnittsaußentemperatur von $- 8^0$ C und einen Verbrauch von 16 kg Steinkohle pro Ofen.

Nach der seinerzeit aufgestellten, in der Ausschreibung zugrunde gelegten Berechnung des Stadtbauamtes betrug die Transmission bei $- 8^0$ Außentemperatur pro Stunde 5888 WE und die Erwärmung der zugeführten Außenluft 7500 WE, also zusammen 13 388 WE. Der Nutzeffekt des Brennmaterials stellte sich auf 80$^0/_0$. Diese damaligen Leistungen des Kachelofens dürften bei den heutigen Fortschritten sicher übertroffen werden.

In der wissenschaftlichen Abteilung der Hygienischen Ausstellung befindet sich ein Modell eines neueren verbesserten Kachelschulofens nebst Zahlenmaterial über seine Leistungen.

Stadtbaumeister B e c k h a u s, Frankfurt a. M.: Meine Herren! Ich möchte diesen zweiten Leitsatz des Herrn Vortragenden in gewissem Sinne noch unterstreichen. Der Herr Vortragende sagte, daß bei Verwendung von selbsttätigen Temperaturreglern die Betriebskosten der Dampfheizung annähernd denen der Warmwasserheizung gleichkämen. Nun

---

Rohbau fertig gestellten Zimmer gegen die äußere Temperatur 40^0 höher (äußere Luft — 20, Zimmerwärme $+ 20^0$ C) von morgens 8 bis nachmittags 4 Uhr dauernd zu erwärmen. Die Wärme des Zimmers ist in der Mitte der Außenwand 1 m über Fußboden zu messen, bei einem gegen dieselbe gerichteten Wind von 1 m Geschwindigkeit in der Sekunde. Ferner soll jeder Ofen imstande sein, in der angegebenen Zeit 480 cbm stündlich zugeführte Luft um 30^0 bei täglich einmaliger Heizung zu erwärmen. Die Luftmenge ist mit dem Anemometer zu messen.«

ist es auf dem Gebiete der Betriebskostenstatistik außerordentlich schwierig, Vergleiche anzustellen, schon aus dem Grunde, weil man nie zwei Gebäude finden wird, die annähernd gleichartig gebaut sind, von denen das eine mit warmem Wasser und das andere mit Dampf geheizt ist, und die außerdem den gleichen Witterungsverhältnissen ausgesetzt sind und gleichartig benutzt werden. Um dieser schwierigen Frage etwas näher zu kommen, habe ich die Statistiken über den Brennmaterialverbrauch mehrerer Schulen der Stadt Frankfurt a. M. durchgearbeitet und dabei 9 Gebäude berücksichtigt, von denen fünf mit Dampf und 4 mit Warmwasser geheizt werden. Die Schulen selbst sind nicht gleichartig gebaut, und ihre Kubikinhalte schwanken zwischen 8600 und 10 900 cbm geheizten Raumes. Die Statistik, die mir zur Untersuchung dieser Frage zur Verfügung stand, erstreckt sich auf 6 Jahre. Ich habe dabei gefunden, daß der Brennmaterialverbrauch dieser Schulen zwischen etwa 6,5 und 8 kg pro cbm beheizten Raumes und Heizperiode schwankt, und zwar bin ich dabei zu dem merkwürdigen Resultat gekommen, daß die billigste Schule, in diesem Falle die mit 6,5 kg Koks pro cbm und Heizperiode, eine mit Dampf beheizte Schule, und die teuerste, die mit 8 kg, eine mit Warmwasser beheizte Schule war.

Ich würde es für verfehlt halten, aus dieser Statistik weitgehende positive Schlüsse zu ziehen, da zuviel Fehlerquellen vorhanden sind, die den Wert einer derartigen Statistik beeinträchtigen können. Die eine negative Schlußfolgerung scheint mir aber doch berechtigt zu sein, daß jedenfalls der Warmwasserbetrieb bei Schulen nicht billiger ist als der Dampfbetrieb. Ich bemerke dazu noch, daß hier keine selbsttätigen Temperaturregler in Frage kamen, weil wir immerhin erst seit etwa einem Jahre in der Lage sind, unseren Behörden derartige einigermaßen sicher funktionierende Apparate empfehlen zu können.

Auf den weiteren Vergleich der Vor- und Nachteile der Dampf- und Warmwasserheizung für Schulen möchte ich nicht weiter eingehen. Ich möchte nur betonen, daß, wenn beide Heizungssysteme im übrigen annähernd gleichwertig sind, die Preisfrage dann selbstverständlich eine wesentliche Rolle spielen muß, und da die Anlagekosten der Dampfheizung im allgemeinen um 15 bis 20% billiger sein werden als die der Warmwasserheizung, so dürfte die Wahl des Systems nicht schwer sein. (Lebhafter Beifall.)

Städtischer Oberingenieur, Dipl.-Ing. A r n o l d t , Dortmund: Meine Herren! Ich muß dem Herrn Vorredner leider widersprechen. Ich stehe gerade auf dem umgekehrten Standpunkte, nämlich, daß die Warmwasserheizung, wenn die Mittel vorhanden sind oder flüssig gemacht werden können, doch die einzig richtige Heizungsart für Schulen ist. Statistische Erhebungen über die Wirtschaftlichkeit der verschiedenen Schulheizungssysteme sind zwar außerordentlich wenig angestellt. Außerdem sind diese Erhebungen, wie auch der Herr Vorredner erwähnt hat, nicht ohne weiteres vergleichsfähig, da die Wirtschaftlichkeit von Schulheizungen von den verschiedensten Faktoren beeinflußt wird, vor allem von der Größe der Heizflächen, die in den betreffenden Schulen zur Anwendung gekommen sind. Es hat sich bei unseren städtischen Schulheizungsanlagen gezeigt, daß die Wahl größerer Heizflächen im allgemeinen einen geringeren Brennmaterialverbrauch zur Folge hat. Diesen Punkt hat Herr Ingenieur S c h u m a c h e r auch in seinem Vortrage erwähnt. Daß die Warmwasserheizung der Niederdruckdampfheizung in wirtschaftlicher Beziehung in mancher Hinsicht überlegen ist, zeigt auch eine ausführliche Statistik über den Brennmaterialverbrauch der Baseler Schulen, die mir seinerzeit zugänglich gemacht worden ist und in der nachgewiesen worden ist, daß mit der Einführung der Warmwasserheizung die Brennmaterialkosten gegenüber denen der Niederdruckdampfheizungen heruntergegangen sind.

Dann möchte ich vor allen Dingen vom Standpunkte des Gemeindebaubeamten aus noch auf die hohe Lebensdauer der Warmwasserheizung hinweisen. Wir haben in Kiel wie auch in Dortmund außerordentlich starke Auswechslungen von Rohren bei Niederdruckdampfheizungen vornehmen müssen, die mich auch dazu gebracht haben, die Warmwasserheizung als die richtigste Form der Schulheizung anzusehen.

Neuerdings haben wir in Dortmund auch vergleichende wirtschaftliche Berechnungen angestellt über Ofenheizung, Warmwasserheizung und Dampfheizung, und zwar unter möglichster
Berücksichtigung der Lebensdauer, der Anlagekosten, der
Unterhaltungskosten einschließlich der Kosten für den An-
strich der Räume, der Bedienungskosten und des Brenn-
materialverbrauches. Wenn es auch schwer war, irgendwelche
genauen Zahlen zu finden, so konnte man tatsächlich das
als Ergebnis dieser Vergleichsberechnungen herausschälen, daß
die g e s a m t e n jährlichen Kosten der drei genannten
Heizungsarten fast vollkommen gleich sind. Wenn das ungefähr richtig ist, dann, meine ich, sollten die Gemeinden,
die ja über einen fast unbeschränkten Kredit verfügen, das
Beste nehmen und die Warmwasserheizung verwenden, die
doch mindestens so lange hält wie das Gebäude selbst, und
sich dadurch vor vorzeitigen Auswechslungen und den damit
verbundenen Störungen bewahren. (Bravo.)

Vorsitzender: Meine Herren! Ich bin nicht in der
Lage, jeden der Herren zu kennen, die sich zum Worte melden,
und verstehe auch nicht immer den Namen. Es ist aber
für die Herren Stenographen notwendig, daß der Name genau
bekannt wird. Würden Sie mir wohl durch Zettel anmelden,
wer zu sprechen wünscht, wie das ja bei anderen derartigen
großen Versammlungen auch gebräuchlich ist? Außerdem
bitte ich Sie, sich doch möglichst kurz zu fassen, da wir auch
Rücksicht auf den nächstfolgenden Vortrag nehmen müssen.

Ingenieur Dr. M a r x , Berlin-Wilmersdorf: Meine Herren!
Ich habe den beiden letzten Herren Diskussionsrednern nichts
weiter hinzuzufügen, aber dafür eine kleine Bitte an den geschäftsführenden Ausschuß zu richten. Wir haben jetzt
über die Betriebskosten der Warmwasserheizung und Dampfheizung glücklich drei verschiedene Meinungen. Die eine Meinung ist die, Warmwasserheizung bedinge den billigeren Betrieb, die andere: Dampfheizung ist billiger. Herr Ingenieur
S c h u m a c h e r hat als dritte hinzugefügt: Bei richtiger Benutzung ist Dampfbetrieb ebenso billig wie Warmwasserbetrieb. Ich möchte den geschäftsführenden Ausschuß bitten,
zum nächsten Kongreß einen Vortrag vorzubereiten, etwa:

Über die Betriebsergebnisse der verschiedenen Heizungs- und
Gebäudearten. Der betreffende Referent hätte vor allem die
Literatur durchzugehen, — es ist Gott sei Dank schon einiges
darüber veröffentlicht worden — er hätte sich weiter mit den verschiedenen Kommunen in Verbindung zu setzen, um von ihnen
Betriebsergebnisse zu erhalten, event. auch mit Firmen, und
hätte schließlich alles Material kritisch gesondert vorzuführen,
damit diese Frage endlich einmal aus der Welt kommt: was
ist bei gleichen Gebäuden, bei gleicher Bedienung, gleicher
Heizfläche, gleicher Kesselgröße usw. billiger, Warmwasser
oder Dampf? (Bravo!)

Vorsitzender: Ich nehme diese Anregung nur hier
zur Kenntnis, da sie ja stenographiert wird. Vielleicht wendet
sich Herr Dr. M a r x noch schriftlich an den geschäftsführenden
Ausschuß, damit die Frage nicht in Vergessenheit gerät.

Ich darf wohl nun zum dritten Punkte der Leitsätze
übergehen, welcher lautet:

»Bei Doppelfenstern kann die Raumheizfläche an den
Innenwänden aufgestellt werden.«

Direktor O. Krell sen., Nürnberg: Meine Herren! Ich
möchte vorschlagen, zu Leitsatz 3 einen Zusatz zu machen
und ihm folgende Fassung zu geben:

Bei Doppelfenstern und Überdruck kann die Raumheizfläche an den Innenwänden aufgestellt werden.

Durch langjährige Erfahrung ist bewiesen, daß selbst
bei Fenstern mit einfachem Rahmen bei Überdruck keine
Zugerscheinung an den Fenstern eintritt und die Temperatur-
verteilung im Raum eine gleichförmige ist.

Landesoberingenieur O s l e n d e r, Düsseldorf: Ich bitte,
zum Leitsatz 3 den Zusatz zu machen:

»Doppelfenster sind aus wirtschaftlichen Gründen
überall zu empfehlen.«

Beratender Ingenieur für Heizungs- und Lüftungsanlagen
M e h l, Dresden: Vom hygienischen Standpunkte aus möchte
ich den Leitsatz 3 nicht unterschreiben. Wir haben in Schulen
ganz besonders dafür zu sorgen, daß Zugbelästigungen ausgeschlossen sind und Kältestrahlungen nicht entstehen.

Es gibt in unseren Schulhäusern eine Anzahl Klassen, insbesondere Eckklassen, deren Außenwände kalt sind. Und an diesen Außenwänden, wo der Lehrer sitzt oder die Schüler aus Platzmangel ganz nahe herangerückt werden müssen, finden Luftströmungen von oben nach unten statt, die ganz entschieden schädlich wirken, wie ich selbst beobachtet habe. Und außerdem wird Lehrern wie Schülern einseitig Wärme entzogen.

Aus diesem Grunde meine ich: Es ist nicht richtig, einerlei ob Doppelfenster oder einfache Fenster vorhanden sind, Heizflächen an den Innenwänden anzubringen, sondern unbedingt an den Außenwänden müssen die Heizflächen angeordnet, ausgebreitet werden. (Bravo!)

Landesbaurat Ingenieur Ludwig M u h r y: Ich habe mich deshalb zum Worte gemeldet, weil gerade in Österreich bezüglich der Anwendung der Doppelfenster reiche Erfahrungen gesammelt worden sind. In Österreich werden, namentlich in den Sudetenländern, fast ausschließlich Doppelfenster verwendet, und wir haben die Erfahrung gemacht, daß die Anbringung der Heizkörper an den inneren Wänden der Schulzimmer auf keinen Fall zu empfehlen ist. Wie schon der Herr Vorredner erwähnt hat, ist die Fensterfläche die Hauptabkühlungsfläche des Raumes. Ob nun die Fenster einfach oder doppelt sind, spielt keine ausschlaggebende Rolle. Jedenfalls sinkt die kalte Luft längs der Außenwände zu Boden, streicht über den Fußboden nach den Heizkörpern hin, was zur Folge hat, daß die Schulkinder, wenn die Heizkörper an der den Fenstern gegenüberliegenden Wand stehen, eine Abkühlung der Füße zu erleiden haben. Die Luft wird erst an den inneren Wänden des Schulzimmers aufgewärmt. Also nach den Erfahrungen in Österreich müßte ich bei dem Grundsatz bleiben: Die Heizkörper müssen unbedingt an den Fensterwänden angebracht werden. (Bravo!)

Stadtbaumeister E h r m a n n , Heidelberg: Wir in Heidelberg sind auch grundsätzlich gegen Doppelfenster, weil sie sich sehr schwer bedienen lassen und bei windigem Wetter es häufig vorkommt — wenn gelüftet wird und die nötigen Einrichtungen zur Feststellung der Fenster fehlen oder aber viele Zeit in

Anspruch nehmen und dann nicht benutzt werden —, daß ein Zusammenschlagen der Fenster stattfindet. Wir haben uns damit geholfen, daß wir das Fensterholz etwas dicker nehmen, als sonst üblich ist, und die Fenster doppelt verglasen, so daß die Abkühlungsfläche dadurch vermieden ist, ohne die Lüftungsmöglichkeit zu erschweren.

Vorsitzender: Es hat sich niemand weiter zu diesem Punkte gemeldet. Wir gehen deshalb zu Punkt 4 über:

»Künstliche Lüftung ist unbedingt notwendig. Als unterste Grenze ist dreimaliger Luftwechsel in der Stunde festzusetzen.«

Landesoberingenieur Oslender, Düsseldorf: Wenn, wie nachgewiesen, die künstliche Lüftung in geschlossenen Schulklassen unbedingt notwendig ist, dann muß es befremden, daß der Herr Vortragende ausgesprochen hat, daß dieselbe in den Landschulen nicht notwendig sein soll. Wie kann man das begründen? Den Grund, den der Herr Vortragende angeführt hat, daß die Kinder auf dem Lande widerstandsfähiger sind und es daher nicht so notwendig haben, kann ich nicht billigen, und das darf auf dieser Versammlung auch nicht unwidersprochen bleiben. Sind wir doch auch zusammengekommen, um die Hygiene so weit wie möglich zu fördern. (Bravo!)

Vorsitzender: Wir kommen zu Punkt 5:

»Die zugeführte Luft muß, wenn sie mit weniger als Raumtemperatur eingeführt wird, gut verteilt werden.«

Ingenieur und Fabrikbesitzer Schiele, Hamburg: Ich glaube, den Herrn Vortragenden dahin verstanden zu haben, daß der Beweis erbracht sei, daß unvorgewärmte Außenluft zugfrei eingeführt werden könne durch entsprechend feine Verteilung. Dies ist mir neu. Es handelt sich hier doch, wenn ich das richtig aufgefaßt habe, um ein System, welches ursprünglich der Firma Hentschel & Guttenberg, München, einmal geschützt gewesen ist und welches diese hauptsächlich zur Lüftung von Gärkellern verwendet hat. Wir wissen alle, daß in neuerer Zeit häufiger von derartigen Ausführungen gesprochen wird, und ich halte es für wünschenswert und wesentlich, daß hier festgestellt werde, ob es erwiesen ist, daß unvorgewärmte

Außenluft bei feiner Verteilung an der Decke zugfrei eingeführt werden könne.

Der Kritik, welche der Herr Vortragende an der Bauausführung und an der hygienischen Seite des vorerwähnten
Systems geübt hat, trete ich vollständig bei.

Prof. Dr. B r a b b é e , Charlottenburg: Wir wollen das
Kind mit dem richtigen Namen nennen: es ist die Schrei-
dersche Lüftung. Ich habe gerade in letzter Zeit eine solche
Anlage bei der Imperial Continental Gasassociation Berlin
untersuchen können. Die frische Luft trat unerwärmt durch
Deckenkanäle ein und wurde bei kälteren Außenwänden dadurch in ihrer Menge beeinflußt, daß Schieber gestellt wurden.
Letztere waren versperrbar eingerichtet, und nur der Portier
konnte sie bedienen. Da aber einzelne Beamte durch Zug zu
leiden hatten, haben sie sich durch Scheren usw. geholfen,
die Hebel abgedrückt und bei tiefen Außentemperaturen die
Schieber dreiviertel geschlossen. Schreider scheint diesen
Umständen Rechnung zu tragen, denn bei einem großen
Projekt, das ich kürzlich begutachtete, wurde ein Vorwärmen
der Luft empfohlen. Es sollten an den Wänden drei Heiz-
röhren gezogen und damit die Zulufttemperatur geregelt
werden. Die Regelung könnte hierdurch nur unvollkommen
erzielt werden, und außerdem würde die Anlage — da
Wasserheizung vorgesehen ist — vielleicht einfrieren. Ich
bin der Überzeugung, daß Luft mit 12° C nicht in einen
Raum eingeführt werden kann, und alle bisher bekannten
Betriebserfahrungen beweisen, daß bei noch so sorgfältiger
Ausführung der Lüftungsanlage nicht mit so außerordentlich
tiefen Zulufttemperaturen gerechnet werden darf.

Ich muß noch einen Punkt besprechen, der in dem Leit-
satze nicht enthalten ist. Wir waren bis vor Jahren gewöhnt,
den Lüftungsbedarf in erster Linie nach dem Kohlensäuregehalt festzustellen. Nach den Untersuchungen Flügges, die
in der 4. Auflage des »Leitfadens« bereits berücksichtigt
sind, wird zurzeit die Luftmenge in erster Linie nach einer
nicht zu überschreitenden Temperatur bestimmt.

(V o r s i t z e n d e r , unterbrechend: Darf ich den Herrn
Redner aufmerksam machen, daß das wohl nicht die Lüf-

tung der Schulen betrifft, wenigstens nicht den Punkt 5.
Ich möchte bitten, sich recht streng an die Sache zu halten.)

Dr. B r a b b é e: Der Punkt, den ich besprechen möchte,
läßt sich leider bei keinem anderen Leitsatz einreihen. Ich
sprach über die Angelegenheit mit Herrn Oberarzt Dr. Rietschel, leitender Arzt im städtischen Säuglingsheim hier.
Er erzählte mir von Temperaturmessungen in sehr vielen
Kinderaufenthaltsstätten, wobei festgestellt wurde, daß nicht
die Kohlensäuremengen, sondern vor allem die Wärmestauungen ausschlaggebend für die Schädigungen der Kinder
sind. Ich habe in einem Arbeitsraum festgestellt: 2,5⁰/₀₀
Kohlensäure, 40% relative Feuchtigkeit und 20⁰ Raumtemperatur, wobei die Luftverhältnisse erträgliche waren. Sie
wurden erst dann schlecht, als bei nicht wesentlich höherem
Kohlensäuregehalt die relative Feuchtigkeit auf 50% und die
Temperatur auf 25⁰ C gestiegen waren. Ähnliche Beobachtungen werden von französischen Ärzten mitgeteilt. Es wäre
zu bedenken, ob man nicht in erster Linie das Verhältnis
zwischen relativer Feuchtigkeit und Temperatur als Maßstab für die Beurteilung der Raumluft zugrunde legen könnte
und den Kohlensäuregehalt noch mehr wie bisher in zweiter
Hinsicht berücksichtigen sollte. (Bravo!)

V o r s i t z e n d e r: Ich muß die Herren, die sich noch
zum Worte melden, dringend bitten, sich an Punkt 5 zu
halten.

Stadt-Oberingenieur, Dipl.-Ing. A r n o l d t , Dortmund:
Meine Herren! Bei der außerordentlichen Wichtigkeit der
Frage, die Herr Ingenieur S c h i e l e vorher gestellt hat,
kann ich die Ausführungen des Herrn Professor B r a b b é e
nicht unwidersprochen lassen. Ich habe ebenfalls die Untersuchung einer nach S c h r e i d e r schen Prinzipien gebauten
Lüftungsanlage vorgenommen, bei der es mir nicht darauf
ankam, festzustellen, ob diese Lüftungsanlage in allen Teilen
richtig arbeitete, sondern bei der ich nur feststellen wollte,
ob es möglich ist, Luft mit bedeutender Untertemperatur in
größeren Mengen in einen Raum zugfrei einzuführen. Bei dieser
Messung, die in einer Schule in Stuttgart bei einer Außentemperatur von —2⁰ in einem großen Zeichensaal vorgenommen

wurde, konnten trotz Einführung eines Luftquantums, welches einem 1,5 fachen Luftwechsel — in der Zuluft gemessen — entsprach und trotz Mangels jeglicher Vorwärmung keinerlei Zugerscheinungen festgestellt werden. Ich möchte nicht weiter auf die S c h r e i d e r schen Anlagen eingehen, mit denen auch ich mich, soweit ich sie kenne, keinesfalls in allen Punkten einverstanden erklären kann. Ich halte es aber für ein außerordentliches Verdienst Schreiders, darauf hingewiesen zu haben, daß es bei einer gewissen ganz bestimmten Verteilung der Einströmungsöffnungen möglich ist, Luft mit bedeutender Untertemperatur zugfrei einzuführen. Ich habe auf Grund der Messungen, die von mir in Stuttgart durchgeführt worden sind, die Lufteinströmung in dem Zuschauerraum unseres Stadttheaters analog der in der Stuttgarter Schule ausgeführten Verteilung provisorisch umgeändert. Es hat sich dabei herausgestellt, daß es im Gegensatz zu früher nunmehr möglich war, die frische Luft von oben mit 8° Untertemperatur ohne die geringste Zugerscheinung einzuführen. Die damalige hohe Außentemperatur hat seinerzeit weitere Versuche mit noch größeren Untertemperaturen nicht gestattet. Die Versuche werden jedoch im nächsten Winter weiter fortgesetzt werden.

V o r s i t z e n d e r: Meine Herren! Ich konstatiere, daß sich hier in der Versammlung von verschiedenen Seiten ein entschiedener Widerspruch gegen die Behauptungen des Redners geltend gemacht hat. Ich möchte aber bitten, die Diskussion nicht auf Theater usw. auszudehnen, da wir sonst ins Unabsehbare hineinkommen, sondern sich möglichst an die Leitsätze für Schulen zu halten.

Ingenieur S e e g e r s, Hannover: Auf Grund zweijähriger Beobachtungen von Lüftungen mit direkter Zuführung von Außenluft kann ich mitteilen, daß wohl bei einzelnen besonderen Fällen dieselben Mißerfolge, wie auch mit anderen Lüftungssystemen, eintreten.

Aber in vielen anderen Fällen, besonders auch in Schulen wurden sehr gute Erfolge konstatiert. So sind z. B. in der Schule in Groß-Lafferde, Hannover, und in der neuen Schule Hannover-List mehrere Klassen mit verteilter direkter Luftzuführung ausgeführt worden, welche während des letzten Winters ständig im Betriebe waren.

Bei wiederholten Prüfungen und Besichtigungen ist festgestellt, daß die Schieber dieser Frischluftkanäle niemals geschlossen, sondern bei jeder Außentemperatur geöffnet waren.

Nur bei starkem Windanfall wurden die Schieber vielleicht auf die Hälfte oder ein Viertel geschlossen.

Ich möchte dann noch darauf aufmerksam machen, daß man die Frage der direkten Einführung frischer Luft überhaupt nicht ohne weiteres allgemein verneinen sollte. Es gibt sehr viele Fälle, wo man gar nicht anders kann, als unbedingt Luft mit geringerer Temperatur einzuführen. Dieses sind meist solche Räume, wo ein großer Wärmeüberfluß vorhanden ist. Es kommen auch in Frage Fabriken, Festsäle, Restaurationsräume . . . . . .

(Zuruf: Schulen)

V o r s i t z e n d e r (unterbrechend): Ich bitte, sich doch auf die Schulen zu beschränken.

S e e g e r s (fortfahrend): Es kommen aber auch vor allen Dingen Schulen in Frage, da hier eine große Anzahl Schüler in einem verhältnismäßig kleinen Raum versammelt sind. Wie ich schon vorher sagte, sind auch in Hannoverschen Schulen, wo verschiedenartigste Lüftungssysteme ausgeführt sind, mit der direkten fein verteilten Einführung frischer Luft sehr gute Erfolge erzielt worden. Es müssen aber Dimension und Verteilung der Frischluftöffnungen in den Räumen genau berechnet werden, und es müssen, um Übelstände bei Windanfällen zu vermeiden, sowohl in Außenfrischluftöffnungen als auch an den Abluftöffnungen regulierbare Klappen oder Schieber angeordnet sein.

Ingenieur und Fabrikbesitzer S c h i e l e , Hamburg: Ich höre eben zu meiner großen Überraschung, daß man bei derartig willkürlich arbeitenden Anlagen, die den Einflüssen des Windes ganz besonders ausgesetzt sind, die Frischluftöffnungen genau berechnet. Ich weiß nicht, wie man das macht. (Bravo!)

Dipl.-Ingenieur S a k u t a , St. Petersburg: Meine Herren! Ich komme aus Rußland, aus St. Petersburg. Es wird den Herren interessant sein, zu hören, wie es sich in Rußland mit

der Frischluftzuführung verhält, in einem Lande, wo das sehr
kalte Klima der Zuluftventilation ganz besondere Schwierigkeiten macht.

Ich habe mich seit 10 Jahren speziell mit der Zuluftventilation befaßt und bin zum Schlusse gekommen, daß es
in sehr vielen Fällen, besonders in besetzten Schulräumen,
Sälen etc. vollständig möglich ist, kalte Luft einzuführen,
wenn dieselbe richtig verteilt und ·die ganze Ventilationsanlage gut berechnet ist.

Ich wollte sie darauf aufmerksam machen, daß ich im
vorigen Jahre im Rauthause (Stadt-Duma) zu St. Petersburg
einen ausführlichen Versuch gemacht habe. Es handelte
sich um einen großen Saal, 12 m hoch . . . . . .

V o r s i t z e n d e r (unterbrechend): Ich darf wohl den
Herrn Redner darauf aufmerksam machen, daß hier nur
von der Schullüftung die Rede ist.

S a k u t a (fortfahrend): Bitte um Entschuldigung, glaube
aber, es würde den Herren bei Besprechung der Zuluftfrage
jedoch vom Interesse sein, zu erfahren, was sich bei oben-
erwähntem Versuche ergeben hat, weil öffentliche Säle doch
auch in Schulen vorkommen, und übrigens ist die Frage der
Frischluftzuführung für besetzte Säle und Schulräume vollständig identisch.

V o r s i t z e n d e r (unterbrechend): Gewiß, soweit es
sich um Schulen handelt.

S a k u t a (fortfahrend): Ich werde mich also kurz fassen:

Ich hatte bei dieser Anlage die kalte Luft direkt von außen
in den Saal eingeführt und an die Decke gleichmäßig durch
Öffnungen von verschiedenem Widerstand verteilt.

Bei dem Versuche hat sich ergeben, daß im Winter bei
— 10° R Außentemperatur und vollbesetztem Saale beim Betriebe der Ventilationsanlage kein Zug verspürt wurde.

V o r s i t z e n d e r: Wir kommen zu Punkt 6, da sich
niemand weiter zum Worte gemeldet hat; lautet:

»Drucklüftung mit Ventilatorbetrieb ist jeder anderen
Lüftungsart vorzuziehen.«

Städtischer Oberingenieur Dipl.-Ing. H a u s e r, München:
Meine Herren! Die Drucklüftung mit Ventilatorbetrieb setzt

zentrale Heizkammern und Verteilungskanäle voraus. Ich möchte darauf hinweisen, daß teilweise die Gründe, warum sie sich bisher so schwer eingeführt hat, auch in den baulichen Verhältnissen liegen. In unseren Münchener Schulen z. B. ist die Ausnutzung der Kellerräume durch Brausebäder, Werkstätten für Lehrlinge usw. eine derartig intensive, daß nur schwer der Raum für zentrale Heizkammern beschafft werden kann. Außerdem ist die Ausdehnung der Schulen so groß bei der Annahme von 36 Schulsälen, daß eine Heizkammer allein gar nicht ausreicht, und daß meist drei angeordnet werden müssen. Wir kommen also um horizontale Kanäle, an die sich vertikale anschließen, nicht herum, und die ersteren werden meist ausgeführt in Form von Rabitzkanälen, die an der Decke hängen und infolgedessen schwer zu reinigen sind. Solange also nicht die Möglichkeit besteht, einen Ersatz für Rabitzkanäle zu finden, und die Steigkanäle in anderer Form wie jetzt auszuführen, billig und hygienisch einwandfrei zugleich, können wir die zentralen Lüftungsanlagen nicht so ausführen, insbesondere hinsichtlich der Vermeidung von Staubablagerungen, daß keine berechtigten Einwände dagegen erhoben werden können.

Städtischer Ingenieur D i e t z , Vorstand des städtischen Heizamtes zu Nürnberg: In Nürnberg liegen die Verhältnisse ähnlich. Es sind die Kellerräume in den Schulen außerordentlich in Anspruch genommen. Infolgedessen wurde kürzlich ein Überdruck-Lüftungssystem mit Ventilatorbetrieb durchgeführt nach dem Vorschlage des Herrn Direktors O. K r e l l sen. Wir haben nur eine zentrale Luftvorwärmekammer. Von dieser geht in jedes Geschoß gewöhnlich ein einziger Kanal unmittelbar senkrecht hoch, der in den Korridor ausmündet. Ist das Gebäude sehr langgestreckt, so kommen höchstens zwei solcher Korridorkanäle für jedes Geschoß in Betracht. Die Korridore sind durch Flügeltüren von dem Treppenhaus abgetrennt, und die Luft strömt aus dem Korridorreservoir direkt über Kopfhöhe durch Kanäle in die Klassenzimmer hinein. Ich kann über die Bewährung dieses Systems hier noch keine Resultate bringen, ich kann nur sagen, daß das wohl die einfachste Art der zwangläufigen Luftzuführung darstellen dürfte. Die Reinigung der Kanäle ist außerordentlich leicht. Vor allen Dingen ist es möglich, den Klassenräumen die Zuluft unter ganz bestimmten, gleichmäßigen Bedingungen zuzuführen. Es ist auf leichte Weise möglich, den Druck, der in den Korridoren herrscht, so zu regulieren, daß sämtliche Klassenzimmer, ganz gleich ob in den unteren, mittleren oder oberen Stockwerken, unter durchaus gleichen Druckverhältnissen stehen. Es ist bekanntlich schwierig bei der gewöhnlich anzutreffenden Anordnung, daß jedes Klassenzimmer seinen eigenen Zuluftkanal vom Kellergeschoß aus erhält, festzustellen, ob auch wirklich in jeden Raum die berechnete Menge Luft hineinkommt. Das kann aber bei der vorliegenden Anordnung außerordentlich leicht durch zentrale Kontrolle der Luftgeschwindigkeit für 3 bis 6 Kanäle erreicht werden. Dies ist der außerordentliche Vorteil dieses Systems. Welche Erfahrungen damit gesammelt werden, dafür müssen wir den nächsten Winter abwarten. Hinzuzufügen ist, daß die geschilderte Anordnung natürlich nur da ausgeführt werden darf, wo die Kleiderablage nicht in den Korridoren stattfindet.

Max T h i l o , Ingenieur bei G. Weber, Lausanne: Ich wollte nur sagen, daß bei den mir bekannten, in Deutschland und in der Schweiz ausgeführten Anlagen oft die Anordnung der zur Lufterwärmung und Beförderung dienenden Teile zu viel Raum beansprucht. Wenn es sich nur um kleine Anlagen handelt, hat das vielleicht keinen Belang, sobald aber größere Luftmengen zugeführt werden sollen, möchte man mehr darauf sehen, daß die Anlage kompakt werde. Da könnte man eher einen Raum im Keller finden, um den Apparat aufzustellen. Ein Beispiel, dem man gut folgen könnte, finden wir bei den in Amerika ausgeführten Anlagen (s. auch Ludwig D i e t z , Ventilatoren und Heizungsanlagen, Verlag von R. Oldenbourg).

Oft wird auch nicht der richtige Ventilator angewandt. Es müßten die Schraubenventilatoren überhaupt keine Anwendung bei Anlagen finden, wo der Bewegung der Luft Widerstände in den Kanälen und Heiz- und Filterkammern entgegentreten. Die Schraubenventilatoren ergeben einen zu

geringen Wirkungsgrad bei einem oft überschrittenen Widerstand von 10 bis 15 mm Wassersäule. Man sollte, obgleich
die Anlagekosten höhere sind, nur Schleudergebläse wählen,
welche viel bessere Koeffizienten der Kraftausnutzung ergeben, und bei denen sich die beförderte Luftmenge sicher
vorausbestimmen läßt.

Dann wollte ich noch eine Meinung hier aussprechen.
So gut wie die besten Resultate mit der Drucklüftung erzielt
worden sind, wird in vielen Fällen die mit der Drucklüftung
verbundene Heizung mit vermittelst Niederdruckdampf oder
Warmwasser vorgewärmter Luft einer Heizung mit in den
Schulräumen verteilten Heizkörpern vorzuziehen sein. Die
Anlagekosten sind im Durchschnitt geringer, und wird auch
die Bedienung viel einfacher bei einer zentralen Anlage.
Außerdem sind auch die Betriebskosten und der Brennmaterialverbrauch keine sehr hohen. Die Menge der bei einer
Pulsionslüftung vorgewärmten Außenluft übersteigt in den
meisten Fällen nicht den für die Ventilation erforderlichen
Luftbedarf, auch ist bei richtiger Anordnung der Kanäle
sonst kein zweckloser Wärmeverbrauch vorhanden. Z. B. müßte
bei einem zur Heizung erforderlichen Verbrauch von 30 WE
für jeden Kubikmeter Rauminhalt und einem dreieinhalb-
maligen Luftwechsel in der Stunde jeder durch die kombinierte
Drucklüftung und Heizung den Räumen zugeführte Kubikmeter Luft 8,5 WE abgeben können, der Temperaturunter-
schied zwischen der zugeführten und der in den Räumen
abgekühlten Luft also etwa 30° C betragen.

Eine solche von mir für eine Schule entworfene Anlage
hat sich gut bewährt und einen geringen Verbrauch an Brennmaterial ergeben.

Vorsitzender: Ich darf wohl jetzt zu Punkt 7
übergehen, welcher lautet: »Abluftkanäle sind notwendig,
aber bei Drucklüftung höchstens für ½ des vorgesehenen
Luftwechsels zu bestimmen. Obere Abzugsöffnungen sind
nur nötig, wenn Gasbeleuchtung vorhanden, oder wenn
Kühlung durch Zuführung kälterer Luft nicht vorgesehen ist.«

Landesoberingenieur O s l e n d e r , Düsseldorf: Ich möchte
bitten, da ganze Sache zu machen und zu sagen: »Unverschließbare Abluftkanäle sind notwendig, allenfalls bei Drucklüftung können sie wegbleiben, wohl aber sind o b e r e Abzugsöffnungen nicht nötig. Die Frischluftschieber sind nach
Schluß der Schule zu schließen. Die Abluftkanäle sind gegen
Wind und Wetter zu sichern.« Es ist, wie der Herr Vortragende
schon bemerkte, vielfach beobachtet worden, daß die Klappen
nicht richtig bedient worden sind. Wenn in den Abzügen
keine Klappen sind, so fällt eben dieser Übelstand fort, d. h.
wir nehmen den kleinsten von den Übelständen und lassen
die Abzüge immer offenstehen. Bei vielen Zentralheizungen
ist neuerdings verlangt worden, man solle überhaupt keine
Ventilation mehr machen, weil die Klappen nicht bedient
würden, und der Herr Vortragende hat ja erwähnt, daß sich
auch ein städtischer Heizungsingenieur auf diesen Stand-
punkt gestellt hat. Da möchte ich doch betonen, daß die
Majorität der städtischen Heizungsingenieure auf einem
ganz anderen Standpunkte steht, und daß es sehr erwünscht
wäre, wenn man den städtischen Heizungsingenieur, der
das gesagt hat, noch näher kennen lernte. Ich möchte also
den letzten Absatz dieses Leitsatzes: »obere Abzugsöffnungen
sind nur nötig usw. bis vorgesehen ist«, einfach streichen.
Wir brauchen keine oberen Abzugsöffnungen. Für Schulen
sind sie bloß Veranlassung zu unzulässig großer Wärme-
entziehung.

Ingenieur und beratender Sachverständiger W. M e h l ,
Dresden: Den Satz: »Obere Abzugsöffnungen sind nur nötig,
wenn Gasbeleuchtung vorhanden ist«, kann ich nicht unterschreiben. Es ist nicht zu vermeiden, daß auch bei aufmerk-
samer Bedienung der Heizung während der Dauer des Schul-
unterrichtes die höchst zulässige Temperatur von $+ 20^0$ C
überschritten wird, unter Umständen auch bei abgestellter
Heizung infolge der Wärmeproduktion der Schüler. Die
Fenster können nicht geöffnet werden wegen ungünstiger
Witterungsverhältnisse. Aus diesem Grunde meine ich, müssen
obere Abluftöffnungen vorhanden sein zwecks Ableitung der
überschüssigen Wärme.

Ingenieur Dr. M a r x , Berlin-Wilmersdorf: Meine Herren! Sie sehen, wie interessant unser Fach ist. Man braucht nur einen dieser Punkte vorzulesen, und zehn von uns haben zwanzig verschiedene Meinungen! (Heiterkeit.) Ich stehe auch auf dem Standpunkte, daß o b e r e Abluftkanäle notwendig sind. Wenn z. B. bei Regenwetter 50 Kinder mit nassen Schuhsohlen hereinkommen, ist eine derartige Luft im Zimmer, daß sich der Lehrer zur schnellen Lufterneuerung der oberen Abluftöffnungen bedienen m u ß. Sie können gar nicht verhindern, daß Schulklassen bisweilen überheizt werden. Es hat z. B. ein Lehrer das Ventil geöffnet, aber vergessen, es später wieder zuzudrehen. Die Klasse möge dann den Turn- oder Gesangsaal benutzen. Während dieser Stunde wird dann das Klassenzimmer überheizt, und es geht gar nicht anders, als in der folgenden die oberen Abluftklappen zu öffnen. Im Sommer, wenn die Fensterlüftung möglich ist, bekommen nur die ersten drei bis vier Kolonnen in dem Schulzimmer das bischen Luft vom Fenster, während der Winkel, der sich an der Innenwand bildet, nichts von der frischen Luft erhält. Da wird wieder der obere Abluftkanal in Tätigkeit treten müssen, um auch diesen Winkel an der Innenwand des Raumes zu entlüften. Es muß allerdings die Betriebsvorschrift lauten, daß die Abluftklappe bis 10^0 Außentemperatur nur vorübergehend geöffnet werden darf, von $+ 10^0$ Außentemperatur an aber stets geöffnet sein muß.

V o r s i t z e n d e r: Es hat sich niemand weiter zum Worte gemeldet. Wir kommen zu Punkt 8: »Eine Durchlüftung der Klassenräume während der Pausen für einige Minuten ist auch für Schulen mit guten Lüftungsanlagen zu empfehlen.«

Wünscht jemand das Wort? — Das geschieht nicht.

Punkt 9: »Das Öffnen der Fenster während der Besetzung muß immer verhindert werden.« Keine Einwendung.

Punkt 10: »Vorrichtungen zur Befeuchtung der Luft sind vollständig überflüssig.«

Punkt 11: »Die Bedienung der Heizkörperventile und Lüftungsklappen soll nicht durch die Lehrer oder Schüler, sondern durch Schuldiener oder Heizer erfolgen, sofern nicht selbsttätige Temperaturregler vorhanden sind, welche durchaus empfohlen werden können.«

Wünscht jemand das Wort? — Es geschieht nicht.

Ich komme zum letzten Punkte (12): »In großen Städten sind Lehrheizer o. dgl. notwendig, welche ständig darauf achten, daß die Anlagen richtig bedient werden.«

Wünscht jemand dazu das Wort?

Ingenieur Dr. M a r x , Berlin-Wilmersdorf: Meine Herren! Ich habe wieder eine Bitte an unseren geschäftsführenden Ausschuß. Was hat es für einen Zweck, daß wir eine derartig große Speisekarte von zwölf wichtigen Punkten hier in aller Schnelligkeit durchackern! Ich habe vorhin schon gesagt: Zu jedem Punkte hätten wir Stoff genug gehabt, um vielleicht eine Stunde darüber mit Erfolg zu diskutieren. Und das ist ja schließlich doch der große Vorteil eines Kongresses, daß wir alle, die wir aus nah und fern hierhergeeilt sind, unsere persönliche Meinung zum Ausdruck bringen. Wieviel Druckerschwärze kann gespart werden, wenn wir uns hier aussprechen, anstatt uns der Zeitungen zu bedienen und dort langatmige Aufsätze loslassen! Deshalb habe ich von meinem persönlichen Standpunkte aus die große Bitte an den geschäftsführenden Ausschuß zu richten, daß er künftig den Vortragenden empfiehlt, uns erstens die Leitsätze viel früher zugehen zu lassen. Es wäre vielleicht richtig gewesen, sie in der Festnummer des Gesundh.-Ing. zu veröffentlichen, damit wir uns alle darauf vorbereiten konnten. Zweitens aber möchte den Herren Vortragenden empfohlen werden, sich eine sehr weise Beschränkung aufzuerlegen und höchstens zwei bis drei Punkte, wirklich wichtige Punkte, herauszugreifen. Die aber müßten dann hier in a l l e r Ausführlichkeit behandelt werden.

Meine Herren! Man überliest das hier, man wagt es aber nicht mehr, das Wort dazu zu ergreifen, um Ihre Geduld nicht zu sehr in Anspruch zu nehmen, aber Sie dürfen nicht verkennen, daß wir hier zum Fenster hinaus sprechen. Wenn das gedruckt wird, dann meinen unsere Auftraggeber draußen, die Behörden und Hygieniker, daß das alles ein Katechismus ist, nach dem gearbeitet werden soll, und dadurch wird dann

uns anderen, die wir nicht diese Leitsätze billigen, das Arbeiten
erschwert; wir müssen dann in jedem einzelnen Falle immer
erst einen besonderen Vortrag über unsere gegensätzliche
Meinung halten.

Diese beiden Bitten habe ich an den geschäftsführenden
Ausschuß zu richten. Ich weiß nicht, ob ich auch Ihre Meinung
getroffen habe! (Lebhafter Beifall.)

Vorsitzender: Die Anregung wird voraussichtlich seitens
des geschäftsführenden Ausschusses in Zukunft entsprechende
Berücksichtigung finden.

Landesoberingenieur O s l e n d e r , Düsseldorf: Wenn
ich bitten dürfte, mit Rücksicht auf die Lehrer, die an der
Schulheizung das größte Interesse haben, noch einen Punkt
zu den aufgestellten Leitsätzen hinzuzufügen, so wäre es
der, daß die Lehrer kurz nach Anfang jedes Semesters durch
Heizingenieure über Anlage und Wirkung der Heizanlagen
ihrer Schulen instruiert werden. Wenn Sie gesehen haben,
mit welch großem Interesse die Lehrer vielfach diese Ausführungen hören und auf diese Weise Einblick in die Sache
bekommen und den Zweck der Anlage kennen lernen, so werden
Sie den Nutzen einer derartigen kurzen Belehrung wohl ver-
stehen. Am besten wird dieselbe demonstrativ, mündlich
erteilt; sie kann aber auch schriftlich erfolgen. Die Belehrung
muß aber von Zeit zu Zeit wiederholt werden, besonders
auch damit die neu eingetretenen Lehrer sich über die Heizungs-
und Lüftungsanlage unterrichten können.

Städtischer Ingenieur H i n t z b e r g: Ich möchte dem
Herrn Vorredner zustimmen. Ich habe schon wiederholt in
den letzten Jahren Gelegenheit gehabt, zu beobachten, daß
an größeren Schulen die Lehrer einen Heizinformationskursus
durchgemacht haben, und daß die Lehrerkollegien über den
einen oder anderen Teil der Heizungsanlagen Vorträge gewünscht haben. Dabei habe ich immer gefunden, daß die
Herren der Sache ein großes Interesse entgegengebracht
haben. Sie haben Fragen gestellt, die Fragen sind beantwortet
worden, und durch einen Rundgang durch die Schule ist
Aufklärung über die ganze Anlage gegeben worden. Nachdem
die Herren so aufgeklärt worden waren, hat man gewöhnlich

vor weiteren Fragen Ruhe gehabt. Sie haben eben das, was man ihnen erklärt hat, nicht nur zum Teil beherzigt, sondern sie haben es auch weiter getragen an ihrer eigenen Schule wie auch in ihre sonstigen Kollegenkreise hinein. Das halte ich für außerordentlich wichtig. Es kostet nicht viel und wirkt nützlich.

Vorsitzender: Es hat sich niemand weiter gemeldet. Ich schließe die Debatte und danke den Herren für die zahlreiche Beteiligung an der Diskussion und die interessanten Ausführungen.

Ich erteile nunmehr dem Herrn Vortragenden das Schlußwort.

Direktor S c h u m a c h e r , Berlin: Meine Herren! Zu Punkt 1 muß ich hinzufügen, daß diese Temperaturen für die Zeit der Besetzung gelten sollen.

Herrn S c h i e l e muß ich insofern recht geben, als noch andere Gründe als die Explosionsgefahr gegen die Heißwasserheizung sprechen. Jedenfalls kommt das System für Schulen nicht in Frage.

Über Kachelöfen mich zu äußern, muß ich unterlassen, da die Erledigung dieser Frage doch zu viel Zeit erfordert, wenn die sämtlichen Nachteile einer derartigen Schulheizung hier erörtert werden sollen.

Herr Dr. M a r x wünscht die Feststellung der Betriebskosten verschiedener Systeme. Es wäre allerdings sehr von Vorteil, wenn wir einwandfreie Resultate bekommen könnten. Doch wird dies sehr viel Schwierigkeiten machen, und ich bezweifle fast, ob wir über derartige Feststellungen selbst nach Ablauf von vielen Jahren verfügen werden.

Zu Punkt 3 ist ein Zusatz gewünscht worden; es muß also heißen: Bei Doppelfenstern »und Drucklüftung« kann die Raumheizfläche an der Innenwand aufgestellt werden. Die Meinungen über die Stellung der Heizkörper gehen ganz auseinander, wie wir gehört haben. Teilweise werden nach wie vor die Heizkörper an den Außenwänden gewünscht, um Zugerscheinungen zu verhüten. Ich mache aber nochmals darauf aufmerksam, daß diese örtliche Heizfläche während der Besetzung vielfach außer Betrieb sein wird. Ich will die

Frage hier nicht weiter erörtern und habe ja auch am Schlusse
meines Vortrages erwähnt, daß nach wie vor ganz verschiedenartige Anlagen zur Ausführung kommen werden und von
Fall zu Fall überlegt werden muß: Soll man die Heizkörper
an den Außen- oder Innenwänden aufstellen. Bei Doppelfenstern und Drucklüftung sind jedenfalls gut annehmbare
Verhältnisse zu erzielen, selbst wenn die Heizkörper an den
Innenwänden aufgestellt werden.

Daß Doppelfenster aus wirtschaftlichen Gründen zu
empfehlen sind, habe ich bereits im Vortrag gesagt, aber
in die Leitsätze aufzunehmen, daß nur Doppelfenster Verwendung finden sollen, das geht wohl zu weit, denn es gibt
Städte, in denen auch mit einfachen Fenstern auszukommen ist.

Zu Punkt 4 ist mir der Vorwurf gemacht worden, daß
ich für Landschulen eine Lüftung nicht als unbedingt notwendig bezeichnet habe. Ja, meine Herren, wenn erreicht
werden kann, daß Lüftung eingebaut wird, bin ich selbstverständlich stets dafür, aber es muß damit gerechnet werden,
daß für Landschulen die Mittel oft sehr knapp sind, und man
kann zufrieden sein, wenn wenigstens richtige Öfen zur Verwendung kommen.

Zu Punkt 5 ist von der Schreider-Lüftung gesprochen
worden. Der Wert feinverteilter Luftzuführung war schon
lange bekannt, bevor Herr S c h r e i d e r sie in Vorschlag
gebracht hat. Ich wiederhole: in der Ausführung, wie sie
bis jetzt bekannt, ist die Schreider-Lüftung nicht zu empfehlen.
Ich wollte bei der Erwähnung dieser Luftzuführung nur darauf
hinweisen, daß wir tatsächlich mit der Zulufttemperatur
unter Raumtemperatur gehen und dies verwerten können,
um bei der Lüftung der Schulen eine Überheizung der Räume
zu verhindern.

Daß die Diagramme hinsichtlich des Wärmebedarfes
der Klasse wohl richtig sind, aber nicht ohne weiteres einen
Schluß auf die Änderung der Innentemperaturen zulassen,
habe ich selbst schon gesagt, denn die Wärmeaufnahme der
Mauern ist dabei nicht berücksichtigt. Wie groß diese ist,
das kann meines Wissens rechnerisch noch nicht genau festgestellt werden. Immerhin ist die Aufnahme nicht so groß,

daß erhebliche Temperatursteigerungen ausgeschlossen sind, und diese Temperatursteigerungen lassen sich vermeiden, wenn die frische Luft etwas kälter eingeführt wird. Natürlich soll die Luft nicht bei — 5 oder — 10⁰ mit Außentemperatur zugeführt werden, denn ich habe ja heute den Beweis erbracht, daß zur Einhaltung einer Innentemperatur von 18⁰ C bei + 10⁰ C Außentemperatur eine Einströmungstemperatur von etwa + 13⁰ C genügt.

Es darf aber die Innentemperatur laut Punkt 1 auf + 20⁰ gesteigert werden und kann dann mit Zuführung von 14- bis 15-gradiger Luft gerechnet werden, besonders wenn der Luftwechsel auf das Vierfache des Rauminhaltes erhöht wird. Die Luft muß nur gut verteilt werden, und gerade bei Zuführung der Luft mit großer Eintrittsgeschwindigkeit ist die Verteilung leicht möglich, indem ein Prellblech vor die Öffnung gesetzt wird oder ein Gitter, wie in der Skizze angedeutet ist. Das ist natürlich nicht zulässig, wenn die Luft nur mit natürlichem Auftrieb langsam in die Räume einströmt.

Ferner ist gesagt worden, daß für die Lüftungsanlage in den Kellern vielfach keine Räume übrigbleiben. Meine Herren! Dagegen müssen wir protestieren, denn die Lüftungsanlage ist doch so wichtig, daß dafür zunächst Raum geschaffen werden muß. Nötigenfalls könnten die Werkstättenräume etwas eingeschränkt werden, aber die Lüftung geht vor.

Es sei auch darauf hingewiesen, daß Blechkanäle angelegt werden können, wenn begehbare Kanäle nicht ausführbar sind. Die Resultate der amerikanischen Lüftungsanlagen haben ja gezeigt, daß damit eine ganz einwandfreie Lüftung möglich ist.

Die Anlagen, wie sie jetzt in Nürnberg ausgeführt werden sollen, erscheinen mir bezüglich der Schallübertragung nicht ganz einwandfrei, denn soviel ich gehört habe, soll die Lüftung aus dem Korridor in die einzelnen Klassen gelangen.

Es ist dann vorgeschlagen worden, überhaupt nur Druckluftheizung anzuwenden. Dagegen glaube ich aber in meinem Vortrage genügend gesprochen zu haben, erstens wegen der hohen Betriebskosten beim Anheizen und zweitens, weil im Raume selbst zu hohe Temperaturunterschiede zwischen Fußboden und Decke auftreten, wenn die Zulufttemperatur sehr hoch ist, was in Schulen vermieden werden muß.

Zu den übrigen Punkten hätte ich weiter nichts zu sagen. Natürlich kann das Wort »Schuldiener« aus den Leitsätzen gestrichen werden, wenn der Schuldiener eben Heizer ist.

Herr Dr. M a r x empfiehlt eine Beschränkung des Stoffes. Das ist sehr schön gesagt. Ich habe aber heute bei der Frage der Schulheizung und Lüftung schon alle Erörterungen über Einzelkonstruktionen fortgelassen. Mehr fortzulassen, war nicht möglich, weil eins ohne das andere gar nicht besprochen werden kann.

Vorsitzender Professor P f ü t z n e r : Meine Herren! Damit ist dieser Punkt der Tagesordnung wohl erledigt. Ich glaube in Ihrem Einverständnis zu handeln, wenn ich nach dem Schlußwort dem Herrn Vortragenden nochmals für seine Ausführungen danke. (Anhaltender lebhafter Beifall.)

Wir wollen jetzt in der Tagesordnung eine Pause von einigen Minuten machen. Ich bitte aber die Herren, den Saal nicht zu verlassen. Es wird nur ein paar Minuten dauern, zu dem Zweck, um hier einige Zeichnungen aufzuhängen.

(Kurze Pause.)

Den Vorsitz übernimmt Herr Stadtbaurat W a h l, Dresden.

Vorsitzender Stadtbaurat W a h l: Meine Herren! Ehe wir in der Tagesordnung fortfahren, möchte ich kurz darauf hinweisen, daß der Ausflug nach Meißen heute nachmittag unter allen Umständen stattfindet. Ich möchte Sie bitten, sich nicht durch Regenschauer abhalten zu lassen. Wir sind in Meißen durchaus darauf eingerichtet, daß wir auch bei Regenwetter einen vergnügten Nachmittag verleben können. Übrigens sieht es so aus, als ob wir heute noch den schönsten Nachmittag mit Sonnenschein zu erwarten hätten. (Heiterkeit.)

Ich bitte nun Herrn Ingenieur Wilhelm V o c k e seinen Vortrag über »W a r m w a s s e r b e r e i t u n g, i n s b e - s o n d e r e f ü r h ä u s l i c h e n B e d a r f« zu halten.

VII. Vortrag.

Warmwasserbereitung, insbesondere für häuslichen Bedarf.

Von Ingenieur Wilhelm Vocke, Dresden.

Theoretisch ist der Entwurf und die Berechnung von Warmwasserbereitungsanlagen meist ziemlich einfach. Sobald feststeht, wieviel warmes Wasser in der Zeiteinheit gebraucht wird und welche Temperatur es haben muß, ist erstens dafür zu sorgen, daß eine genügende Menge kalten Wassers zur Verfügung steht; zweitens ist genügend Wärme in einer zweckmäßigen Form zu entwickeln oder vorhandene Wärme zu verwenden. Weiter ist eine Austauschvorrichtung zu schaffen, durch welche die Wärme dem kalten Wasser mitgeteilt wird, derartig, daß als Endprodukt die geforderte Warmwassermenge in der gewünschten Temperatur entsteht, und endlich ein Fortleitungssystem, aus welchem das warme Wasser in der genügenden Menge und in der gewünschten Temperatur an der Verbrauchsstelle gezapft werden kann.

Die praktische Ausgestaltung dieser Einzelteile einer Warmwasserbereitungsanlage — also der Kaltwasserversorgung, des Wärmeentwicklers, der Wärmeaustauschvorrichtung und des Leitungsnetzes — ist dem Heizungsingenieur geläufig. Auch sind in der Literatur sowohl über die Einzelteile, ihre Berechnung und Konstruktion als über ganze Warmwasserbereitungsanlagen genügend Abhandlungen erschienen, um jeden Interessenten über etwaige ihm noch fremde Einzelheiten zu unterrichten. Als die bekanntesten neueren Veröffentlichungen nenne ich die Werke von Roose, von Heepke und von Marx.

Obwohl hiernach der Heizungsingenieur in erster Linie berufen erscheint, einwandfrei arbeitende Warmwasserbereitungsanlagen zu liefern, sind doch Anlagen in großer Zahl entstanden, welche ihren Zweck nicht erfüllen und zu Klagen Veranlassung gegeben haben. Auf Wunsch der Kongreßleitung will ich deshalb versuchen, die gefundenen Mißstände, sowie die Fehler oder Irrtümer, welche häufig begangen werden, zu erörtern, und nach Möglichkeit Mittel angeben, sie zu vermeiden. Ich betone im voraus ausdrücklich, daß es mir

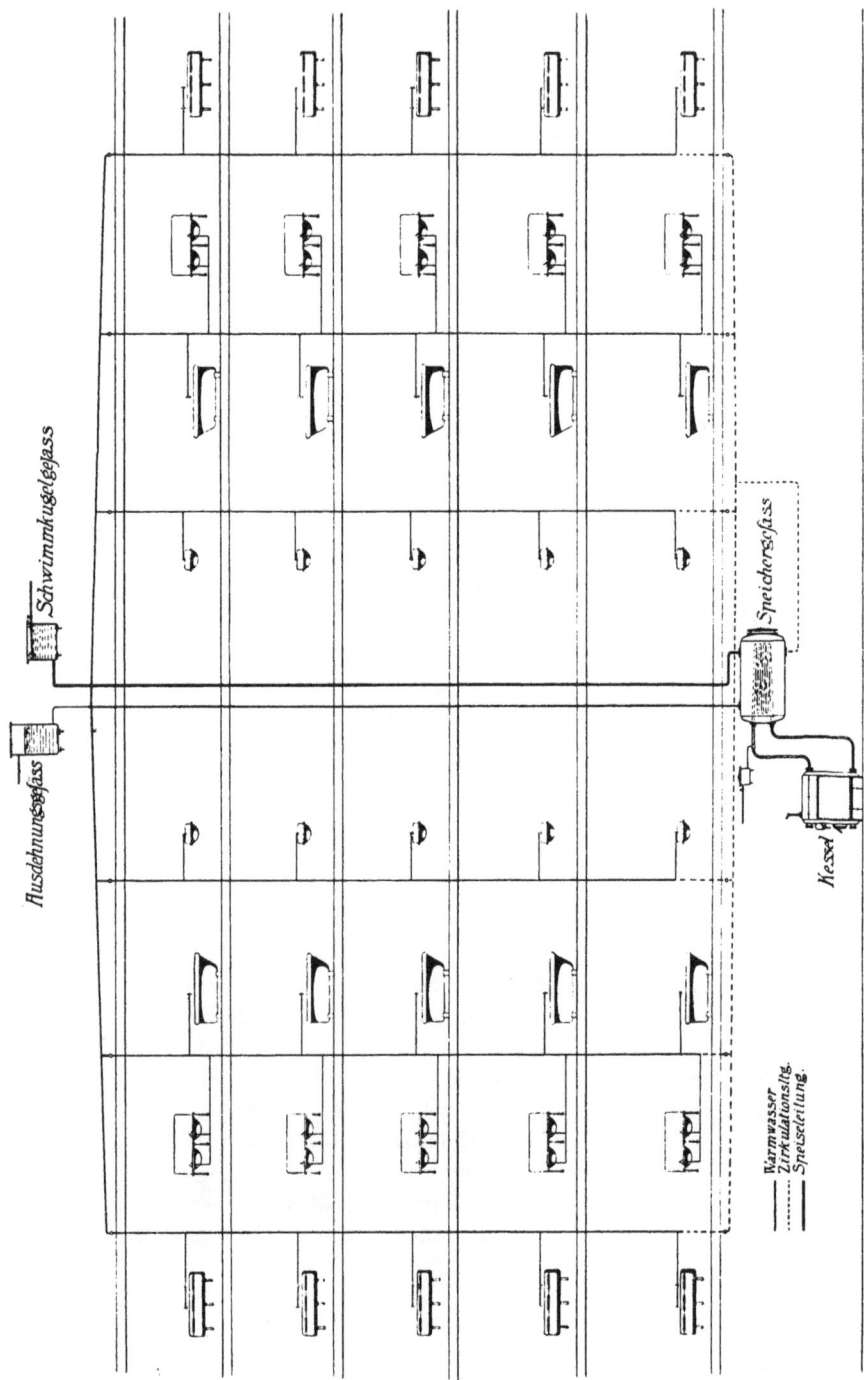

Fig. 135. Warmwasserversorgung für ein Mietshaus mit 10 Wohnungen. Zentrale Bereitung mit Koksfeuerung

Schwimmkugelgefäss

Ausdehnungsgefäss

Speichergefäss

Kessel

— Warmwasser
••••• Zirkulationsltg.
— Speiseleitung.

fernliegt, irgendwelche Erzeugnisse bestimmter Firmen zu kritisieren.

Wie ich bereits zu Anfang sagte, muß in erster Linie die Menge des erforderlichen warmen Wassers in der Zeiteinheit und seine Temperatur festgestellt werden. Natürlich muß die Anlage für den Höchstbedarf bemessen werden. Dieser ist bisweilen schwierig zu schätzen, namentlich dann, wenn eine große Menge von Zapfstellen in Frage kommt, aus welchen unregelmäßig verschieden große Wassermengen entnommen werden.

Ein solcher Fall liegt z. B. vor, wenn eine zentrale Warmwasserbereitungsanlage für ein großes Mietswohnhaus entworfen werden soll, in welchem oft 10, 15 bis 20 herrschaftliche Wohnungen enthalten sind, wie dies in Großstädten, namentlich in Berlin, häufig vorkommt. Eine derartige Anlage für 10 Wohnungen ist in Fig. 135 schematisch dargestellt. Jede Wohnung hat Warmwasserzapfstellen im Badezimmer, in der Küche, im Schlafzimmer und meist auch in der Garderobe. Wie ist der Höchstbedarf in solchem Falle zu berechnen?

Wie die Erfahrung gelehrt hat, versagen gerade in Berlin sehr zahlreiche Anlagen am Sonnabend abend oder Sonntag vormittag, während sie zu den übrigen Zeiten den an sie gestellten Anforderungen vielfach genügen. Es geht hieraus hervor, daß der Höchstbedarf bei derartigen Miethäusern Sonnabend abend oder Sonntag vormittag eintritt. Die hohe Inanspruchnahme der Wasseranlage wird offenbar zu dieser Zeit veranlaßt durch lebhafte Benutzung der Badeeinrichtungen, bei gleichzeitigem starken Zapfen warmen Wassers in der Küche zu Spül- und Reinigungszwecken.

Die maximal verbrauchte Warmwassermenge für die Bäder läßt sich für normale Fälle ziemlich sicher schätzen, wenn man annimmt, daß in jeder Wohnung hintereinander zwei Bäder von je 200 l Wasser von 35° C genommen werden, wobei die Dauer eines Bades einschließlich Füllen, Entleeren und Reinigen der Wanne zu ¾ Stunden angenommen werden kann. Der Warmwasserverbrauch allein für Badezwecke kann hiernach für jede Wohnung zu 400 l von 35° C in

1½ Stunden oder 266 l von 35⁰ C bzw. etwa 135 l von 60⁰ C pro Stunde angenommen werden[1]).

Schwieriger ist die Bestimmung der in der K ü c h e gezapften Warmwassermenge, da bekanntlich das Küchenpersonal sich in der Verwendung dieses verhältnismäßig teuren Stoffes keinerlei Beschränkung auferlegt und auch bisweilen von der Herrschaft, die für die Warmwasserbereitung einen Pauschbetrag bezahlt hat, nicht nur zur Sparsamkeit nicht aufgefordert, sondern zur reichlichen Verwendung reinen warmen Wassers veranlaßt wird.

Ein Aufwaschtisch mit drei Becken enthält in den beiden zur Warmspülung bestimmten zusammen etwa 100 l. Zum Abwaschen fettiger Geschirre ist eine Wassertemperatur von etwa 60⁰ C unerläßlich. Es dürfte daher durchaus nicht hoch gegriffen sein, wenn für Spülzwecke während der Höchstbenutzung der Warmwasseranlage für jede Wohnung eine Zapfmenge von 100 l von etwa 60⁰ C in Ansatz gebracht wird.

Der Warmwasserbedarf in den Waschtoiletten der Schlafzimmer und der Garderoben ist gegenüber den genannten Mengen unerheblich. Bei der jetzt meist üblichen Anordnung eines einzigen Warmwasserspeichers — Reservoir oder Boiler, wie gewöhnlich gesagt wird — mit einer Temperatur von etwa 60⁰ C ist demnach für jede Wohnung eine Warmwassermenge von etwa 250 l v o n 60⁰ C durchaus nicht zu reichlich.

Bei einer größeren Anzahl von Wohnungen kann diese Zahl wohl etwas herabgesetzt werden, da nicht in allen Wohnungen gleichzeitig die volle eben geschätzte Wassermenge gezapft wird; doch möchte ich empfehlen, nicht unter 200 l

---

[1]) Sofern außergewöhnliche Fälle vorliegen, gestaltet sich die Rechnung entsprechend anders. Z. B. ist bei Kachelwannen der Wasserverbrauch viel größer, da der Inhalt derartiger Wannen 6—700 Liter beträgt; auch erwärmen sie sich schwer, weshalb die Zulauftemperatur des Wassers höher angenommen werden muß. Es empfiehlt sich deshalb allgemein, vor der Ausführung sich über die Größe der Wannen zu vergewissern, namentlich bei Badeanstalten, wo der Einfluß jedes Fehlers in der Schätzung der Wannengröße sich mit der Zahl der Wannen vervielfacht.

pro Wohnung herunterzugehen, da in der vorgenommenen
Schätzung des Warmwasserbedarfes die häufig vorkommende
Verschwendung warmen Wassers sowie der Bedarf für die
Waschtoiletten, für das Reinigen von Fußböden usw. noch
keine Berücksichtigung gefunden hat. Dieses Herabsetzen
des Bedarfs für jede Wohnung auf 200 l halte ich aber nur dann
für zulässig, falls die Wohnungen selbst nicht zu groß sind.
Bei Wohnungen von sechs Zimmern und mehr möchte man
lieber bei 250 l bleiben.

Unter diesen Annahmen würde demnach die Warmwasseranlage für ein Haus mit zehn kleineren derartigen Wohnungen
für einen Stundenbedarf von etwa 2000 l von 60° C zu bemessen sein.

Im allgemeinen wird man auskommen, wenn man das
Speichergefäß so groß einrichtet, daß der einstündige Warmwasserbedarf darin untergebracht werden kann; der Kessel
wird im allgemeinen so gewählt, daß er in etwa zwei Stunden
den Speicher auf seine erforderliche Höchsttemperatur von
etwa 60° C hochzuheizen vermag, damit die Anheizzeit nicht
zu groß wird. In Ausnahmefällen muß natürlich eine genaue
Untersuchung der Schwankungen des Warmwasserverbrauches
stattfinden, was man sich zweckmäßig und übersichtlich
graphisch klarmacht, indem man als Abszisse die Zeit, als Or-
dinate den Verbrauch in der Zeiteinheit aufträgt. Je größer
die Schwankungen im Zapfen, um so größer muß der Speicher
sein. Die Wärmequelle ist etwa für den mittleren Bedarf zu
bemessen.

Zurzeit werden die Anlagen in derartigen Mietswohn-
häusern vielfach nur für die halbe Leistung, als vorhin angegeben, angelegt. Die Folge davon sind eben die zahlreichen
Beschwerden, welche laut geworden sind; und wenn hier
und da eine knapp bemessene Anlage nicht beanstandet worden ist, so ist dies darauf zurückzuführen, daß die Wassertemperatur im Warmwasserspeicher vor dem Einsetzen des Höchstbedarfes unzulässig hochgetrieben worden ist, daß der Kessel
während des Höchstbedarfes aufs äußerste angestrengt wird
und daher unwirtschaftlich arbeitet und wahrscheinlich
gleichzeitig eine Anzahl der Hausbewohner nach mehrfachen

vergeblichen Versuchen, Sonnabend abend oder Sonntag vormittag Badewasser zu erhalten, ohne sich weiter zu rühren, hierauf verzichtet hat.

Um einwandfreie Anlagen zu schaffen, ist es daher dringend nötig, die Anlagen in Zukunft reichlicher zu bemessen. Die Anlagekosten steigen bei den heutigen sehr niedrigen Preisen für Kessel und Speichergefäße nur unbedeutend, bei einer Anlage für 10 Wohnungen beispielsweise bei Steigerung der Leistungsfähigkeit der Anlage von 1000 auf 2000 l von 60^0 C stündlich um etwa M. 500, was gegenüber der Gesamtbausumme für ein derartiges Haus gar nicht ins Gewicht fällt.

Meine Herren! Ich möchte nicht nur empfehlen, die Kessel und die Wärmespeicher reichlicher zu bemessen, sondern möchte ferner anregen, für größere und besser eingerichtete Häuser z w e i Wärmespeicher anzuordnen, von welchen der eine nur für Badezwecke bestimmt ist und mit einer Höchsttemperatur von etwa 40^0 C arbeitet, während der zweite für die Küchen angelegt wird und auf die für Spülzwecke erforderliche Temperatur von etwa 60^0 C geheizt wird. Diese Anordnung empfiehlt sich auch für Hotels, Badeanstalten, Sanatorien usw. Der Vorteil besteht einmal darin, daß durch übermäßiges Zapfen in den Küchen der Warmwasservorrat für Badezwecke nicht vermindert wird. Ferner wird die für Badezwecke nicht unbedenkliche Wassertemperatur von 60^0 C vermieden. Es ist zu berücksichtigen, daß leider häufig genug Verbrühungen in Baderäumen infolge Verwechslung der Hähne vorkommen; deshalb sollte für Badezwecke, namentlich für Brausebäder, keine Wassertemperatur von mehr als höchstens 45^0 C erzeugt werden.

Endlich ist man in der Lage, durch Einschaltung von Wassermessern in die K a l t wasserzuleitung der Speicher übermäßigen Warmwasserverbrauch der Küchen zahlenmäßig leicht festzustellen. Bei dem jetzt üblichen System mit e i n e m Speicher müßte man die Wassermesser in die W a r m wasserleitungen einsetzen, in welchen aber bekanntlich die normalen Wassermesser sehr ungenau zeigen.

Meine Herren! Ich will jetzt diese Frage der Größenbestimmung und Temperaturfestsetzung verlassen und die allgemeine Anordnung derartiger Anlagen streifen, wobei ich mich vorerst auf Anlagen mit einer durch Koks oder ähnliche Brennstoffe geheizten Wärmequelle beschränken will.

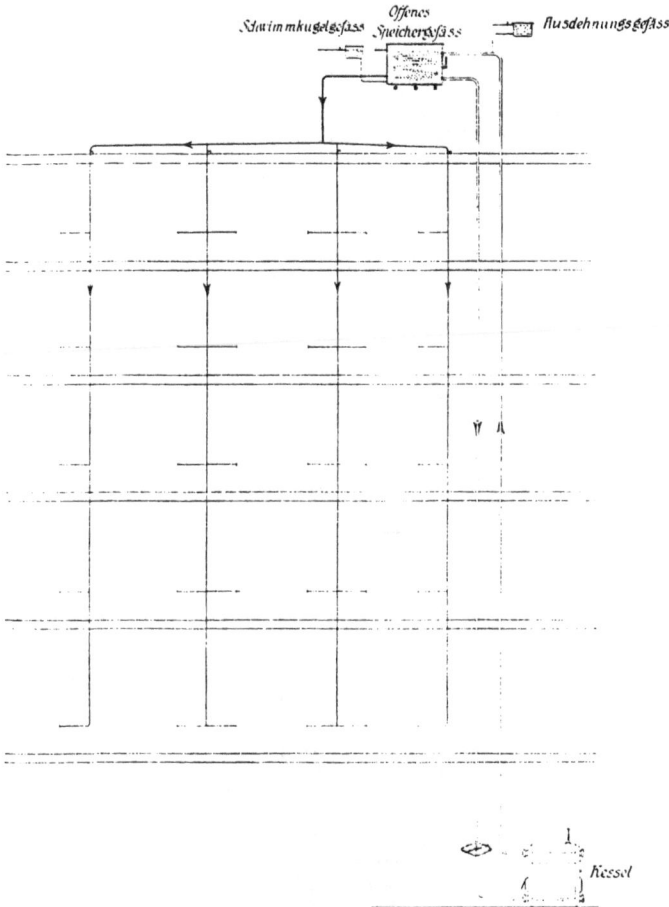

Fig. 136. Zentralanlage mit offenem Speichergefäfs auf dem Dachboden. Füllung durch Schwimmkugelgefäfs.

Es lassen sich hier im allgemeinen zunächst zwei Systeme unterscheiden: Anlagen mit offenem Wärmespeicher, sog. Reservoir, auf dem Dachboden — Fig. 136 — und solche mit

20*

geschlossenem Wärmespeicher, sog. Boiler, im Keller — Fig. 137.
— Gar häufig wird das eine oder andere System gewählt,

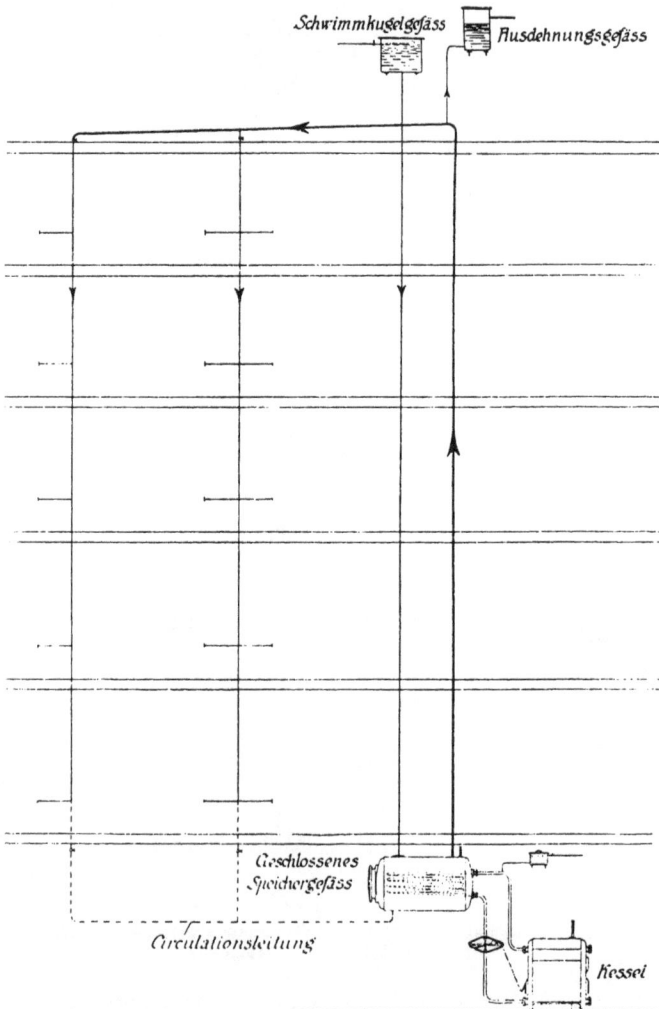

Fig. 137. **Zentralanlage mit geschlossenem Speichergefäfs im Keller.**
Füllung durch Schwimmkugelgefäfs.

ohne daß vorher überlegt wird, welche der beiden Anordnungen die zweckmäßigere ist.

Die A n l a g e kosten beider Systeme unterscheiden sich nicht nennenswert, falls dem offenen Behälter auf dem Dachboden solide Wandstärken gegeben werden und für genügend große Zirkulationsleitungen zwischen Kessel und Behälter gesorgt wird.

Hinsichtlich der B e t r i e b s kosten stellt sich die Anlage mit geschlossenem Behälter, Fig. 137, günstiger, da hier der Behälter in einem verhältnismäßig warmen Kellerraum Aufstellung findet, während offene Behälter auf dem kalten Dachboden untergebracht werden müssen. Die Wärmeverluste des geschlossenen Behälters in Fig. 137 kommen während der Heizperiode, also an etwa 250 Tagen im Jahre, den darüberliegenden Gebäudeteilen zugute. Damit die Wärmeübertragung im Sommer nicht etwa lästig wirkt, kann in der Nähe des geschlossenen Speichers ein verschließbarer oberer Abluftkanal angelegt werden, durch welchen überschüssige Wärme im Sommer abgeleitet werden kann.

Die vom offenen Speichergefäß, Fig. 136, abgegebene Wärme geht, sofern nicht Ausnahmefälle vorliegen, sowohl im Winter wie im Sommer verloren.

Bezüglich der Ü b e r w a c h u n g ist die Anordnung, Fig. 137, mit geschlossenem Behälter entschieden vorzuziehen, da der Heizer den Behälter stets vor Augen oder wenigstens in der Nähe hat. Temperaturreglungen sind leichter möglich, Undichtheiten werden schneller bemerkt und ziehen nicht so ernste Folgen nach sich als bei offenen Behältern auf dem Dachboden.

Die Zirkulation in den Warmwasser-Verteilungsleitungen ist bei offenem Behälter nach Fig. 136 ohne Einschaltung einer Umwälzpumpe nahezu unmöglich. Denn würde man, wie in Fig. 138, Zirkulationsleitungen anlegen, wie es bisweilen geschieht, so liegt zu einer selbsttätigen Wasserbewegung kein Grund vor, da das in den Fallsträngen sich abkühlende Wasser durch die Zirkulationsleitung nicht wieder nach oben steigt, denn die Zirkulationsleitung ist kälter als die Fallstränge. Man hilft sich bisweilen dadurch, daß man die Kaltwasser-

leitung injektorartig in die Zirkulationsleitung einbaut. Indessen ist auf diese Wirkung nicht viel zu rechnen, da ja offene

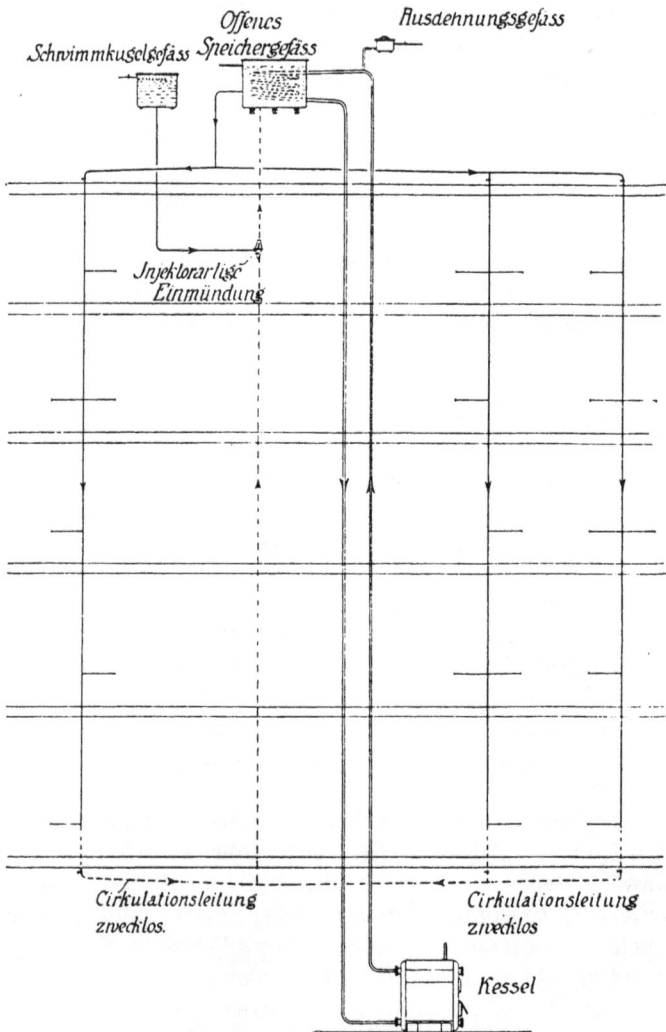

Fig. 138. **Zentralanlage mit offenem Speichergefäfs auf dem Dachboden.**
Zwecklose Zirkulationsleitung.

Behälter unter allen Umständen mittels Schwimmkugel-
hähnen gefüllt werden müssen, die Spiegeldifferenz zwischen
Schwimmkugelgefäß und Warmwasserspeicher meist klein
bleibt und daher auch keine besonders nennenswerte Injek-
torwirkung eintritt. Diese Anordnung bleibt also ein Not-
behelf, und wenn nicht zufällig an dem vom Wärmespeicher
entferntesten Leitungsende häufig benutzte Zapfstellen liegen oder sich anordnen lassen, so wird man beim Zapfen an
anderen Stellen meist erst das in den Strängen erkaltete Wasser
ablassen müssen.

Bei Anlagen nach Fig. 137 mit geschlossenen Behältern
im Keller läßt sich ohne weiteres eine ordnungsgemäße Zirkulation erreichen, namentlich wenn obere Verteilung gewählt und die Steigeleitung gegen Wärmeverluste geschützt
wird.

Während bei offenen Behältern im Dachboden stets
Schwimmkugelhähne angeordnet werden müssen, ist dies
bei geschlossenen Behältern im Keller möglich, aber nicht erforderlich. Will man bei geschlossenen Behältern keine
Schwimmkugelhähne haben, so muß meist durch Rückschlagventile usw. dafür gesorgt werden, daß bei Druckentlastung
in der Kaltwasserzuleitung kein heißes Wasser in dieselbe
gelangt, siehe Fig. 139. In dieser sind auch die alsdann für das
geschlossene Behälter- und Rohrsystem nötigen Ausdehnungs-
vorrichtungen, ein Eintauchstutzen zur Schaffung eines
Luftpolsters im Behälter und ein Sicherheitsventil, angedeutet.

Alle diese Überlegungen zeigen, daß Anlagen mit geschlossenen Behältern denen mit offenen meist überlegen sind, und
daß man sie öfter anwenden sollte, als dies zurzeit geschieht.

In den bisher dargestellten Anordnungen ist stets in den
Behälter eine Rohrschlange eingezeichnet. Der im Kessel
hergestellte Wärmeträger, heißes Wasser oder Dampf, wird
in die Schlange hineingeleitet und gibt seine Wärme durch
die Schlangenwandung an das zu erwärmende Verbrauchswasser ab.

Bekanntlich lassen sich auch Anlagen ohne Schlange
bauen; eine solche ist z. B. in Fig. 140 dargestellt. Die An-

lagen ohne Schlangen sind naturgemäß in der Anschaffung billiger, haben aber mancherlei Nachteile gegenüber denen mit Schlangen.

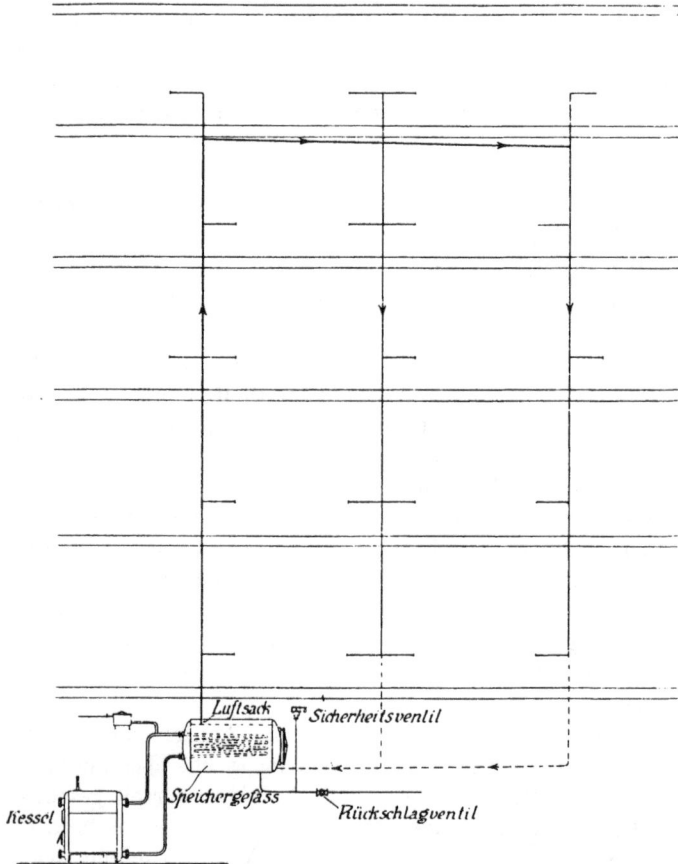

Fig. 139. Zentralanlage mit geschlossenem Speichergefäfs im Keller.
Direkte Füllung mit Rückschlagventil.

Sofern völlig weiches Wasser ohne jeden Kesselstein- oder Rostbildner zur Verfügung steht — was aber äußerst selten vorkommen dürfte —, ist bei Anlagen o h n e Schlange stets zu bedenken, daß bei geschlossenen Speichern und Heißwasser als Wärmeträger, was ja für häusliche Zwecke fast ausschließlich in Frage kommt, die Kessel demselben Druck und denselben Druckschwankungen unterworfen sind, welche

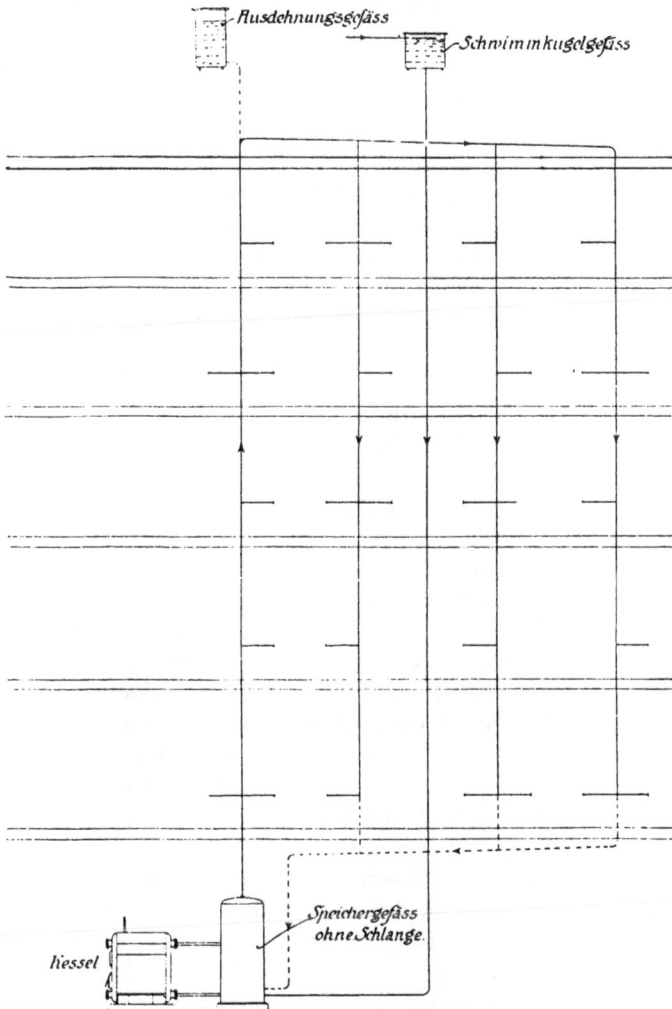

Fig. 140. **Anlage ohne Schlange.**

in der Kaltwasserleitung vorkommen. Bei der überwiegenden Verwendung von gußeisernen Gliederkesseln als Wärmeentwickler dürfte daher die Anordnung bereits bedenklich sein, sofern der Druck in der Kaltwasserleitung mehr als 3,5 bis höchstens 4 Atm. beträgt. In zahlreichen städtischen Wasserleitungen ist der Druck größer; häufig wird in städtischen Wasserleitungen, beim schnellen Anwachsen der Städte, der Betriebsdruck nachträglich gesteigert, um das vorhandene städtische Rohrnetz leistungsfähiger zu machen. Auf diese Möglichkeit muß von vornherein Rücksicht genommen werden. Sofern man Heizwasser und Verbrauchswasser durch eine Schlange oder irgendwie geformte Zwischenwand trennt, ist man von allen Druckschwankungen der Kaltwasserleitung unabhängig, und der Druck im Kessel bleibt stets unverändert niedrig. Bei Anlagen mit offenem Behälter auf dem Dachboden beträgt er höchstens, bei sehr hohen Gebäuden, 2,5 Atm., bei Anlagen mit geschlossenen Behältern wird er meist weniger als 0,5 Atm. betragen. Für die Haltbarkeit des Kessels ist dies ein großer Vorteil.

Es ist ferner bei Anlagen ohne Schlange zu berücksichtigen, daß das zugeführte kalte Wasser — sofern nicht besondere Vorsichtsmaßregeln getroffen werden — infolge seiner Schwere sofort nach unten sinkt, also in den Kessel tritt. Stellt man sich vor, daß längere Zeit nicht gezapft worden ist und Kessel nebst Behälter sich nahezu gleichmäßig auf die Höchsttemperatur erwärmt haben — welche bei knapp bemessenen Anlagen häufig 90° C und darüber beträgt —, so wird im Moment des Abzapfens einer größeren Wassermenge das kalte Wasser von etwa 10° C oder noch weniger in den Kessel strömen und den ganzen Kessel in kurzer Zeit erfüllen. Daß hierbei der Kessel außerordentlichen Beanspruchungen unterworfen wird, bedarf keines Beweises. — Man kann das Übel einigermaßen abschwächen, wenn man das zuströmende kalte Wasser nicht an der tiefsten Stelle des Behälters, sondern etwas höher, vielleicht auch noch durch ein Einspritzrohr verteilt, einführt.

Sehr bedenklich ist auch die Anlegung derartiger Anlagen ohne Schlange mit Rücksicht auf Kesselstein- und Rostbildung.

Bei stark kesselsteinabsetzendem Wasser muß, sofern vorher keine Wasserreinigung stattfindet, selbstverständlich bei einer soliden Anlage darauf gesehen werden, daß der abgeschiedene Kesselstein wieder leicht regelmäßig entfernt werden kann. Meist scheidet er sich in erster Linie an den heißen, wärmeübertragenden Flächen ab. Das ist bei Anlagen m i t Schlange die Oberfläche der Schlange, bei Anlagen o h n e Schlange das Innere des Kessels.

Das Kesselinnere kann nur dann von Kesselstein gereinigt werden, wenn der Kessel innen befahren werden kann. Das ist weder bei Gliederkesseln noch bei Siederohrkesseln der Fall; und Schäden an derartigen Anlagen infolge von Kesselsteinbildung sind häufig genug zu beobachten.

Bei Anlagen m i t Schlangen bleibt das Kesselinnere praktisch frei von Kesselstein, so daß bei der Wahl des Kessels hierauf keine Rücksicht genommen werden braucht. Dafür muß aber der Warmwasserspeicher so gebaut werden, daß die Schlange leicht von abgesetztem Kesselstein gereinigt werden kann. Zu diesem Zweck muß die Schlange leicht herausnehmbar sein, genügend große Wandstärke und möglichst wenig Verbindungsstellen besitzen.

Meine Herren! Ich möchte an dieser Stelle eine Konstruktion bringen, die diesen Anforderungen in hohem Maße entspricht und leider nur wenig bekannt ist. Sie ist zuerst von Prof. P f ü t z n e r ausgeführt worden, und hat sich in vieljährigem Betriebe bestens bewährt (s. Fig. 141). Die Schlange besteht aus starkwandigem, nahtlosem Kupferrohr, die Verbindungsstellen sind hart gelötet. Die Enden der Schlange sind in Rotgußstutzen hart eingelötet. Letztere durchbrechen den einen Behälterboden und sind mittels Stopfbüchsen abgedichtet. An ihren Enden ist Gewinde aufgeschnitten; Rechtsund Linksmuffen stellen die Verbindungen mit der Rohrleitung her. Im entgegengesetzten Behälterboden befindet sich ein Mannloch, durch welches die Schlange herausgezogen werden kann. Das Mannloch erhält zweckmäßig einen gußeisernen Rahmen und einen gußeisernen Deckel.

Die Vorteile dieser Konstruktion gegenüber der in Fig. 142 dargestellten üblichen Form sind leicht ersichtlich. Beim

Herausziehen der Schlange zwecks Reinigung — ich betone,
daß dies in manchen Gegenden alle Vierteljahr geschehen muß,
also eine ziemlich häufig wiederkehrende Arbeit bedeutet —
sind bei Pfützners Konstruktion nur die beiden Rechts-
und Linksmuffen an den Schlangenenden zu lösen, und der
Mannlochdeckel ist abzunehmen.

Die gesamte Rohrleitung vor dem Behälter bleibt unverändert; die Schlangen können leicht herausgezogen, gereinigt und wieder eingeschoben werden.

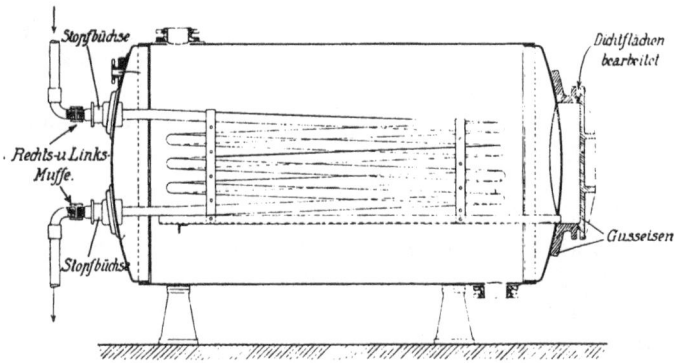

Fig. 111. Boilerkonstruktion nach Pfützner.

Das Aufdichten des Deckels ist leicht, da das starke Gußeisen starr ist und sowohl der Rahmen als der Deckel gehobelte
Dichtflächen besitzen.

Bei der sonst üblichen Konstruktion in Fig. 142 muß zunächst die Zuführungsleitung vor dem Behälter entfernt
werden. Dann ist der Behälterboden loszunehmen, was erfordert, daß etwa die dreifache Anzahl von Schrauben gelöst
werden wie beim Mannloch in Fig. 141. Ist die Schlange gereinigt, so ist die umgekehrte Arbeit erforderlich. Sie wird
meist sehr erschwert dadurch, daß der Deckel nicht dicht zu
bekommen ist, da Deckel und Winkelring in Fig. 142 keine be-
arbeiteten Dichtflächen haben wie Mannlochrahmen und
Deckel in Fig. 141 und außerdem ein Verziehen sowohl des
Winkelringes als des Deckels bei der ungeheuren Kraft der

Schrauben beim Anziehen gar nicht zu vermeiden ist. Es
kommt ferner hinzu, daß das Gewicht der Schlange am Deckel
zieht. Es ist praktisch fast unausführbar, namentlich bei
Massenfabrikation, die Schlange so genau zu unterstützen,
daß sie durch die Stützen bei angezogenem Deckel genau
getragen wird. Sobald die Stützen nur um einen Millimeter

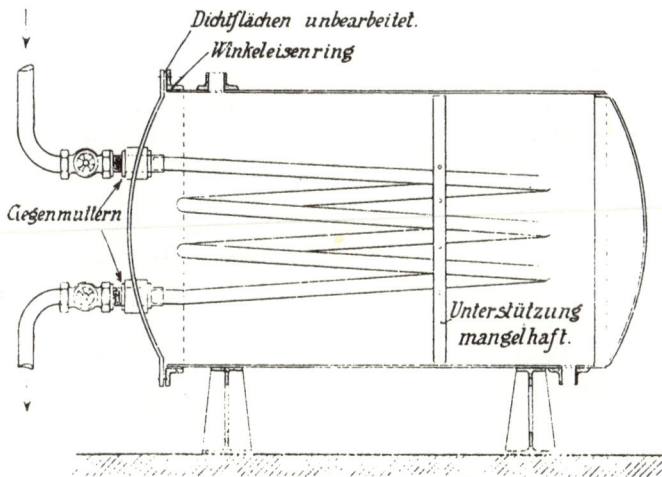

Fig. 142. **Handelsübliche Boilerkonstruktion.**

zu kurz oder zu lang sind, tritt beim Anziehen der Schrauben
ein Verspannen des Deckels ein. Mancher Heizungsfachmann
wird bestätigen, daß er mit der Abdichtung der Deckel dieser
Konstruktion schon viel Schererei gehabt hat.

Wenig Freude hat man bei dieser handelsüblichen Konstruktion auch durch die Abdichtung der Stutzenenden mittels Gegenmuttern. Es müssen an jedem Stutzen deren zwei
da sein, eine für den Behälterflansch, die andere für das Ventil.
Zum Anziehen derselben, was wegen der meist großen Abmessungen große Kraft erfordert, sind meist besondere Ketten-
zangen erforderlich, wobei aber nicht selten das Gewinde an
den Stutzen verdorben wird. Der beim Verpacken der Gegenmuttern meist verwendete Hanf brennt, wenigstens bei Schlan-

gen, die durch Hochdruckdampf geheizt werden, leicht aus, da die Verpackungsstelle nicht wassergekühlt ist, und muß öfter erneuert werden. — Alle diese Schwierigkeiten sind bei Stopfbüchsendurchführungen vermieden. — —

Meine Herren! Sofern im Behälter eine Schlange einge-baut ist, entsteht häufig, nämlich, wenn nicht bestimmte Gründe zur Bevorzugung des einen oder anderen vorliegen, die Frage: Soll man die Schlange mit Dampf oder mit heißem Wasser heizen, soll man also als Wärmequelle einen Dampf-oder einen Wasserkessel wählen?

Berücksichtigt man zunächst die Anlagekosten, so zeigt die Überschlagsrechnung, daß ein Wasserkessel mit Expan-sionsgefäß und einer entsprechend großen Schlange im Be-hälter fast genau das gleiche kostet wie ein Niederdruck-dampfkessel gleicher Größe mit Wasserstand, Manometer, Standrohr und einer der besseren Wärmeübertragung entspre-chenden kleineren Schlange im Behälter. Wenigstens trifft dies für Kessel von 5 bis 10 qm Heizfläche zu. Bei ganz klei-nen Kesseln von weniger als 3 qm Heizfläche stellt sich der Wasserkessel billiger.

Die Wärmeverluste beider Arten dürften ebenfalls nur unerheblich voneinander abweichen; theoretisch ist die Aus-nutzung der Rauchgase beim Wasserkessel günstiger.

Die Bedienung eines Wasserkessels ist ohne Zweifel ein-facher als die eines Niederdruckdampfkessels, da ja beim Wasserkessel nur auf eins, nämlich auf die Wassertemperatur, geachtet werden muß, während beim Dampfkessel auf Wasser-stand und Druck Rücksicht genommen werden muß.

Nach diesen Überlegungen sollte man als Wärmeentwickler Wasserkessel bevorzugen, falls nicht die Ausnutzung von Abwärme, der zeitweise Anschluß der Warmwasserbereitung an vorhandenen Heizanlagen oder ähnliche Gründe andere Entschließungen bedingen.

Meine Herren! Die Übersicht über die allgemeine Anord-nung von zentralen Warmwasserbereitungsanlagen für Wohn-häuser, mit besonderem für Koksfeuerung eingerichtetem Kessel dürfte damit ziemlich erschöpft sein. Es ist natürlich noch manche Abart möglich, z. B. Warmwasserbereitungen

vom Küchenherd aus, oder mit Wärmequellen, die in die Rauch-
kanäle vorhandener Feuerungen eingebaut sind usw.; doch
findet auf diese das vorher Gesagte sinngemäße Anwendung.
Es ist nun weiter die für kleinere Wohnhäuser, namentlich für
Einzelwohnungen, ebenfalls gebräuchliche Anordnung von
G a s warmwasserbereitern zu streifen.

Der Heizungsingenieur, welcher häufig Warmwasserbereitungsanlagen für Wohnhäuser, Hotels, Anstalten usw.
gewissermaßen als Anhang zu einer Heizungsanlage entwirft
oder ausführt, steht im allgemeinen den Gasapparaten ziemlich fremd gegenüber. Der Grund hierfür dürfte darin zu suchen
sein, daß für große Zentralanlagen die Warmwasserbereitung
mittels Gases sich wegen des meist hohen Gaspreises zu teuer
stellt und daher selten in Frage kommt. Für kleine Anlagen
hat der Heizungsingenieur weniger Interesse, und sprechen bei
diesen gewöhnlich so viele Nebenumstände mit, daß der Entwurf und die Ausführung solcher kleineren Anlagen besser
dem Wasserfachmann überlassen bleibt.

Immerhin muß an dieser Stelle erwähnt werden, daß die
Warmwasserbereitung mittels Gases bei ihrer heutigen Entwicklung in vielen Fällen wesentlich schneller und bequemer ist
als durch feste Brennstoffe.

Denken Sie sich eine Badeanlage in einer Villa oder einem
Herrschaftssitz, welche plötzlich, z. B. bei unvermuteter
Ankunft von Personen, in Betrieb genommen werden soll.
Ist ein Kohlenbadeofen vorhanden, so ist das Bad häufig erst
nach einer Stunde bereit, beim Gasbadeofen dagegen in 10
bis 15 Minuten, d. h. fast in der Zeit, die ohnehin nötig ist,
um die Wanne mit Wasser zu füllen. Bei Vorhandensein einer
Zentralanlage für das ganze Haus, mag sie vom Herd aus gefeuert sein oder einen eigenen Kokskessel haben, dauert die
Bereitung so lange, als zum Füllen der Wanne nötig ist, falls
die Zentralanlage in Betrieb ist. Muß sie erst angefeuert werden,
so geht viel Zeit verloren, bevor ein Bad genommen werden
kann. Die Betriebsbereitschaft einer Zentralanlage, die dauernd gefeuert wird, hat aber ihre Nachteile, da dauernd Wärmeverluste infolge Abkühlung von Kessel, Warmwasserspeicher
und Rohrleitungen eintreten. Es ist daher wohl wert, zu unter-

suchen, ob sich nicht auch für größere Wohnhäuser besser
Gaswarmwasserbereiter eignen als die eingangs beschriebenen
mit Koks geheizten Zentralanlagen.

Meine Herren! Ich habe in Fig. 143 die Warmwasserversorgung eines Miethauses mit 10 Wohnungen durch 10 einzelne
Gasautomaten schematisch dargestellt, also die gleiche Zahl
und Anordnung der Zapfstellen vorausgesetzt, welche in Fig. 135
mit einer durch Koks geheizten Zentralanlage dargestellt ist.

Jede Wohnung hat also ihren eigenen Gaswarmwasserbereiter und ihre eigene Verteilungsleitung, sowie ihre eigene
Gasuhr.

Diese Anordnung ist also dazu geschaffen, der Warmwasserverschwendung energisch Einhalt zu tun, da jede Par-
tei entsprechend ihrem tatsächlichen Verbrauch bezahlen
muß.

Bei der mit Koks gefeuerten Zentralanlage ist entsprechend
den früheren Überlegungen ein Höchststundenverbrauch für
jede Wohnung von 200 l angenommen, für alle 10 Wohnungen
also etwa 2000 l von 60° C, entsprechend einer Wärmeentwicklung von 100 000 WE stündlich im Höchstfalle. Dem-
gemäß ist ein geschlossenes, gut umhülltes Speichergefäß von
etwa 2000 l Inhalt mit 7 qm Kupferschlange und ein Kessel
von etwa 12 qm Heizfläche vorgesehen. Bei oberer Verteilung
und gut umhüllter Verteilungsleitung stellen sich dann die Anlagekosten unter Annahme gut auskömmlicher Preise auf
etwa M. 2800.

Die umhüllte Oberfläche des Kessels, des Speichers und
der Rohre beträgt etwa 44 qm, die nicht umhüllte etwa 1,6 qm;
der hierdurch eintretende stündliche Wärmeverlust bei
60° Wassertemperatur etwa 5000 WE oder 5% des Höchst-
verbrauches. Nach gerichtlichem Urteil kann jeder Mieter
einer mit Warmwasser versehenen Wohnung in der Zeit von
7 Uhr früh bis 12 Uhr nachts warmes Wasser verlangen. Man
wird also ziemlich richtig rechnen, wenn man die tägliche
Betriebszeit zu etwa 20 Stunden annimmt. In dieser Zeit
gehen 100 000 WE verloren. Bei einem praktischen Heizwert
von 4000 WE für 1 kg Koks und einem Preise von M. 2.50
für 100 kg Koks ergibt dies jährlich rd. 9000 kg Koks zu

M. 225. Ein Teil hiervon wird freilich im Winter wieder-
gewonnen, indem die Wärmeabgabe des Kessels, des Speicher-
gefäßes, der Fall- und Umlaufleitungen dem Hause zugute
kommen und der Verbrauch der Zentralheizungsanlage entsprechend geringer wird. Wenn man annimmt, daß dieser
Teil etwa ein Drittel der Gesamtwärmeverluste ausmacht,
so bleiben immerhin noch tatsächliche Wärmeverluste in Höhe
von M. 150 jährlich bestehen.

Der tatsächliche mittlere Verbrauch an warmem Wasser
stellt sich im Mittel, wie angegebene Messungen in zwei Häusern von 5 bzw. 20 Wohnungen ergeben haben, nach Messinger
zu 200 l pro Tag und Wohnung, entsprechend einem Jahres-
verbrauch von 73 cbm für jede Wohnung oder bei der oben
genannten Ausnutzung und dem gleichen Kokspreise zu
rund M. 230,00 für 10 Wohnungen. Das verbrauchte Wasser
kostet bei einem Preise von 15 Pf. für ein cbm jährlich rund
M. 110.

Die Gaswarmwasserversorgung stellt sich etwa folgender-
maßen. Es möge für jede Wohnung ein reichlich bemessener
Gasautomat aufgestellt werden, welcher imstande ist, in
höchstens einer Viertelstunde das erforderliche Wasser für
ein Vollbad zu liefern. Derselbe kostet einschließlich Anbringen etwa M. 325 höchstens.

Bei Annahme des gleichen Wohnungsgrundrisses, wie
vorhin, stellen sich dann die Anlagekosten für die Gasautomaten, die Warmwasser- und Gasleitungen, das Anbringen
der Gasuhren usw. auf höchstens M. 4700.

Es möge zunächst angenommen werden, daß der gleiche
Warmwasserverbrauch von 200 l pro Wohnung täglich oder
73 cbm jährlich stattfindet. Da im Gasofen eine tatsächliche
Ausnutzung des Gases etwa zu 90% stattfindet, so kostet bei
einem Gaspreis von 12 Pf. für ein cbm und einem unteren Heizwert des Gases von 4800 WE theoretisch oder 4300 WE praktisch das Gas für 10 Wohnungen jährlich M. 1020.

Die Verluste durch Abkühlung usw. sind sehr gering;
sie bestehen einmal im Gasverbrauch der stets brennenden
Zündflammen, anderseits darin, daß aus den Zapfhähnen eine
gewisse mäßige Wassermenge abgelassen werden muß, bevor

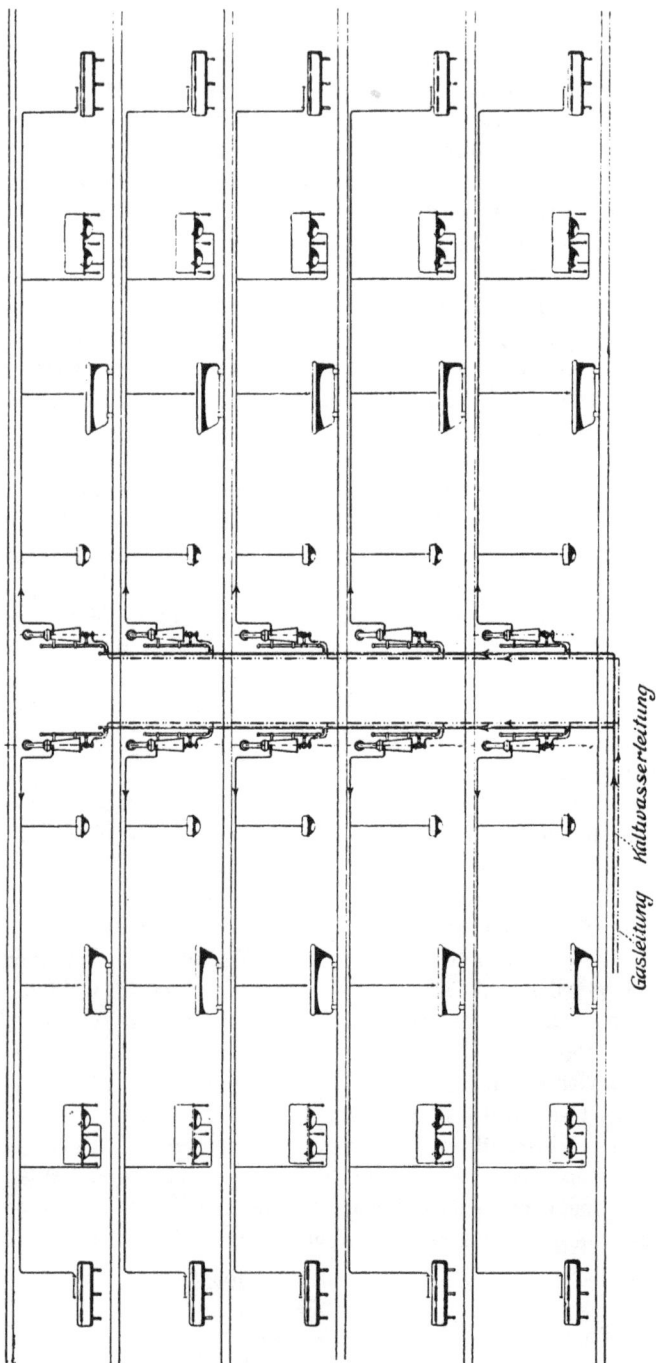

Gasleitung Kaltwasserleitung

Fig. 143. Warmwasserversorgung für ein Miethaus mit 10 Wohnungen. Automatische Gaswarmwasserbereiter in jeder Wohnung.

warmes Wasser kommt. Eine genauere Rechnung zeigt,
daß hierfür zusammen etwa zehn Prozent der vorn berechneten Zahl in Ansatz zu bringen ist, also etwa jährlich
M. 102.

Da die Leitungen durchweg in bewohnten Räumen liegen,
so wird der größere Teil der Abkühlung wieder ausgenutzt.
Es möge ein Drittel, also etwa M. 35 jährlich, als wirklicher
Verlust in Ansatz gebracht werden.

Der Wasserverbrauch ist der gleiche wie früher.

Sofern man für Tilgung und Verzinsung der Anlagekosten 12½% rechnet, ergibt sich hiernach folgende Übersicht:

**Zusammenstellung der Betriebskosten
einer Warmwasserversorgungsanlage für
10 Wohnungen.**

	a) mit Koks-feuerung	b) mit Gas-heizung
Anlagekosten	M. 2800,00	M. 4700,00
Brennstoffpreis . . .	» 2,50/100 kg Koks	» 0,12/cbm Gas
Verzinsung u. Tilgung 12½%	» 350,00	» 590,00
Reparaturen	» 100,00	» 100,00
Brennstoff	» 230,00	» 1020,00
Abkühlungsverluste .	» 150,00	» 35,00
Wasserkosten. . . .	» 110,00	» 110,00
Bedienung	» 100,00	» —,—
Platzmiete	» 100,00	» —,—
Sa.:	M. 1140,00	M. 1855,00

Wie man sieht, stellen sich die Kosten für die mit Koks
gefeuerte Anlage nur etwa 60% so hoch wie die mit Gas
geheizte. Die Reparaturkosten durften bei beiden gleich hoch
sein; die Bedienung fällt bei der Gasanlage gänzlich fort,
ebenso der Platzbedarf; bei der mit Koks gefeuerten Anlage
sind für Bedienung und Platzmiete je M. 100 in Ansatz gebracht worden.

Ganz ähnliche Werte berechnet auch Messinger in seiner
Schrift: Warmwasserversorgung mit Gasfeuerung.

21*

Meine Herren! Wie schon gesagt, ist die vorstehende Tabelle entworfen unter der Annahme, daß bei beiden Anlagen der gleiche Warmwasserverbrauch eintritt. Das dürfte aber nicht zutreffen, da bei der mit Koks gefeuerten Anlage sicher mit Warmwasserverschwendung gerechnet werden muß. Infolgedessen dürfte der Unterschied der Endsumme tatsächlich geringer sein, als in der Tabelle in Ansatz gebracht.

Ferner ist zu berücksichtigen, daß der Gaspreis von 12 Pf. für ein cbm im Verhältnis zu der in ihm enthaltenen Wärme und im Verhältnis seiner Erzeugungskosten sehr hoch ist, da die städtischen Gasanstalten zurzeit das Gas nicht zum Erstellungspreise abgeben. Sofern hierin einmal eine Wandlung eintritt — ich möchte vergleichsweise an die Elektrizitätspreise der städtischen Werke und der Überlandzentralen erinnern —, die städtischen Werke liefern die Kilowattstunde für Kraftzwecke für etwa 20 bis 30 Pf., die Überlandzentralen verlangen bisweilen 6 Pf. und weniger — dürfte sich das Bild für die Gasanlagen wesentlich günstiger gestalten. In Städten mit Gaspreisen von 8 Pf. — wie z. B. Gelsenkirchen — für ein cbm ist die Gaswarmwasserbereitung bereits heute ein sehr ernst zu nehmender Konkurrent.

Meine Herren! Wir können aus der Zusammenstellung noch eins entnehmen. Bei der mit Koks geheizten Anlage werden jährlich etwa M. 150 zur Deckung der Abkühlungsverluste ausgegeben, während der Brennstoff für das eigentlich gezapfte Warmwasser theoretisch etwa M. 230 kostet. Die Verluste berechnen sich hiernach auf etwa 65%. Es muß also mit allen erdenklichen Mitteln auf die Verringung dieser Verluste hingearbeitet werden. Namentlich sind Anlagen zu verwerfen, in denen mit höheren Wassertemperaturen gearbeitet wird (weil hierdurch die Wärmeverluste ganz erheblich steigen) oder deren Leitungen schlecht oder gar nicht umhüllt sind. Vielleicht läßt es sich auch gelegentlich ermöglichen, die Verteilungsleitung unter einem Korridorfußboden des obersten bewohnten Stockwerkes anzuordnen, statt auf dem Dachboden, wodurch die Abkühlungsverluste dieser Leitung während der Heizperiode dem obersten Stockwerk zugute kommen usw.

Da die Gaswarmwasserbereitung mit Einzelzentralen für jede Wohnung wegen der verhältnismäßig geringen Wärmeverluste gegenüber der Zentralwarmwasserbereitung günstig abschneidet, letztere aber wegen des billigeren Brennstoffes sehr vorteilhaft erscheint, so liegt der Gedanke nahe, die Vorteile beider Anordnungen zu vereinigen, und für jede Wohnung eine gesonderte Warmwasserbereitung mit Koksfeuerung anzuordnen. Dieser Fall ist in Fig. 144 dargestellt. Es sei zunächst angenommen, daß für die Warmwasserbereitung eine besondere Feuerung vorhanden ist, daß also nicht die Abwärme der Küchenherdfeuerung ausgenutzt wird.

In diesem Falle müßte in jeder Wohnung ein geschlossener Warmwasserspeicher von etwa 250 l Inhalt aufgestellt werden, wozu ein Kessel von etwas weniger als 1 qm Heizfläche gehört, damit die Hochheizzeit nicht zu groß ausfällt. Die Anlagekosten für 10 Wohnungen würden sich ungefähr auf M. 4600 belaufen. Der Verbrauch an Brennstoff für das tatsächlich gezapfte warme Wasser möge ebenso groß angenommen werden wie bei der zuerst betrachteten Hauszentrale, also jährlich zu 'M. 230. Für die Abkühlung ist einmal der Wärmeverlust der Kessel und der Speichergefäße zu rechnen, welche zusammen etwa 4,5 qm Oberfläche haben, woraus sich bei 20 stündigem Betrieb ein jährlicher Verlust von etwa M. 200 ergibt. Hiervon möge $^2/_3$ der Wohnung zugute kommen, so daß die Abkühlungsverluste mit jährlich rd. M. 70 angesetzt werden können. Hinzu kommt der Verlust durch Abzapfen des Wassers aus den ohne Zirkulation angelegten Leitungen nach dem Bad, dem Schlafzimmer und der Garderobe, was jährlich etwa M. 30 an Brennstoff kostet. Dann stellen sich die Kosten:

Verzinsung und Tilgung 12½% . . .	M. 575,00
Reparaturen (sind höher)	» 200,00
Brennstoff.	» 230,00
Verluste.	» 100,00
Wasserkosten	» 110,00
Bedienung.	» —,—
Platzmiete.	» —,—
	Sa.: M. 1215,00

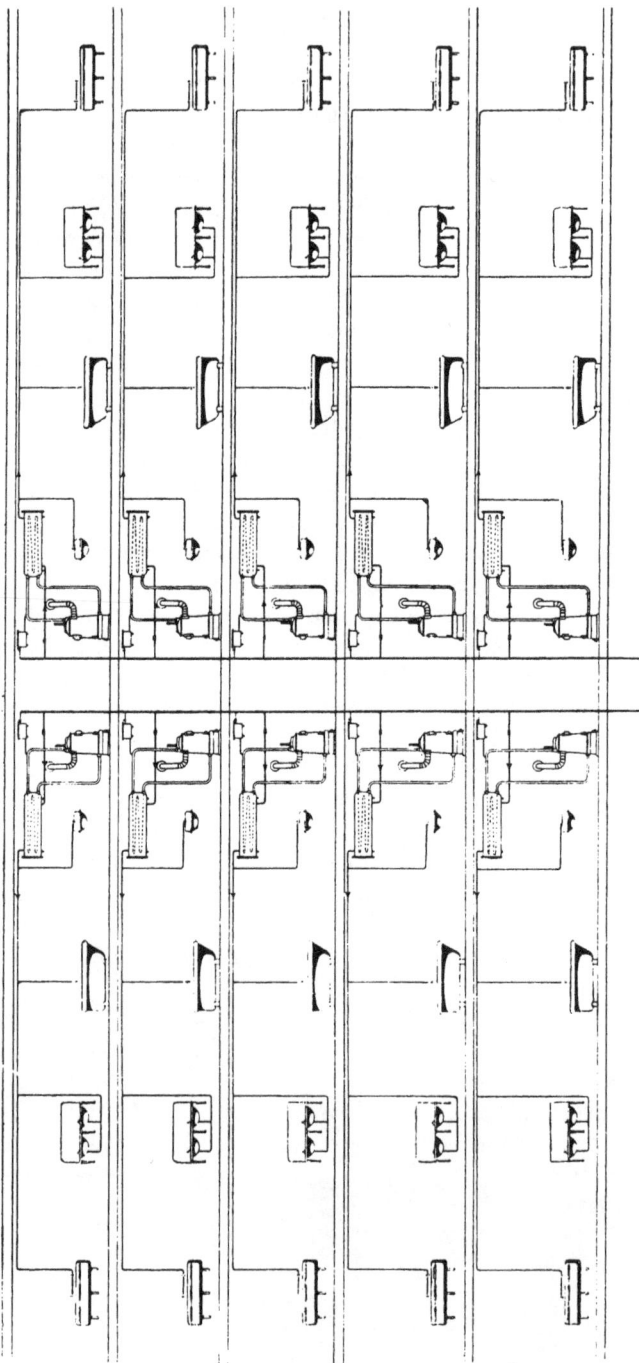

Fig. 144. Warmwasserversorgung für ein Mietshaus mit 10 Wohnungen. Einzelkessel für jede Wohnung mit Koksfeuerung.

Diese Anlage stellt sich demnach bei eigner Feuerung etwas weniger günstig als Zentralbereitung mit Koksfeuerung für das ganze Haus. Bei Ausnutzung der Abwärme der Küchenfeuerung wird das Ergebnis besser, und der Warmwasserverschwendung wird, wie bei den Gasautomaten, Einhalt getan. Es darf aber nicht verschwiegen werden, daß die vom Speichergefäß abgegebene Wärme im Sommer mitunter lästig werden dürfte; auch liefert die Anlage nicht, wie die mit Gas betriebene, des Morgens sofort warmes Wasser, namentlich, wenn nicht genügend große Kesselheizflächen, sondern nur kleine Schlangen oder Heizbacken eingebaut werden. Es dürfte sich deshalb empfehlen, die Anlage so einzurichten, daß sowohl die Abwärme der Küchenherdfeuerungen ausgenutzt werden kann, daß aber außerdem für außergewöhnliche Fälle noch eine besondere Feuerung für Warmwasserbereitungszwecke allein vorhanden ist. Bei größeren Kesselheizflächen muß die Möglichkeit des Ausschaltens derselben vorliegen, sofern sie mit Abgasen der Küchenherdfeuerung geheizt werden, damit zu hohe Erwärmung des Zapfwassers vermieden werden kann.

Mancher Hauswirt dürfte sich für diese Art der Anlage entscheiden, weil damit die Bedienung der Anlagen in die Hände der Mieter übergeht und er nicht mehr für ungenügende Erwärmung des Wassers, verschuldet durch Nachlässigkeit seines Heizers oder Wasserverschwendung, haftbar gemacht werden kann.

Meine Herren! Endlich möchte ich mir noch einige Worte über die Einzelkonstruktionen gestatten.

Allgemein sollte der Konstrukteur sich nicht nach der Billigkeit der verwendeten Einzelteile richten, denn der billige Preis bei Einzelteilen ist meist, genau wie bei Gesamtanlagen, durch zu knappe Bemessung, ungenügende Reinigungsfähigkeit, erschwerte Bedienung, geringere Haltbarkeit, unzweckmäßige Konstruktion usw. bedingt.

Bei der Bemessung der Kesselgrößen sollte man sich nicht auf die in den Preislisten enthaltenen Angaben stützen, welche meist nur im Laboratorium, unter ganz besonders günstigen Bedingungen, ständiger Überwachung, sorgfältig einreguliertem Zug und Luftzutritt erhalten werden können.

Ich empfehle bei Kesseln bis zu 1 qm nicht über 15 000 WE, von 1 bis 5 qm nicht über 10000, darüber nicht über 8000 WE pro qm Heizfläche zu rechnen.

Speichergefäße sollten genügende Wandstärke erhalten und so bemessen werden, daß ihre wärmeabgebende Oberfläche ein Minimum wird. Bei ihnen sowohl als bei den Rohrleitungen sollte auf gute Umhüllung gesehen werden.

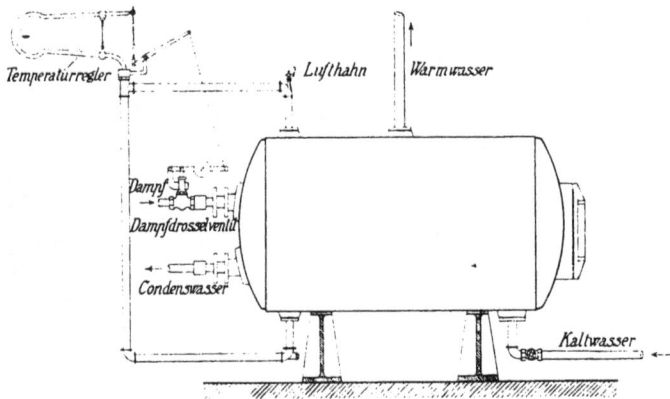

Fig. 145. **Übliche, unzweckmäßige Anordnung des Kaltwasseranschlusses und der Regulatoranbindung.**

Zur Regulierung der Wassertemperatur sollten stets Wärmeregler angebracht werden. Diese versagen, wie ich an vielen Anlagen beobachten konnte, ihren Dienst, weil sie meist unzweckmäßig angebracht werden. Die übliche Anordnung in Fig. 145 hat den Nachteil, daß der Regler sehr bald den Zutritt des Wärmeträgers abschließt, sobald nämlich warmes Wasser von der verlangten Temperatur durch ihn zirkuliert. Er öffnet erst wieder, wenn dies aufhört. Das ist aber meist zu spät der Fall, da das warme und das kalte Wasser im Speichergefäß sich nicht mischen.

Ich möchte deshalb die Anordnung Fig. 146 empfehlen, welche von Professor P f ü t z n e r herrührt, und bei welcher das kalte Wasser nicht wie üblich von u n t e n , sondern von o b e n in das Speichergefäß eintritt. Hierdurch wird eine ge-

wisse Umwälzung des Wasserinhaltes im Behälter hervorgerufen und einer Schichtung zwischen kalten und warmen
Wasserzonen vorgebeugt. Außerdem ist eine dünne Verbindungsleitung zwischen Kaltwasserleitung und Regler vorgesehen, durch welche bei jedesmaligem Zapfen etwas kaltes
Wasser in das Reglerrohr gelangt, wodurch der Regler veranlaßt
wird, sich zu öffnen bzw. weiteren Zutritt des Wärmeträgers zu
gestatten. Daß das Kaltwasserzutrittrohr vor Eintritt in das
Speichergefäß zur Vermeidung von Warmwasserzirkulation
einen Wassersack haben muß, versteht sich von selbst.

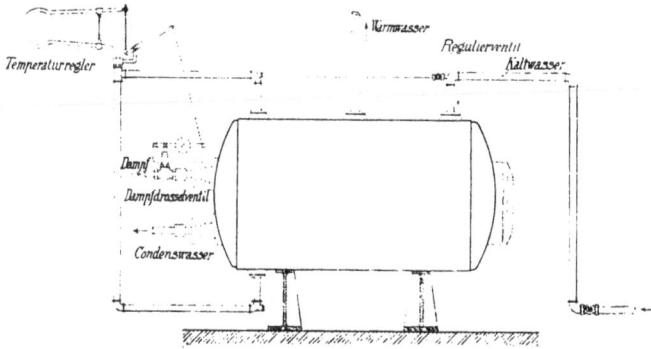

Fig. 146. Zweckmäfsige Anordnung des Kaltwasseranschlusses und der Regulatoranbindung.

Meine Herren! Ich habe bei meinen Ausführungen im
wesentlichen Warmwasserbereitungsanlagen für häuslichen
Bedarf, also kleinere Anlagen, bevorzugt. Zahlreiche der be-
handelten Fragen können ohne weiteres sinngemäß auch auf
größere Anlagen übertragen werden.

Ich möchte da vor allem noch auf ein Gebiet hinweisen,
auf welchem Warmwasserversorgung in großem Maßstabe
angebracht ist; ich meine die Fernwarmwasserversorgung
für ganze Gebäudegruppen.

Es wird so häufig die Abwärme von Kraftanlagen zu Heizzwecken ausgenutzt, z. B. namentlich in Kranken- und Irrenanstalten, industriellen Betrieben usw. Sofern es angängig ist
und für warmes Wasser genügend Verwendung vorliegt —

und das ist in Kranken- und Irrenanstalten fast stets der Fall
— ist es richtiger, die Abwärme zur Fernwarmwasser v e r -
s o r g u n g zu verwenden, weil dann auch im Sommer eine
Ausnutzung der Abwärme stattfindet, was bei Verwendung
zu Heizzwecken nicht der Fall ist. Ich glaube, die Aufmerksamkeit der Herren auf dieses Gebiet, welches dem Ingenieur
sehr interessante Aufgaben stellt, lenken zu sollen, weil durch
die bessere Ausnutzung der Abwärme eine weitere Erhöhung
der Wirtschaftlichkeit unserer Anlagen erzielt wird.

(Anhaltender lebhafter Beifall.)

Vorsitzender Stadtbaurat W a h l, Dresden: Meine Herren!
Aus dem Beifall darf ich wohl entnehmen, daß Sie den Ausführungen des Herrn Vortragenden mit größtem Interesse
gefolgt sind, und ich möchte von dieser Stelle aus hierdurch
den Dank der Versammlung noch besonders zum Ausdruck
bringen.

Ich möchte nunmehr die Diskussion über den Vortrag
eröffnen. Das Wort hat Herr Dr. M a r x.

Diskussion.

Ingenieur Dr. M a r x , Berlin-Wilmersdorf: Meine Herren!
Es ist schade, daß nicht auch für diesen Vortrag Thesen aufgestellt worden sind, die Diskussion zu leiten. Sie erstreckt
sich auch hier wieder auf ein sehr ausgedehntes Gebiet, und
wenn ich daher etwa zu viel sprechen sollte, möchte ich bitten,
mich zu unterbrechen.

Meine Herren! Der Herr Vortragende hat zunächst erklärt, daß namentlich in Berlin eine größere Anzahl von Wasser-
versorgungsanlagen versagt haben. Gestatten Sie zunächst,
daß ich meine Vaterstadt in Schutz nehme. Diese Behauptung trifft erstens einmal nicht zu — unsere Anlagen erfüllen
überwiegend ihren Zweck —, und zweitens hat sich gezeigt,
daß diejenigen Anlagen, die wirklich zu Klagen Veranlassung
gaben, mit sehr kleinen Hilfsmitteln auf ihren vollen Effekt
gebracht werden konnten. In einem der zuletzt vorgekommenen
Fälle hatte die Firma nichts weiter zu tun, als die Schlange
gegen einen Radiator auszuwechseln, und sofort war das
ganze Haus, das etwa 20 Wohnungen umfaßte, vollkommen

zufrieden. In einem anderen Falle ist der Boiler um einen halben Meter erhöht, sonst aber nichts weiter an der Anlage geändert worden, und der Effekt war auch hier zur Zurfriedenheit der Mieter erreicht. Daraus geht hervor, meine Herren, daß die Ursache des mangelhaften Funktionierens nicht etwa am zu kleinen Boiler oder zu kleinen Kessel oder der zu kleinen Schlange liegt, sondern darin zu suchen ist, daß die Betreffenden nur Druckhöhe und Widerstandshöhe der Anlage nicht in Einklang miteinander gebracht hatten. Eine Heizschlange ist eben nicht nur zu berechnen in bezug auf die Fläche, sondern auch in bezug auf die Widerstände, und es ist in diesen Fällen nicht genügend auf die Widerstände geachtet worden. Also die Fälle, die wirklich zu Klagen Anlaß geben sollten, führe ich alle darauf zurück, daß die Wärme, die das Heizwasser im Kessel aufnimmt, nicht schnell genug an die Schlange abgegeben wird. Worauf das aber zurückzuführen ist, deutete ich eben an.

Dann möchte ich Ihnen, weil so große Unsicherheit in bezug auf die Berechnung dieser Anlagen besteht, ein paar Formeln empfehlen, gültig für mittlere Anlagen. Wir wollen die Anzahl der Badewannen mit n bezeichnen, dann kann man als Kesselfläche ruhig $\frac{n}{8}$ nehmen. Das hat sich in allen Fällen bewährt. Es ist nicht gut, — ich bin da im Widerspruch zu dem Herrn Vortragenden — den Kessel einer Wasserversorgungsanlage zu groß zu wählen. Zu Zeiten schwachen Betriebes, wo also nicht gebadet wird und nur der Küchenbetrieb vorhanden ist, arbeiten zu große Kessel unrationell, im Sommer ist die Zugfähigkeit der zugehörigen Schornsteine keine besonders gute, bei mangelhafter Bedienung kann die Anlage sehr leicht überkochen, und was der Gründe mehr sind. Jedenfalls stehe ich auf dem Standpunkte, bei einer Warmwasserversorgungsanlage im Gegensatz zu einer Warmwasserheizungsanlage den Kessel n i c h t zu groß zu wählen. Dagegen kann man den Boiler reichlich wählen, mindestens 80 n, und der Schlange etwa 90% der Kesselfläche geben. Mit diesen Zahlen wird man immer auskommen. Für diejenigen Herren, die sich noch weiter für die Berechnung derartiger Anlagen

interessieren, möchte ich bemerken, daß ich in diesem Jahre
eine kleine Broschüre, die bei F. Leineweber in Leipzig zum
Preise von 1 M erschienen ist, verfaßt habe: »Über Warmwasserbereitungsanlagen«, also über das gleiche Thema.
In dieser Broschüre sind die betreffenden Formeln abgeleitet.

Herr V o c k e hat dann empfohlen, für Wohnhäuser sogar
zwei Boiler aufzustellen. Dem muß ich widersprechen. Dadurch
wird zunächst die Anlage viel zu teuer. Jetzt augenblicklich —
in Berlin wenigstens liegen die Verhältnisse so — verlangen die
Baumeister mitunter sogar für die Übertragung der Heizungsanlage die Wasserversorgungsanlage als Zugabe! (Heiterkeit!) Preise für eine derartige Anlage in einem Hause mit
10 Wohnungen, wie sie Herr V o c k e in Ansatz gebracht hat,
nämlich M 2800, gibt es bei uns nicht, noch nicht einmal
die Hälfte. Also die Anlage würde zu teuer werden, und zwar
nicht nur in der Ausführung, sondern auch im Betriebe. Endlich dient diese Einrichtung nicht dazu, die Bedienung zu ver-
einfachen. Wenn der Portier, der das Haus sauber zu halten
hat, der den Fahrstuhl zu bedienen hat, die Haustür öffnen
muß usw., nun auch noch zwei Boiler in bezug auf die Temperatur beaufsichtigen soll, so ist das zu viel verlangt, und es
ist auch schließlich nicht nötig. Ich glaube, es ist bei der Aufstellung dieser Forderung nicht ganz beachtet worden, daß in
diesen herrschaftlichen Wohnhäusern der Küchenbetrieb und
der Badebetrieb n i c h t zu gleicher Zeit fällt. Der Küchenbetrieb ist morgens bis 8 Uhr erledigt und setzt um 11 Uhr
wieder ein, während der Badebetrieb hauptsächlich von
8 bis 11 Uhr stattfindet und nachmittags wieder von 6 bis
10 Uhr, und zwar überwiegend am Sonnabend abend und Sonntag früh. Aus diesen Erfahrungen heraus lassen sich auch ganz
gute Normen für die Berechnung herleiten, ich will aber darauf nicht weiter eingehen.

Ich freue mich, mit Herrn V o c k e darin einer Meinung
zu sein, wann Wasser und wann Dampf zur Wärmeerzeugung
genommen werden sollen. Ich halte es aber für wichtig, diese
Meinung nochmals zu wiederholen. Hiernach soll Dampf
nur da genommen werden, wo es sich um große Anlagen han-

delt, oder wo Dampf oder Abdampf zur Verfügung steht. In allen anderen Fällen aber werden wir nach wie vor wohl am besten Warmwasser nehmen.

Bezüglich der Beanspruchung der Kessel habe ich schon vorher ausgeführt, daß meiner Meinung nach die Kessel nicht zu groß gewählt werden sollen. Ich würde die zumeist in Frage kommenden Kleinkessel mit 16 000 Wärmeeinheiten/qm/Std. beanspruchen.

Auf die Ausführungen, die bezüglich der Anwendbarkeit der Gasheizung gemacht worden sind, gehe ich nicht ein, weil ich das anderen Diskussionsrednern überlassen möchte. Ich muß aber erklären, daß ich im Gegensatze zu Herrn V o c k e die Gasheizung nur für angebracht halte bei sehr kleinen Anlagen, in Friseurgeschäften, Villen, Cafés, oder wo es sich um den Einbau in alte Häuser handelt. Die aufgestellten Rentabilitätsberechnungen halte ich nicht für richtig, sie sind in vielen Punkten anfechtbar. Ich will aber darauf nicht weiter eingehen, weil das zu weit führen würde.

Meine Herren! Dann aber noch eine wichtige Frage. Herr V o c k e hat die Unterschiede zwischen Reservoir- und Boileranlagen aufgeführt. Entschuldigen Sie diese beiden häßlichen Fremdwörter, aber sie haben sich scheinbar schon so weit eingebürgert, daß wir sie kaum wieder ausmerzen können. Herr V o c k e hat verschiedene Unterschiede angeführt, ich möchte aber noch einen hinzufügen, zumal wir uns hier gelegentlich der Hygieneausstellung getroffen haben. Ich möchte die Frage aufwerfen, ob Sie es für richtig halten, daß man Wasser aus Reservoiranlagen, ohne es abzukochen, zu Genußzwecken benutzen darf. Nach den Erfahrungen, die ich gesammelt habe, kann ich wohl sagen, daß ich mich scheuen würde, Wasser aus einer Reservoiranlage zu trinken. Ein derartiges Reservoir auf dem Dache, das schön warm ist und vielleicht einen nur schlecht schließenden Deckel besitzt, bietet zuviel Möglichkeiten für das Eindringen von Staub, Ungeziefer usw. Wenn man sich das einmal angesehen hat, scheut man sich wenigstens, daraus zu trinken. Gewiß ist die Gefahr einer Infizierung des Trinkwassers auch bei Boileranlagen nicht ausgeschlossen. Ich will einen Fall konstruieren,

auch wenn er zu weit gehen sollte. Denken Sie, der Pförtner
hat ein Kind mit einer ansteckenden Krankheit und geht auf
den Boden, um eine neue Gummischeibe am Schwimmkugel-
hahn anzubringen. Dabei ist es wohl möglich, daß er das
einströmende Wasser infiziert. Er vergißt vielleicht auch,
den Deckel aufzulegen, so daß monatelang Schmutz herein-
fällt usw. Aber immerhin ist die Gefahr der Verschmutzung
des Wassers bei Boileranlagen nicht so groß als bei Reservoiranlagen. Am richtigsten wäre es natürlich, Hochdruck-Boiler-
anlagen aufzustellen, bei denen also das Wasser erst wieder an
der Zapfstelle mit der Atmosphäre in Berührung kommen
kann. Jedenfalls aber würde ich hauptsächlich aus dem
Grunde, daß die Reservoiranlagen zu leicht eine Verschmutzung des Wassers herbeiführen, sie ausschließen und
deshalb die Boileranlagen befürworten.

Geheimer Oberbaurat U b e r , Berlin-Wilmersdorf, der
inzwischen den Vorsitz übernommen hat: Meine Herren!
Der Herr Vortragende hat uns zwei Boiler empfohlen, den
einen für Küchenbetrieb und den andern für Badebetrieb.
Das geht aber gar nicht, wenn man nicht gleichzeitig zwei
Rohrsysteme macht. Dadurch verteuert sich die Sache ganz
ungeheuer. Ich glaube, das bedeutet einfach, zwei Wasser-
versorgungsanlagen nebeneinander zu haben.

Dann möchte ich einmal fragen, ob schon genügend Erfahrungen über Warmwassergasautomaten vorliegen. Ich würde
dankbar sein, wenn sie mir wenigstens persönlich mitgeteilt
würden, denn es würde vielleicht zu weit führen, hier noch
weiter darüber zu sprechen. Ich kann mich einer gewissen
Sorge bei den Gasautomaten nicht entschlagen. Der Herr Vortragende hat ganz richtig gesagt: die Zündflamme muß immer
brennen. Ja, das ist leicht gesagt, aber sehr häufig brennt sie
n i c h t , und wenn man den Hauptgashahn in der Wohnung
über Nacht schließt, wie es ja vielfach der Fall ist — ich
weiß genau, die Gasleute wünschen, er soll nicht geschlossen
werden, aber man schließt ihn doch, wenn man undichte Leitungen in der Wohnung hat; also damit muß man rechnen,
daß der Gashahn in der Wohnung abgeschlossen wird. Die
Zündflamme brennt also über Nacht nicht; dreht man dann

früh den Hauptgashahn und einen Wasserzapfhahn in der Küche oder in einem ganz entfernten Raume, etwa im Schlafzimmer, auf, dann öffnet sich der Gashahn am Automaten. Darin sehe ich immer eine gewisse Gefahr, denn wenn vergessen wird die Zündflamme anzustecken, strömt unverbranntes Gas in großer Menge aus, und ich möchte fragen, ob nicht schon Erfahrungen über Unglücksfälle vorliegen. Es gibt ja, und speziell in der wissenschaftlichen Abteilung der Hygieneausstellung finden sich Apparate, bei denen der Gashahn am Automaten sich erst dann öffnet, wenn durch die Wärme der Zündflamme ein Metallkörper ausgedehnt worden ist; mir scheinen aber die Apparate noch nicht vollkommen zu sein. Sie sind reichlich kompliziert, und das ist eben der Fehler. Ich stehe also den Gasautomaten etwas mißtrauisch gegenüber und würde dankbar sein, wenn von den Herren, die Erfahrungen darüber haben, mir etwas Material zukommen könnte. Ich beschränke mich darauf, um die Unterhaltung nicht zu sehr zu verlängern.

Landesoberingenieur O s l e n d e r , Düsseldorf: Ich möchte darauf aufmerksam machen, daß die in Tafel 4 und in Tafel 6 aufgeführten Anlagen den Polizeianforderungen nicht entsprechen, wenigstens nicht, soweit es die Städte Düsseldorf und Cöln betrifft. Am Rhein dürfen derartige Anlagen nicht benutzt werden. Aus welchem Grunde, ist leicht erklärlich. Es ist mehrfach vorgekommen, daß bei diesen Anlagen eine Erwärmung der Trinkwasserleitung eintritt, indem die Rückschlagventile nicht immer zuverlässig sind, — jedenfalls sind Warmwasserbereitungen nach Tafel 4 und 6 polizeilicherseits in den genannten rheinischen Städten nicht gestattet.

Dann möchte ich darauf aufmerksam machen, daß die in Tafel 1 und die in Tafel 5 vorgeführten Anlagen nicht in guter Funktion bleiben können. Man muß die Schwimmkugeln in kaltem Wasser halten und nicht in warmem Wasser. Es ist daher ganz verkehrt, daß man das Schwimmkugelgefäß gleichzeitig als Expansionsgefäß benutzt, wie Tafel 1 und 5 es verlangen. Es liegt außerdem bei Anlagen nach Tafel 1 die Möglichkeit vor, daß dieselben rückwärts zirkulieren.

Was die Anordnung der Warmwasserbereitungsanlage im allgemeinen anbetrifft, so bin ich der Meinung wie Herr Dr. M a r x , daß man kleine Kessel und große Reservoire nehmen soll, und daß, wenn die Anlagen gut gehen, man diesem Umstande hauptsächlich den Erfolg zu danken hat. Ob Dampf oder Warmwasser, das hängt ja mit der Anlage im Gebäude selber zusammen. Wenn eine Dampfheizung da ist, wird man sich jedenfalls für Dampf entschließen, und ist das nicht der Fall, hat das Haus eine Warmwasserheizung, dann wird man zum warmen Wasser übergehen. Die Warmwasserheizungsanlagen haben aber den Nachteil, daß sie die Heizkessel der Warmwasserbereitug sehr stark gefährden; denn eine derartige Anlage kocht vielfach über, und dann bildet sich Kesselstein trotz der indirekten Heizung in dem Warmwasserkessel, und nach kurzer Zeit sind die Heizkessel verdorben.

Bezüglich der Gasheizung möchte ich noch sagen, daß der wie für Heizkessel angesetzte Amortisationspreis von $12\frac{1}{2}\%$ zu niedrig bemessen ist, ganz abgesehen von anderen Nachteilen. Wir sollten überhaupt nicht hier in dieser Versammlung auf der Hygieneausstellung zu Dresden der Gasheizung das Wort reden. (Heiterkeit.)

Was die vorgeführten Einzelkonstruktionen der Warmwasserbereitungsanlagen angeht, so möchte ich bemerken, daß die Boilerkonstruktion auf Tafel 8 auch ihre Nachteile hat. Die Schlange besteht aus Kupfer. Das Kupfer ist bekanntlich weich, und beim Klopfen des Kesselsteins — das allerdings nicht so oft zu erfolgen braucht, wie der Herr Vortragende bemerkt hat, selbst nicht bei stark kesselsteinhaltigem Wasser — es findet höchstens alle zwei Jahre statt —, kann doch die Schlange sehr leicht lädiert werden; denn der Kesselstein ist manchmal sehr hart, und daher wird auch die Schlange beim Losschlagen desselben stark mitgenommen. Ferner hat die Konstruktion auf Tafel 8 noch den Nachteil gegenüber Tafel 9, daß die Mannlochöffnung, wenn gleich sie hier im Verhältnis zum Boilerdurchmesser groß gezeichnet ist, doch nicht so groß ist, daß der ganze Boilerdeckelboden wie bei der Konstruktion 9 freigelegt werden kann, so daß das Innere des

Kessels leicht befahren, genau untersucht, gut gereinigt, leicht verstemmt und wieder sorgfältig angestrichen werden könnte.

Die Konstruktion auf Tafel 9 ist aber auch keineswegs ideal; es gibt bessere Konstruktionen (Heiterkeit) und die bessere Konstruktion wird dadurch erzielt, daß man die Schlange nicht mit dem aufgeschraubten Boilerdeckel oder dem aufgenieteten Boden des Boilers verknüpft, sondern mit dem Mantel. Derartige Konstruktionen habe ich selber sehr oft in Anwendung gebracht, und sie haben sich überall vorzüglich bewährt.

Auf eins möchte ich noch aufmerksam machen: das ist auf die Mittel zur Konservierung der Boiler. Die Art der Einführung des kalten Wassers in denselben ist eine sehr wichtige Sache, und es ist sehr richtig in der von Herrn Prof. P f ü t z - n e r herrührenden Konstruktion auf Tafel 8 angegeben, daß diese Einführung durch das warme Wasser hindurch bis auf den Boden des Boilers erfolgen muß. Das kalte Wasser führt nämlich Luft mit sich, und die Luft scheidet sich in dem warmen Wasser aus, setzt sich an dem Mantel des Kessels fest und verdirbt den Kessel sehr bald, wenn dieselbe nicht alsbald nach Einführung aus dem Boiler entfernt wird. Wie wir durch langjährige Erfahrungen festgestellt haben, muß man daher die Einführungsart des kalten Wassers in den Boiler nach Tafel 8 noch dadurch vervollkommnen, daß man gleichzeitig dafür sorgt, daß das warme Wasser aus dem oberen Teil des Boilers in der Nähe der Kaltwassereinführungsstelle abgezapft wird, und es dabei so einrichten, daß auch die Luft bei diesem Abzapfen aus dem Kessel herausgebracht wird. Während man früher bei den Boilern mit Kaltwasserrohranschluß von unten mit drei- bis vierjähriger Dauer rechnen konnte, wenigstens was die Mäntel angeht, so haben wir jetzt Boiler mit der beschriebenen Kaltwassereinführung von oben in unseren Betrieben, die schon neun Jahre alt sind und die noch nicht irgend eine nennenswerte Veränderung in der Haltbarkeit zeigen.

Ingenieur R ö d e n b e c k , Dresden: Ich möchte an diese Ausführungen des Herrn Vorredners einige Worte anknüpfen, weil Herr O s l e n d e r gemeint hat, man dürfte in Dresden der

Gasheizung das Wort nicht reden. Zunächst ist nicht von der Gasheizung im allgemeinen, sondern von der Warmwasserbereitung mit Gasfeuerung die Rede. Dann zeigt weiter die wissenschaftliche Abteilung der Hygiene-Ausstellung, wo namentlich in der Abteilung »Ansiedlung und Wohnung« eine stattliche Zahl guter Apparate ausgestellt ist, daß die Gasheizung zweifellos nicht mehr dort ist, wo sie vor 15 bis 20 Jahren war. Die Apparate sind zum größten Teile in Betrieb, sie können vorgeführt werden und es kann sich jedermann davon überzeugen, der etwa bisher Gegner der Gasheizung gewesen wäre. Ich meine, es können doch verschiedene Systeme zu gleicher Zeit gut sein und, richtig angewendet, ihren Zweck vollkommen erfüllen, ohne daß man das eine zugunsten des andern bekämpft.

Ingenieur B e u t n e r , Berlin: Meine Herren! Der weitaus wichtigste Punkt ist eigentlich in der Diskussion nur gestreift und nicht genügend beachtet worden.

Für die Ausgestaltung derartiger Anlagen ist es wohl Bedingung, erst einmal die Bestimmungen des betreffenden Wasserwerks zu kennen. Es ist vorhin erwähnt worden, der direkte Anschluß des Warmwassergefäßes sei bei vielen Wasserwerken verboten; auch die Stadt Berlin und die Charlottenburger Wasserwerke haben in ihren Bedingungen über die Anschlüsse von Grundstücken an das Straßenrohrnetz eine derartige Bestimmung, daß Dampfkessel und Gefäße nicht direkt angeschlossen werden sollen. Ich habe mich persönlich erkundigt und niemand konnte mir eigentlich sagen, aus welchem Grunde derartige Warmwasserbereitungsanlagen nicht direkt angeschlossen werden dürften, da ja der direkte Anschluß bei den Gaswarmwasserautomaten mit mehreren Zapfstellen ganz allgemein gebräuchlich ist.

Die Bedingung, daß einmal aus der Straßenrohrleitung entnommenes Wasser nicht wieder in dieselbe zurückfließen soll, kann man durch ein in die Anschlußleitung eingebautes Rückschlagventil ebenso gut erfüllen, wie durch ein Schwimmkugelgefäß. Es besteht eine ganze Reihe derartiger Anlagen in direktem Anschluß an das Straßenrohrnetz unter Benutzung eines Rückschlagventils, wobei für die ungehinderte Ausdehnung des erwärmten Wassers durch Verwendung eines Sicherheitsventils Vorsorge getroffen ist. Diese Anlagen sind wirtschaftlich entschieden vorteilhafter:

1. besteht nicht die Gefahr, daß das Schwimmkugelgefäß auf dem Dachboden einfrieren kann,

2. bedingt ein Schwimmkugelgefäß verhältnismäßig große Zuflußleitungen wegen der geringen Druckhöhe, und

3. können Deckenüberschwemmungen nicht vorkommen, wie solche schon oftmals infolge Versagens des Schwimmerventils in dem Gefäß auf dem Dachboden eingetreten sind.

Ein ganz wichtiger Punkt ist ferner noch der, daß bei Verwendung von Schwimmkugelgefäßen die Warm- und Kaltwasserleitung unter ganz verschiedenen Drücken stehen, wodurch häufig Nachteile sich ergeben. Es sind mir zwei Fälle bekannt, in denen durch fehlerhafte Einrichtung an einer Badewannenbatterie, bzw. an einer Waschtoilette, das Schwimmkugelgefäß auf dem Dachboden sich rückwärts durch die Abflußleitung gefüllt hat.

In diesen beiden Fällen war der freie Auslauf an der Badewannenbatterie, bzw. der Waschtoilette durch einen unzulässigen Verschluß verhindert und infolgedessen drückte das kalte Wasser in das warme über und füllte so das Schwimmkugelgefäß. Gegen derartige Vorkommnisse ist man natürlich gesichert, wenn man den Anschluß direkt wählt.

Aber noch ein weiterer Punkt spricht für die allgemeinere Einführung direkt angeschlossener Warmwasserbereitungsanlagen. Man kann bei solchen auf die Zirkulationsleitungen verzichten, denn dieselben verursachen, wie der Herr Vortragende rechnerisch nachgewiesen hat, einen großen Wärmeverlust. Es kann sogar vorkommen, daß sich der Inhalt des Boilers über Nacht bis zum Morgen durch die ständige Wasserzirkulation in den Verteilungsleitungen vollständig abgekühlt hat. Diesem Übelstand könnte man zwar durch Einbau einer Absperrvorrichtung in die Zirkulationsleitung, welche abends zu schließen ist, abhelfen, doch ist man nicht sicher, daß dieses auch wirklich immer geschieht; und wenn es verabsäumt wird, werden die Folgen am nächsten Morgen doppelt schwer empfunden.

Bei einem direkten Wasseranschluß können die Steige-
leitungen einer Warmwasserversorgungsanlage sehr geringe
Durchmesser erhalten, die in den Röhren befindlichen, etwa
abgekühlten Wassermengen sind daher nur sehr gering, auch
die Rohre selbst absorbieren nur wenig Wärme, so daß man un-
bedenklich auf besondere Zirkulationsleitungen verzichten kann.

Wenn in älteren Häusern Warmwasserbereitungsanlagen
eingebaut werden sollen, ist man oftmals genötigt, mit Rücksicht auf die Vermeidung umfangreicher Stemmarbeiten,
Warmwasserbereitungsanlagen in dieser einfachen Weise in
direktem Anschluß an das Straßenrohrnetz und ohne Zirkulationsleitungen auszuführen. Es hat sich gezeigt, daß diese
Anlagen viel wirtschaftlicher arbeiten, als solche mit Zirkulation. Das wesentlich kürzere Rohrnetz ist natürlich auch
weniger häufig Störungen ausgesetzt.

Das möchte ich nur erwähnen, falls gerichtliche Sach-
verständige geneigt sind, solche Anlagen vielleicht als minderwertig anzusehen. Sie mögen sich aber den wahren Grund
klar machen, weshalb die Anlagen so ausgeführt worden sind.

Ingenieur Dr. M a r x , Berlin-Wilmersdorf: Ich möchte
mir nur eine Frage an Herrn B e u t n e r gestatten. Er will
also, wenn ich ihn richtig verstanden habe, Hochdruckanlagen
mit direkter Erwärmung des Wassers empfehlen, auch bei
vierstöckigen Häusern. Hält es Herr B e u t n e r für zulässig,
einen Warmwasserbereitungskessel mit 4 bis 5 Atmosphären zu
beanspruchen, noch dazu, wenn dieser Kessel durch Temperatur-
schwankungen stark in Anspruch genommen wird, sei es durch
das jedesmalige Hochheizen, sei es durch das neu einströmende
kalte Gebrauchswasser?

Ingenieur B e u t n e r , Berlin: Diese Frage möchte ich
noch dahin beantworten, daß mir nicht bekannt geworden
ist, daß bei solchen Warmwasserbereitungsanlagen der Kessel
durch zu hohen Druck zerstört wurde. Gußeiserne Kessel
zerspringen auch in der Verwendung bei Warmwasserheizanlagen mindestens ebenso häufig und ohne erkennbare
Ursache.

V o r s i t z e n d e r : Es ist ein Antrag auf Schluß der Debatte
gestellt worden. Da sich kein Widerspruch erhebt, schließe

ich hiermit die Diskussion und gebe Herrn Ingenieur V o c k e das Schlußwort:

Ingenieur V o c k e , Dresden: Meine Herren! Eine ganze Reihe der hier angeschnittenen Punkte kann ich dadurch erledigen, daß ich Ihnen sage, was die Veranlassung zu meinem Vortrage war. Ich kenne heute die Berliner Verhältnisse auch nicht mehr so genau wie vor zehn Jahren, als ich noch in Berlin tätig war. Es ist mir aber von der Leitung des Kongresses gesagt worden, es möchten die skandalösen Verhältnisse, die in Berlin vielfach beständen, einmal festgenagelt werden. (Heiterkeit.) (Zuruf: Sind alle noch da!)

Die bei den jetzigen Anlagen vorhandene, geringe Wassermenge wird zumeist in der Küche gezapft, ich will einmal sagen, am Sonntag morgen von 6 bis 8 Uhr. Wer nachher, um 9 bis 10 Uhr aufsteht — und das ist einem Geschäftsmanne, der die Woche über schwer gearbeitet hat, gar nicht zu verdenken —, der bekommt einfach kein warmes Wasser mehr und kann nicht baden. Mancher Geschäftsmann kann es nicht aushalten, nachdem er tagsüber gearbeitet hat, spät abends noch ein Bad zu nehmen, vormittags hat er an Wochentagen vielfach nicht die Zeit dazu. Es liegt daher sehr nahe, daß gerade in diesen Mietkasernen in Berlin, wo manchmal in einem einzigen Hause 10 bis 20 Kaufleute oder Fabrikbesitzer wohnen, alle zusammen am Sonntag vormittags baden wollen und kein warmes Wasser bekommen können. Wo das der Fall ist, hat die ganze Anlage ihren Zweck verfehlt, wenn sie nicht groß genug bemessen ist.

Herr Dr. M a r x behauptete in seinen Ausführungen, daß in Berlin alles gut gehen soll, wenn man pro Wanne 80 l rechnet und eine Kesselheizfläche von $\frac{n}{8}$ rechnet, falls n die Anzahl der Bäder ist; woraus sich eine Kesselbeanspruchung von 16 000 WE auf den Quadratmeter ergibt. Dieser Behauptung ist hier in meiner Nähe lebhaft widersprochen worden. Es scheint also doch nicht alles so gut zu gehen in Berlin. (Heiterkeit.)

Die starke Beanspruchung der Kesselheizfläche mit 16 000 WE scheint mir zu hoch. Weshalb soll man denn das machen? Es geht dann eben sehr viel Wärme mit den nicht ausgenutzten Rauchgasen in den Schornstein.

Das Überkochen der Anlagen, welches Herr B e u t n e r nachher streifte, hat vielfach andere Gründe. Es ist auch einmal gesagt worden, die Anlagen mit Warmwasserkessel und indirekter Erwärmung kochten zu leicht über. An dem Überkochen kann meiner Ansicht nach die Warmwasserheizung oder der Einbau einer Schlange gar nicht schuld sein. Wenn man die Schlange groß genug macht, dann kocht die Anlage ebenso schwer über wie eine Anlage o h n e Schlange.

Daß bei Anordnung von zwei Boilern der Betrieb etwas teurer und unübersichtlicher wird, ist selbstverständlich, sie empfiehlt sich auch nur bei großen Anlagen. Es sind gerade wieder in letzter Zeit mehrere Verbrühungen durch zu heißes Wasser infolge Verwechslung der Zapfhähne vorgekommen. Deshalb möchte ich mit der Wassertemperatur bei Brausebädern nicht gern über 40⁰ C gehen.

Herr Dr. M a r x bezeichnete die Aufstellung der Rentabilitätsberechnung als wertlos. Es ist auch von anderer Seite gesagt worden, wir sollten hier der Gasheizung für die Warmwasserbereitung nicht das Wort reden. Meine Herren! Mir als Heizungsingenieur liegt nichts ferner, als der Gasheizung das Wort zu reden. Denn damit entziehe ich mir ja selbst den Boden. Ich halte es aber für ein Gebot der Gerechtigkeit, daß man jedem das Seine gönnt, und wenn wir heute die Gaswarmwasserbereitung einfach totschweigen wollten, so würden wir damit ein großes Unrecht begehen. (Bravo!)

Meine Firma führt Gaswarmwasserbereitungsanlagen seit mehr als 20 Jahren aus und hat in dieser Zeit viele Hunderte von Gasapparaten aufgestellt. Das ist doch ein Beweis dafür, daß derartige Anlagen gern gekauft werden wegen ihrer außerordentlichen Bequemlichkeit.

Die Angst vor Explosionsgefahr, Feuersgefahr, Vergiftungsgefahr ist auch mehr und mehr im Schwinden begriffen. (Widerspruch.)

Mir ist bis heute in den von meiner Firma gebauten Anlagen kein Fall bekannt geworden, daß jemand durch

Gasausströmung vergiftet worden sei, oder daß eine Explosion mit irgendwelchen nennenswerten schweren Folgen eingetreten sei.

Bezüglich der weiter geäußerten Bedenken über die Art des Anschlusses der Warmwasserbereitungsanlagen an die Kaltwasserleitungen, entweder mittels Rückschlagventils oder mittels Schwimmkugelgefäßes, ist zu erwähnen, daß die Vorschriften hierfür in den verschiedenen Gegenden verschieden sind. In einzelnen Gegenden ist das Schwimmkugelgefäß vorgeschrieben, in anderen dagegen der direkte Anschluß mit einem Rückschlagsventil gestattet. Ich habe deshalb hier beides gebracht. Daß Schwimmkugelhähne in kalten Gefäßen angeordnet werden müssen, ist selbstverständlich. Ich habe das hier auf dem Bilde nicht so ausführlich dargestellt; ich bedaure es eigentlich, denn selbstverständlich werde ich es niemals so ausführen, wie es hier gezeichnet ist. (Heiterkeit.)

Bezüglich der Reinigung des Boilers nach der Pfütznerschen Konstruktion ist gesagt worden, die Schlangen könnten beim Abklopfen beschädigt werden. Das ist nur richtig, wenn unvorsichtig verfahren wird, oder wenn man die Wandstärke nicht stark genug nimmt. Betreffs der Häufigkeit des Herausziehens erwähne ich, daß mir Anlagen bekannt sind, bei denen diese Reinigung alle Vierteljahre erfolgen mußte, und zwar in Süddeutschland, wo das Wasser ziemlich hart ist.

Daß das Mannloch zu klein sei, kann ich eigentlich nicht finden, denn es muß so groß sein, daß die Schlange hineingeht, und außerdem so groß, daß ein Mensch hineinkriechen kann. Wenn das aber der Fall ist, so genügt das vollkommen, dann sehe ich keinen Grund ein, den Deckel noch größer zu machen; denn dadurch vermehrt man nur die Schwierigkeit des Abnehmens und Wiederschließens. Je weniger Schrauben man braucht, desto besser ist es, und je kleiner der Deckel ist, um so starrer ist er.

Nicht recht verstanden habe ich die Andeutung des Herrn Dr. M a r x zum Schlusse, daß in die Kessel in Berlin ein Druck von 4,5 Atm. hineinkommen könnte. Das ist für

den Kessel ja ohne weiteres ausgeschlossen, sobald man eine
Schlange einbaut, denn dann kommt der Druck nur in den
Boiler hinein, und den kann man natürlich für 4,5 Atm.
nnbedingt sicher bauen. (Beifall.)

Vorsitzender: Wir schließen hiermit den zweiten Vortrag.
Ich glaube, das, was der geschäftsführende Ausschuß mit
diesem Vortrage bezweckt hat, ist voll und ganz erreicht.
Er hat Licht in die Warmwasserbereitungsverhältnisse nicht
bloß in Berlin, sondern auch anderwärts in genügendem Maße
gebracht. Ich danke daher Herrn Ingenieur V o c k e noch
einmal für seinen sehr interessanten Vortrag.

Den Vorsitz übernimmt Professor P f ü t z n e r.

Vorsitzender: Meine Herren! Vor dem endgültigen
Schlusse des wirtschaftlichen Teiles unseres Kongresses bitte
ich Sie, den Gefühlen Ausdruck geben zu dürfen, die Sie
gewiß alle beherrschen. Es sind die Gefühle der Dankbarkeit gegen unseren allverehrten Vorsitzenden, Herrn Geheimrat Dr. H a r t m a n n. (Bravo.)

Der glänzende und lehrreiche Verlauf unseres Kongresses,
der diesmal im Lichte der großen Hygiene-Ausstellung stattfand, wird uns allen in schönster Erinnerung bleiben.

Wir sind zwar schon vollständig daran gewöhnt, daß
unsere Kongresse harmonisch und schön verlaufen, aber,
meine Herren, die wenigsten von uns wissen, welche un-
endliche Arbeit damit vorher verbunden ist. Diese Arbeit
hat aber in der Hauptsache Herr Geheimrat Dr. H a r t -
m a n n mit seltener Energie und Ausdauer geleistet. In
freudiger Anerkennung dessen bitte ich Sie, den Gefühlen
der Dankbarkeit und der Verehrung für unseren Herrn
Vorsitzenden Ausdruck zu geben, und zur Bekräftigung
derselben mit mir einzustimmen in den Ruf:

Herr Geheimrat Dr. H a r t m a n n hoch! hoch! hoch!

(Die Versammlung stimmt freudig in den Hochruf ein.)

Geheimer Regierungsrat und Professor Dr.-Ing. H a r t -
m a n n übernimmt den Vorsitz und führt aus: Meine geehrten Herren! Ich danke Herrn Kollegen P f ü t z n e r
für die freundlichen Worte, die er an mich gerichtet hat,

und ich danke Ihnen für die Zustimmung, die diese Worte
bei Ihnen gefunden haben. Ich will zunächst noch einmal
versuchen, die Leitung des geschäftsführenden Ausschusses
für den nächsten Kongreß zu führen. (Lebhafter Beifall.)
Wenn ich mir erlaube, den Vorsitz noch auf einen Augenblick zu übernehmen, so geschieht es, um nochmals unser
aller innigsten Dank zum Ausdruck zu bringen gegenüber
den Persönlichkeiten, die doch in der Hauptsache den schönen
Verlauf des Kongresses herbeigeführt haben. Ich glaube,
wir müssen vor allen Dingen nochmals der Stadt Dresden
herzlich danken, die uns gestern abend den wunderschönen
Empfang im neuen Rathause bereitet hat. Herr Oberbürgermeister Dr. Dr.-Ing. B e u t l e r und Bürgermeister Dr. K r e t z -
s c h m a r mit ihren verehrten Gattinnen haben uns so
liebenswürdig, freundlich und herzlich willkommen geheißen,
daß wir nicht genug dafür dankbar sein können. (Lebhafter
Beifall.) Dann möchte ich vor allen Dingen auch danken
dem Ortsausschusse und dem Arbeitsausschusse. Herr Professor P f ü t z n e r hat betont, daß ich so einigermaßen mit
den Vorarbeiten zu tun gehabt habe. (Heiterkeit.) Es würde
eine falsche Bescheidenheit von mir sein, wenn ich das in
Abrede stellen wollte, aber ich habe so arbeitsfreudige und
liebenswürdige Unterstützung gefunden in Herrn Baurat
W a h l , dem Vorsitzenden des Ortsausschusses, und Herrn
Schatzmeister Fabrikbesitzer H e i s e r , daß ich sagen kann,
daß, wenn die beiden Herren und dann namentlich die
Herren Stadtverordneten Ingenieur K n o k e , Ingenieur
v. S a t i n e , Bauamtmann W e i d n e r und Oberingenieur
H ü t t i g mich nicht so unterstützt hätten, es mir nicht
möglich gewesen wäre, auch nur einigermaßen zu dem
Resultate zu kommen, das wir mit großer Freude jetzt
immer wieder begrüßen können.

Meine Herren, ich komme zum Schluß, und es entsteht
die Frage: sollen wir nach zwei Jahren wieder zusammen-
kommen. Ich glaube, die Frage können wir ja nach dem
schönen Erfolge, den der Kongreß hat, nach der großen Beteiligung bejahen, denn damit hat sich gezeigt, daß unsere
Versammlungen allgemeinen Beifall finden. Über die Wahl

des Ortes ist auch in den letzten Tagen gesprochen worden. Soweit mir bekannt ist, ist hauptsächlich der Wunsch zum Ausdrucke gekommen, an den Rhein zu gehen, und so möchte ich den Kongreß schließen mit dem Wunsche: Auf Wiedersehen am schönen grünen Rhein! (Lebhafter Beifall.)

Ausflug nach Meißen.

Am 14. Juni nachmittags fand ein Ausflug nach Meißen statt.

Um 3½ Uhr trafen sich die Teilnehmer des Kongresses mit ihren Damen am Terrassenufer, um mit zwei festlich geschmückten Sonderdampfern unter Musikklängen nach Meißen zu fahren.

Fanfarenbläser in mittelalterlicher Tracht begrüßten den langen, unter Vorantritt eines Musikkorps sich nach der Burg bewegenden Zug. Nach Besichtigung der Albrechtsburg und des Doms entwickelte sich in den Räumen des Burgkellers ein frohes Treiben. Als es dunkel wurde, erglänzten Burg und Dom sowie verschiedene am Elbufer liegende Gebäude im roten Lichte und boten einen herrlichen Anblick, der viele an die Beleuchtung des Heidelberger Schlosses erinnert, mit der der im Jahre 1901 in Mannheim stattgehabte Kongreß schloß. Mit fröhlichem Gesang zogen die Teilnehmer dem Bahnhof zu, erfüllt von Freude über die nach jeder Richtung gelungene Versammlung und von Dank gegen ihre Veranstalter.

Verzeichnis der Teilnehmer.

Name	Stand	Wohnort
Aberg, R. Gustav	Zivilingenieur	Malmö, Schweden
Abrosetti, Felix	Fabrikbesitzer	Verona, Italien
Adamj, Arnold	Ingenieur, i. Fa. J. L. Bacon	Wien V, Schönbrunner-straße 34.
Adams, Peter	Fabrikant, i. Fa. Mittelrheinische Zentralheizungsbau-anstalt	Ahrweiler
Adelung F.	Kgl. Baurat, Vorstand des Kgl. Landesbauamts München	München, Seeaustr. 2, I
Afeltranger	Ingenieur	Winterthur, Schweiz
Ahlström	Oberingenieur i.Fa.Maschinen-bau-A.-G. Balcke	Bochum
Ahrens, Hermann	Ingenieur	Posen, Hardenbergstr. 8
Aktiengesellschaft für Ozon-Ver-wertung	—	Stuttgart
Algaard, Axel	Diplom-Ingenieur	Bergen, Norwegen
Alt, Otto	Ingenieur	Leipzig, Hardenbergst.37a
d'Anthonay, L.	Ingénieur, Expert près le Tribunal Civil de la Seine	Paris, 41 Rue d'Assas
Appel, Georg	Gesundheitstechnische Anlagen	Gießen
Arnoldt	Diplom.-Ing., Stadtobering.	Dortmund, Hohenzollern-straße 9
Arnold, Otto	Ingenieur, Vorstand der Fa. R. O. Meyer, Fil. Kiel	Kiel, Gasstr. 2
Astaix, M.	Ingenieur, Direktor der Fa. Henry Hamelle	Paris, 94 Boulevard Richard Lenoir
Aufhäuser, Dr.	Beeid. Handelschemiker	Hamburg 8
Bach	Militärbauinspektor bei der Int. des XII. Armeekorps	Dresden
Bacon, J. F.	—	Poole, Dorset, England, 44 High Street
Baer & Derigs	Fabrik für Zentralheizungen	München
Bals, Max	Ingenieur und Fabrikant	Berlin, W. 30, Barbarossa-straße 52
Barbieri, Andrea	Ingenieur	Padova, Italien, Via Dante 26
Barnewitz	Dipl.-Ing., Fabrikbesitzer	Dresden, Falkenstr.22
Barker, A. H.	—	Westminster, London SW. Queen Anne's Chambers
Barth, Georg	Ingenieur	Bredeney-Essen (Ruhr), Wusthoffstr. 9
Bauch, P. E.	Geschäftsführer der Int. Apparate-Bauanstalt, G. m. b. H.	Hamburg, Ekhofstr. 41/45
Bauer, Ernst	k. k. Hauptmann im Ingen.-Offizierkorps	Wien VI, Getreidemarkt 9
Baumann, Karl	Rentier und Stadtverordneter	Erfurt, Wilhelmstr. 23
Baumeister, F. H.	Prokurist der Fa. Richard & Schreyer	Cöln a. Rh.
Bazika, Dr. med.	k. k. Oberbezirksarzt im Ministerium des Innern	Wien
Beck	Bezirksschullehrer und Stadt-verordneter	Dresden, Lortzingstr. 15
Beckhaus	Dipl.-Ingenieur, Stadtbaumeister	Frankfurt a. M., Morgen-sternstraße 33
Beeg, Richard	Ingenieur	Dresden A., Falkenstr. 26
Benninger, Heinr.	Städt. Heizungstechniker	Zürich, Schweiz, Hammerstraße 42

Name	Stand	Wohnort
Berchtold, Heinr.	Fabrikant v. Zentralheizungen	Thalwil b. Zürich, Schw.
Berger, Franz	nö. Landesbaudirektor, Vertreter des Landesausschusses des Erzherzogtums Österreich u. d. Enns	Wien III, Ungargasse 24
Berger, Dr. Franz	k. k. Sektionschef im Ministerium f. öffentl. Arbeiten	Wien
Berkhausen	Oberingenieur bei der Teltower Kreisverwaltung	Friedenau-Berlin, Stierstraße 3
Berlit	Regierungsbaumeister a. D., Stadtbauinspektor	Wiesbaden, Gutenbergplatz 3
Bernard, Louis	Malzowsche Werke	Moskau, Spiridonowska, Haus 36
Berndt, Otto	städt. Heizungsingenieur	Altona, Schillerstr. 7
Bernhardt, C. H.	Fabrikant	Dresden, Alaunstr. 21
Bernhardt, Otto	Zentralheizungsfabrik	Hamburg-Eilbeck, Kiebitzstraße 25/29
Bestelmeyer, Dr. G.	Architekt, Professor an der Techn. Hochschule	Dresden, George Bährstr 8
Beukers, M. Fritz	Ingenieur	Schiedam i. Holl., Schie 4
Beumer jr., B. J.	Ingenieur	'sGravenhage, Holland
Beutler, Dr. jur. h. c., Dr. ing. h. c.	Oberbürgermeister der Kgl. Haupt- und Residenzstadt Dresden, Geheimer Rat	Dresden
Beutner, Karl	Ingenieur der Fa. Bechem & Post	Berlin, W. 35, Steglitzerstraße 4
Beutter, A.	Direktor der Zentralheizungs-A.-G. Bern	Bern, Schweiz
Bieber, Karl	Oberingenieur	Budapest VIII, Kisfaludy ut. 11
Biesel & Co. C. F.	Zentralheizungsfabrik	Berlin, N., Fehrbellinerstraße 38
Bierwes, H.,	Direktor der Mannesmannröhren-Werke	Düsseldorf, Graf Reckestraße 20
Biringer, Jakob	Ingenieur der Centralheizungswerke A.-G.	Mannheim, M. 3, 2
Birlo, J.	Generaldirektor d. Maschinen- und Röhrenfabrik-A.-G. Joh. Haag	Augsburg
Birlo Dr., Hans	Ing. der Fa. Joh. Haag	Augsburg
Bitzan, Rudolf	Architekt	Dresden, Dürerplatz 15
Bjerregaard, J. R.	städtischer Ingenieur	Kopenhagen F., Virginiaweg 4
Blancke & Co., C.W.	Maschinen- u. Dampfkessel Armaturenfabrik, G. m.b.H	Merseburg
Block	Bauinspektor der Stadt Hamburg	Hamburg, Averhoffstr. 16
Block, Ad.	i. Fa. Warns-Gaye & Block	Hamburg 6
Blum, W.	städtischer Heizungsingenieur	Düsseldorf, Jordanstr. 31
Bogdány & Co.	Fabrik für Heizungsanlagen	Budapest VI, Dalnokg. 12
v. Boehmer, H. E.	Geh. Regierungsrat, Mitglied des Kaiserl. Patentamtes zu Berlin	Groß-Lichterfelde-West, Hans-Sachs-Str. 3
Boissonnas, Jean	Ing., Direktor d. Fa. Calorie	Genf, Schweiz
Bolze, H. A.	Ingenieur, Generaldirektor der Centralheizungswerke A.-G.	Hannover-Hainholz
Bonnesen, E. P.	Prof. an der polytechnischen Lehranstalt	Kopenhagen, Stefansgade 31
Borbet, Gustav	Ingenieur d. Fa. W. Zimmerstädt	Elberfeld, Prinzenstr. 47
Borchert, Wilhelm	Oberingenieur	Berlin-Südende, Berlinerstraße 20

Name	Stand	Wohnort
Bösch, Heinrich	Ingenieur d. Fa. Ottenser Eisenwerk	Altona-Ottensen
Böttcher, Gustav	städtischer Ingenieur	Berlin-Schöneberg, Magistrat
Brabbée Dr. techn., K.	Professor an der Technischen Hochschule Berlin	Charlottenburg, Weimarerstraße 50
Braat, F. W.	Fabrikant	Delft, Holland
Brägas, Karl	Zentralheizungsfabrik	Kiel
Brandt, Albert	Ingenieur beim Verband deutscher Centralheizungs-Industrieller	Berlin W 9, Linkstr. 29
Braun	Stadtrat	Dresden
Brockmann, Bern.	Fabrikbesitzer	Charlottenburg 5, Windscheidstr. 18
Brönner, Rudolf	Ingenieur i. Fa. Brönner & Co.	Aussig a. E.
Bründl, Johann	k. k. Hoflieferant	Budapest VII, Ovoda-Utcza 34
Brune, H.	Diplom-Ing., Ratsingenieur	Plauen i. V.
Brünn, Gustav	städt. Ingenieur	München, Hedwigstr. 15
Brunner, Franz	Ingenieur der Fa. Fuchs & Priester, G. m. b. H.	Mannheim
Brunner, Robert	Kgl. Bauamtsassessor	Passau
Bruns jr., G. H.	Zentralheizungsfabrik	Bremen, Am Wall 197
Brunschwyler, Alfr	Zentralheizungsfabrik	Chaux-de Fonds, Schweiz, Serre 41
Brunn, H. H.	Ingenieur (Brunn & Sörensen)	Kopenhagen, Niels Juelsgade 15
Buchholz, Wilhelm	Ingenieur	Moskau, Spiridonowska, Haus 36
Buchmann, Karl	Ingenieur der Fa. Nordiska Värme u. Ventilations-A.B.	Göteborg, Schweden
Buddäus, Franz	Oberingenieur der Fa. R. O. Meyer	Hamburg 23, Pappelallee 23/25
Buderussche Eisenwerke	—	Wetzlar
Budil, Alfred	Ingenieur	Brackwede i.W.
Bundey, A. F.	Ingenieur	London N., 20 Park Crescent, Etchingham Park Road, Finchley
Burkhardt, K.	Prokurist der Fa. H. Rosenthal	Berlin, SW. 47, Großbeerenstr. 71
Burkom van	Ingenieur	Amsterdam, Voorburgwal 95
Buschbeck & Hebenstreit	Fabrikanten	Dresden
Buxbaum, August	Stadtbaurat	Darmstadt, Hohler Weg 40
Buyn, E. F.	Ingenieur	im Haag (Holland)
Carmeli, Vito	Ingenieur i. Fa. G. De Franceschi & Co.	Milano, Italien, Rue Stelvio 61
Caspar, Georg	Magistratsbaurat	Berlin, O., Schicklerstr. 12
Cassinone, Viktor	Oberingenieur	Wien II, Taborstr. 66
Catone	Ingenieur	Rom
Centralheizungs-bedarf-Gesellschaft m. b. H.	—	Düsseldorf, Graf Adolfstraße 83
Centralheizungs-Werke-A.-G.	—	Mannheim
Chotian, Gaston	Ingenieur	Brüssel, Belgien
Clausen, Börje	Ingenieur, A. B. Clausens Gas-u. Vattenledningsaffär	Stockholm, Tunnelgatan 16
Clauß, F.	Fabrikdirektor	Berlin, SW., Lindenstr. 18
Clauß, G.	Ingenieur d. Fa. Sachsse & Co.	Halle a. S.

Name	Stand	Wohnort
Clorius, Odin	Direktor der Fa. A.-G. Brödr. Clorius	Kopenhagen
Cordes, Heinrich	Kaufmann	Cöln a. Rh., Gereonshaus
v. Cornides, Wilh.	Prokurist, Vertreter der Fa. R. Oldenbourg	München
Cramer, Walter	Ingenieur u. Fabrikbesitzer (i. Fa. Bechem & Post)	Hagen i. W., Wehringhauserstraße 7
Crone	Ingenieur	Dortmund
Crusius	Oberingenieur des Eisenwerks Kaiserslautern	Kaiserslautern
Dahlgren, Wilh.	Fabrikant	Strömsborg-Stockholm, Schweden
Dallach	städt. Heizungsingenieur	Magdeburg, Leipzigerst.66
Danstrup, Chr. F.	Fabrikant	Kopenhagen, Stefansgade 21
Deerns & Westeringh	Zentralheizungsfabrik	'sGravenhage, Holland, Waagenstraat 179
Degen & Goebel	Zentralheizungsfabrik	Berlin, SW. 47, Wartenburgstr. 13/14
Degen, Georg	Zentralheizungsfabrik	Berlin, SW., Großbeerenstraße 20
Dehn	Stadtbaudirektor	Rostock i. M.
Dehne, Dr. jur.	Stadtrat	Dresden
Deicke	Ingenieur	Hamburg
Demmer	i. Fa. Gebr. Demmer A.-G.	Eisenach
Dicker, Hugo	Fabrikbesitzer	Halle a. S., Turmstr. 123
Dietz, Ludwig	städt. Ingenieur, Vorstand des städt. Heizamts	Nürnberg, Winklerstr. 22
Dillnberger, Adalb.	Kgl. ung. Oberingenieur	Budapest
Djuvara, Marcel	Ingenieur, Delegierter des rumänischen Ministeriums	Bukarest
Dobrowolsky, A.	Zivilingenieur	St. Petersburg, Fontankastraße 32
Donesana, Aurelio	Ingenieur	Milano, Italien, Via Ariberto 8
Dormeyer, Joh.	i. Fa. Dormeyer & Lange	Berlin, SW. 29, Nostizst.40
Dose, C.	i. Fa. Dose & Middendorf	Altona, Treskowallee 24
Dreusch	Stadtbaumeister	Kiel, Holtenauerstr. 112
Drews, E.	Geheimer Baurat	Stettin, Roonstr. 24a
Drzewiecki, P.	Ingenieur	Warschau, Jerusalemerstraße 85
Düker, Wilh.	Direktor des Eisenwerkes Hirzenhain Hugo Buderius, G. m. b. H.	Hirzenhain, Hessen
Dülfer, Martin	Professor an der Technischen Hochschule	Dresden, Bendemannstr. 8
Dummel, Ferd.	Chef der Fa. J. Gabler	Budapest VI, Aradi utcza 63
Eelbo, Fritz	Direktor der Fa. J. John A.-G.	Lodz, Rußland
Egeling, Paul	Stadtbaurat	Schöneberg b. Berlin, Magistrat
Ehrendorfer, Aug.	Zentralinspektor der DUNG	Wien I, Operngasse 6
Ehrmann, O.	Stadtbaumeister	Heidelberg
Eichenberg	Diplom-Ingenieur	Frankfurt a. M.-Bockenheim, Werrastr. 18
Einwaechter, Hug.	Ingenieur i. Fa. R. O. Meyer	Frankfurt a. M., Gutleutstraße 95
Emhardt, Karl	Ingenieur und Fabrikbesitzer i. Fa. Emhardt & Auer	München, Haydnstr. 1
Emonds, Heinr.	Technisches Bureau	Aachen, Harskampstr. 86
Enders	Betriebsdirektor im Kgl. Sächsischen Kriegsministerium	Dresden

Name	Stand	Wohnort
Engelking, W.	—	Weimar, Wörthstr. 51
Engelmann	Regierungs- und Baurat	Steglitz-Berlin, Belforter-straße 40
Entzeroth, W.	Ingenieur und Fabrikbesitzer i. Fa. Chr. Salzmann	Leipzig, Promenadenstr. 36
Eriksson, Helge	Ingenieur der Fa. Aktiebolaget »Celsius«	Stockholm
Erlandsson, Nils, J.	Ingenieur der Fa. Aktiebolaget »Celsius«	Göteborg, Schweden
Erlwein	Professor, Stadtbaurat	Dresden, Sedlitzerstr. 13
d'Esménard, E.	Zivilingenieur	Paris XVII, 149 und 151 rue de Rome
Evers, H.	städtischer Heizungsingenieur	Bremen, Contrescarbe 107
Exler, Jenö	Kgl. ung. Oberingenieur	BudapestII, Iskola utcza 13
Faerden, M.	Diplom-Ingeneur, i. Fa. Aktiebolaget M. Faerden	Stockholm 5
Fagerström, Will.	i. Fa. Will. Fagerström	Göteborg, Schweden
Ferrari, Carlo	Ingenieur-Bureau	Wil (St. Gallen), Schweiz
Ferrari, Carlo	Ingenieur	Turin, Italien, Via S. Secondo 62
Fischer	Ingenieur im Baubureau der Spital-Erweiterung	Straßburg i. E.
Fischer, Martin	Oberingenieur der Österreich. Masch. A.-G. Körting	Olmütz, Österreich, Johannesstr. 4
Fissmann, F.	Ingenieur	Prag III, Flußgasse 7 I
Fleck, H.	Stadtbaurat	Dresden
Flügge, Joh. Gg. Karl	Holz- und Gas-Industrie	Hamburg 11
Fochtmann	Militärbauinspektor	Leipzig-Gohlis, Straßburgerstr. 24 III
Foltz, A.	k. k. Oberbaurat im Minist. für öffentliche Arbeiten	Wien IX, Porzellang. 33 A
Fonferko, Kasimir	Ingenieur	Lemberg, Pasaz Hausmanna 8
Förster, W.	Ingenieur u. Betriebsleiter der Kgl. Heil- u. Pflegeanstalt	Eglfing, Station Haar bei München
Förtsch, W.	Kgl. Bauamtmann	Würzburg, Friedenstr. 26.
Fort, Oskar	Fabrikant, i. Fa. Oskar Fort & Co.	Budapest IX, Angyalutcza 33
Fort, Oskar jun.	Ingenieur	Berlin
Francke, Richard	Ingenieur, i. Fa. Francke & Micklich	Dresden, Zwickauerstr. 30
Freschi, Guiseppe	Fabrikant, i. Fa. G. Freschi	Brescia, Italien, Via Romanino 24
Freudiger, G.	Ingenieur, i. Fa. Freudiger & Cie.	Wil (St. Gallen), Schweiz
Freyse, Paul	Ingenieur	Dresden, Struvestr. 30 I
Fried, Zsigmond	Fabrikant	Budapest VIII, Barossutcza 76
Friedrich, Konrad	Kgl. Bauamtsassessor	Regensburg
Fröhlich, Theodor	Ingenieur	Berlin, W. 15, Kurfürstendamm 33
Fuchs, Joseph	Stadtbaudirektor	Graz, Österreich
Fulda, Eugen	Architekt, Baumeister und Ziegeleibesitzer	Teschen, Österr.-Schlesien
Funke	Dipl.-Ing. (Zenithwerke)	Dresden, Walderseeplatz 1
Furrer, E.	Adjunkt der städtischen Feuerpolizei	Zürich
Fusch, Dr.-Ing. G.	Direktor bei der Firma Gebr. Körting	Körtingsdorf b. Hannover
Geiger, Philipp	Oberingenieur der Maschinenfabrik Augsburg-Nürnberg	Nürnberg

Name	Stand	Wohnort
Gensel	Stadtrat, Dezernent für Heizungen der Stadt Erfurt	Erfurt
Genz	Ingenieur, Mitinhaber der Fa. Wilh. Brückner & Co.	Wien III/1, Baumgasse 5
Geppert	Betriebsdirektor	Karlsruhe i. B.
Gesellschaft für selbsttätigeTemperaturregelung G. m. b. H.	—	Friedenau-Berlin, Wilhelmshöherstr. 29
Geveke, H. L.	Fabrikant, i. Fa. Geveke & Co.	Amsterdam
Glausnitzer	Geh. Baurat bei der Kgl. Intendantur des XII. Armeekorps	Dresden
Göbel	Ingenieur und Direktor der städt. Gaswerke	Dresden, Winterbergst. 17
Godzik, Karl	—	Gleiwitz
Goehde, Hans	Ingenieur der Fa. G. A. Schultze	Charlottenburg, Charlottenburger Ufer 53
Goeke, F.	Direktor der Metallwerke Neheim A.-G.	Neheim a. Ruhr
Goeroldt, W.	Ingenieur	Großlichterfelde b. Berlin, Friedrichplatz 2
Goertz, A.	Kgl. Regierungs- und Baurat	Bayreuth, Ludwigstr. 26
Goertz, O.	Oberingenieur der Fa. David Grove	Charlottenburg, Königin Augusta-Allee 86
Goldschmidt, Erich	Oberingenieur der Fa. Rich. Knoke	Dresden
v. Górski	Ingenieur	Posen, Tiergartenstr. 7
Gott, Wilhelm	Ober-Ingenieur, Filialvorst. d. Strebelwerks	Berlin, SW. 47, Katzbachstraße 21
Götze, Karl	Oberingenieur und Leiter des Stadtbauamts	Aussig i. B.
Graf, Alfred	k. k. Oberingenieur beim Ministerium für öffentliche Arbeiten	Wien III/2, Hörnesgasse 17
Grahl, Wenzel	Ingenieur	Prag
Gramb	Ingenieur	Danzig
Grasset, P.	Vize-Präsident und Delegierter de la Chambre Syndicale de Entrepreneurs de Fumisterie	Versailles, 90 rue d'Anjou
Graupner, Dr. jur.	Stadtamtmann	Dresden
Gregor	Fabrikbesitzer, Stadtverordneter	Dresden
Greiert, C.	Syndikus	Dresden, Holbeinstr. 18
Grenter	Ingenieur	Winterthur, Schweiz
Griebel	Ingenieur, Vorst. der Filiale der Fa. R. O. Meyer	Posen, Hedwigstr. 17
Grimm	Geh. Oberbaurat, vortrag. Rat im Kgl. Kriegsministerium	Dresden, Angelikastr. 11
Grobmann, Karl	Ingenieur beim Kgl. Fernheizwerk	Dresden-A., Gneisenaustraße 16
Grönhagen, Karl	Ingenieur u. Fabrikbesitzer	Stralsund, Heiligegeiststraße 94
Groß, Adolf	Ingenieur. i. Fa. Groß & Sohn	Nürnberg
Grunow, Walter	städt. Heizungsingenieur	Barmen, Haspelerstr. 7.
v. Gsell, H.	Oberbaurat	Stuttgart, Kasernenstr. 56
Guastalla, Eugenio	Ingenieur	Modena, Corso Umberto 47
Guggenbühl & Müller	Zentralheizungsfabrik	Zürich
Gutknecht, Heinr.	Ingenieur i. Fa. Stehle & Gutknecht	Basel, Bärenfelserstr. 47

Name	Stand	Wohnort
Haase, F. H.	Ingenieur und Patentanwalt, Eigentümer der Zeitschrift für Lüftung, Heizung und Bauingenieurtechnik	Berlin, S., Gitschinerstr.16
Haberl, Xaver F.	Zentralheizungsfabrik	Berlin, W. 30, Luitpoldstraße 19
Haberland, Walter	Regierungsbaumeister, Kgl. Hofingenieur i.Fa.Dav.Grove	Charlottenburg, Kaiserin Augusta-Allee 86
Hable, Hans	Ingenieur u. Fabrikant	Wien IV, Phorusgasse 14
Hähle, P.	Heizungsingenieur, i. Fa. J. Bader	Chemnitz, Hauboldstr. 14
Halhuber, Max	Ingenieur	Innsbruck
Hammer, Max	Ingenieur und Fabrikbesitzer	Leipzig-Plagwitz, Naumburgerstr. 27
Hänelt	Ingenieur	Danzig-Langfuhr
Hansen, Ernst W.	Zentralheizungsfabrik	Braunschweig
Hansson, Karl	—	Stockholm, Wasagatan 48
Hart, Hans	p. Adr. EschenbachscheWerke, Dresden	Bukarest, Rumänien
Hartmann, Dr.-Ing. Konrad	Geh. Regierungsrat und Professor, Senatsvorsitzender im Reichs-Versicherungsamt zu Berlin	Grunewald-Berlin, Herbertstraße 10
Hartung	Baurat bei der Int. des XII. Armeekorps	Dresden
Hasselriis, Fr.	Fabrikdirektor	Aarhus, Dänemark
Haupt	Direktor	Berlin
Hauser, Karl	Dipl.-Ing., städt. Oberingen.	Solln b. München, Erikastraße
Hauß, Charles F.	Direktor, Societa Nazionale del Radiatori	Milano, Via Tommaso Grossi 7
Hauswald	i. Fa. Hauswald & Sohn	Dresden
Hedbom, P.	Ingenieur	Helsingfors
Hedtstück	Prokurist der deutschen Radiat.-Verkaufsstelle	Wetzlar
van Hemstede-Obelt, Th.	Direktor, i. Fa. van Hemstede-Obelt, Sanitair-Techn. Bureau, G. m. b. H.	Amsterdam
Heim, H.	Fabrik f. Meidinger Öfen	Baden b. Wien
Heinrich, Karl	Ingenieur	Bromberg, Gammstr. 15
Heinrici, Joh.	Ingenieur	Frankfurt a. M., Schweizerstraße 44
Heintz, Karl F.W.	Ingenieur. Dozent am polytechnischen Institut	Riga, Rußland
Heise, C.	Architekt	Hamburg
Heiser, Wilhelm	Ingenieur und Fabrikbesitzer, Kgl. Hoflieferant	Dresden, Eisenstuckstr. 36
Hendus, Georg	Ingenieur	Straßburg i. E., Möllerstraße 14/II
Hengelhaupt, C.	Ingenieur	Winterthur, Schweiz
Herbst	städt. Heizungsinspektor	Cöln-Lindenthal, Hillerstraße 28
Herrfahrt, Paul	städt. Heizungsrevisor	Dredsen, Bergmannstr. 11
Herrfahrt, Rich.	Ingenieur	Chemnitz, Reichenhainerstraße 32
Herrmann	Direktor bei der Fa. J. A. John A.-G.	Ilversgehofen b. Erfurt
Hertzner, Karl	städt. Maschinen- u. Heizungsingenieur	Gelsenkirchen, Florastr.32
Hesse, G.	Ingenieur bei der Maschinenfabrik Eßlingen	Eßlingen
Hessel, C.	Ingenieur	Dresden-A., Gambrinusstraße 16

Name	Stand	Wohnort
Hetzheim, Ernst	Techniker und Fabrikbesitzer	Greiz i. V., Wormsstr. 5-7
Hintzberg	Städtischer Ingenieur	
Hilgenberg, W.	Oberingenieur der Fa. Gebr. Demmer A.-G.	Eisenach
Hoffmann, Paul	i. Fa. Hoffmanns Werk	Leuben b. Dresden
Hofmann, Rich.	Vertr. der Fa. Balcke, Tellering & Cie, A.-G., Benrath	Chemnitz
Hofmeister	Betriebsdirektor im Königl. Sächs. Kriegsministerium	Dresden
Hohenschwert	Ingenieur	Cöln a. Rh., Antwerpenerstraße 17
Hölscher, A.	Ingenieur	Dresden, Cranachstr. 19
Homèn, Birger	Ingenieur i. Fa. Jul. Tallberg	Helsingfors
Honiball, Charl. R.	—	Liverpool, 36, Dale Street. Prudential Assurance Buildings
Hörenz, Otto	Fabrikbesitzer	Dresden-Blasewitz, Marschallallee 27
Horrocks, S. Booth	i. Fa. Ambrose Marriott & Co.	Northampton, Oak Street
Horst, Jos.	Ingenieur i. Fa. Bonner Zentralheizungsfabrik G. Horst	Bonn, Bachstr. 6
Hottenstein, L.	Ingenieur	Winterthur, Schweiz, Brühlbergstr. 54
Hottinger, M.	Ingenieur i. Fa. Gebr. Sulzer	Wintherthur, Schweiz
Huber, H.	Kgl. Bauamtmann, Vorstand des Kgl. Bauamts	Rosenheim
Huber, Xaver	Ingenieur der Fa. A. Zettler, G. m. b. H.	München
Hübener, A.	Zentralheizungsfabrik	Kiel, Karlstr. 8
Hunäus	Ingenieur i. Fa. Gebr. Körting	Körtingsdorf b. Hannover
Hüttig	Oberingenieur der Fa. Rietschel & Henneberg	Dresden, Franklinstr. 34
Jacob, Rich.	Ingenieur	Stuttgart, Büchsenstr. 53
Jacobsen, J.	Ingenieur	Göteborg
Jacobskötter, R.	Ingenieur	Wetzlar, Obere Promenade
Jaeger, Rothe & Nachtigall, G. m. b. H.	—	Leipzig-Eutr.
Jakob, Dr. L.	—	Budapest
Janischewski, Dr. Thomas	Stadtphysikus	Krakau
Januš, Alfred	k. k. Marine-Oberingenieur, Delegierter der k. k. Kriegsmarine	Wien III/1, Ungargasse 71
Jaul, Adolf	Ingenieur der Fa. H. C. Hoffmeister & Co.	Wien XII, Hauptstr. 11
Jeglinsky	Ingenieur und Fabrikbesitzer, i. Fa. Jeglinsky & Tichelmann	Dresden-Blasewitz, Berggartenstraße 32
Imhof, Alfred	Ingenieur	Bad Nauheim
Inden, Gustav	Fabrikant, i. Fa. Gebr. Inden	Düsseldorf, Lindenaust. 18
Inden, Hubert	desgl.	Düsseldorf-Oberbilk, Neanderstraße 15
Jones, Walter	(Jones & Atwood Ltd.)	Stourbridge Holly Mount
Isbann, Wilh.	Ingenieur, i. Fa. Zentralheizungswerke A.-G.	Berlin, SO. 33, Eisenbahnstraße 21
Junk, Jos.	Ingenieur und Fabrikbesitzer	Berlin, SW., Ritterstr. 59
Käferle, Fritz	Zentralheizungsfabrik	Hannover, Jacobistr. 63
Kahlson, Gunnar F.	Värmetekniska-Byran	Göteborg, Kungsgatan 10
Kalitta, Hans	k. k. Oberingenieur	Troppau, Österr.-Schles., Ottendorfergürtel 10
Kampf, Jos.	Ingenieur, i. Fa. M. Kampf & Co.	Plauen i. V.

Name	Stand	Wohnort
Kapal	Direktor der Schlesischen Montan-G. m. b. H.	Breslau 1
Karsten, A. C.	Ingenieur	Kopenhagen, Gl. Kalkbrande
Kehm, A.	Ingenieur	Berlin
Kemter, Richard	Ingenieur	Crimmitschau, König-Friedrich-August-Str.
Kerschbaum	Stadtbauinspektor	Stuttgart, Fischerstr. 5
Kérestedjiam, A.	Ingenieur	Konstantinopel, Adalet Han, Galata
Keso, Emil	Diplom-Ingenieur	Charlottenburg, Kaiser-Friedrich-Str. 34 III (Dörr)
Kestenholz, Emil	Ingenieur i. Fa. Zippermayr & Kestenholz	Mailand, Via Padova 19
Kirchner, W.	Direktor der Prinz Carlshütte	Halle a. S., Yorkstr. 78
Klehe, Franz	in Fa. H. Klehe & Söhne	Baden-Baden, Leopoldstraße 3
Klingelhöffer	Großh. Geh. Oberbaurat	Darmstadt, Heerdweg 72
Klingmüller, Harry	Ingenieur, i. Fa. Friedr. Klingmüller	Reichenberg in Böhmen
Kloß	Ingenieur	Graz, Österreich
Knauth, Wilh.	Ingenieur i. Fa. Fried. Wilh. Raven	Dortmund, Ostwall 150
Knipper, Heinr.	Kaufmann	Davos, Schweiz
Knoke, Richard	Diplom-Ingenieur, Fabrikbes. und Stadtverordneter	Dresden, Zelleschestr. 42
Knuth, Karl Fr.	Ingenieur und Fabrikbesitzer	Budapest VII, Garay utcza 10
Knuth, Karl jun.	Diplom-Maschineningenieur i. Fa. Karl Knuth	Budapest VII, Garay utcza 10
Kobliczek, Walter	Oberingenieur der Langscheder Walzwerke u. Verzinkerei-A.-G.	Langschede a. Ruhr
Koch	Ingenieur, Abteilungsvorst.	Düsseldorf, Hermannstr.37
Koch, Otto	Ingenieur, i. Fa. Joh. Haag	Augsburg
Kohl, Heinrich	Fabrikant, i. Fa. Kohl, Neels & Eisfeld	Hamburg 6
Köhler, M.	Direktor der Vereinigten Flanschenfabriken A.-G.	Regis bei Leipzig
H. Köhne	Oberingenieur	Hannover-Hainholz Hüttenstraße 23
Kölz, G.	Oberingenieur und Prokurist der Fa. Gebr. Körting	Körtingsdorf b. Hannover
Koopmann, J.F.H.	Ingenieur, Privatdozent an der Techn. Hochschule	Delft, Holland
Köpp, Jak.	Zentralheizungsfabrik	St. Gallen, Schweiz
Köpsel, Dr.	Mechan. Werkstatt, G. m. b. H.	Charlottenburg, Spreestraße 22
Kori, H.	Ingenieur und Fabrikant	Berlin, W. 57, Dennewitzstraße 35
Körner, Dr.	Stadtrat	Dresden, Krenkelstr. 17
de Koster, J. W.	i. Fa. Th. A. de Koster	Amsterdam, Ruysdaelstraße 96/98
Krause, Richard	i. Fa. J. S. Fries Sohn	Frankfurt a. M.
Krebs, Paul	Filialvorstand des Strebelwerks, G. m. b. H.	Hamburg, Hartwicusstraße 11/1
Krell, O. sen.	Direktor	Nürnberg, Vestnertorgraben 31
Kretschmer, M.	städt. Maschinen- und Heizungsingenieur	Halle a. S., Zietenstr. 31
Kretzschmar, Dr.	Bürgermeister	Dresden, Werderstr. 42

Name	Stand	Wohnort
Kreuter	Stadtbaurat	Würzburg
Kreuter, Franz	Kgl. Bauamtmann, Vorst. des Kgl. Landbauamts	Windsheim i. Bayern
Kristensson, C. O.	Ingenieur, i. Fa. Wilh. Sonesson & Co.	Malmö, Schweden
Krug, Richard	Ingenieur	Berlin, N 58, Schönhauserallee 34
Krüger, O.	i. Fa. C. Meinert & Co., Zentralheizungsfabrik	Moskau, Marosseika 17
Kuckert, Otto	Fabrik für Zentralheizungen	Markneukirchen i. S.
Kühne, Erich	Ingenieur (i. Fa. Zenithwerke)	Dresden, Freibergerstr. 23
Künzl, Joh.	Spezialfabrik für Zentralheizg.	Lodz, Panskastr. 55
v. Kupffer, L. R.	Ingenieur der Fa. Siemens & Halske, A.-G.	Berlin, SW. 47, Yorkstr. 4
Kurtze, Hans	Stadtbauinspektor	Schöneberg-Berlin, Magistrat
Kurz, Josef	Ingenieur und Fabrikbesitzer i. Fa. Kurz, Rietschel & Henneberg	Wien V. Spengergasse 40
Kuthe, K.	Ingenieur der Fa. R. O. Meyer, Berlin	Großlichterfelde b. Berlin, Sternstr. 3
Lagerlöw, C. H.	Ingenieur der Fa. Ahlsell & Ahrens, Aktiebolaget	Stockholm C., Mästersamuelsgatan 32
Lammers, Heinr. H.	Diplom-Ingenieur, Fabrikant i. Fa. Georg Huber	Straßburg i. E., Dietrichstaden 1
Land, Theodor	Ingenieur i. Fa. Nestler & Breitfeld	Dresden, Hettnerstr. 6
Landesausschuß d. gefürsteten Grafschaft Tirol	—	Innsbruck
Landolt, W.	Ingenieur	Paris, 22 rue de Calais
Lange, Theodor	Fabrikbesitzer i. Fa. Dormeyer & Lange	Berlin, Nostizstr. 4
Lange, W.	Ingenieur	Dortmund
Langenohl, Alb.	Oberingenieur der Fa. W. Heiser & Co.	Dresden
v. Langermann, Dr.	Mitglied der Geschäftsleitung der Intern. Hygiene-Ausstellung Dresden 1911	Dresden
Lapczinski	Ingenieur der Fa. H. Liebold, G. m. b. H.	Dresden
Laskus, A.	Regierungsrat, Mitglied des Kaiserl. Patentamts z. Berlin	Berlin, SW. 61, Gitschinerstraße 97
Lastin, J.	Direktor der Fa. Joh. Haag, A.-G.	Berlin, SW., Mittenwalderstraße 56
Lattner, H.	Ingenieur i. Fa. Schweizerisch. Importhaus, A.-G.	Zürich, Schweiz
Lazar, Lajos	städt. Ingenieur	Budapest VII, Dob utcza 20
Leeft-Handow, E.	—	Friedenau-Berlin
Lehmann, J.	i. Fa. Altorfer, Lehmann & Co.	Zofingen, Schweiz
Leidheuser, Ernst	Ingenieur	Dortmund, Dresdenerst. 6
Lenz, Alfred	Chef des Hauses Lenz & Co.	Basel, Schweiz
Leoni, Max	Ingenieur der Fa. Walz & Windscheid	Düsseldorf-Oberkassel, Sternstr. 49
Liebau, Herm.	Zentralheizungsfabrik	Magdeburg-Sudenburg.
Liedtke	Landbauinspektor	Hildesheim
Liepolt, Anton	nö. Landesbaurat, Vertr. des Landesausschusses des Erzherzogtums Österreich u. d. Enns	Wien, Herrengartenstr. 13
Lier, H.	Ingenieur der Fa. Guggenbühl & Müller	Zürich

Name	Stand	Wohnort
Lifschütz, H.	Ingenieur	Charkow, Rußland, Sumskaja 26
Lincke, Paul	Ingenieur i. Fa. Gebr. Lincke.	Zürich
Lindemann, O. K.	Direktor der Korting Bros. Ltd.	London, SW., Westminster, 53 Victoriastr.
Lindemann Dr.-Ing. W.	Regierungsbaumeister	Braunschweig, Roonst. 20 I
Lingner	Geh. Kommerzienrat, Fabrikbesitzer	Dresden, Nossenerstr. 2/4
Linser, Ch.	Zentralheizungsfabrik	Reichenberg, Österreich
Lippold, Rich.	Ingenieur der Fa. Emonds	Aachen
Lisitzin, Gr.	Diplom-Hütten-Ingenieur Phil. Mag.	Wiborg, Finnland
Lohr, P.	Stadtingenieur	Amsterdam, Palestrinastraße 16
Löwenstein	—	Cöln a. Rh.
Lucas	Geh. Hofrat, Prof. und Rektor der Techn. Hochschule in Dresden	Dresden
Lucht, Karl	Diplom-Ingenieur	Hanau a. M., Altstr. 4/6
Ludwig, G. C.	Ingenieur der Fa. Gebr. Körting	München
Ludwik, Dr. techn. Kamill	k. k. Oberbaurat, erster Vizepräsident der Prager Maschinenbau-A.-G.	Prag
Lüdy, Christian	i. Fa. Lüdy & Schreiber, Röhrengroßhandlung	Berlin, NO. 55, Greifswalderstr. 208
Lumbo	Ingenieur	Lodz, Rußland
Lüneburg, H.	Ingenieur und Fabrikant i. Fa. Bolte & Loppow	Hamburg 20, Lockstedterweg 117
Lürken, M.	Ingenieur	Aachen, Heinrichs-Allee 17
Lüssi	Ingenieur	Winterthur, Schweiz
Maguire, William R. J. P.,	Past President Institution of Heating & Ventil Engineers Gt. Britain, Maguire & Gatchell Ltd.	Dublin, Town Hill Lodge Dalkey Co., Ireland
Magyarits, A.	Techn. Oberrat im Kgl. Ungar. Handelsministerium	Budapest
Marienthal, R.	Ingenieur der Fa. Károly Knuth	Budapest VII, Garay utcza 10
Marquardt, J.	i. Baubureau der Spitalerweiterung	Straßburg i. E.
v. Marothy, Koloman	Kgl. Ung. Hauptmann beim Ingenieur-Offizier-Korps	Budapest, Alkotás utcza 7a
Martin, Karl	Direktor der Fa. H. Schaffstädt, G. m. b. H.	Gießen
Martini, Ottomar	Ingenieur	Crimmitschau i. S.
Marx, Dr. Alex.	Ingenieur ,Privatdozent an der Techn. Hochschule z. Berlin	Wilmersdorf-Berlin, Gieselerstraße 26
Mašek, R.	Ingenieur	Prag, Zizkov, Hußgasse 24
Mattick, F.	Ingenieur	Pulsnitz i. S.
Maurmeier, R.	Ingenieur der Fa. Gebr. Sulzer	München, Lindwurmst. 131
Meck, Bernhard	Konsul und Fabrikbesitzer	Nürnberg
Meden, H. P.	Stadt- u. Hafeningenieur	Rönne auf Bornholm, Dänemark
Mehl, H.	Berat. Heizungsingenieur	Dresden, Schäferstr. 97
Meili	Ingenieur	Winterthur, Schweiz
Meisinger, Hans	Oberingenieur i. Fa. Kurz, Rietschel & Henneberg	Wien VIII, Linzerstr. 221
Meißner, Alfred	Ingenieur der Fa. H. Klemme, Friedenau	Steglitz-Berlin, Külzerstraße 3/1
v. Mellinger	Geh. Oberbaurat	München, Elisabethstr. 5

Name	Stand	Wohnort
Meter, E.	Professor	Wien VIII, Piaristeng. 15
Metzler	Bürgermeister, Beigeordneter und Stadtbaurat	Worms, Rheinstr. 53
Meyer	Stadtbauinspektor, Vorst. des städt. Maschinenamts	Cöln a. Rh.
Meyer	Magistratsbaurat	Charlottenburg, Mommsenstraße 40/1
Meyer	Stadtbaurat	Pirmasens
Meyer, Gustav	Diplom-Ingenieur u. Fabrikbesitzer	Nürnberg, Fabrikstr. 1
Meyer, W.	Ingenieur der Fa. Gebr. Körting, A.-G.	Dresden, Waisenhausstr.19
Micklich, Paul	Ingenieur i. Fa. Francke & Micklich	Dresden
Middendorf, C.	Direktor dés Ottenser Eisenwerks A.-G.	Altona-Ottensen, Treskow-Allee 24
Mieddelmann, E.	Fabrikbesitzer	Barmen, Oberdörnerstr. 66
Mieddelmann jr. Fried.	Fabrikbesitzer	Barmen, Oberdörnerstr. 85
Miedel, Karl	Teilhaber der Fa. Heckel & Vonweiler	Saarbrücken
Mike͜s, K.	Landesingenieur	Brünn, Mähren, Landhaus II
Mildner, R.	Fabrikant i. Fa. Arendt, Mildner & Evers, G. m. b. H.	Hannover, Hirtenweg 22
Mittelbach	Baurat, bautechn. Beirat bei der Kgl. Kreishauptmannschaft Dresden	Dresden, Beilstr. 21
Möhring, W.	Ingenieur der Turbon-Ventilatoren, G. m. b. H.	Berlin, N. 20, Badstr. 59
Mollier, Dr. phil.	Geh. Hofrat, Prof. an der Techn. Hochschule	Dresden, Würzburgerst. 58
Morgenstern, Karl	Fabrikant	Stuttgart, Böblingerstr. 63
Mühlberg	Kaufmann und Kgl. Rumän. Konsul	Dresden Scheffelstraße
Müller	Intendantur- und Baurat	Dresden, Glacisstr. 18
Müller, Karl	Baumeister	Wilmersdorf-Berlin, Aschaffenburgerstr. 2
Müller, Adolf	Architekt, Landes-Oberbaurat	Troppau, Österr. Schles.
Müller, Alfred	Regierungsbaumeister, Betriebsingenieur der Sarotti-A.-G.	Berlin, SW. 29, Bellealliancestraße 81/83
Müller, Ernst	Ingenieur und Prokurist der Fa. J. L. Bacon	Wien, Schönbrunnerstr. 34
Müller & Co., E. A.	Zentralheizungsfabrik	Magdeburg
Müller, Heinrich	Fabrikbesitzer	Wismar i. M.
Müller, Joh.	Fabrik für Zentralheizungen	Rüti b. Zürich, Schweiz
Münch, Th.	Ingenieur der Fa. Langensiepen & Co.	Riga. Rußland
Müntzlaff	Stadtingenieur	Stettin, Rathaus
Muhry, Ludwig	Landesbaurat, Ingenieur	
Naruhn & Petsch	Zentralheizungsfabrik	Berlin, SW. 48, Enckepl. 6
National Radiat.-Gesellschaft	—	Berlin, S. 42, Alexandrinenstraße 35
Nebe, Fr.	Direktor der Fa. Balcke, Tellering & Co., A.-G.	Benrath b. Düsseldorf
Neels, Gottfried	Ingenieur i. Fa. Kohl, Neels & Eisfeld	Hamburg 6
Netolitzky, Dr. Richard	k. k. Bezirksarzt	Wien I, Herrengasse 11
Neu, Heinrich	Architekt u. Hofbauassessor beim Kgl. Bay. Obersthofmeisterstab	München, Wittelsbacherplatz 3/III

Name	Stand	Wohnort
Neukomm, H.	Ingenieur	Zürich, Schweiz
Niederrheinisches Eisenwerk	—	Dülken
Niemeczek, Hans	Architekt	Dresden, Franklinstr. 2
Niepmann, Walter	Ingenieur	Düsseldorf, Gartenstr. 21
Niernsee, Karl	Ingenieur u. Heizungsfabrikant	Moskau, Spiridonowska Haus 36
Nillus, Alb.	Ingenieur-Conseil, Délégué par l'Association des Ingénieurs de Chauffage et Ventilation de France	Paris, 67 Avenue Henri Martin
Nilson, F. Oskar	Ingenieur	Stockholm, Biblioteksgatan 4
Nitsch, Leonard	Ingenieur	Krakau, Bahngasse 18, (ul. Kolejowa 18)
Nitsche, Artur	Ingenieur	Dresden-Trachau, Wilder-Mannstr. 21
Nitzsche, Dr. A. Leop.	Ingenieur der Fa. Satine & Ritterhaus	Dresden-A., Borsbergstr. 3
Nobel, O. K.	städt. Abteilungsingenieur	Kopenhagen, Gyldenlövesgade 4
Nölke, H.	Ingenieur	Brüssel
Nolte, Georg	Ingenieur der Fa. Barmer Zentralheizungswerke	Barmen
Nolte, C.	Dampfkesselfabrik	Hannover, Stader Chaussee 42
Nusselt, Dr.-Ing.	Privatdozent an der Techn. Hochschule Dresden	Dresden
Oberg, C.	Maschinenfabrik	Wismar i. M.
Oehler, W.	Ingenieur der Fa. Akt.-Ges. f, Ozonverwertung	Stuttgart
Oehme	Landesbaurat	Posen
Ortmann, A.	Ingenieur	Dresden, Gr. Packhofstr. 1
Oslender, Aug.	Landesoberingenieur der Provinzverwaltung	Düsseldorf, Alexanderst. 5
Osterloh, M.	Baurat	Braunschweig, Bültenweg 96
Otto, Dr. Rob.	Ingenieur	Brüssel, 34 rue Pachico
Pap, Franz	Ingenieur beim k. k. Marine-Land- u. Wasserbauamt	Pola
Pape, Willy	Ingenieur	Binningen bei Basel
Papendieck	Magistratsbaurat	Königsberg i. Pr., Königin Allee 20
Pauer, G. L.	Ingenieur i. Fa. G. L. Pauer	Wien VI, Köstlergasse 3
Pehkschen	Ingenieur	Riga, Rußland
Perlmann, H.	Ingenieur	St. Gallen, Schweiz
Perthen, Hugo	Ingenieur	Dresden, Kronsbergerst. 15
Peters, Paul	Stadtbaurat	Erfurt, Cyriasstr. 13
Petersen	Stadtingenieur	Chemnitz, Hochbauamt
Petitpierre, André	Technischer Direktor der Fa. G. Freschi	Brescia, Italien, Via Cavoni 5
Petri	städt. Maschinen-Ingenieur	Pforzheim, Hochbauamt
Pfahl, P.	Geschäftsführer der Rapid Kessel-G. m. b. H.	Wien XXI, Leopoldau
Pfeiffer	Redakteur, Internationale Hygiene-Ausstellung Dresden	Dresden, Verwaltungsgebäude der Ausstellung
Pfützner	Professor an der Technischen Hochschule	Karlsruhe i. B., Parkstr. 5
Picard, C. A.	Ingenieur	Hannover, Arndtstr. 33 A
Piehler	Intendantur- und Baurat	Leipzig, Rabensteinpl .1/3
Pisa, Pietro	Bauunternehmer	Brescia, Italien

Name	Stand	Wohnort
Polster, M.	Oberingenieur	Mannheim, Werderstr. 23
Pongracz & Bock	Armaturen- und Metallwaren-fabrik	Wien X, Buchengasse 15
Posselius, Gustav	Zentralheizungsfabrik	Mühlhausen i. Th.
Postel & Co.	Fabrikanten	Dresden
Prat, J.	Ingénieur, Directeur de la Maison Bouchayer & Viallet	Lyon, 48 rue Victor Hugo
Prébandier Fils, J.	Fabrikant	Genève, 48 rue de Caronge
Priske, Paul	Ingenieur i. Fa. R. O. Meyer	Bremen, Ellhornstr. 45
Purschian, Ernst	Ingenieur und Fabrikant	Berlin, W. 9, Königin-Augusta-Str. 7
Püschel, W.	Diplom-Ingenieur bei der Art.-Werkstatt	Dresden, Querallee 5
Queisser	Betriebsdirektor im Kgl. Säch-sischen Kriegsministerium	Dresden
Rainer	Generaldirektor der Zentral-heizungswerke A.-G.	Wien VI, Lerchenfelder Gürtel 53
Rapmund	Ingenieur i. Fa. H. Liebold, G. m. b. H.	Dresden
Rauer, P.	Ingenieur	Dresden
Reck, A. G.	Ingenieur	Kopenhagen L. Esrom-gade
Recknagel, H.	Diplom-Ingenieur	Berl., W.30, Stübbenstr.1II
Reh	Oberbaurat im Kgl. Sächs. Ministerium des Innern	Dresden, Ludwig Richter-straße 15
Reichard	Stadtbaurat	Karlsruhe i. B.
Reichel, Joseph	Ingenieur beim Verband Deutscher Centralheizungs-Industrieller	Berlin, W. 9, Linkstr. 29
Reinartz, Gebr.	Fabrik von Centralheizungs- und Lüftungsanlagen	Troisdorf
Reinhart, W.	Ingenieur der Fa. Gebr. Sulzer	Winterthur, Schweiz
Renk, Dr. med.	Präsident des Landesmedizi-nalkollegiums, Direktor der Zentralstelle für öffentliche Gesundheitspflege, Professor an der Techn. Hochschule	Dresden, Münchener Platz 16
Rettig, E.	Oberingenieur der Fa. Riet-schel & Henneberg	Berlin S., Brandenburg-straße 81
Reuschel	Diplom-Ingenieur (i. Fa. Rud. Otto Meyer)	Hamburg 23
Reutti, C.	Ingenieur und Fabrikant i. Fa. Schwabe & Reutti	Berlin W., Bülowstr. 56
Richert, Dr. J. Gustav	Professor	Stockholm
Riehm	Diplom-Ingenieur	Dresden
Riepe	Landesbaurat	Danzig
Riess	Stadtbaurat	Freiberg i. S., Stadtbau-amt
Rietschel	Baurat	Dresden, Kurfürstenstr. 10
Rietschel, Dr. med.	Oberarzt am Säuglingsheim	Dresden
Rietschel & Henne-berg	Zentralheizungsfabrik, G. m. b. H.	Berlin, S., Brandenburg-straße 81
Riiss, Axel	Ingenieur	Holte, Dänemark
v. Rimanóczy, Arpád	Kgl. Ungar. Hauptmann beim Ingenieur-Offizierkorps	Budapest I, Lógody utcza 61/II 8
Ritter, J.	Beratender Ingenieur	Hannover, Grasweg 32
Ritterhaus, Rud.	Ingenieur und Fabrikbesitzer i. Fa. Satine & Ritterhaus	Dresden
Robrade	Postbaurat	Breslau I, Poststr. 9
Rödenbeck	Ingenieur der Fa. Friedrich Siemens	Dresden

Name	Stand	Wohnort
Röder	Oberingenieur	Dresden-Plauen, Kaitzerstraße 115
Roepert	Stadtbaumeister	Pforzheim, Hochbauamt
v. Roeßler, L.	Professor	Darmstadt, Klappacherstraße 9
Romans, Catow	Ingenieur bei der k. k. Statthalterei	Triest, Via Giulia 17
Roose, H.	—	Breslau 23, Herdainst. 66/1
Roscher, Dr. jur.	Geh. Rat, Ministerialdirektor	Dresden
Rose, Karl	Direktor der Gesellschaft für selbsttätige Temperaturregelung	Berlin, W. 15, Schaperstraße 18
Rosenblum, M.	Ingenieur	Rostowo a. Don, Rußland
Rosenstiel, G.	i. Fa. Krüger & Staerk, G. m. b. H.	Berlin, NO. 18, Palisadenstraße 86
Rosenthal, H.	Zentralheizungsfabrik	Berlin, SW. 47, Großbeerenstraße 71
Roßberg, Bernh.	Ingenieur und Bevollmächtigt. der Fa. E. Kelling	Leipzig, Arendstr. 35
Rothenberg, Paul	Direktor der Fa. H. Recknagel, G. m. b. H.	München
Rubbel, Herm.	Direktor der Zentralheizungsbedarfs-Gesellschaft	Düsseldorf, Graf Adolfstraße 83
Ruh, J.	städt. Ingenieur	Crefeld, Westwall 189
Rühl, Heinrich	Ingenieur und Fabrikbesitzer	Frankfurt · a. M., Hermannstraße 11
Rundzieher, Dr. A. A.	i. Fa. Patru, Rundzieher & Co.	Bern, Schweiz
Runge, Bruno	Stettiner Zentralheizungsfabrik	Stettin-Grabow, Langestraße 12
Ruprecht	Landesbaurat der Provinzialverwaltung	Merseburg
Ruscheweyh, Paul	Fabrikdirektor i. Fa. J. A, John, A.-G.	Ilversgehofen bei Erfurt
Ruß, Cornelius	k. k. Bezirksingenieur	Tetschen, Österreich, Nr. 525
Russell, H.	Oberingenieur der Fa. Rietschel & Henneberg	Hamburg 24, Lübeckerstraße 96
Rybicki, Franz	Bauinspektor beim Magistrat	Krakau, Österreich
Rydh, J. A.	Ingenieur und Direktor der Värmedningsaktiebolaget Calor	Stockholm, K., Arbetaregatan 32
Sackhoff, Ed.	Ingenieur	Berlin O. 34, Romintenerstraße 23
Sakuta, M.	Diplom-Ingenieur	St. Petersburg, Snamenskaja 47
Sandberg, James	Ingenieur, Direktor i. Verkstadsakt. Vulkan	Göteborg, Schweden
Sandfort, Th.	Zentralheizungsfabrik	Velbert (Rhld.)
Sarrade, H.	Ingenieur de la Société d'Éclairage, Chauffage et Force Motrice	Paris, 22 rue de Calais
v. Satine, Woldemar	Ingenieur und Fabrikbesitzer i. Fa. Satine & Ritterhaus	Dresden, Barbarossastr. 4
Saunders, S. M. & Taylor		Manchester, 43 Lower Moseley-Str.
Frhr. Gustav v. Schacky auf Schönfeld	Ministerialrat im Kgl. Bayer. Ministerium des Innern	München, Steinsdorferstraße 12
Schaeffer & Walkker	Aktiengesellschaft	Berlin, SW. 68, Lindenstraße 18
Schäfer, P.	Ingenieur des Eisenwerks Kaiserslautern	Kaiserslautern

Name	Stand	Wohnort
Scharla, A.	Fabrikant	Hildesheim, Bernward-straße 28
Scharpwinkel, A.	Ingenieur	Hamburg, Admiralitäts-straße 71
Scharschmidt,Otto	städt. Ingenieur	Freiburg i. Br.
Scheuplein, Alfr.	Ingenieur und Fabrikbesitzer i. Fa. Joseph Ostler	Würzburg
Schick, Leopold	Oberbaurat im k. k. Eisen-bahnministerium	Wien I, Gauermanng. 2
Schiel, Hans	Honorardozent, Vertreter des Deutschen Ing.-Vereins in Mähren	Brünn, Mähren, Ratwit-gasse 2
Schiele, Ernst	Ingenieur und Fabrikbesitzer	Hamburg 23, Hagenau 73
Schilling, H.	Ingenieur	Straßburg i. E.-Neudorf, Colmarerstraße 128
Schimpke, Paul	Ingenieur	Dresden-Striesen, Witten-bergstraße 53
Schlesinger, Berth.	Bureauchef der Fa. Alb. Hahn, Röhrenwalzwerk	Wien I, Johannesgasse 16
Schmidt	Oberbaurat im Kgl. Sächs. Finanzministerium	Dresden
Schmidt	Stadtbauinspektor	Dresden, Bergstr. 74
Schneider, Heinr.	Stadtbaumeister	Cassel, Germaniastr. 22/1
Schneider, M. O.	Ingenieur, Vertreter der Bu-derusschen Eisenwerke, Wetzlar	München, Landsberger-straße 20
Schömig, Paul	Ingenieur der Fa. E. Sturm	Würzburg, Rottendorfer-straße 21
Schön, Viktor	Ingenieur	Budapest, Kösp. városháza
Schramm, Bruno	Herzogl. Baurat, Ingenieur und Fabrikant	Erfurt, Metallwerke
Schramm, Walter	Prokurist der Fa. Zentralhei-zungsbedarf-Gesellschaft	Düsseldorf, Graf Adolf-straße 83
Schubert	Marine-Intendantur- u. Bau-rat	Berlin, W. 9, Leipziger-platz 13
Schüffler, Oskar	Kaufmann (v. d. Deutschen Radiatoren-Verkaufsstelle, G. m. b. H.)	Nürnberg, Rieterstr. 3
Schüller, H.	Prokurist der Fa. Balcke, Tel-lering & Co., A.-G.	Hilden (Rhld.)
Schuh, Joseph	Ingenieur beim Stadtbauamt	Reichenberg i. B.
Schumacher, H.	Ingenieur, Direktor der Fa. Rietschel & Henneberg	Berlin, S., Brandenburg-straße 81
Schumacher, J. E.	Ingénieur-Conseil	Brüssel, 4 Boulevard St. Michel
Schultze, Paul	Fabrikant i. Fa. G. A. Schultz	Charlottenburg, Charlot-tenburger Ufer 53
Schulz	Marine-Oberbaurat	Wilmersdorf-Berlin, Trautenaustr. 14
Schulz, Konrad	Ingenieur	Charlottenburg, Philippi-straße 3
Schulze	Ingenieur	Dresden, Albrechtstr. 20
Schuster, Rich.	Ingenieur (Zentralheizung)	Halle a. S.
Schütt & Schaeffer	—	Cöln a. Rh., Deutscher Ring
Schwabach & Kaiser	Ingenieure	Essen a. Ruhr
Schweitzer	Ingenieur	Dresden, Marienstraße 24
Seegers, Friedr.	Oberingenieur der Fa. Oskar Winter	Hannover
Seidenather, C.	Ingenieur	Frankfurt a. M., Hühner-weg 52

Name	Stand	Wohnort
Seifert, Karl	Ingenieur der Prager Maschinenbau-A.-G.	Prag
Seiffert, Karl	Ingenieur der Farbenfabrik vorm. Friedr. Bayer & Co.	Wiesdorf a. Rh., Bayerstraße 18
Senff, Albert	Zivilingenieur i. Fa. Albert Senff, G. m. b. H.	Hannover, Eichstr. 12 a
Siebert, Robert	Fabrik für Gas- und Wasser-Kanalisationsanlagen	Berlin W., Kurfürstenst. 3
Siemens, Friedr.	Zentralheizungsfabrik	Dresden
Sievers, Heinrich	Zivilingenieur	Hamburg 21, Zimmerst. 18
Similä, Yrjö	Redakteur	Helsingfors, Ritarikatu 9
Simmgen	Gärtnereibesitzer, Stadtverordneter	Dresden, Reickerstr. 44
Simon, Ernst	Ingenieur, Fabrik für Zentralheizungen	Stettin, Krekowerstr. 24
Simonet, J.	i. Fa. C. Hemmerlein, Ozonapparatefabrik	Mülhausen i. E., Grabenstraße 67
Simonsen, Martin	Ingenieur	Hamburg, Wandsbeker Chaussee 37
Sohr, Richard	k. k. Kommerzialrat, leitender Verwaltungsrat der Prager Maschinenbau-A.-G.	Prag
Sommerschuh, W.	Oberingenieur, i. Fa. Lingen & Co., Zentralheizungsfabr.	Königsberg i. Pr.
Sörensen, Karl H.	Fabrikant i. Fa. Bruun & Sörensen	Aarhus, Dänemark, Kannikegade 18
Stack, Ed.	städt. Ingenieur	Hannover, Militärstr. 9/2
Stadtbauamt	—	Altona
Stadthauptkasse	—	Zittau
Stahl, B.	i. Fa. Grethe & Stahl, Zentralheizungswerke	Hannover, Sallstr. 97
Stanislaus, J.	Stadtbauinspektor	Aachen, Schillerstr. 73
Steckhan, A.	Bauverwalter	Braunschweig, Hagenring 1
Steckl, Ed.	Direktor der Maschinenbau-A.-G. Breitfeld, Danek & Co.	Blansko, Österreich
Steffan-Terzaghi, A.	Ingenieur	Mailand, Via Amedei 4
Steglich, Arthur	Prokurist der Fa. Rich. Gradenwitz	Berlin, S. 14, Dresdenerstraße 38
Steinbach, Dr. jur.	Regierungsamtmann	Dresden
Steinberg, Raoul	Diplom-Ingenieur i. Fa. B. & E. Koerting	Bukarest, Str. Vasile Boerescu 1
Steiner, Arnold	Zivilingenieur	Wien II, Gr. Stadtgutg. 20
Stellermann, B.	Ingenieur i. Fa. Gebr. Sulzer	Freiburg i. Br.
Stempel, S.	Ingenieur und Teilhaber der Fa. Stempel & Dimanoczy	Budapest
Stetefeld, Rich.	Diplom-Ingenieur, kons. Ing.	Pankow-Berlin, Parkst. 21
Štetka, Jan	Fabrikant	Kgl. Weinberge 892, Böhm.
Stierand, Anton	i. Fa. J. Gabler	Budapest, Aradi utcza 63
Stock, W.	Diplom-Ingenieur, städt. Heizungsingenieur	Lübeck
Stöckel, Dr. jur.	Justizrat, Stadtverordneten-Vorsteher	Dresden
Straßburger, M.	Diplom-Ingenieur i. Fa. F. K. Saski	Warschau, Aleksandrija 6
Strauch, Georg	Ingenieur der Zentralheizungswerke, A.-G.	Saarbrücken, Schloßstr. 31
Strohbach	Ingenieur	Dresden
Stroink	Ingenieur	Amsterdam

Name	Stand	Wohnort
Strüdel, Eugen	Ingenieur, Leiter der Zweigniederlassung d. Fa. H. Recknagel	Straßburg i. E., Kronenburgerstr. 4
Sulzer, Gebr.	—	Winterthur, Schweiz
Sunstedt	Ingenieur	Stockholm
Suwald, Karl	Mähr. Landes-Oberingenieur	Brünn, Elisabethstr. 1
Svensson, O.	—	Stockholm
Světnicka	Technische Gummiwaren	Prag II, Henwagsplatz 995
Szepessy, Sándor	Zentralheizungsfabrik	Budapest VIII, Nap utcza 29
Taipale, A. R.	—	St. Petersburg, Orenburgskaja 27
Techow, H.	Geh. Baurat	Berlin, NW. 23, Klopstockstraße 59
Teepe, J. H. B.	Ingenieur und Fabrikant	Lodz, Piotrkowska 189
Tenzer, E.	Ingenieur	Dresden-N., König-Georg-Allee 5
Theislau, Aug.	—	Kristiania, Norwegen
Theorell, Hugo	Ingenieur und Fabrikant	Stockholm, Sköldungatan 4
Thienstra, J.	Ingenieur	Amsterdam
Thiemann, M.	Ingenieur	Cottbus, Oberkirchplatz 7
Thierfelder	Architekt u. Stadtverordneter	Dresden
Thiers	Ingenieur	Dresden, Schandauerstr. 1a
Thilo	Ingenieur der Fa. G. Weber	Lausanne, Schweiz
Thorbrögger, H.	Ingenieur und Fabrikant i. Fa. Thorbrögger & Co.	Kopenhagen N., Farimagsgade 43
Thurnherr, Emil	Fabrikant	Davos, Schweiz
Tichelmann	Ingenieur und Fabrikant i. Fa. Jeglinsky & Tichelmann	Dresden, Anton Graffst. 24
Tiedge, Wilh.	Oberingenieur der Fa. Jan Stetka	Prag
Tilly	Provinzial-Ingenieur	Tempelhof-Berlin, Stollbergstraße 7
Törs, Josef	Ingenieur und Mitinhaber der Fa. Törs & Ormai	Budapest VIII, Szilágyi utcza 3
Trache, Gustav	Vertreter der Fa. Niederrhein. Eisenwerk Dülken, G. m. b. H.	Dresden, Borsbergstr. 33b
Trautmann, R.	Kgl. Finanz- und Baurat a. D., Stadtbaurat	Leipzig-Eutr., Mörikestr. 4
Trier, Franz	Ingenieur	Wiesbaden, Dotzheimerstraße 63
Trunkel	Militärbauinspektor	Leipzig-Gohlis, Straßburgerstraße 24
Uber, Rudolf	Geh. Oberbaurat, vortragend. Rat im Kgl. Preuß. Minist. der öffentlichen Arbeiten	Wilmersdorf-Berlin, Prinzregentenstraße 6
Ugé, H.	Kgl. Kommerzienrat, Direkt. des Eisenwerkes Kaiserslautern	Kaiserslautern
Uhliř, Wenzel	Oberingenieur der Fa. Erste Böhmisch-Mährische Maschinenfabrik	Prag VIII
Ullmann, Heinr.	Kgl. Bauamtmann	Speier
Unbescheiden, Heinrich	Oberingenieur	Straßburg i. E., Kronenburgerstraße 25
Ungeheuer, W.	Ingenieur	Freiburg i. Br.
Vailland	Ingenieur	Remscheid
Vaňouček, K.	k. k. Landes-Oberingenieur und Dozent an der Techn. Hochschule	Prag III/583, Melnikerstr.

Name	Stand	Wohnort
Verein Deutscher Ingenieure Reichenberg und Umgebung	—	Reichenberg, Österreich
Verein der Niederlausitzer Braunkohlenwerke	—	Senftenberg
Vetter, Hermann	Ingenieur und Fabrikbesitzer	Berlin, W. 30, Eisenacherstraße 26/27
Vocke, Wilhelm	Ingenieur	Dresden, Falkenstr. 26
Vogt-Wüthrich, H.	Zentralheizungsfabrik	Arbon, Schweiz
Voigt, Richard	Stadtrat	Döbeln
Voigtländer, H.	Ingenieur i. Fa. Messer & Voigtländer	Frankfurt a. M., Frankenallee 34
Voit, Otto	Kgl. Bauamtmann	Memmingen, Bayern
Volckmar	Stadtbaurat	Mannheim, Städt. Maschinenamt
Vojlisék, Karl	Oberingenieur der Zentralheizungswerke, A.-G.	Prag, Kgl. Weinberge, Skretagasse 5
Wagner, Franz	Zentralheizungsfabrik	Crimmitschau
Wagner, Hugo	Ingenieur und Fabrikant	Budapest, Oszlop utcza 31
Wagner, Wilhelm	Ingenieur, Generalsekretär des Polytechn. Vereins	München, Briennerstr. 8, IV. Aufg.
Wahl	Kgl. Sächs. Landesbauinsp., Stadtbaurat	Dresden, Angelikastr. 3
Waldmann, Antal	Ingenieur	Budapest, Aréna utcza 64
Waldow	Geh. Rat, vortragender Rat i. Kgl. Sächs. Finanzminist.	Dresden, Klarastr. 10
Waldow, R.	Ingenieur	Leipzig-Gautzsch, Ringstraße 160 B
Walluf, Peter	Architekt	Frankfurt a. M, Friedbergeranlage 14.
Ward, Rich. J.	The R. J. Ward Co.	New-castle-on Tyne, Engl. Emerson-Chambers
Wartensleben, Ludw.	Direktor des Strebelwerks, G. m. b. H.	Mannheim
Weber, Dr.	Regierungsrat des Kaiserl. Gesundheitsamts zu Berlin	Dresden-A., Sedanstr. 20
Weber, G.	Konstrukteur	Lausanne, Schweiz, Route de Morges
Weeren, Karl	Ingenieur	Berlin-Rixdorf, Bodestr. 4
Weger	Geh. Rat, Vorsitzender der Landesversicherungsanstalt Königreich Sachsen	Dresden, Zöllnerstr. 1
Weichelt	Ingenieur	Lodz, Rußland
Weidner	Bauamtmann bei der staatl. masch.-techn. Abteilung der Hochbauverwaltung im Kgl. Sächs. Finanzministerium	Dresden, Mosczinskyst. 12
Weigel, Edmund	Oberingenieur der Fa. W. Y. Stockvis	Arnhem, Holland, Oude Kraan 97
Weinlich, Karl	Diplom-Ingenieur i. Fa. Teirich & Co.	Bukarest, Strada Berzei 9
Wejmola, Franz	Ingenieur und Stadtbaurat	Wien VIII/2, Krotenthalergasse 6
Wendel, Valentin	Fabrikdirektor der Fa. G. Schiele & Co., G. m. b. H.	Frankfurt a. M.-Bockenheim
Wendt, Karl	Fabrikbesitzer	Frankfurt a. M., Hohenstaufenstr. 25
Wentzke, Georg	Inhaber der Fa. Kastl & Wentzke	Wien V, Kl. Neugasse 23
Wettler, K.	i. Fa. A. Wettler sen.	Warschau, ul. Hoza 59

Name	Stand	Wohnort
Weyerstall, F. Karl	Zentralheizungsfabrik	Elberfeld, Buchenerstr. 31
Wiemann, Richard	Ingenieur	Berlin, W. 57, Blumenthalstraße 12
Wikström, P.	Ingenieur i. Fa. Wilhelm Sonesson & Co.	Malmö, Schweden
Wild, Alf.	Ingenieur, Inhaber der Fa. B. Wilds Sohn	St. Gallen, Schweiz
Winkelmann	Direktor der Deutschen Radiatoren-Verkaufsstelle	Wetzlar
Winter, Oskar	Zentralheizungsfabrik	Hannover, Burgstr. 42
Wisbech, Christian	Maschinenfabrik	Kristiania, Norwegen
Witt, Adolf Gust.	Ingenieur, k. k. Kommissär des österr. Patentamts, Doz. am k. k. Techn. Gewerbemuseum	Wien IV/2, Viktorg. 9/II 5
Wittenburg, H. F.	Prokurist der Fa. R. O. Meyer	Hamburg 23, Pappelallee
Wohlfahrth, Adolf	Filialleiter der Fa. Otto Wohlfarth, Zentralheizungsfabr.	Bodenbach a. E.
Wohlfarth, Otto	Ingenieur und Fabrikant	Chemnitz, Körnerplatz 2
Wojcicki, Mieczyslaw	Ingenieur	Lemberg (Lwów), Pasaz Hausmanna 8
Wolf, H. Herm.	Ingenieur	Radebeul-Dresden, Rosenstraße 3
Wolf, J.	Ingenieur	Stuttgart, Paulusstr. 2 B
Wolter, H. J.	Ingenieur und Fabrikant i. Fa. Wolter & Dros	Amersfoort, Holland
Worms, Karl	Magistratsbaurat	Königsberg i. Pr., Amalienau, Adalbertstr. 3
Wulfert, A.	städt. Heizungsingenieur	Bremen, Wiesbadenerst. 3
Young, Wm. A.	Redakteur, Vertreter der Zeitschrift »The Ironmonger«	London, E. C., 42 Cannon Street
Zdarek, Odon	Bau-Ingenieur und Stadtoberingenieur	Teplitz-Schönau, Österr.
Zechel	Ratsingenieur	Leipzig, Amt für die städt. technischen Werke
Zelle, Konrad	Ingenieur, Direktor d. Österr. Maschinenbau-A.-G. Körting	Wien XX/2, Dresdenerstraße 70
Zimmermann, H.	i. Fa. H. Zimmermann & Co.	Utrecht, Holland, Nieuwe Kade 30
Zimmermann, P.	Ingenieur und Prokurist der Fa. G. C. Siegel, A.-G.	Reval, Rußland
Zimmerstädt, W.	Zentralheizungsfabrik	Bonn a. Rh.

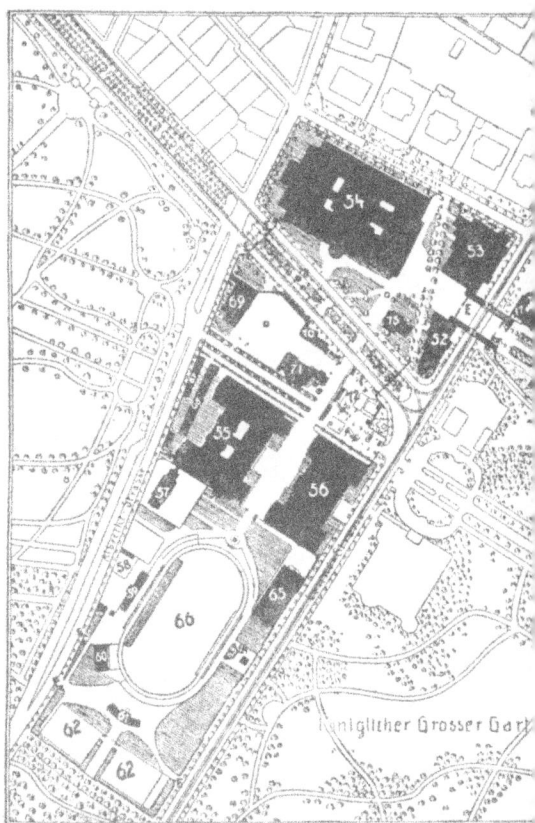

100   50

E. Eingänge. D. Drehtüren (nur Ausgang). 1. Hauptsaal. 2. Histor
6. Tropenkrankheiten 7. Statistik. 8. Zahnerkrankungen. 9. Geschle
Kosmetik. 12. Literarische Abteilung. 13. Bäder und Kurorte. 14. Vor
gebäude. 18. Populäre Halle (der Mensch). 19. Eiskeller. 20. Aborte.
27a. Formosa. 28. Zeitungsstand. 29. Schweiz 30. Brasilien. 31. Ge
37. Krankenfürsorge und Rettungswesen. 38. Armee-, Marine- und Kolo
kulose. 42. Arbeiterwohnhäuser. 43. Krüppelfürsorge. 44. Baracke.
Kinder. 48. Kinderspielplatz. 49. Mustergehöft. 50. Waldschenke. 5
Maschinen. 54. Ansiedlung und Wohnung. 55. Kleidung, Körperpflege
57. Turnhalle. 58. Sonnenbad. 59. Tribüne. 60. Sportlaboratorium.
66. Sportplatz 67. Kegelhalle. 68. Rodelbahn. 69. Volksrestaurant
nisches Dorf. 73. Milchpavillon. 74. Kaffeehalle. 75. Kino. 76. Ma
81. Hauptrestaurant. 82. Marionetten-Theater. 83. Weinsalon Trocader
88. Alpenpanorama-Restaurant »Oberbayern«. 89. Freudenrad 90. A
95. Ostasiatisches Leben. 96. Künstler- und Stu

200   300ᵐ

stellung in Dresden 1911.

, Ethnographische Unterabteilung. **4.** Krebs **5.** Infektionskrankheiten.
10. Arbeiterversicherung. **11.** Chemie und wissenschaftliche Instrumente,
es- und Jugendfürsorge (Wissenschaft). **16.** Kongreßsaal. **17.** Verwaltungs-
igarn. **23.** China. **24.** Österreich. **25.** Rußland. **26.** Ruhehalle. **27.** Japan.
panien. **33.** Frankreich. **34.** Amsterdam **35.** Verkehr. **36.** Waggonhalle.
borte. **40.** Fürsorge für Geisteskranke und Gefangenenfürsorge. **41.** Tuber-
afsaalbaracke. **46.** Urnenhain mit Kolumbarium. **47.** Unterkunftshalle für
er Lennéstraße. **52.** Kraftmaschinen. **53.** Beruf und Abeit, Technik und
Kindes- und Jugendfürsorge (Industrie). **56.** Nahrungs- und Genußmittel.
isplätze. **63.** Musikpavillon. **64.** Aborte. **65.** Schwimm- und Wellenbad.
71. Läden, Kasperle-Theater. Aeroplankarussel, Freudenrad. **72.** Abessi-
Weinrestaurant Esplanade. **78.** Läden. **79.** Arkaden. **80.** Musikpavillon
slotterie. **85.** Läden. **86.** Schießhalle. **87.** Miniatur-Panorama »Lunapark«.
. Biedermaiergarten. **92.** Scheinwerfer. **93.** Tanzsalon **94.** Hippodrom.
American Bar. **98.** Sektpavillon. **99.** Wurstelprater.

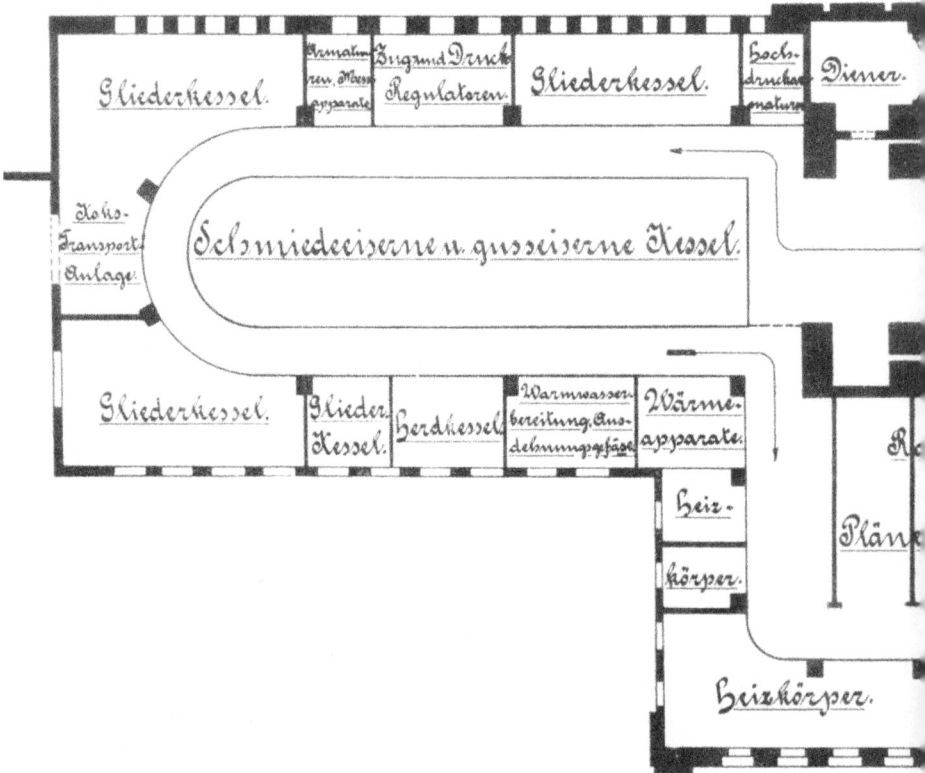

Internationa
Kollektivausstellung des

Halle 54.

Büro, Schreib- u. Lesezimmer.

Heizkammer.

Luft- Klappen heiz- Apparate Gitter

Luftklappen regulierungen.

Niederschlagswasserableiter.

Abschlussorgane

Entstaubungsanlage.

Ozonapparate Luftfilter.

Luftvorwärmg.

Armaturen

Innen- fern- leit- kanal

Druck- reduzier- Apparate

Ventilatoren.

Strahl- apparate.

Armaturen

Kompen- satoren.

Werkzeuge.

Autogene Schweissung

Schmiedeiserne Formstücke

Gusseiserne Formstücke V.D.C.J.

Röhren, Flanschen Rohrisolierungen

Heiz- körper.

Anlagen

Heizkörper.

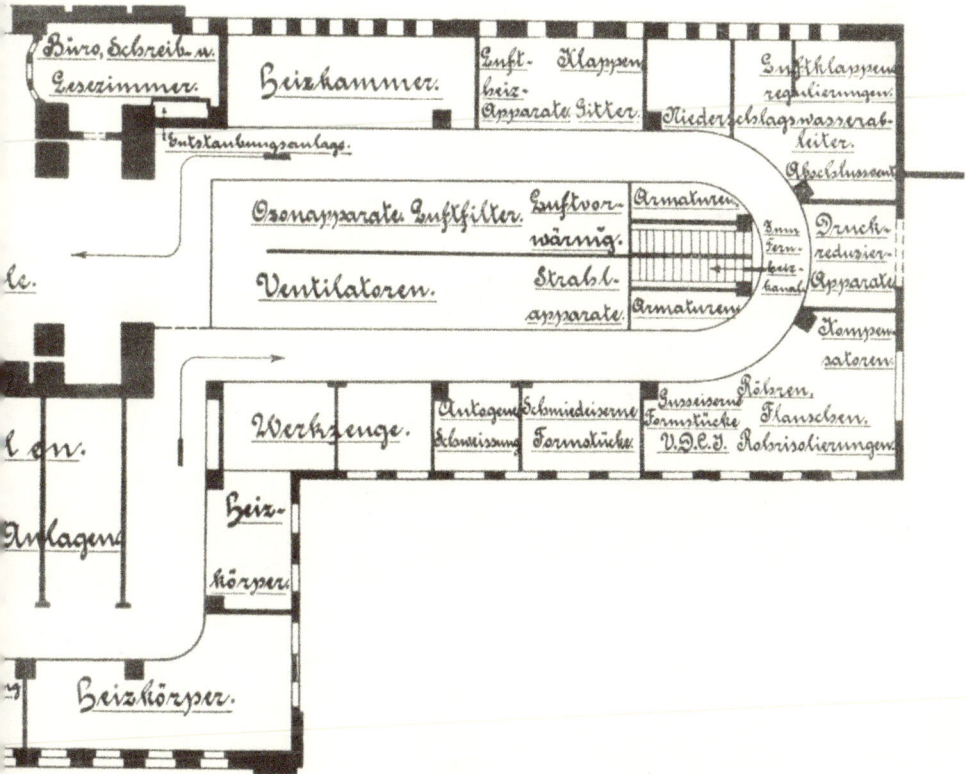

Dresden 1911.
entralheizungs-Industrieller.

www.ingramcontent.com/pod-product-compliance
Lightning Source LLC
Chambersburg PA
CBHW031432180326
41458CB00002B/521